선제공격

Preemption

A Knife That Cuts Both Ways

우리 시대의 이슈 **03**

선제공격 양날의 칼

원제_ Preemption: A Knife That Cuts Both Ways

초판 1쇄 인쇄_ 2010년 9월 29일
초판 1쇄 발행_ 2010년 10월 5일

지은이_ 앨런 더쇼비츠
옮긴이_ 채윤

펴낸곳_ 바이북스
펴낸이_ 윤옥초

책임편집_ 이성현
편집팀_ 김주범, 도은숙, 김민경, 함윤선
표지디자인_ 방유선
디자인팀_ 윤혜림, 이민영, 남수정

ISBN_ 978-89-92467-44-5 04300
978-89-92467-18-6 (세트)

등록_ 2005. 07. 12 | 제313-2005-000148호

서울시 마포구 서교동 395-166 서교빌딩 703호
편집 02)333-0812 | 마케팅 02)333-9077 | 팩스 02)333-9960
이메일 postmaster@bybooks.co.kr
홈페이지 www.bybooks.co.kr

책값은 뒤표지에 있습니다.

바이북스는 책을 사랑하는 여러분 곁에 있습니다.
독자들이 반기는 벗 - 바이북스

선제공격

Preemption

A Knife That Cuts Both Ways

양날의 칼

앨런 더쇼비츠 지음
채윤 옮김
원혜욱 반론

바이북스
ByBooks

'우리 시대의 이슈'를 펴내며

Issues of Our Time

우리 시대는 정보의 시대라 불린다. 정보가 지금처럼 풍부했던 적은 일찍이 없었다. 그러나 우리의 세계를 형성하고 새롭게 만들어 주는 것은 정보가 아니라 바로 '생각들'이다. '우리 시대의 이슈Issues of Our Time'는 오늘의 선도적인 사상가들이 새 밀레니엄에서 중요시되고 있는 '생각들'을 탐구하는 기획 총서다. 철학자 콰메 앤터니 애피아Kwame Anthony Appiah, 법률가이자 법학자인 앨런 더쇼비츠Alan Dershowitz, 노벨 경제학상을 수상한 경제학자 아마르티아 센Amartya Sen과 함께 시작하는 이 총서에는 모두 복잡함을 피하고 명료함을 추구하는 공통점을 가진 저자들이 참여한다. 진심을 가지고 적극적으로 임해 준 저자들 덕에 정말 매력적인 책들이 나오게 되었다. 각각의 책은 우리가 중요시하는 가치들뿐 아니라 가치들 사이의 갈등을 해결할 방법의 중요성도 인지하고 있다. 법률, 정의, 정체성, 도덕, 자유와 같은 개념들은 추상적이지만 동시에 우리와 매우 밀접한 것들이다. 우리가 이 개념들에 관해 이해하는 것은 우리가 누구이며 우리가 무엇이 되고 싶은지 정의하는 데 도움을 준다. 이 개념들을 어떻게 정의하느냐에 따라 우리도 정의될 것이다. 따라서 이 총서는 독자로 하여금 기존의 가정들을 재검토하고 지배적 경향에 맞서 싸울 수 있도록 도와줄 것이다. 여러분이 이 저자들의 편에서 생각하든 저자들과 논쟁하든 간에, 저자들은 여러분의 마음을 움직이기까지는 하지 못해도 여러분이 자신의 생각을 테스트해볼 수 있는 기회는 분명히 마련해줄 것이다. 이들에겐 각양각색의 시각과 독특한 목소리와 생동감 넘치는 이슈가 있기 때문이다.

총서 편집자 헨리 루이스 게이츠Henry Louis Gates, Jr.

_ 하버드대 인문학부 'W.E.B. 듀보이스' 교수

추천사

더쇼비츠는 우리 시대의 가장 곤란한 법적, 그리고 정치적 이슈 중 한 가지를 떠맡았다. 정부는 새로운 위협들에 직면한 국민들을 보호하기 위해 법의 테두리 안에서 어떻게 행동해야 하는가. 통찰력과 사례들로 번뜩이는 이 책은 정부 지도자들, 전략가들, 그리고 여기에 관심이 있는 모든 사람들에게 혁신적인 필독서이다.

전 나토 사령관_ **웨슬리 K. 클라크** Wesley K. Clark

앨런 M. 더쇼비츠는 찬탄을 받을 만한 비장의 무기를 만들어냈다. 그 첫째는 현재의 문제들을 법학적으로뿐만 아니라 철학, 윤리학 그리고 비교 역사의 렌즈를 통해 분석한다. 둘째, 그는 정치적 올바름을 사고의 대체물이나 어려운 현실을 피하려는 핑계로 삼지 않는다. 셋째, 이 책은 빠르고 쉽게 이해하며 읽을 수 있다. 더쇼비츠는 이 책에서 적절한 질문들을 던졌고, 올바른 데이터를 지적했고, 현재 대두된 심각한 위협들에 긴급히 맞서야 하는 필요성을 증명했다

전 미 법무관_ **앤드루 C. 매카시** Andrew C. McCarthy

논리가 미묘하게 전개되고, 적당히 엄격하고, 많은 역사적 지식으로 예증되어 있다. 어려운 사례를 노련함과 열정으로 논하는, 비범하고 지적인 정직함이 담긴 책이다. 결코 거짓이 없으며, 대부분의 반대 주장들에도 적절한 관심을 기울인다.

영국 변호사_ **조너선 섬션** Jonathan Sumption

더쇼비츠는 우리에게 어려운 질문들을 던진다. 우리는 그런 질문을 해준 그

에게 감사하면서 이 책을 읽으면 된다.

국제관계학자_ **마이클 W. 도일**Michael W. Doyle

오늘날은 종말론적인 테러리즘과 대량 살상 무기 시대다. 이에 대해 예방적 구금에서 예방적 전쟁에 이르기까지 예방적 대응이 필요하다. 그럼에도 이를 반대하는 뿌리 깊은 전통에 대해서는 심각한 재고가 요구된다. 더쇼비츠가 명쾌하고 냉정하며 용기 있게 쓴 이 책에는 역사적 정보가 담겨 있다. 또한 이 책은, 간과되어왔으나 긴급히 다뤄야 할 주제에 대한 심도 깊은 대화를 이끌어낼 것이다. 전통적 상식에 도전하는 최고의 저술로서, 더쇼비츠의 시민 자유주의자와 법률학자로서의 자격이 그 신빙성을 보증한다.

판사·법경제학자_ **리처드 포스너**Richard A. Posner

9·11 테러 이후 테러리즘과 무시무시한 무기들이 온 세상에 만연하다. 이러한 문제는 다른 어느 때보다도 더욱 긴박한 이슈가 되고 있다. 더쇼비츠는 '언제, 어떻게 선제적 힘을 사용할 것인가'를 두고 진정한 토론을 시작해야 한다고 주장한다.

《마이애미 헤럴드 Miami Herald》 기자_ **프랭크 데이비스**Frank Davies

더쇼비츠는 오늘날 세계 정치 현실에서 국가 행위를 평가하는 국제법 이론을 왜 발전시켜야 하는지 그 필요성을 주장한다.

법률가_ **에밀리 색**Emily Sack

감사의 말

2004년 봄 하버드 로스쿨에서 '선제공격'을 주제로 세미나를 마련했는데, 그때 참여했던 학생들에게 고마움을 표하고 싶다. 나는 나 자신과 그들의 생각을 시험하면서 식견을 나누었다. 그들은 에린 아브람스Erin Abrams, 이츠작 밤Itzhak Bam, 아비가엘 심롯Avigael Cymrot, 마이클 플러Michael Fluhr, 마크 제이콥Marc Jacob, 아모스 존스Amos Jones, 시에크 팔Shiek Pal, 애나 산트라모Anna Santramo, 대니얼 테넨블래트Daniel Tenenblatt, 리나 틸먼Lina Tilman, 마이클 티빈Michael Tivin, 제시카 터친스키Jessica Tuchinsky, 댄 어먼Dan Urman이다. 나는 또한 다음 두 사람의 특별한 노고를 치하하고 싶다. 우선 조엘 클라인Joel Klein에게 감사한다. 그는 '1974년 신시내티 대학 법률 평론 기사'에 관한 연구를 도왔고, 그 경력으로 공립학교 시스템의 책임자가 되었다. 당시 그가 연구했던 내용들은 이 책의 한 장을 쓰는 데 기초가 되었다. 그리고 내 사무실의 연구원 알렉산더 블렌킨숍Alexander Blenkinsopp에게도 감사를 표한다. 그는 이 책에 인용된 내용들의 모든 출처를 체크하는 데 수많은 시간을 할애했을 뿐만 아니라 나에게 흥미로운 제안들을 해주었다. 이 책이 완성되기까지 다양한 단계에서 협력해준 또 다른 학생 연구원들도 있다. 그들은 미치 웨버Mitch Webber, 에런 볼로즈 디소어Aaron Voloj Dessauer, 대니엘레 사순Danielle Sassoon, C. 월러스 드윗C. Wallace DeWitt, 알렉산더 슬레이터Alexander Slater, 빌 그레이Bill Gray, 다니엘라 살츠만Daniela Saltzman, 그리고 탈리 드보르키스Taly Dvorkis이다. 그들 모두에게 감사의 뜻을 전한다.

나의 조교 제인 와그너Jane Wagner, 에이전트 헬렌 리스Helen Rees, 그리고 편집자 로비 해링턴Roby Harrington과 그의 조수 믹 어웨이크Mik Awake가 자신들의 임무를 아주 훌륭하게 수행해준 덕분에 나는 한결 수월하게 작업할 수 있었다.

나의 친구와 동료들인 제프리 엡스타인Jeffery Epstein, 가브리엘라 블럼Gabriella Blum, 필립 헤이만Philip Heymann, 잭 골드스미스Jack Goldsmith, 리처드 골드스톤Richard Goldstone은 소중한 식견을 제공해주었다. 그리고 나의 가족들은 여느 때처럼 적절한 격려와 비판을 아낌없이 해주었다. 이스라엘, 미국, 그리고 다른 곳의 많은 사람들이 내 생각에 귀를 기울여주었고 유용한 정보와 비평으로 응대해주었다.

마지막으로 하고 싶은 이야기는 선두에 서서 모든 민주주의 국가에 중요하고도 끝없는 과업인 '안보와 자유의 조화'를 추구하는 사람들에게 우리는 빚을 지고 있다는 사실이다.

차례

5 선제공격에 대한 부시 독트린

6 이란의 핵무기 프로그램에 대한 선제적 행위는 정당화 될 것인가?

7 예방과 선제공격의 법률 체계

일러두기

1 외국 인명·지명의 표기는 '외래어표기법'(1986년 문교부 고시) 및 그에 준해 국립국어원에서 제시한 용례에 근거해 표기했다.

2 본문에 등장하는 성경의 인명·지명은 개신교와 가톨릭에서 공동으로 번역한 '공동번역 개정판'을 기준으로 했다.

3 책의 미주와 각주는 모두 지은이의 주이며 역자와 편집자의 주는 본문 내에 작은 글자로 첨부했다.

이 책을 친애하는 친구이자 40년 지기인 캐나다 법무장관 어윈 콜Irwin Colter에게 바친다. 그는 정의를 추구하기 위해 항상 성서의 명령을 수행하고 한결같이 모범을 보이며 확고한 원칙을 헌신적으로 지켜나감으로써 나를 비롯한 수많은 사람들을 고무한다.

서론

믿을 만한 정보기관이 수 주 내에 당신이 살고 있는 도시에 대규모 테러 공격이 있을 가능성이 크다는 정보를 얻어냈다면 어떻게 하겠는가? 게다가 특정 용의자까지 지목했다면? 당신은 정말로 테러 계획이 있었는지 그 사실이 밝혀질 때까지 그를 예방 차원에서 일정 기간(한 달이라고 가정하자) 구금하는 것을 지지하겠는가?

공격을 예방하는 데 필요한 정보를 얻어내기 위해 어떤 종류의 심문을 어느 정도까지 허용할 것인가? 혹은 테러 용의자가 적국에 은신해 체포가 불가능하며, 테러를 막을 유일한 방법이 그를 암살하는 것뿐이라면 그 시도를 지지하겠는가? 테러를 예방할 수 있는 유일한 방법이 외국에 있는 테러리스트 기지를 공격하는 것이라면 어떻게 하겠는가? 만약 총력 공격이 필요하다면 어떻게 하겠는가?

만약 천연두와 같은 무기화된 바이러스를 수반하는 테러가 벌어진다면 강제적인 예방 접종을 해야 하겠는가? 대규모 예방 접종으로 치명적인 영향력을 상당히 경감시킬 수 있는 반면, 그로 인해 150~200

명 정도가 죽을 수도 있다고 하더라도 강제적인 예방 접종을 해야 한다고 생각하는가? 천연두를 어떻게 생산하고 무기화하는지를 설명해 주는 기사를 게재하려고 한다면, 예방 차원에서 그 기사를 사전에 검열하는 것에 찬성하는가?

위의 질문들은 모든 민주주의 사회가 현재 (또는 가까운 장래에) 당면하고 있는 비극적 선택의 종류다. 하지만 각 나라의 정부는 이러한 과감한 예방적 또는 선제적인 행위를 지배할 만한 협의된 법률 체계 혹은 도덕 체계를 전개시킬 생각도 하지 않고 있다. 단순하게도, 위협이 닥치면 필요에 따라 그때그때 대처하고 있을 뿐이다.

민주주의 세계는 위험한 행위에 대한 접근 방식에 중요한 변화가 일어나고 있음을 경험하고 있다. 전통적인 억제와 반작용적인 접근법에서 벗어나 좀 더 예방적이고 적극적인 접근법으로 변화되고 있는 것이다. 이러한 변화는 시민권, 인권, 형사사법, 국가 안보, 외교정책, 국제법에 막대한 영향력을 행사한다. 그러나 이러한 영향력이 충분히 고려되지 않고 있는 것이 현실이다. 이 변화는 억제 이론에서 예방 이론으로 전환된 중요한 개념적 변화다. 또한 위험인물의 행동을 통제하기 위해 사회가 취할 수 있는 행동에 막대한 영향력을 수반한다. 다시 말해 테러리스트를 지목해 살해하는 것, 핵무기나 대량살상 무기에 대한 선제공격, 예방적 전쟁, 적극적인 범죄 예방 기술(함정 수사, 정보원, 도청), 인종이나 민족 또는 다른 형태의 프로파일링, 전염병에 대한 예방 접종이나 격리('자연적'으로 전염되든지 '무기화'되어 전염되든지 간에), 위험하거나 모욕적인 언론에 대한 사전 규제, 임박한 테러리즘 행위를 막는 데 필요한 정보를 수집하려는 수단으로서의 고문 등에 영향력을 미친다.

이러한 변화의 씨앗은 이미 오래전에 뿌려졌고 세월이 흐르면서 점차 꽃을 피웠다. 그러나 이 중요한 변화가 촉진되고 정당화된 것은 2001년 9월 11일 미국에서 9·11 테러가 일어난 이후였다. 테러 이후 당시 미국의 법무장관 존 애슈크로프트John Ashcroft, 1942~는 법무부의 '최우선 과제'는 '예방'이라고 설명했다.[1] 미 법무부에 따르면 이제는 장래의 범죄, 그중에서도 특히 테러리즘을 예방하는 것은 지난 범죄를 소추하는 것보다 더 중요한 일로 여겨진다.[2] 2005년 1월 5일 미국의 전 법무장관 앨버토 곤잘러스Alberto Gonzales, 1954~는 청문회에서 정부의 "최우선 과제는 테러 공격을 예방하는 것이다"라고 반복해서 언급했다.[3] 이러한 예방적 접근의 일부로 사용된 전략에는 엄격한 국경 통제, 프로파일링, 예방적 구금, 예방적 정보를 수집하기 위한 강력 추궁, 포괄적인 감시, 잠재적 테러리스트 암살 계획, 테러리스트 기지에 대한 선제공격, 예방적인 총력 전쟁이 있다. 역사상 예방적 행위에 대한 선례들(미심쩍은 부분이 많다)이 분명히 있기는 했다. 그리고 이러한 모든 전략은 오늘날 확고한 법률적 근거, 법률 체계, 도덕 체계 없이 점점 더 많이 사용되고 있다.

역사가 기록되기 시작한 이래로 예언가들은 홍수, 기근, 페스트, 지진, 화산 폭발, 해일, 전쟁 등의 재난 발생을 예견하고자 노력해왔다. 마찬가지로, 범죄를 예견하려는 시도 또한 수 세기 동안 인류의 상상력을 사로잡았다. '전문가들'은 자신들이 누군가가 심각한 범죄를 저지르기 전에도 그들에게 잠재된 범죄자 표시가 있음을 분간할 수 있다고 주장한다. 이와 관련해 그들은 성경에 등장하는 '고집 세고 반항적인 아들'[4]을 언급하면서 폭음과 방탕한 모습으로 그의 성격을 짐작할 수 있다고 설명했다. 또한 19세기 범죄학자 체사레 롬브로소Cesare Lombroso, 1836~1909가 주장한 '생래적 범죄자와 기회적 범죄자'[5]가 있는데, 그는 두개골 모양으로 범죄자를 알아볼 수 있다고 했다. 그리고 셸던 글룩Sheldon Glueck과 엘리너 글룩Eleanor Glueck이 세운 '세 살 범법자 이론'[6]은 가족 관계에서 포착할 수 있는 사실을 통해 범죄자를 확인할 수 있다고 주장한다. 이러한 예들이 과학적으로 입증되지는 않았으나, 여전히 많은 사람들은(경찰관, 판사, 정신과 의사, 법률가, 일반 대중 등) 범죄자들이 범죄를 저지르기 전에도 그들을 구분할 수 있는 방법이 있다고 믿는다.

1920년대와 1930년대의 나치 독일뿐만 아니라 미국, 영국을 비롯해 다른 서방 국가들의 우생학자들은 말살이나 다른 우생학적인 방법을 통해 특정 범죄 행위를 방지하고, 특정한 인종이나 종족이 약화되는 것을 방지할 수 있다고 믿었다.[7] 유대인 대학살 이전에도 독일 정부는 너무 적은 수를 말살하는 것보다는 지나치게 많은 사람을 말살하는 편이 낫다고[8] 믿었으며, 그로써 출산 가능한 나이의 남녀 40만 명을 무력으로 말살했다. 이는 독일 가임 연령 인구의 1퍼센트에 달하는 수효였다. 이와 같이 말살을 허용한 법률은 '유전병에 걸린 후손이 태어나는 것을 예방하기 위한 법률'[9]로 명명되었다. 물론 그들이 '과학적인 방법'이라 믿었던 이 방법은 유대인 대학살 이후 신빙성을 잃었다. 하지만 1970년대까지 인간의 XYY 유전자형의 존재가 어떤 종류의 극단적 범죄와 관련이 있을 것이며, 이를 예견할 수 있다는 주장이 제기되었다.[10] 이러한 인간 게놈 지도 제작은 폭력과 위해를 예견하기 위한 목적으로 시행되었던 당시의 유전자 연구를 자극했다. 어떤 사람들은 인종, 민족, 종교, 그리고 다른 '프로파일링'을 통해 테러리스트와 같은 잠재적 범죄자들을 파악하려는 노력이 가능성이 있다고 믿는다.

역사적으로 볼 때 국가와 통치자에 대한 심각한 위협을 사전에 제압하기 위해 널리 사용된 초기 개입은 전제군주제와 관련이 있다. 히틀러와 스탈린은 적들이 자신들에 맞서 봉기하기 전에 그들을 제거하는 데 뛰어났다. 한편, 진보 세력 또한 예방적 접근법을 옹호했다.

지난 수십 년간 특히 유럽에서는 이른바 예방 원칙이 '규제 정책의 요소'가 되었다.[11] 예방 원칙은 위험을 감수해야 하는 상황을 만들지 말라고 주장한다. 즉 안전성이 확립될 때까지 조심할 것과, 명확한 증거를 요구하지 말 것을 요구한다. 캐치프레이즈로는 '나중에 후회하는 것보다 미리 조심하는 편이 낫다'[12]는 것이다.

《뉴욕타임스 매거진New York Times Magazine》은 2001년 가장 '영향력 있는 사상들' 중 하나로 이 예방 원칙을 열거했다.[13] 이 원칙은 독일에서 고안되었으며 원래는 환경적인, 즉 '자연' 재해를 예방하려는 노력에서 시작되었다. 그러나 이제 그것은 전통적으로 좌파가 불러일으켰던 원래의 관심사를 뛰어넘었다. 캐스 선스타인Cass Sunstein, 1954~ 교수에 따르면 예방 원칙은 이제 테러리즘 대응책, 선제적 전쟁, 자유와 안보의 관계와 관련해서 토론의 대상이 되었다. 조지 W. 부시Goerge W. Bush, 1946~ 전 미국 대통령은 2003년 이라크 전쟁을 옹호하면서 일종의 예방 원칙을 발동시켰다. 그는 불확실성에 직면했으므로 자신들의 행위가 정당화된다고 말했다. "위협이 완전히 실현될 때까지 기다린다면 너무 늦다." 그는 또한 "위협이 예상된다면 상황이 임박해지기 전 그에 대처하는 것은 필요불가결한 일임을 믿는다"라고 말했다.[14]

캐스 선스타인은 유럽과 미국의 상이한 태도를 두고 다음과 같이 흥미롭게 역설했다. "미국은 지구 온난화나 유전자 조작 식품과 관련된 문제에는 비교적 관심이 없는 듯하다. 이 문제들에 대해 유럽인들은 예방 조치를 선호하는 반면, 미국인들은 위험성의 증거 따위를 요구하는 것 같다. 그러나 국가 안보 위협에 대해서는 분명히 다른 태도를 취한다. 다시 말해 미국(그리고 영국)은 이라크 전쟁에 대해 일종의 예방 원칙을 취했던 반면, 다른 나라들(특히 프랑스와 독일)은 더 확실한 위험성의 증거를 요구했다."15[가]

이러한 관찰로 미뤄보건대, 예방 원칙은 유럽과 미국, 그리고 동시대의 상황을 뛰어넘어 일반화될 수 있다. 다시 말해 어느 시대에서든 사람들은 똑같이 예방적이거나 조심성 있는 조치들인데도 어떤 것에는 반대하면서 어떤 것은 선호했다. 어떤 조치에 찬성하고 반대할 것인가. 그 차이점은 사회적, 정치적, 종교적, 문화적 요소에 크게 좌우된다. 내가 이 책을 통해 주장하듯, 일반적 원칙으로서의 어떤 방지책이나 예방 조치를 찬성하거나 반대한다고 단언하는 것은 무의미한 일이다. 왜냐하면 대부분의 경우는 이해관계의 가치에 따라 상황이(규제 대상의 비용과 이익의 내용·실체에 따라) 매우 다르기 때문이다.

물론 누군가 희생될 때까지 기다리기보다는 어떤 위해가 발생하기 전에 최소한 이를 예방하고자 노력하는 일에는 공감이 간다. 실제로 루이스 캐럴Lewis Carroll, 1832~1898은 그의 동화 《이상한 나라의 앨리스Alice's Adventures in Wonderland》에서 여왕의 입을 통해 범죄를 저지를 것으로 예견되는 자를 예방적 구금하는 것을 두고 논쟁을 벌인다. 그리고 앨리스는 이를 반박하는 데 어려움을 겪는다. 여왕은 다음과 같이 말한다.

> "왕의 사자가 지금 감옥에서 벌을 받고 있다. 재판은 다음 주 수요일이 되어야 있을 것이다. 그리고 범죄는 당연히 최후에 일어날 것이다."
>
> "하지만 그가 죄를 짓지 않으면 어쩌시려고요?" 앨리스가 말했다.

[가] 런던 지하철 테러 사건 이후 지하철역에는 이와 같은 표지들이 게시되었다. "무죄가 입증되기 전까지는 유죄이다-유기된 가방들을 의심하라."

"그러면 더 좋지. 그렇지 않니?" 여왕이 말했다.

앨리스는 "그러면 더 좋지"라는 말을 부정할 생각은 없었다. 그러나 "하지만 그가 벌을 받는 것은 좋을 게 없잖아요"라고 말했다.

"네 생각은 틀렸어……." 그러고는 여왕이 물었다. "넌 벌을 받은 적이 있느냐?"

"잘못했을 때에만요." 앨리스가 대답했다.

"그래. 그거 잘 됐구나!" 여왕이 의기양양하게 말했다.

"맞아요. 하지만 저는 제가 잘못한 일에 대해 벌을 받았던 거예요." 앨리스가 강조했다. "그 점에서 큰 차이가 있지요."

"하지만 네가 잘못을 저지르지 않았더라면 그게 훨씬 더 좋았겠지. 더, 더, 더 좋았겠지!" 여왕은 끽끽거리는 소리가 날 때까지 "더, 더, 더"를 점점 크게 말했다.

앨리스는 생각했다. "이곳은 뭔가 잘못되었군."[16]

이런 종류의 생각에는 자유에 대한 수많은 오해와 위험들이 내재되어 있으며, 그것들은 오늘날 충분히 논의되지 않고 있다.

우리가 예방을 둘러싼 이러한 이슈들을 간과하는 까닭은 어떤 형태의 예방적 구금도 우리의 전통과는 조화를 이룰 수 없을 것이라고 잘못된 가정을 하기 때문이다. 20세기의 가장 저명한 관습법 학자로 손꼽히는 데닝Lord Justice Denning, 1899~1999은 민주주의 원칙에 따른 예방적 형벌의 모순점을 요약하면서 다음과 같이 주장했다. "이미 저지른 잘못 때문이 아니라 차후에 저지를지도 모를 행위 때문에 누군가를 처벌하는 것은 모든 원칙에 반한다."[17] 그러나 그것은 모든 '원칙'에 반할 수는 있지만, 모든 '관습'에 반하지는 않는다. 이에 관한 내용은 이 책에서 차차 다룰 것이다.

과거의 일에 대해 반응하기보다는 앞으로 벌어질 위해를 예방하는 변화된 모습은 의미심장하지만 주목받지 못하는 오늘날 세계의 추세 중 하나다. 이러한 변화는 형벌의 위협으로 억제할 수 있는 이성적인 사람을 전제로 한 인간 행동 모델에 의존하던 우리의 전통에 이의를 제기한다. 전형적인 억제 이론은 제안된 일의 비용과 편익을 평가하고, 이러한 계산에 근거해 행동할 수 있는 (그리고 행동을 억제할 수 있는) 타산적인 악인을 대상으로 한다. 그것은 또한 사회에 우리가 억제하려는 타격에 저항할 수 있고, 그러한 타격에 대해서 가시적 형벌을 가할 수 있는 능력이 있다는 것을 전제로 한다. 그러나 이제는 이러한 전제들이 매우 의문시되고 있다. 테러리스트의 수중에 있는 대량 살상 무기로 인해 위협이 실현될 가능성이 더 커지고 있으며, 이성적 비용과 편익을 가지고 고전적인 위협이나 압박이 잘 통하지 않게 되었기 때문이다.

오늘날 가장 큰 위험의 근원은 종교적 광신자들이다. 그들은 우리가 가하는 형벌이나 제공하는 보상의 종류만큼이나 '초자연적인' 비용과 편익으로부터 동기를 부여받아 행동한다. 2001년 9월 11일 미국을 공격했던 자살 테러리스트들이 그 한 예이다. 그들은 테러로 죽을 각오가 되어 있으며 그런 행위로 다음 세상에서 보답을 받을 수 있다고 믿는데, 우리에게는 그런 그들을 막을 수 있는 도덕적으로 용인된 방법이 전혀 없다.[18] 자살 테러리스트들이 공항 검색대를 통과하던 당시의 녹화 테이프를 보면 죽음을 몇 시간 앞둔 그들이 평온한 표정을 짓고 있음을 알 수 있다. 이는 그들이 '합리적인' 비용과 편익을 계산할 줄 몰라서 그런 것이 아니다. 그들의 계산에는 우리가 제공해줄 수 없는 편익(내세에서의 구원)이 포함되어 있는데, 그 편익이 이를 위해 치러야 하는 비용(죽음)을 능가한다. 그들은 어떤 면에서 신이나 악마가 시킨 일을 완수했다고 믿는 정신 나간 범죄자들 같다. 이처럼 그들의 행위를 억제할 수 없기 때문에 그들을 상대로 예방적 조치를 취하는 것에 대한 논의는 더욱 주목을 받는다. 윌리엄 블랙스톤William Blackstone, 1723~1780은 《미친 사람들madmen》에서 이렇게 주장했다. "그들은 자신들의 행동에 책임을 질 수 없기 때문에, 그들에게 행동의 자유를 허용해서는 안 된다."[19] 자신의 임무가 진정으로 신에게서 주어졌다고 믿는 지도자를 둔 국가들(오늘날의 이란과 같은)은 비용과 편익을 세속적인 방법에 근거해 계산하는 나라들(오늘날의 북한이나 쿠바와 같은)보다 억제하기가 더 어려울 수도 있다.[20]

《뉴욕타임스The New York Times》는 9·11테러 이후 1년이 지난 2002년 9월 10일 사설에서 테러리즘과의 전쟁과 관련된 억제 이론과 예방 이론(또는 선제공격)의 차이점을 다음과 같이 밝혔다.

> 미국은 지난 해 9월에 있었던 갑작스럽고 흉악한 테러 공격으로 인해, 이제 지난 50년 이상 국가를 잘 이끌어왔던 외교 정책에 더 이상 의지할 수가 없게 되었다. 그 정책에는 미군의 존재만으로도 적들의 공격적인 자극을 억제할 수 있다는 생각이 포함되어 있다. 그 자리를 부시 행정부의 더 도발적인 선제공격 전략이 대신했다. 선제공격 전략이란 적군이 우리를 공격하기 이전에 우리가 먼저 그들을 공격하는 것을 구상하는 전략이다. 그것은 테러 단체를 다루는 적절한 방법일지도 모른다. 하지만 9·11 1주년 기념일 전날인 오늘까지도 여전히 억제주의는 미국의 정책에 있어서 중요한 역할을 담당한다."[21]

국제 관계에서 볼 때 억제는 '매우 단순한 발상'이다. 만약 미국이나 그 동맹국들이 공격을 받으면 우리는 대규모의 보복을 할 것이다.

《뉴욕타임스》는 계속해서 이렇게 서술한다.

> 억제는 '매우 단순한 발상'의 외교상 용어다. 다시 말해 미국이나 그 동맹국에 대한 공격은 가해 국가에 대한 치명적 군사 보복을 초래할 것이다. 억제 정책은 냉전 시대 초기에 미국 외교 정책의 핵심이었다."[22]

《뉴욕타임스》에 따르면 이러한 접근법은 '이익을 위해 책임감 있는 행동을 하도록 적들을 유도한다는 장점이 있다. 공격으로 인해 결국 자신들의 국토가 황폐화되고 권력을 빼앗길 가능성이 있다면 그들에게 공격은 매력이 없다.'[23] 그런 다음 《뉴욕타임스》는 선제공격이 테러리스트들을 다루는 적절한 방법이긴 하지만, 이라크를 다루는 전략으로서는 의심의 여지가 있다고 주장했다.

> 9·11 테러 후에 조지 부시 대통령은 보복 위협만으로는, 영구적인 국토가 없고 잃을 것도 거의 없는 국제 테러 조직을 견실하게 저지할 수가 없다고 밝혔다. 때문에 그들이 공격을 하기 전에 중단시켜야 한다는 설득력 있는 주장을 펼쳤다. 사담 후세인Saddam Hussein, 1937~2006이 이 범주에 속하는지가 의문인데, 이와 관련해 조만간 국가에서 토론이 있을 것이다."[24]

《뉴욕타임스》가 예견했던 그 토론은 이라크 전쟁과 관련해서 비교적 제한된 내용을 다루었다. 나는 이 책에서 토론의 범위를 넓힐 것이다. 그 범위란 특정한 전쟁이나 전쟁 자체의 이슈뿐만 아니라, 억제 전략의 대상이 아닐 수도 있는 (또는 대상이 아니라고 생각할 수도 있는) 데까지 이른다.

전통적 억제 이론은 국가가 일단은 위해가 발생하는 것을 받아들인 후, 가해자를 체포해 해당 범죄에 비례해서 공개적으로 처벌하는 것이었다. 이는 장래의 잠재적 범죄자들에게 죄를 지으면 벌을 받는다는 점을 명시하기 위한 것이다. 전형적인 위해로는 단순 살인이나 강도가 있는데, 범죄의 희생자나 그 가족에게는 비극이겠지만 사회로서는 이것을 받아들일 수가 있다. 하지만 오늘날에는 수천 명의 희생을 초래할 수 있는 테러, 또는 수만 명의 생명을 앗아갈 수 있는 대량 살상 무기가 그러한 위해가 될 수 있다. 이러한 대규모 공격을 예방할 수 있는 능력이 있는 국가 지도자들은 냉전 시대 초기의 일부 전략가들이 그랬던 것처럼 선제공격을 하고 싶을 것이다. 《뉴욕타임스》에 따르면 "트루먼 정부 시대에 일부 전략가들은 핵무장한 초강대국 공산 국가의 출현을 방지하기 위해 소비에트 연방이 아직 군사적으로 약할 때 공격하자고 제안했다. 하지만 그에 반대하는 세력이 우세했다. 그 후 40년 간 미국은 억제 전략에 의존했고, 그로 인해 쉽지는 않았지만 평화가 유지되었다."[25]

뒤늦게 깨달은 것이지만 그 결정은 분명히 옳았다. 그런데 만약 그 결과 소비에트 연방이 미국을 상대로 핵무기를 사용했다면 어떻게 되었을까? 그랬다면 영국이 제2차 세계대전 이전에 독일의 무기 증강을 막지 못해서 비난받은 것처럼, 미국이 예방적 행동을 확실히 취할 수 있었을 때 그렇게 하지 못했던 것에 대해 비난을 받았을 것이다. 억제 정책 대 선제공격의 이득과 손실을 비교·평가하는 데 가장 어려운 점은 일단 선제공격이 더 효과적일지, 혹은 억제 정책이 더 효과적일지 파악하기가 거의 불가능하다는 점이다. 게다가 억제 정책을 취할 것인지 선제공격을 감행할 것인지를 결정을 해야 할 시기에 얻을 수 있는 정보라고는 개연성 정도이며, 그것 역시 불확실성이 존재한다. 또한 예방할 수 있었던 위해의 성질과 정도를 정확히 알기가 어렵다. 예를 들어 독일의 군수품을 사전 공격해서 제2차 세계대전을 막는 데 성공했더라면 2차 대전의 극악무도함을 결코 알 수 없었을 것이다. 그리고 역사는 영국이 힘없는 독일을 정당한 이유 없이 공격했다는 사실만을 기억할 것이다.[26]

이렇게 역설적인 이슈에는 전쟁과 평화에 대한 것뿐 아니라 범죄(살인이나 강간, 폭행 등)나 테러에 관여할 가능성이 매우 높아 보이는 어떤 개인의 구금에 관한 결정도 여기에 포함될 것이다. 또한 좀 더 확장시켜 보자면 중증 급성 호흡기 증후군SARS이나 조류 독감avian flu 같은 전염성을 지닌 바이러스 보균 가능성이 높은 사람들의 격리를 결정하는 것도 여기에 속할 것이며, 일반인들의 안전에 큰 위협이 될 수도 있는 정보를 유출하려는 잡지, 신문, 방송, 인터넷 서비스 공급자에 대해 사전 검열 문제도 여기에 포함된다.[27] 특히 무책임해 보이는 대중 매체인 인터넷이 도입된 이후로 사실에 대해 책임질 수 있는 '발행자'가 없으므로 사전 검열을 더 많이 고려하게 되었다.[28]

어떤 상황에서든 예방적 행위에 대한 결정은, 100퍼센트라고 하기에는 불확실한 예견을 기초로 이루어진다. 우리는 예견된 위해가 돌이킬 수 없는 피해를 일으키는 것을 방지하기 위해 약간의 양성 오류(발생하지 않았을 위해에 대한 예견)를 받아들일 준비를 해야 한다. 정책 결정을 할 때에는 서로 다른 정황에서 양성 오류에 대한 음성 오류의 비율이 용인될 만큼 포함된다.

수천 년 간 우리가 이루어온 법률 체계 또는 도덕 철학은 위해, 특히 범죄에 대한 사후 반작용적인 것이었다. 심지어는 널리 인정받은 다음과 같은 계산법을 수용하게 되었다. "한 명의 억울한 사람을 만드는 것보다 열 명의 죄인을 풀어주는 것이 낫다."[29] 이와 비슷한 계산법이 예방적 결정도 좌우해야 할까? 무죄일 가능성이 있는 용의자를 예방 차원에서 구금하는 것보다, 예방할 수 있는 열 건의 테러가 발생하도록 놔두는 편이 더 나을까? 그에 대한 해답은 예견된 위해의 성질에 좌우되어야 할까? 구금의 조건과 기간은 어떠한가? 억류자의 전적은 어떠한가? 예방적 결정에 적용된 실제적 기준은 무엇인가? 양성 오류와 음성 오류에 대한 진정한 양성의 비율은 어떻게 되는가? 이상은 우리가 예방적인 접근법으로 더 가까이 이동하면서 직면해야 할 여러 종류의 의문점들이다.

선제적 행위를 결정하려면 일반적으로 여러 요소들을 복합적이고 역동적으로 평가해야 한다.[30] 이러한 요소에는 다음과 같은 것들이 포함된다.

1. 우려되는 위해의 성질[31]
2. 선제공격이 없을 때 그 위해가 일어날 가능성[32]
3. 위해의 근원(계획적 행위인가, 자연적 사건인가?)
4. 기도된 선제공격의 실패 가능성
5. 성공적인 선제공격의 대가[33]
6. 실패한 선제공격의 대가
7. 이러한 결정에 바탕이 된 정보의 성질과 특징
8. 성공한 선제공격과 실패한 선제공격의 비율
9. 선제적 조치의 적법성, 도덕성, 그리고 잠재된 정치적 결과
10. 다른 사람들에 대한 선제적 행동의 장려
11. 두려워하는 사건이 야기하는 위해의 회복 가능성과 불가능성
12. 기도된 선제공격이 야기하는 위해의 회복 가능성과 불가능성

13. 예기치 않은 결과(의도되지 않은 결과의 원리)의 불가피성을 포함한 여러 가지 다른 요소

어떠한 예방적 결정을 내리든 이런저런 요소들의 복잡성, 역동성, 그리고 불확실성을 합리적으로 검토해야 한다는 점에 비추어 볼 때, 특정한 결정을 계량하고 평가하고 시험할 수 있는 일반적 법칙을 구성하기란 어려울 것이다. 단순한 차원에서는 기도된 위해의 심각성이[34] 선제공격이 성공했을 때 야기할 위해의 가능성과 비교가 이루어질 것이다. 이런 단순한 법칙은 다른 요소들이 개입되어 복잡해질 수도 있다. 예들 들어 행위를 하는 것과 하지 않는 것의 적절한 부담, 개입의 법적·도덕적 상태, 장기적이고 의도되지 않은 결과의 가능성 등이 있다. 어떤 법칙이든 미묘함과 불확실성을 가장할 것이다. 하지만 현실에 더 가까운 법칙은, 선제적 행위를 결정하는 책임 있고 합리적인 결정자가 명시적 혹은 암시적으로 고려해야 할 요소들 간의 관계를 명백히 밝힐 수 있도록 도울 것이다.

재판관들이 예언적 암시에 근거한 결정들을 분석하고자, 총체적 공식이라고 할 수 있는 몇 가지 법적 환경들을 마련했다. 수정헌법 제1조에서 법학자 러니드 핸드Learned Hand, 1872~1961는 다음과 같은 내용으로 보호받는 언론의 자유에 대한 '명백하고 현존하는 위험Clear and Present danger' 특례를 공식화했다.

> 판사는 각각의 사례에서 실현 가능성이 없다는 이유로 간과된 '악'의 중대성이 위험을 피하기 위해 언론의 자유를 침해해야 한다고 정당화하는 것은 아닌지 재고해야 한다. …… 확실한 예측이란 있을 수 없다. 모든 예측은 말 그대로 추측일 뿐이고, 추측의 확실성은 그 대상이 되는

사건의 시점이 멀어질수록 감소한다. 법원은 그러한 보편적 기준을 적용하는 데 있어서 균형을 이루지 못할 수도 있다. 보편적 기준은 법원이 금해야 할 '자극'을 묵인하게 만들 수도 있고, 법원이 허용해야 할 발언을 억누르게 만들 수도 있다. 하지만 보편적 기준을 적용하는 일은 법원의 피할 수 없는 책임이다.[35]

대법원은 1951년 미국 공산당 지도자들의 유죄 선고를 지지하기 위해 '명백하고 현존하는 위험'이라는 공식적 표현을 이용(오용)했다. 그 나약하고 인기 없는 공산당이 사실상 미 정부를 '폭력이나 강압'으로 전복하는 데 성공할 가능성이 매우 희박한데도 말이다. '명백하고 현존하는 위험'에 대한 검증은 1969년 대법원의 브랜든버그 판결로 인해 언론의 자유를 지지하는 쪽으로 기울었다. 그 판결에 따르면 위험은 개연성을 갖춰야 할 뿐만 아니라 절박해야 한다.[36] 이것이 현재의 수정헌법 제1조의 견해다.

법원은 또한 명령을 발함에 있어서 장래의 위해와 개연성 있는 결과가 조화를 이루는 것에 대해 기술한다. 스티븐 브레이어Stephen Breyer, 1937~ 판사는 '이 검증의 핵심'을 "원고의 본안에서의 성공 가능성에 비추어볼 때 명령 없이 원고에게 야기되는 손해가, 명령이 피고에게 가져올 손해를 능가하는가"로 요약했다.[37]

이와 같은 공식들은 자유에 대한 요구와, 이에 맞선 예방에 대한 요구를 조화시킨다는 것이 얼마나 미묘하고 어려운 일인지를 증명해준다. 다음의 선제적 결정들을 생각해보라. 그것들은 모두 잠재적으로 생사의 선택과 연루되어 있다.

첫째, 인도적 가치에 헌신하는 민주주의 국가가 자국을 공격할 것으로 예상되는 어떤 집단을 막기 위해서, 또는 부득이하거나 전쟁과

거의 유사하다고 여겨지는 상황에서 군사적 이득을 얻기 위해 전쟁을 하는 것은 과연 옳을까?[38] 우리는 이것을 선제적 또는 예방적 전쟁 결정이라고 부를 수 있다.[39] 선행적 정당방위의 실행과 연관된 것으로는 대량 학살이나 소수 민족 학살을 방지하기 위해 해당국에서의 군사 행동을 약속하는 결정이 있다. 이것은 인도주의적 개입 결정이라고 부를 수 있다.

둘째, 적지만 무시할 수는 없는 수의 사람들이 예방 접종으로 인해 죽거나 중병에 걸릴 수 있는 상황에서 무기화된 전염성 서균의 감염을 막기 위해 모든, 또는 대부분, 또는 일부의 사람들에게 예방 접종을 실시해야 하는가 하는 문제다. 게다가 무기화된 세균을 이용한 공격의 가능성이 있긴 하지만 그 가능성이 높지 않다면 결정이 특히 어려워진다. 우리는 이것을 예방 접종 결정이라고 부를 것이다.

셋째, 잠재적으로 위험스러운 인물들(강간범들, 살인자들, 테러리스트들, 어린이 성학대자들)[40] 또는 단체들(일본계 미국인들, 아랍계 미국인들, 특정한 '프로필'에 해당하는 자들, 또는 다른 자들)을 식별해 구금(또는 자격 박탈)하는 결정이 포함될 것이다. 우리는 이것을 예방적 구금 결정 또는 범죄를 예견하고 예방하는 방법에 의존하는 선진적 법 집행 시스템에 관한 영화 〈마이너리티 리포트Minority Report〉(2002)에 근거해 마이너리티 리포트 접근법이라고 부를 것이다.

넷째, 가장 어려운 결정은 정부가 대량 학살에서부터 강간, 스파이, 살해, 정부 전복에 이르기까지 심각한 위해를 선동하고, 자극하고, 조장하고, 야기하는 특정한 종류의 언론을 막으려 애쓰는 것이 옳을까 하는 점이다. 원인이 되는 메커니즘은 다양할 것이다. 어떤 경우에는 정보와 관련이 있을 수도 있고(스파이들의 이름, 계획된 군사 공격의 장소, 핵무기를 만드는 방법 설명, 르완다에서와 같이 피해자의 이름과 장소를 밝히는 것 등), 다른 경우는 감정적인 부분일 수도 있다(선동, 의도된 희생자의 명예 훼손, 종교적 교령을 발하는 것 등). 또 다른 경우들에는 여전히 여러 가지 요소가 결합되어 있을 것이다. 우리는 이것을 검열, 또는 사전 억제 결정이라고 부를 것이다.

문제는 위와 같이 다양한 결정에 공통된 요소들이 충분해서 보편적인 결정 공식을 구성하려는 노력에 효과가 있느냐는 것이다. 적절한 변수가 있는 그러한 공식은 선제적 또는 예방적 행위가 정당화된 것으로 간주되기 이전에 결정되어야 할 판단을 명확히 하는 데 도움이 될 것이다. 한 가지 공식이 결여된다 해도, 서로 다르지만 관련된 예견적 결정들에 관한 비교 토론은 결정의 각 유형과 관련된 정책들의 명확성에 기여할 것이다.

인간은 매일 예견적 결정과 소급적 결정을 한다. 일상적인 예견적 결정에는 일기 예보, 대학교 입학 결정, 주식 매입, 휴가 계획, 스포츠 경기에 거는 내기, 투표 선택권이 포함된다. 일상적인 소급적 결정에는 재판 평결, 역사적 재구성, 아이들이 부인하는 비행에 대한 처벌이 포함된다. 물론 많은 결정들에는 소급적인 요소들과 예견적인 요소들이 복합되어 있다. 여기에는 선고, 청혼, 두려운 학대자에 맞서는 보호 명령, 그리고 형사 피고인의 보석 거절 등이 포함된다.

이론상으로는 어떤 유형의 장래 사건을 예견하는 것이, 과거의 일을 재구성하는 것보다 쉽다. 왜냐하면 예견의 정확성(단기간의 눈에 보이는 예견들, 예를 들어 날씨, 주식, 스포츠, 대학 성적 같은)은 미래 사건이 실제로 일어나면 단순히 그것을 관찰함으로써 쉽게 검증될 수 있는 반면, 과거의 재구성(예를 들어 특정한 범죄, 불법 행위, 또는 역사적 사건이 실제로 일어났는지)은 종종 돌이키거나 관찰할 수가 없기 때문이다.[41]

하지만 현실적으로 우리는 미래를 예견하기보다는 과거를 재구성하는 데 더 능통한 것 같다(또는 그렇게 믿는다). 이는 우리가 잘못된 예견에서 교훈을 얻는 데 실패하기 때문인 듯하다. 어떤 사람들은 예언이 재구성보다 어렵다고 주장한다. 이는 예견적 결정은 개연성에 근거(예를 들어, 내일 비가 올 가능성은 얼마나 되는가?)하는 반면에, 소급적 결정은 진위(부스가 링컨을 암살했는지 안 했는지)에 근거하기 때문이다. 이는 이슈에 어떻게 접근하느냐에 대한 문제다. 예견적 결정 또한 진위에 근거하기도 한다. 그리고 과거의 일이 일어났는지 일어나지 않았는지의 문제 또한 개연성에 근거한 개념으로 언급될 수 있다. 배심원들은 논쟁이 되는 사건이 발생하면 '의심의 여지가 없이' 또는 '다수의 증거'에 의해 결정하도록 요구받는다. 어느 경우든지 간에 대상 사건은 발생했거나 발생하지 않았거나, 혹은 발생할 것이거나 발생하지 않을 것이다. 하지만 우리는 완벽한 정보 없이는 확신할 수가 없고, 개연성에 근거해 확실성의 수위를 밝혀야 한다. 예를 들어 사건 X가 일어났을 확률이 매우 높다거나, 혹은 일어날 확률이 매우 높다 등의 표현이다.[42] 과거를 재구성할 수 있는 능력뿐만 아니라 미래를 예견할 수 있는 우리의 능력이 과학의 발달(예견하는 컴퓨터 모형화, DNA, 기타 등등)로 향상된 것은 확실하다. 하지만 아직도 양성 오류와 음성 오류의 문제가 남아 있으며, 이처럼 불가피한 실수로 인해 부담이 되는 도덕적 반박을 종식시킬 정도의 정확성을 갖추지는 못했다.

실생활에서는 통제된 시험에서와는 달리, 대부분의 중요한 결정들에 예언적인 판단과 소급적인 판단 모두가 종종 결합되어 포함된다. 판사가 유죄를 인정받은 피고와 관련해 선고를 해야 하는 경우를 생각해보라. 배심원단이 이미 피고가 특정한 범죄를 저지른 것이 거의 확실하다는 결정(의심의 여지없이)을 내렸다 하더라도, 판사는 대개 그가 재범을 저지를 가능성뿐만 아니라 기소되지 않았던 과거의 다른 범죄들(그의 전과) 또한 고려할 것이다.[43] 또는 변호사를 고용하는 결정을 생각해보라. 변호사를 고용하려는 고객이 변호사를 면접하는 경우, 고객은 그의 과거 그의 승소율(엄밀히 말하자면 승소율보다는 어떤 사건을 맡았는지, 어떤 사건에서 승소를 많이 했는지 등 좀 더 복잡한)을 알고 싶어 한다. 뿐만 아니라 자신의 사건이 법정에 회부되었을 때의 승소 가능성과 그의 현재의 상태 또한 평가한다. 이와 비슷한 사례로 야구 게임에서 결정적인 시기에 대타자를 기용하는 경우를 생각해볼 수 있다. 감독은 과거의 실적(타율, 출루율, 특정 투수에 대한 상대 전적)을 살핀 후에 예상되는 판단을 내린다. 즉, 이런 특별한 상황에서 그 선수가 득점에 기여할 가능성이 얼마나 될까를 고민하는 것이다.

또는 이보다 훨씬 더 실제적이고 중요한 문제를 생각해보자. 사담 후세인을 상대로 전쟁을 일으켰던 미국의 결정을 생각해보자. 첫째는 미래를 예견해보는 것이 고려 대상이었다. 다시 말해 후세인이 미국, 이라크 자국민들, 또는 미국의 우방국들 중 하나를 상대로 대량 살상 무기를 사용할 가능성이 얼마나 되는가? 그리고 그가 그런 무기들을 테러 단체에게 판매하거나 양도할 가능성이 얼마나 되는가? 등의 예측은 과거와 현재 상태의 평가에 근거해야 한다. 즉, 그가 당시 대량 살상 무기를 보유하고 있을 가능성이 얼마나 되었는가? 그가 과거에 그런 무기들을 보유한 적이 있었는가? 있었다면 그가 그것들로 무엇을 했는가? 그는 그 무기들을 자국민들이나 이란을 상대로 사용한 적이 있는가? 등을 근거로 해야 한다.

마찬가지로 시한폭탄 테러리스트를 표적으로 해 체포, 암살, 또는 다른 형태로 무력화하는 결정에도 과거와 미래를 내다보는 개연성 있는 판단이 결합될 것이다. 즉, 그가 최근 테러에 가담했을 가능성이 얼마나 되는가? 앞으로의 그의 계획이나 활동에 대한 현재의 믿을 만한 정보가 있는가? 그를 무력화하지 않는다면 얼마나 많은 사람들이 희생될 가능성이 있는가? 그를 무력화하려는 노력의 과정에서 얼마나 많은 사람들(그리고 어떤 신분의 사람들-다른 테러리스트들, 테러리스트들의 지지자들, 무고한 관련 없는 사람들)이 죽거나 부상당하게 되는가? 그를 살해함으로써 테러리즘이 확산될 것인가? 아니면 억제될 것인가?

선제공격이 좋은 것인지 좋지 않은 것인지를 묻는 개괄적인 질문은 억제가 좋은 것인지 좋지 않은 것인지를 묻는 것만큼이나 의미가 없다. 선제공격은 여러 가지 요소에 따라 경우에 따라서 좋을 수도 있고 좋지 않을 수도 있는 사회 통제 메커니즘이다. 억제가 나쁜 목적 또는 나쁜 방법으로(1930년대 남부에서는 백인을 상대로 '부적절하게' 행동한 흑인에게는 린치를 가할 수가 있었다) 악용될 수 있는 것처럼, 선제공격 또한 좋은 목적이나 좋은 방법(백인 지상주의 비밀결사Ku Klux Klan의 계획을 미리 알고 예상되는 린치를 방지하기 위해 정보원을 배치하는)으로 이용될 수 있다. 하지만 예상되는 위해를 방지하기 위해 노력하는 과정에서 시민들의 생명에 개입할 수 있는 광범위한 권력을 정부에 부여하는 것에는 당연히 불안정한 요소가 있다.

정부가 어떤 권력을 사용할 수 있는 전제 조건으로 위해가 먼저 발생할 것을 요구하는 것은 그러한 권력의 남용에 대해 점검할 수 있는 중요한 역할을 한다. 하지만 다른 대부분의 점검과 마찬가지로 이러한 점검에는 희생이 따른다. 선제적인 행동을 하는 데 실패하면 사회는 끔찍하고 비극적인 손실을 입을 수도 있다.

예를 들어 제2차 세계대전이 발발하고 유엔 헌장이 처음으로 기안

되었을 때, 그 내용에 따르면 한 나라가 군사적으로 반격하려면 실제적인 '군사 공격이 먼저 발생할 것'을 요구했다. 이제는 테러리스트나 악한 나라들의 수중에 있는 대량 살상 무기의 사용 가능성에 직면해, 이 헌장은 '실제적 공격을 넘어서서 절박하게 위협적인 것에 대해서까지' 선제적인 자기 방어를 허용하는 것으로 더 넓게 해석된다.[44] 하지만 선제적인 행동을 하는 데에도 희생은 따른다. 종종 자유를 비롯해 말로 표현할 수 없는 형이상학적 가치들을 잃게 된다. 아마도 그것이 대개의 민주 국가에서 전쟁을 벌이는 것, 위험한 인물을 구금하는 것, 시민들에게 의학적 절차를 따르게 하는 것, 그리고 언론의 자유를 빼앗는 것과 같은 대부분의 가장 이례적인 정부의 권력을 사용하는 데 있어서 선제공격보다는 억제 정책을 따르는 이유일 것이다. 하지만 점점 선제적인 행위를 취하지 않음으로써 겪어야 하는 '불이행의 위험'이 선제적 행위에 반대하는 목소리를 위축시키고 있다. 우리는 신체적인 위험과 자유에 대한 위험이 증대되고 있는 세상에 살고 있기 때문에 예방적 조치들을 취할 것인지 안 취할 것인지에 관한 이해관계가 증대되고 있다. 따라서 중요한 선제적 행위가 계획될 때마다 가치들에 대한 사려 깊은 고려의 필요성이 문제가 된다.

세계적으로 이에 대한 논의가 정치적으로 계속해서 다루어지고 있는데, 위에서 논의된 미묘한 이슈에 초점을 두기보다는 선제공격이 좋은 정책인가 아닌가 하는 단순 질문에 초점을 두게 되었다. 매우 단호하게 모든 선제공격(또는 특별한 종류의 선제공격, 이를테면 선제적인 전쟁 같은)에 반대하는 자들에게조차 여러 가지 종류와 등급의 선제적 행위들이 전 세계적으로 일상화되어가고 있는 것이 현실이다. 이러한 선제적 행위들은, 쟁점이 되고 있기는 하지만 이 중요한 사회 통제 메커니즘이 오용이나 남용 가능성을 최소화하면서 효용을 최대화하는 방법으로 조종될 수 있다는 전망을 수반하는 신중하고 합리적인 고려 없이 취해지고 있다. 예견적인 결정들과 관련된 같은 요소들의 정확한 양을 측정한다는 것은 아마도 우리의 현재 능력으로는 불가능할 것이다. 어떤 사람들은 실제로 양을 재는 데 있어서 우리의 타고난 능력을 능가할 것이다. 수 세기 전에 이루어졌고 유대인 기도회에 포함된 심오한 관찰에 의하면 측정되거나 양을 잴 수 없는 어떤 것들이 있다. 예를 들어 가난한 자들을 돕는 것이나 자애를 베푸는 행위를 하는 것이 그것이다.[45] 그럼에도 불구하고, 계량적 방식으로 사회 통제의 중요한 메커니즘의 비용과 편익에 대해 깊이 숙고해야 하는 것이 여전히 사실일 것이다.

선제적인 결정들을 지배하는 요소들을 계량화할 수 있는 정확한 공식을 찾는 것이 어렵다고 해서 선제공격의 법률 체계를 구성하려는 노력을 단념해서는 안 된다. 우리에게는 아직 소급적인 결정들을 평가하기 위한 정확한 공식도 결여되어 있다. 우리는 소돔의 죄인들을 벌하기 위한 노력에서 얼마나 많은 양성 오류가 허용될 것인가를 두고 아브라함이 하느님과 대화를 나누던 성서 시대부터 형벌의 결정을 계량화하려는 노력과 씨름해왔다.

주께서 진심으로 의인을 악인과 함께 멸하려 하시나이까? 만일 그 도시에 50명의 의인이 있다 하더라도, 진심으로 그들을 멸하려 하시나이까? 온 세상을 심판하시는 분이 정의를 행하실 것이 아니옵니까? 여호와께서 이르시되 내가 소돔에서 50명의 의인을 찾으면 그들을 생각해 그곳 전체를 용서하겠다. 아브라함이 용기를 내어 말하기를 만일 의인을 40명밖에 찾지 못하시면 어찌 하시겠습니까? 주께서 말씀하셨다 내가 그 40명을 생각해서 그들을 멸하지 아니하리라. 하지만 그가 말했다. 만일 의인을 30명밖에 찾지 못하시면 어찌 하시겠습니까! 주께서 말씀하셨다. 내가 30명을 찾을 수 있다면 그들을 멸하지 아니하리라. 하지만 그가 말했다 만일 의인을 20명밖에 찾지 못하시면 어찌 하시겠습니까? 주께서 말씀하셨다. 내가 그 20명을 생각해서 그들을 멸하지 아니하리라. 하지만 그가 말했다. 주여, 제가 이번 한 번만 더 여쭙겠사오니 부디 노여워하지 마소서. 만일 의인을 10명밖에 찾지 못하시면 어찌 하시겠습니까? 주께서 말씀하셨다. 내가 그 10명을 생각해서 그들을 멸하지 아니하리라. 여호와께서는 아브라함에게 말씀을 마치시자마자 떠나셨고, 아브라함은 자신이 있던 곳으로 되돌아갔다.[46]

이 성서의 이야기를 풀어서 말하면 이와 같다. 50명의 양성 오류(악인들과 함께 벌을 받는 의인들)는 너무 많다. 아니 40명, 30명, 20명, 심지어 열 명도 너무 많다! 아브라함은 하느님께서 "그 열 명을 생각해서 악인들을 멸하지 아니하리라"라고 말씀하시자 질문을 멈추고 자신이 있던 곳으로 돌아간 것으로 보아, 그 수가 열 명 이하라면 부당하지 않다고 인정하는 듯하다. 우리는 열 명을 생각해서 얼마나 많은 음성 오류(형벌을 받아 마땅한 죄인)들이 벌을 면하는지, 또는 예방될 수 있었던 장래의 범죄들이 얼마나 많이 일어날지를 알지 못하기 때문에, 이 설득력 있는 이야기마저도 공식의 근거가 될 만한 충분한 자료를 담고 있지는 않다. 자료가 불충분함에도 불구하고 이 성서 시대의 이야기는(아마도 최초로 기록된 중요한 도덕적 판단을 계량화하기 위한 이야기) 후에 마이모니데스Moses Maimonides, 1135~1204,[47] 블랙스톤, 그리고 다른 학자들이 분명히 표현한 공식의 기초로서 역할을 했음이 거의 확실하다. 즉 한 명의 죄 없는 사람에게 부당한 유죄 판결을 내리는 것(양성 오류가 되는 것)보다 열 명(일부는 그 숫자를 100명으로, 다른 사람들은 그 숫자를 1,000명으로 두었다)의 죄 있는 피고인들을 풀어주는 것(음성 오류가 되는 것)이 낫다는 것이다. 이 원시적인 공식이 바로 발생한 범죄를 처벌하기 위해 범법자들을 처벌하려는 국가의 권력으로부터 무고한 피고인들의 권리와 균형을 맞추기 위해 노력해 온, 수천 년간 우리가 생각해낸 최고의 공식이다.

우리는 똑같은 공식을 살인, 소매치기, 기업 범죄자, 그리고 음주운전 용의자들에게 적용하거나 또는 최소한 적용할 것을 요구한다(약간의 역사적인 예외가 있기는 하다. 예를 들어 우리 헌법에서 특별히 기소하기가 힘들게 만들어진 반역죄나, 피해자의 신상 노출 기피로 기소하기가 어려웠던 강간죄, 지난 수십 년간 중요한 변화를 겪고 있는 사건 등은 예외다). 합리적이고 정확히 조정된 시스템은 관련된 가치에 따라 그 숫자를 변화시킬 것이다. 미국 헌법에는 '한 명의 죄 없는 자에게 유죄 선고를 하는 것보다 열 명의 죄 있는 자들을 풀어주는 것이 낫다'라는 격언에 대해 특별한 언급이 없다. 하지만 대법원은 반복해서 그것을 의심의 여지가 없는 증거에 대한 요구사항의 일부로서 이용했다. 이 격언은 애초에는 모든 심각한 중죄에 대해 일상적으로 내려지던 형벌인 사형 제도와 관련해 분명히 표현되었다. 하지만 시간이 흐르면서 자유형에 또한 적용하게 되었다. 많은 미국인들(특별히 배심원들)은 아마도 한 명이라도 잘못 기소된 피고인을 그릇되게 구금하는 것을 예방하기 위해 열 명의 살인자들을 석방하는 것을 선호하지 않을 것이다. 그럼에도 불구하고 이 격언은 법의 지배를 받는 국가들과 법이 아닌 통치자의 열정으로 지배되는 국가들을 구별하는 원칙들 중 한 가지로 역할하게 되었다. 이 격언은 물론 범죄를 집단적인 현상이라기보다는 개인적인 현상으로 다루었던 형사사법 체계에서 나왔다. 그것을 적용한 결과 석방될 수 있는 유죄의 살인자가 장래의 대량 학살에 가담할 것으로 생각되지 않았다. 그 격언을 적용한 대가는, 어떠한 예방 가능한 살인도 마찬가지겠지만, 끔찍한 개인의 죽음으로 측정될 수 있었다. 하지만 이제는 대량 살상 무기를 사용하는 테러리트들의 출현으로 그 계산법이 바뀌어야 할 것이다. 나의 견해로는 여전히 열 명의 죄인(살인자들이라 할지라도)을 석방하는 것이 한 명이라도 죄 없는 사람에게 잘못해 유죄 선고를 하는 것보다 낫다. 하지만 이 건전한 원칙에 따라 반드시 열 명의 잠재적 테러리스트들을 석방하는(아마 대규모의 재범을 하겠지만) 것이 한 명이라도 죄 없는 용의자를 그가 잠재적 테러리스트가 아니라고 단정할 만한 충분한 한정된 기간 동안 구금하는 것보다 낫다고 볼 수는 없다. 예를 들어 2005년 11월 14일, 즉 요르단의 암만에 있는 미국인 소유의 호텔 세 채에 대한 자살 폭탄 투척 사건 1년 전, 자살 폭탄 테러자 중 한 명과 이름이 같은 남자가 구금되었다가 이라크에 주둔하는 미군에 의해 석방되었다는 보고가 있었다. 만약 그가 정말로 동일인이었다면, 그리고 그를 구금함으로써 50명 이상의 무고한 시민들은 죽음을 막을 수 있었다면(자살 폭탄 테러자들이 대체 가능하다는 사실로 미루어보아 의심스러운 결론이기는 하지만), 그를 풀어주기로 했던 결정을 문제 삼는 것은 옳을 것이다.

이런 것들이 이제 우리가 본래의 억제적인 초점에서 선제적인 접근법으로 의미심장하게 이동하면서, 특히 테러리즘과의 전쟁에서 직면해야 할 이슈들의 종류다. '선제공격', '선제적 전쟁', 그리고 '선제적 행위'라는 용어들은 최근 이라크와 아프가니스탄에서의 부시 행정부의 정책 결과와 세계적인 테러리즘과 관련해 흔히 사용되었다. 하지만 이런 현상들 자체가 새로운 것은 아니다. 2장에서 다루어지겠지만 선제적이고 예방적인 전쟁은 수 세기에 걸쳐 있었다.[48] 그리고 공공연한 전쟁을 제외한 다른 선제적인 행위들은 역사가 기록되기 시작한 이래 계속 취해져왔다. 예를 들어 찬탈된 지도자의 왕위 계승자들을 훗날 그들의 패권을 막기 위해 살해하는 것은 성서 시대 이전부터 흔히 있었다. 그리고 하나의 개념으로서의 선제공격은 종종 예방, 사전 억제, 선행 행위, 예방 원칙Vorsorgeprinzip, 그리고 예견적 의사 결정과 같은 다른 이름으로 불리기는 했지만 항상 사회 통제의 중요한 메커니즘 역할을 했다.

일찍이 12세기 유대 학자인 마이모니데스는 완전하지는 않지만 선제공격의 법률 체계를 구성하려는 노력을 시작했다. 그는 그러한 노력을 성경에서 나온 규칙으로 시작했는데, "만약 밤에 침입한 도둑을 잡아서 때려죽인다면, 피고는 살인죄를 범한 것이 아니다. 하지만 일출 후에 그런 일이 벌어진다면 그것은 살인죄다."[49] 이 규칙은 밤도둑은 집주인과 맞서서 그를 살해할 것으로 예상되지만, 낮도둑은 단순히 빈집에서 물건을 훔치려는 의도를 가졌다고 추정한 것으로 설명되었다. 탈무드에서는 이러한 해석을 다음과 같은 사전 자기방어 규칙으로 일반화했다. "누군가가 당신을 죽이려 한다면, 당신이 그를 먼저 죽여라."[50]

마이모니데스는 이 규칙을 다음과 같이 더 일반적인 책임으로 확장했다. "모든 유대인들은 어떤 사람이 다른 사람을 죽이려고 할 때, 가해자를 살해하는 한이 있더라도 그로부터 피해자를 구해내야 한다."[51] 이러한 책임은 '추격자에 관한 법률(또는 din rodef)'이라고 불린다. 그것은 그 위험이 절박하고 추격자의 살인을 막을 다른 정당한 대안이 없을 경우에만 적용될 수 있는 최후 수단으로서의 법률이었다.[52] 하지만 이러한 광범위한 제약 이외에는 허용되는 선행적 정당방위 행위를 억제하는 상세한 법률 체계가 거의 없었다. 추격자에 관한 법률이 적용될 만한 증인의 숫자 또는 추격자가 죽이려고 했다는 확실성의 수준에 대한 특정이 없었고, 추격자를 향해 죽음에 이르는 완력을 가하기 전에 경고를 해야 한다는 어떠한 요구 조건도 없었다. 이것은 이러한 완성된 살인 범죄에 대해 사형의 사후 부담을 규제하는 법률들과 분명한 대조를 이룬다. 사형을 선고할 때는 그 범죄에 대해서 확실한 증거와 두 명의 증인이 필요했다. 추격자에 관한 법률이 불가피한 비상수단이기 때문에 그 차이점은 이해할 만하다. 선제적 행위가 유효하기 위해서는 즉각적으로 취해져야 한다. 이것은 모든 정당방위 수단에도 들어맞는다. 하지만 정당방위에 관한 조심스러운 법률 체계는 시간이 흐르면서 변화했다. 개인(소규모의) 또는 국가에(대규모의) 의한 예방적·선제적 정당방위를 똑같이 다룰 수는 없다.

특정한 법리학상의 제한으로 규제되지 않은, 일반화된 예방적인 살인의 원칙이 위험하다는 것은 다음의 사례에 의해 증명된다. 이스라엘의 일부 우익 극단주의자들은 팔레스타인과 타협해 평화를 유지하려던 이츠하크 라빈Yitzhak Rabin, 1922~1995 당시 총리를 암살한 행위를 '정당화'하기 위해 추격자에 관한 법률을 악용했다. 라빈을 살해한 암살범은 법정에서 다음과 같이 주장했다. "유대교 관례 법규Halakhah에 의하면 유대인이 자신의 국민이나 영토를 적에게 이양한다면 그는 바로 죽임을 당해야 한다고 되어 있습니다."[53] 몇몇 랍비들은 이와 같은 추격자에 관한 법률의 비뚤어진 해석을 지지했다.[54]

대부분의 유대교 랍비들은 그런 식의 확대 해석을 거부했다. 하지만 누구든 그러한 해석을 믿을 수 있다는 사실은 위험한 태도를 취하는 자들을 죽이는 것을 허용한다는 광범위한 표현 이상의 법률 체계가 필요하다는 것을 보여준다. 오늘날도 마찬가지다. 예방적 또는 선제적 정당방위를 옹호하는 사람들은 모든 사전 개입 방식을 정당화하기 위해 일반 원칙들을 인용한다. 이제 전 세계적으로 각국 정부에서 사용하고 있고, 고려되고 있는 예방적·선제적 조치들에 대해서 법리학상의 규제를 가할 시기가 되었다.

나는 40년 이상을 학문적 저술 활동과 강단에서 가르치는 일을 하면서도 위와 같은 개념들에 관한 생각에 집중했다. 1960년대 이후 대학에서 위험한 행동에 대한 예견과 예방에 관한 과목들을 가르쳤다. 하버드에서 교편을 잡기 시작한 때부터 예방적 구금, 예상 능력, 그리고 이와 관련된 주제들에 관한 수많은 기사들을 썼다.[55] 나의 관심사들은 과거 정권인 부시 행정부의 정책들보다 훨씬 더 광범위했다. 나의 관심사에는 예견되는 성범죄자들, 범법자들, 형사사범들, 그리고 이른바 위험스러운 개인들에 대한 구금이 포함된다.[56] 또한 민족 전체, 예를 들어 제2차 세계대전 중 태평양 연안에서 살고 있던 일본계 미국인들에게 행해졌던 예방적 구금도 포함된다.[57]

또한 나는 장래의 범법자들, 형사범들, 정신이상자들, 그리고 심지어 비윤리적인 법률가들을 알아보기 위해 고안된 예견적인 테스트에 관한 글도 썼다.[58] 자신들의 예견적 결정이 옳다고 과신하는 전문가들, 특히 정신의학자들과 재판관들을 비난했다.[59] 나는 또한 미국의 법률 시스템이 선제공격의 메커니즘을 매우 광범위하게 이용한다는 현실에도 불구하고 그것의 법률 체계를 발전시키는 것에 난색을 표명하는 것을 비판했다.[60] 하지만 나는 결코 그 광범위한 이슈를 일반적 사회 문제로서 대하지는 않았다. 내가 아는 바로는 아무도 그렇게 한 사람은 없다. 억제 정책에서 떠나 예방 정책으로의 이동은 잠재적으로 많은 사람들의 인생에 영향을 끼치기 때문에 매우 중요한 문제다. 하지만 그 중요성만큼 주목을 받지는 못하는 추세에 있다.

특정한 선제적 정책들과 행위들에 대한 정치적 토론에서 기인한 선제공격에 대한 현재의 초점은 다양한 상황에서 다양한 형태로 표출되는 선제공격에 대해 평가할 수 있는 기회를 제공한다. 이 책에서 나는 어떻게 민주주의 사회가 선제공격의 법률 체계와 철학의 구성을 시작할 것인가를 고민한다. 바꿔 말하면, 나는 초기 개입의 선과 악 사이의 가장 적절한 조화를 만들어내기 위한 요소들을 분명히 표현하려고 노력할 것이다. 특히 개입이 완력, 힘, 강제, 검열, 투옥, 죽음 등을 수반할 때, 그리고 특히 개입의 실패 또한 유사한 위협, 위험, 그리고 위해를 수반할 때 그러하다. 이러한 이슈들을 모두 다룰 수는 없겠지만 가장 시급하고 위험한 이슈들을 이 책에서 다룰 것이다. 이해관계가 증대되고 이용 가능한 옵션들이 '비극적 선택' 또는 '악마의 선택'이 되는 경향이 있을 때, 사려 깊고, 계량화되고, 세밀한 분석이 더욱 절실하다. 따라서 "당신은 선제공격(또는 '사전 대책' 이나 '예방')에 찬성하는가 반대하는가?"라는 질문은 "당신은 억제 이론에 찬성하는가, 반대하는가?" 또는 "당신은 형벌에 찬성하는가, 반대하는가?"와 같은 공허한 질문처럼 무의미한 논쟁이다. 선제적 또는 예방적 결정의 각각의 범주에 대한 비용과 편익은 조심스럽게 저울질되어야 하며 공개적으로 논의되어야 한다. 나는 이 책이 그러한 논의를 부채질하기를 바란다.

하지만 더 일반적이고 구체적인 현시대의 이슈를 다루기 이전에 간략하게 영미법의 예방과 선제공격의 역사를 살펴볼 것이다. 이것을 통해 일반적인 예방과 위험인물에 대한 특별한 예방적 구금이, 어떤 이들이 주장하듯 '전례가 없는' 것이 아니라 뿌리가 깊다는 것을 알게 될 것이다. 우리는 이제 널리 인정되지는 않았지만 매우 재미있는, 양날의 칼을 가진 역사를 향할 것이다.

Chapter 1 선제공격, 예방, 예견에 관한 간략한 역사

A Brief History of Preemption, Prevention, and Prediction in the Context of Individual Crime

> 예방적 사법은 이성과 인간성, 확고한 정책에 이르기까지 모든 원칙에 존재하며, 그것은 모든 면에서 처벌적 사법보다 바람직하다.[1]

> 범죄를 저지를 가능성이 있지만 아직 저지르지 않은 사람을, 범죄를 저지르지 못하도록 억제하는 예방적 사법이 모든 법률 체계에서 일반적으로 존재한다.[2]

누구나 이런 속담을 들어봤을 것이다. "예방이 치료보다 낫다." "적시의 바늘 한 땀이 훗날 아홉 땀의 수고를 던다." 지혜가 담긴 이 재미있는 표현들은 모두 해악을 예상하고 예방하려는 인간의 본능과, 어떠한 상황에서 어떤 종류의 예방책이 정당화되는 것인가에 관해 명확한 법칙을 세우려는 인간의 한계를 반영한다. 이 장에서는 특히 중대한 범죄를 예견하고 예방하려는 노력과 관련해서 예방적 행위의 간략한 역사를 조사하고자 한다. 여기에서는 영미법 체계에 중점을 두고 있는데, 그 까닭은 영미법 분야가 내게 가장 익숙하며 그

것의 영향력이 전 세계적으로 증대되고 있기 때문이다.[3]

다음 상황을 가정해보자. 한 남자가 말을 타고 달리다가 사고로 열 살짜리 소년을 짓밟아 죽게 만들었다. 죽은 소년의 아버지가 자신의 아들을 죽인 남자에게 그의 아들을 똑같이 '사고로' 죽이겠다고 협박을 하면서 복수를 선언한다. 그렇다면 사회는 (그것이 작고 미개한 부족이든, 크고 복잡한 대도시든지 간에) 추후의 참사를 막기 위해 무엇을 해야 하는가? 원수를 갚겠다며 협박하는 자를, 이성을 되찾을 될 때까지 예방 차원에서 구금해야 하는가? 과실로 살인자가 된 남자의 가족을 보호 구금해야 하는가? 아니면 그냥 인성에 따라 행동하도록 내버려둬야 하는가? 이 상황에서 이들 중 누군가를 본인의 의지와 상관없이 구금하기로 한다면, 그 법적인 또는 도덕적인 근거는 무엇인가? 범죄의 개연성이 있다고 해서 누군가를, 그의 의사에 반하여 구금할 수 있도록 허용하는 현존하는 법률 체계는 없다. 오늘날에는 공공연한 협박을 법률로 금하지만 옛날에는 그러한 법률이 없었으며, 오늘날이라고 해도 해악을 가할 것을 명백하게 고지해야만 협박죄가 성립된다. 이상의 내용은 요컨대 개별화된 예방책의 문제인데, 그 예방책은 명백한 법률 체계가 없음에도 항상 시행되어왔고 여전히 논란이 되고 있다.

올리버 웬델 홈스 주니어Oliver Wendell Holmes Jr., 1841~1935는 《관습법The Common Law》에서 유명한 구절을 인용하며 '예방'이 '형벌의 가장 주요하고 보편적인 목적'이며 "아마도 영미법 법률가들 대부분은 주저 없이 예방적 이론을 받아들일 것이다"라고 주장했다.[4] 미국법의 발전에 중요한 영향을 미친 18세기 영국의 법학자 윌리엄 블랙스톤은 '범죄 예방의 방법'이라는 제목의 글에서 "우리가 인류의 모든 형벌을 큰 연장선상의 관점에서 생각해본다면, 그것들이 모두 과거의 죗값을 치르기 위한 것이라기보다는 미래의 범죄를 예방하기 위해 계획된 것임을 알게 될 것이다"라고 말했다.[5]

다른 법률 권위자들은 형사사법의 영미법 체계에서 예방은 전혀 적절한 역할을 하지 못한다는 이유를 들면서 이에 절대적으로 반박한다. 프랜시스 워턴Francis Wharton, 1829~1880은 19세기에 큰 영향력을 끼친 저서 《미국 형법에 대한 논문A Treaties on the Criminal Law of United States》에서 예방이 형벌의 '적절한 이론적 정의'가 될 수 없다는 점을 다음과 같이 밝혔다. "만약 예방 이론이 옳다면, 그리고 논리적으로 타당성이 있다면, 형벌이 범죄를 뒤따를 것이 아니라 그보다 앞서야 한다. 국가는 죄를 저지르려는 의도를 찾아내서, 그러한 의도에 대해 심리학적 조사를 하는 재판을 열어야 할 것이다. 하지만 이는 영국 관습법의 근본적인 한 가지 원칙에 반한다. 영국의 관습법에 따르면 범죄를 실행하려는 의도가 아니라, 실제로 범죄를 저질렀는지가 형사 문제가 된다."[6]

형사상 처벌에 있어서 예방이 적절한 역할을 하고 있다면, 그 역할에 관한 논쟁은 영미법 작가들에게만 국한되는 것은 아니다. 근대 범죄학의 창시자 중 하나인 체사레 보네사나 베카리아Cesare Bonesana di Beccaria, 1738~1794는 18세기 고전 《범죄와 형벌Essay on Crimes and punishments》에서 다음과 같이 형사적 제재를 위한 본질적 예방의 정당성을 주장했다.

> 범죄는 처벌하는 것보다 예방하는 것이 낫다. 이것이 바람직한 입법의 근본 원칙이다. …… 형벌의 목적은 이미 저질러진 범죄를 발생 전으로 되돌리는 것이 아니다. …… 그 목적은 범죄자가 사회에 더 이상 해악을 가하지 않도록, 그리고 다른 사람들로 하여금 같은 범죄를 되풀이

하지 않도록 예방하는 것이다.[7]

18세기 독일의 철학자 이마누엘 칸트Immanuel Kant, 1724~1804는 《정의의 형이상학적 요소Metaphysical Elements of Justice》에서 베카리아의 의견에 반박한다. 칸트로서는 장래의 위험을 방지하기 위한 목적으로 형벌을 부과하는 것을 용납할 수가 없었다. "사법상 형벌은 결코 단순히 범죄자 자신이나 문명사회의 이익을 증진시키기 위한 수단으로 이용되어서는 안 되며, 어떤 사건이든 그가 범죄를 저질렀다는 이유만으로 부과되어야 한다"는 것이다.[8]

형사사법 체계에서 예방의 적절한 역할을 두고 일어나는 의견 차이 중에서 그 일부는 논의 대상을 명확히 정의하지 못하는 데에서 비롯된다. 예를 들어 홈스에게 '예방'의 의미는 워턴이 생각하는 예방과는 확연히 다르다. 홈스는 '죄를 저지르려는 의도'에 대한 모든 종류의 '심리학적인 조사' 또는 '형벌은 범죄보다 한발 앞서야 하며 범죄의 뒤치다꺼리나 해서는 안 된다'는 사법 체계에까지 생각이 미친다.[9] 홈스가 말한 '예방'이란 장차 일어날 범죄의 빈도를 줄여보자는 의도의 단순하고 미래지향적인 접근이다. 다시 말해 '입법자가 어떤 행위를 예방하려는 바람과 의도 없이 그것을 범죄로 규정하는 사례는 있을 수 없다.'[10]

블랙스톤 역시 '예방'의 의미를 일반적 방법으로 정의했다. 즉, 현세의 법률에 따라 부과되는 모든 형벌은 크게 세 가지로 분류할 수 있는데 첫째, 범법자를 교정하는 것, 둘째, 그가 힘을 쓰지 못하게 해서 장래에 범죄를 저지르지 못하도록 하는 것, 셋째, 그를 본보기 삼아 다른 사람들이 죄를 저지르지 못하게 하는 것이다. 그런데 이 모두는 하나로 귀결된다. 즉, 장래의 범죄를 예방하는 것이다.[11]

홈스나 블랙스톤처럼 예방을 광범위하게 정의했을 때, 칸트를 제외한 권위자들 대부분은 장래에 발생할 범죄를 줄이는 것이 어떤 법률 체계에서든 허용된 기능의 한 가지라는 사실에는 동의할 것이다.[12]

따라서 문제는 예방이 형사사법 체계에서 어떤 역할을 해야 하느냐는 것이 아니라(철저한 칸트학파 학자들을 제외한 대다수의 논평자들은 이 사실을 인정할 것이다.) 어떤 종류의 역할을 어느 정도로 수행해야 하느냐는 점이다. 다음의 두 가지 경우 모두 장래에 일어날 범죄를 예방한다는 목적은 일치하지만 범죄를 한 번도 저지른 적이 없는데 장래에 범법자가 될 것으로 예견되는 젊은이를 구금하는 시스템과, 그가 실제로 범죄를 저질렀을 때 구금을 허용하는 시스템 사이에는 상당한 차이가 있다. 형사사법의 요소로서 예방은 다양한 양상으로 나타난다. 어떤 시스템은 범죄의 위험성에서 실제로 범죄가 일어날 때까지의 과정에 여러 가지 양상의 예방적 개입을 비교적 일찍 허용하는 반면에, 다른 시스템은 이러한 개입을 비교적 늦게 허용한다.

이러한 역사적 분석의 목적으로, 다양한 요소에 중점을 두며 영미 사법 체계에서 항상 이용되어온 범죄를 제어하는 세 가지의, 전혀 다르지만 공통되는 접근법을 충분히 구별할 수 있다.

위해 또는 해악 접근법

첫째, 가장 원시적이고 단순한 사회를 특징지은 것은 위해 또는 해악 접근법이라고 할 수 있다. 카인은 아벨을 살해했으며, 신은 살인자인 카인을 벌한다(그가 초범이었기 때문에 가혹한 처벌은 받지 않은 듯하지만, 성경에 따르면 그것은 명백한 인류 최초의 살인이었다). 당시 죽음이나 상해 같은 심각한 신체적 위해에 대해서는 똑같이 갚아주는 것이 필요하다고 여겨진다. "위해는 위해이며 그에 따른 응징을 받아야 한다. 이에 반해, 위해가 없다면 범죄가 저질러진 것이 아니다. 다시 말해 범죄를 저지르려는 시도만으로는 범죄가 성립하지 않는다."[13] 원시 사회에서 위법 행위에 대해 직접 응징하는 것은 법도, 벌률 집행기관도 아니다. 피해자와 가장 가까운 자들이 피의 복수를 하도록 허용하는 것이 당시의 법이다. 따라서 사고로 죽임을 당한 아들의 아버지는 살인자나 그 가족에게 복수를 하는 것이 당연한 일로 생각되었다.[14] 법이 '피의 복수'와 사적인 앙갚음에 대한 억압으로 진전하면서 진보가 있었다. 이 진보는 '보상금bot'이라고 불리는데, 이는 다양한 피해자들의 목숨과 신체를 훼손한 것에 대한 죗값으로 나타난다. 이런 보상 시스템은 그 공인된 목적이 '피의 복수에 대한 억압'이었기 때문에 최소한 예방적인 기능이 있었다.[15] 하지만 보상금은 그것을 지불함으로써 사건이 종결되었기 때문에 수많은 재범의 위험이 있는 범죄자들을 풀어줘야 하는 결과를 낳았다.

특히 위험한 범죄자로 여겨진 자들에 대해 고대부터 적용해온 또 다른 형태의 예방 장치는 사회의 보호에서 그들을 철저히 배제시키는 것이었다. 이 방법은 추방이나 완전한 공권 박탈 방식의 상대적으로 부드러운 형태였는데, 이는 원시 시대의 사형으로서 특징지어진다.[16] 사실 사형은(오늘날 넓게 인과응보 이론 또는 논쟁의 여지가 있는 보편적 억제 이론의 모습으로 보이는) 위험스러운 범법자를 장기 구금하는 것이 불가능했던 시절에는 중요한 범죄 예방의 요소였다. 구금이 광범위하게 이용되고 위험천만한 범죄자들을 감금할 수 있게 되자, 위해 또는 해악 접근법의 예방적 역할은 더욱 명백해졌다. 하지만 이미 위험한 범죄를 저지른 사람들만을 수감할 수 있었기 때문에, 예방적 역할은 고유의 정의에서처럼 필요에 의해 제한되었다. 따라서 실질적 위해가 발생하기 전까지는 어떠한 개입도 허용되지 않았다. 위험스러운 사람들, 예를 들어 누군가를 향해 도끼를 집어던졌으나 맞추지는 못했다든지 하는 이미 위험한 행위를 저지른 사람들이라도 이러한 접근법하에서라면 최소한 이론상으로는 얼마든지 동일한 행동을 되풀이하는 것이 허용된다. 따라서 앞에서 언급한 예화의 희생자의 아버지는 자신의 협박대로 실제로 범죄를 실행하지 않는 한 처형되지 않을 것이다(어떤 사람의 아이를 과실로 죽인 자를 살해하는 것이 불법이었다면 말이다).

위험한 행위 접근법

두 번째 접근법에는 이러한 한계가 없으며, 위험한 행위 또는 미수 행위 접근법이라고 불린다. 이 접근법은 이미 저질러진 범행에 대한 개입이라는 점에서는 위해 또는 해악 접근법과 유사하다. 본질적인 차이점이라면 이 접근법은 범죄 행위가 실제로 위해나 해악을 야기했는지 여부는 상관없다는 점이다. 다시 말해 그 행위가 위험하다고 생각되는 것으로 충분하다. 따라서 도끼를 집어던진다거나 무기를 소지한다거나, 제한 속도를 초과해 운전한다거나, 화재의 위험을 야기한다거나, 명백한 협박을 가한다거나 하는 모든 행동이 범죄 행위가 될 수 있다. 그러한 행위가 실제로 위해를 가했는지 여부와 상관없이 말이다. 이러한 행위 자체와, 그것이 야기한 상황은 예방적 개입을 정당화하기에 충분히 위험한 것으로 간주된다. 형벌의 목적은 이러한 행위의 빈도를 감소시키는 것이다. 이러한 행위가 자행되거나, 이러한 상황이 발생하는 것을 허용할수록 위해가 일어날 가능성은 더 높아진다고 추정하기 때문이다.

이른바 미완성 범죄라고 불리는 살인 미수나 교사, 살인 공모, 살인을 선동하는 것과 같은 행위가 이 접근법에 포함된다. 다시 한번 강조하지만, 이 접근법하에서는 실질적 위해가 입증될 필요는 없다. 그 행위가 비난받을 만하고 위험성이 명백했다면 그것으로 충분하다. 만약 그 아버지가 자신의 원수를 살해하려고 시도했으나 실패하더라도 살인 미수죄로 처벌받을 수 있는 것이다. 다시 말해 사고로 아들을 잃은 아버지는 아들을 죽인 살인자를 죽이겠다고 협박하는 것만으로도 처벌받을 수가 있다. 이러한 접근법은 위험이 실제 해악으로 실현되는 과정에서 초기에 중한 형벌이 개입하는 것을 허용하기 때문에, 위해 또는 해악 접근법보다 훨씬 예방적이다.

위험한 대상 접근법

마지막으로, 가장 분명한 예방적 접근법은 위험한 대상 접근법이라고 부를 수 있다. 이 접근법은 개입의 조건으로 이미 범죄 행위가 발생된 것을 요구하지 않는다. 다시 말해 언젠가 위험스럽거나 해로운 행위를 저지를 것으로 예견된다는 이유로 개인을 구금할 수 있다. 사실 이러한 예견은 대부분 그 사람이 과거에 어떤 비행을 저질렀는지 그의 전과에 바탕을 둘 것이다. 하지만 대체로 그러한 행위가 입증될 필요는 없으며 법률에 의해 금지되어 있을 필요도 없다. 위험한 대상 접근법의 분명한 예로는 전쟁 중 설비 파괴 행위자나 스파이로 예견되는 자에 대한 구금, 위험하다고 여겨지는 정신이상자에 대한 수감,

장차 예견되는 범죄를 방지한다는 사실에 근거해서 공판 전 사법상 피고인에 대한 예방적 구금, 중요 증인에 대한 구금, 테러 용의자에 대한 구금이 있다. 이 접근법에 따르면 앞서 이야기한 살해당한 아들을 가진 아버지는 복수를 시도할 가능성이 크다는 이유만으로 구금될 수 있다. 협박을 하거나 살해를 시도하지 않았더라도 복수를 방지하기 위해서이다.

이와 관련된 오래된 현상으로는 정당방위 권한이 있다. 존 애덤스 John Adams, 1735~1826는 보스턴 학살 사건의 자행으로 고소된 영국군을 대표한 최종 변론에서 자신을 공격하려는 자들을 먼저 죽임으로써 스스로의 목숨을 보호하려는, 이른바 '인간의 본성에서 최고로 강렬한 원칙'을 호소했다. 이 또한 공격하는 자의 위험성과 공격의 위급성에 대한 일종의 예측과 평가가 필요하다(앞으로 다루겠지만 선제적 군사 공격이나 다른 예방적 수단을 정당화하고 싶어 하는 자들이 이를 유추해 종종 정당방위로 이용한다). 이 장은 위험 대상에 대한 예방적 접근과, 이에 적용할 만한 법률 체계가 없다는 사실에 초점을 두었다.

우리에게 예방적 개입에 대한 법률 체계나 철학이 결여된 중요한 이유 중 하나는 역사상 수많은 지식인, 법관, 정치 지도자들이 그러한 개입의 합법성은커녕 존재 자체를 부인했기 때문이다. 우리가 특정한 사회적 통제 메커니즘의 존재를 인정하지 않거나 실행하지 않는다면 그것을 합리화하거나 규제할 법률 체계 혹은 철학을 구성할 필요가 없다. 예방적 개입에 대한 법률 체계를 분명하게 표현하는 행위 자체는, 간혹 분명하게 표현하지 않았더라면 불법이었을 메커니즘에 합법성을 부여한다고 생각된다.[17]

게다가 영미법은 오랜 세월에 걸쳐 대체로 실용적으로 변화하고 있다. 다시 말해 시간이 흐르면서 일정한 경험이 발전해 점차 법정과 평론가들에게 인정되었고, 그때서야 법률 체계가 부각되었다. 전 하버드 로스쿨 학장이었던 로스코 파운드Roscoe Pound, 1870~1964는 "영미법에서는 다른 시스템과 달리 법률가와 판사가 먼저 구체적인 사례를 다룬 이후에 그 사례들을 처리하기 위한 어떤 기준을 받아들일 때 법률 이론이 생겨난다"고 말했다.[18] 이것은 영미법 시스템이 얼마간은 다양한 배경을 가진 사례에 의존하는 관습법 시스템이기 때문인데, 이러한 관습법은 수 세기에 걸친 재판에 의해 형성된다. 반면에 대륙법 시스템은 주로 성문법에 의존한다. 이는 일반 개념을 정의하는 성문의 법령이며, 개개의 사건이 발생할 때마다 적용되어야 한다.

법률가와 재판관들은 예방적 개입을 자주 다루어보지 못했고(최소한 공공연하거나 조직적으로), 사실 이러한 개입과 관련된 사건을 어떻게 처리할 것인지를 배우지 못했다.[19] 따라서 이렇게 중요하고 일반적인 사회적·통제 메커니즘과 관련된 법률 이론을 발전시킬 만한 사례가 거의 없었다. 이 견해를 예증하기 위해 영미법의 선제적 개입의 작은 메커니즘, 다시 말해 범죄 성향, 신분, 과거의 행적, 태도, 정신질환, 또는 다른 위험한 것으로 추정되는 표시로 인해 위해를 가할 것으로 여겨지는 개개인을 예방적 구금했던 역사를 잠시 들여다보자.

예방적 구금: 부정의 카탈로그

누군가를 구금한다는 생각 자체는 영미법의 형사사법 시스템 원칙과 대조되고, 일반적으로 전례가 없는 것으로 여겨졌으며, 종종 독단적으로 주장되었다. 미국 대법원 판사 로버트 잭슨Robert Jackson, 1892~1954은 반세기 전에 이런 말을 했다.

> 아직 실행되지 않은 범죄가 우려된다는 이유로 재판을 통해 사람을 수감한다는 것은 전통적 미국법과 조화를 이룰 수 없다. …… 예견은 되나 완성되지 않은 범죄에서 사회를 보호한다는 명목 아래 구금한다는 것은 이 나라에 전례가 없는 일이다. …… 그것은 남용될 우려가 있다.[20]

제2차 세계대전 중에 11만 명의 일본계 미국인들을 구금했던 사실을 고려한다면 '전례가 없다'는 그의 말은 잘못되었으나, '남용될 우려가 있다'고 한 그의 지적은 옳다. 범죄와 위해를 예방하려는 메커니즘으로 선제적 개입의 존재와 합법성을 부정하는 사람들은 법률(또는 최소한 형법)이 개입하기 전에 특정한 위해가 반드시 발생해야 한다는 역사적 주장을 언급한다.

고대법에는 위해를 가하려 시도는 했으나 실행은 하지 않은 자는 처벌하지 않는다는 일반 규칙이 있다. 하지만 형벌에 대한 생각이 배상이라는 발상에서부터, 그리고 위해가 가해지지 않으면 배상할 것도 없다는 생각에서부터 점차 엄정해졌다.[21] 영국법은 위해를 끼치려는 시도는 죄가 아니라는 원칙에서 출발했다. 물론 먼저 위해가 가해져야 한다는 일반 원칙에서도 한 가지 분명한 예외가 있었다. 왕에게 가해지는 모든 위험은 그 예외에 포함되었다. 왕을 상대로 한 음모뿐만 아니라 왕의 죽음을 '상상하는 것' 자체도 범죄에 해당했다. 왕을 보호하기 위해서라면 모든 원칙이 백지화되었다. 그때만큼은 예방이 해답이었지만, 그 외의 다른 모든 사건에 대해서는 '사람의 생각을 재판할 수는 없다'는 원칙을 따랐다.[22]

저명한 역사학자 프레더릭 폴록Frederick Pollock, 1783~1870과 프레더릭 메이틀랜드Frederic Maitland, 1850~1906에 따르면, 이 원칙은 형법 역사 초기의 모토였을 것이다. "남에게 해를 끼친 자는 반드시 벌을 받아야 한다. 그러나 해를 끼치지 않았다면 범죄를 저지른 것이 아니다……."[23] 관습법 아래에서는 난폭한 위해를 끼치려는 시도조차도 대개는 처벌받지 않았다. 제롬 홀Jerome Hall 교수는 다음과 같은 사실을 강조했다. "초기 영국법에서는 범죄를 저지르려는 시도 자체는 전혀 고려 대상이 아니었다. 그에 관한 어떠한 학설이나 일반 원칙도 없다. …… 그 단순한 시대는 실패한 것을 하지 않은 것과 마찬가지로 여겼다."[24]

오늘날의 관점에서 고대와 중세의 법률은 너무 비현실적으로 경직되어 보인다. 당시 사회는 장래의 위험을 방지하기 위해 어떠한 노력도 하지 않고, 위험스러운 인물이나 그들의 행위, 혹은 상태를 기꺼이 용인해야 했다(위해가 아무리 임박하고 확실해 보이더라도). 하지만 그 '단순하던' 시대에도 항상 '실패한 것을 시도하지 않은 것과 동일하게' 여기지는 않았던 것 같다. 어떤 사람에게 적이 도끼를 던졌는데 아슬아슬하게 비껴갔다고 해도, 거의 희생자가 될 뻔했던 사람이 그 일을 아무렇지도 않게 넘겨버릴 것이라고 생각한다는 것은 상식적으로 불가능하다. '해를 입지도 않았는데 시도 자체가 무슨 문제가 되느냐고 말할 수 있겠는가?'[25] 만약 사고로 죽은 아이의 아버지가 자식을 죽인 자를 협박하고 죽이려 하는데 사회에서 아무런 조치도 취하지 않는다면, 협박을 받은 자나 그의 가족이 어떤 식으로든 대처할 것은 당연한 일이다. 인간은, 심지어 동물들도 사전에 계획된 해악뿐만 아니라 갑자기 위험이 닥치면 어떤 식으로든 본능적으로 반응하게 되어 있다. 따라서 아무리 원시적이고 분권화된 사회라도 미수, 심각한 위협, 공모, 명백히 준비된 범죄를 전적으로 없었던 일로 여긴다면 그 사회를 옳다고 보기는 어렵다. 그렇다면 논제를 확장시켜 아직 위해를 가하지는 않았지만 심한 정신 질환을 앓고 있는 사람은 어떻게 할 것인가? 사악해 보이는 자가 공격적인 태도로 무기를 소지하고 있으면 어떻게 할 것인가? 범죄에 대한 심증은 있으나 물증 부족으로 무죄 판결을 받은 사람은 어떻게 할 것인가? 논평자들이 지적하듯 '위험스러운' 인물과 '미완성된' 행위를, 왕의 목숨과 관련된 음모만 아니라면 정말로 간과해도 될까?

홀이 주장하듯, 실제적인 육체적 위해를 야기하기에는 '부족한' 잘못에 대한 책임을 정당화하기 위한 "어떠한 학설이나 일반적 원칙도 없다"라고 말하는 것이 옳을 수도 있다. 하지만 인류의 역사에는 (영미법을 제쳐두고서라도) 실제적인 행위들이 앞섰으며 수 세기 후에야 그것에 대한 학리적 또는 이론적 정당화가 뒤따랐다. 성경에서도 《창세기》에서 범죄와 죄악, 그리고 그것들을 방지해보려는 근본적인 노력에서부터 시작해 《출애굽기》의 성문법으로 옮아간다. 이것이 다음 장에서 다루어질 예방적이고 선제적인 전쟁에 관한 분명한 역사다. 실제로 장래에 일어날 심각한 위협을 무시하고 사회가 개입하기 이전에 늘 해악이 일어날 때까지 기다리는 일은 흔치 않을 것이다.

역사가 기록되기 시작한 이래 사회는 범죄를 저지를 것으로 믿거나 예상은 되지만 '아직은' 위해를 끼치지 않은 위험인물들에 대해 걱정했다. 구금할 만한 장소가 열악했던 시절에도 예방적 구금이 실행되는 시스템도 있었다. 예를 들어 성경에서는 살인자에게 유죄를 선고하려면 두 명의 증인을 요구했다. 확실한 증인이 한 명 밖에 없으면 피고는 무죄 선고를 받았다.[26] 하지만 이것이 반드시 그 위험한 살인자가 멋대로 나가서 다시 살인을 저지를 수 있도록 허락한다는 뜻은 아니었다. 대신에 때때로 그에게 배가 터질 정도로 많은 양의

물과 음식을 먹이고 방에 가둔 후 문을 잠갔다.[27] 랍비들은 불법을 막기 위해서는 이런 성서 외적인 형벌의 필요성이 정당하다고 주장했다.[28]

나는 대부분의 사회가 '이미 저지른 죄에 대해 유죄 판결을 내릴 수 없는' 그러나 '명백히 위험한 인물'을 다루는 유사한 비공식적인 메커니즘이 있었다고 생각한다. 이러한 오래된 예는 예방적인 메커니즘의 필요성에 대한 일반적 규칙을 시사한다. 예방적 개입의 필요성은 여러 가지 보호책들로 인해 공식적인 형사사법의 절차가 제한되어 유죄 선고가 어려운 사회에서 더 분명해진다. 협의(또는 '좋지 않은 평판')를 기반으로 유죄 선고를 내리기가 비교적 쉬운 곳에서는 공식적인 시스템이 효과적으로 예방적 역할을 수행할 수 있다. 즉, 이 경우에는 장래에 범죄를 저지를 가능성이 높은 자에게 유죄 선고를 할 수가 있다. 하지만 시간이 흐르면서 절차상, 그리고 독립적인 보호책들이 더해지면서 점점 더 위험한 사람들이 공식적인 사법 절차를 교묘하게 피해나가 사회에 제멋대로 돌아다닐 것이 분명하다. 이로 인해 위협적이고, 우려는 되지만 유죄 판결을 받지 않은 자를 무력하게 할 수 있는 장치의 필요성을 인식하게 될 것이다.[29] 공공연하게, 또는 개인적으로 실제 법 집행의 역사를 자세히 들여다보면 범죄 예방은 대개 모호하기는 하지만 영미법 체계에서 항상 중요한 역할을 해왔다는 상식적인 결론을 확실히 얻을 수 있을 것이다.

형사사법의 이중적 시스템: 소급과 예방

영미 역사상 시종일관 두 가지 형사사법 시스템이 나란히 작용했다. 더 공식적인 시스템은 명확성, 항소 결정들을 통한 진보하는 관습법의 발전, 잦은 입법 개정, 그리고 그것의 철학, 실체, 절차데 관한 수많은 논문들과 다른 학문적 기술, 토론들이 그 특징이다. 아마도 가장 중요한 특징은 그것의 적용에 있어서 원칙에 의거한 제한을 부과하는 잘 발달된 법률 체계라는 점일 것이다. 이 시스템의 가장 중요한 원칙 중 하나는 형사처벌은 항상 미래의 어느 시점에 일어날 것 같은 예견되는 행위가 아닌, 과거의 행위나 태만을 근거로 해야 한다는 것이다.

살인, 강도 같은 특정한 범죄 행위에 대한 타당한 의심 이상의 증거가 형사 절차의 착수에 절대적인 역할을 했다. 당시에는 자유형이 아직 널리 시행되지 않았었기 때문에 대개는 정부가 기소된 자를 사형 집행에 의해 처벌할 수 있도록 허용했다. 하지만 점차로 자유형이 보편화되면서 형사사법을 더 미묘하게 이용할 수 있었다. 따라서 '온건한' 형벌을 부과할 수 있을 때는 형사사법을 다소 더 예방적으로 이용하는 것이 도덕적으로 허용되었다(예를 들어 사람들에게 미리 조심하고 아직은 어떠한 위해도 일으키지 않은 위험한 행동에 가담하지 않도록 권고할 때).

그러한 초창기의 공식적 시스템에 대한 역사학자들과 재판관들의 설명은 거의 정확했을 것이다. 공식적인 영미 법률 시스템은 약간의 특별하고 제한적인 예외를 제외하고는, '예상은 되지만 아직 일어나지 않은 범죄에 대해 법원이 사람을 수감하는 것'을 허용하지 않았다.[30]

하지만 영미법 절차에서 중요한 역할을 담당했던 또 다른 시스템이 있었다. 그것은 덜 공식적이고 눈에 덜 띄었다. 그래서 그 당시에는 아마 잘 알려져 있었을 텐데도 오늘날 우리는 그것에 대해 아는 바가 거의 없다. 그 또 다른 시스템에는 공포된 견해와 항소의 재고가 없다는 것이 특징이다. 그것은 항상 원칙에 근거하지 않았거나, 최소한 그것을 지배하는 원칙들을 분명히 표현하는 데 적극적이지 않았다. 그것에 대해 쓰인 논문이나 논평도 거의 없다. 가장 중요하게는, 그 시스템을 적용함에 있어서 원칙에 근거한 제한을 부과하는 분명한 법률 체계가 발달된 적이 한 번도 없다는 것이다. 이 시스템의 주요 기능은 어느 공식적 형사사법 시스템에서든 불가피하게 일어나는 공백을 메우는 것이었다. 지난 9·11을 포함한 비상사태 시, 널리 사용되면서 눈에 덜 띄는 이 시스템의 중요성이 새롭게 부각되었다.

최초에는 이 두 가지 시스템이 본질적으로 융합되었다. 최초의 법에는 대개 정식 절차, 항소 결정, 명확한 법률 체계, 그리고 원칙에 근거한 제한들이 결여되었기 때문이다. 따라서 분리된 시스템을 만들어내는 데 필요한 원칙과 실행 간의 충돌이 거의 없었다.[31]

노르만 정복Norman Conquest 이후 영국에서 더 공식화된 형사사법 시스템이 발달되기 시작했다. 12세기 막바지인 헨리 2세Henry 재위 1154~1189의 통치 말기에 사법 행정 전문가들의 상임 중앙 심판 위원회가 있었다.[32] 또한 원시적인 형태의 배심원단에 의한 재판, 공식적인 영장과 소송, 치안, 중죄들, 그리고 기본적 권리(1215년의 마그나카르타Magna Carta에서 진지해진)가 창설되었다.[33] 그 당시로 시간 여행을 하게 된다면 오늘날의 법률 시스템을 거의 찾아보기 힘들겠지만 13세기를 향해 쌩 하고 날아간다면 사법의 관습법 시스템의 익숙한 특징들을 보게 될 것이다.

이렇게 공식적인 법률이 발달하기 시작했을 때와 거의 같은 시기에, 점점 공식화되기는 했지만 '매우 비능률적인' 사법 시스템의 심각한 공백이 주목되었다는 점은 놀라운 일이 아니다.[34] 따라서 범죄가 실제로 발생하기를 기다리기보다는[36] 평화의 파괴를 예방한다는(그러한 파괴가 시작될 때부터 현명하게 예견하고 억누르기 위한) 목표를 가진, 원칙보다는 효과적으로 운용할 계획으로 덜 공식적인 시스템을 발전시킬 필요성이 있었다.[35] 지금도 그 잔재가 남아 있는 이 예방적 시스템은 후에 더 친숙한 명칭인 치안 판사로 불리는 보안관의 중심 임무가 됐다.

예방적 사법 시스템의 발전

12세기 리처드 1세Richard I, 재위 1189~1199 때 성취된 보안관의 특별한 임무는 주로 형사사법의 정식 시스템의 공백을 메우고 초기 단계의 범죄를 저지하는 것이었다.[37] 특별히 이 임무를 수행하도록 임명된 기사들은 15세 이상의 모든 남자들을 그들 앞에 소환해 무법자, 강도, 또는 도둑이 되지 않겠다는 맹세를 하도록[38] 지시받았다. 이러한 평화의 수호자들(또는 파수꾼들)은 살인과 방화, 강도, 강탈을 예방하도록 지시받았다. 그들은 또한 후에 생겨난 총기규제법의 위반을 연상케 하는 무허가 무기 소지를 예방하도록 허락받았다. 그들의 임무 중 특별한 한 가지는 앞에서 언급한 적이 있는 '왕권에 대한 반란에 대해 아직 위해가 발생하기 전 초기 단계에서 억제하기 위한 모든 예방 조치를 취하는 것'이었다.[39]

보안관의 직책은 여러 번 바뀌었다. 평화의 수호자, 평화의 파수

꾼, 그리고 결국은 치안 판사로 변천되었다. 하지만 그 직책의 기능은 끊임없이 확장되었고 행정상·사법상 임무를 모두 떠맡고 있었으며 공통의 핵심 요소를 가지고 있었다. 그리고 그 핵심에는 항상 원대한 예방적 구성 요소가 포함되었다.

14세기에는 무법이 만연했고 법과 질서의 문제에 대한 걱정으로 수차례 의회가 소집되었다. 1360년에 법령이 치안 판사들에게 '국외에서 범죄를 저지르고 형벌을 받은 사람이나, 과거에 그랬던 것처럼 노동을 하지 않고 방황하는 모든 자들을 조사할 수 있는'[40] 권능을 부여했다. 이러한 조항은 과거에 처벌받은 경력이 있는 전과자들에 대해 조사할 수 있는 권능을 부여했으므로 명백히 예방적이었다. 재판관들은 '의심스러운 사람들을 발견하면 모두 체포할 수 있었고…… 그들을 수감할 수도 있는' 권한을 부여받았다. 재판관들은 또한 '평판이 좋지 않은 자들 모두를 조사하도록' 허용되었고, 그들을 조사해 '그들의 적법행위를 충분히 보증할 수 있는 보증인'[41]을(예를 들어 기꺼이 그의 신원을 보증하고 약정을 서약하려는 믿을 만한 사람들) 세우도록 요구하는 것도 허용되었다.

16세기 튜더Tudor 왕조 때는 빈곤하고 부랑하는 계층들에 대한 조직적인 법률이 제정되었다. 그들 중에 수많은 위험인물들이 포함된다고 여겼기 때문이다. 기근, 질병, 만취, 부랑, 그리고 그와 유사한 것들이 잠재적 범죄 행위의 초기 표시로 이해되었다.[42] 16세기 초기에 제정된 법령의 서문에서 "부랑자들과 거지들의 게으름이 모든 악의 근원이다. 그것에 의해서 계속되는 도둑질과 살인, 그리고 다른 가증스러운 위법 행위들과 악독한 범죄 행위와…… 이 왕국의 공공의 복지의 놀라운 침해에 이르기까지 폭동이 일어났다"[43] 라고 선언되었다.

후에 법령들은 재판관들에게 '불량배들, 부랑자들, 그리고 다른 용의자들에 대한 야간 수색을 감독하고 그런 모든 범법자들을 처벌하도록' 요구했다.[44] 만약 그 체포된 부랑자가 '위험스러운 인물'이라면 두 명의 재판관들이 법정의 판결이 나올 때까지 그를 감옥이나 교정 시설로 보낼 수 있었다. 만일 그가 법정에서 유죄 판결을 받으면, 그 영토에서 추방되었다.[45] 이런 종류의 부랑죄는 그 기원과 기능에서 주로 예방적 역할을 담당했다.[46] 이런 법령들(실제로 치안 판사들의 전체 사법재판권)이 공식적 형사사법의 틈새를 채웠는데, 공식적 형사사법은 다 그런 것은 아니었지만 대체로 소급적이었다.[47]

영국에서 예방적인 법률의 필요성은 확실히 컸다. 범죄와 폭력이 난무했고 공식적 형사사법은 방해가 되었고 '정기적' 형사 재판은 아주 간혹 여러 장소에서 열렸다. 그리고 형벌 구조는 상대적으로 융통성이 없었다. 따라서 형식적인 형사사법 시스템하에서는 충분히, 그리고 신속하게 다루어질 수 없는 이 위험스러운 인물들을 다루는 덜 형식적이고, 보다 융통성이 있고, 원칙에 덜 따르고, 그리고 더 효과적인 메커니즘이 간절히 필요했다. 치안 판사들이 그 역할을 구체화했다.

치안 판사

마이클 돌턴Michael Dalton은 17세기 전반부에 활동했던 치안 판사 중 한 명이었다. 그는 자신이 직책상 그날그날 시행한 일에 대해 일기식 논문을 썼는데, 그것은 이 중요한 직무에 대한 동시대 최고의 기록으로 남아 있다.[48] 돌턴은 자신의 임무에 대해 다음과 같이 약술했다.

평화의 유지(그리고 그것을 위한 치안 판사의 역할)에는 다음의 세 가지가 필요하다.

1. 평화를 유지하거나 범법자들의 올바른 행실을 위한, 그 사건에 필요한 보증을 취함으로써 평화의 침해를 예방하는 것(현명하게 그것의 초기에서부터 예견하고 억제하는).
2. 치안을 문란케 하는 행위를 진압하는 것.
3. 치안을 문란케 한 행위를 처벌하는 것(법에 따라서).[49]

이들 치안 판사들은 오늘날의 경찰, 검찰관들, 재판관들, 그리고 교도관들의 역할을 겸했다. 돌턴은 이들 세 가지 역할 중 어떠한 기능이 가장 중요하게 치안 판사에게 할당되었다고 생각했을까? 바로 첫 번째 역할이다. "하지만 이 세 가지 중에서 첫 번째 기능, 즉 치안 판사들의 감독으로 명령된 예방적 정의가 가장 가치가 있다."[50]

돌턴은 치안 판사들이 예방적 행위를 취할 수 있는 대상이 되는 사람들의 종류를 열거했다. 그러한 리스트가 존재했던 것으로 보아, 판사들이 자신들의 개입의 조건으로 일어나지 않은 범죄에 대한 예방적 사법 재판권을 실행했음이 분명하다. 어떤 사람에게 '치안을 문란케 할 마음'[51] 또는 그가 '격노해 치안을 문란케 할 가능성'[52]이 있으면 충분했다. 마녀재판 또한 중요한 예방적 구성 요소였을 것이다. 마녀라고 의심되는 사람들의 성격 유형은 다음과 같다. 허풍 떨고, 무식하고, 비참하고, 탐욕스럽고, 음란하고, '도리에 어긋난 종류의 생활'을 하고, 우울한 사람들 모두가 마녀로 묘사되었다. 위에 언급된 모든 사람들이 구걸을 하며 돌아다니고 심술궂은 말을 하는 유형의 사람들이라고 생각되었다. 그에 따르면 마녀들은 '심술궂고 성질이 사악하며, 독살스럽게 악의를 품은' 인간들, 복수심에 불타고, 마음이 적의로 가득 찬 사람들이었다.

특정한 '명백한 행위'는 요구되지 않았던 것 같다. 만약 '재판관의 양심상 그가 위험스러운 인물'[53]이거나 '왕의 신하들을 상대로 살인 또는 다른 신체의 해를 끼칠 것 같은' 사람들 또는 '일반적으로 나쁜 평판을 받거나' 또는 '야간에 수상스러운 행동을 하는 사람'[54] 또는 누구든 '치안을 파괴하려는'[55] 사람이라면 충분했다. 그 기초가 되는 요구사항은 '현재 또는 미래의 위험에 대한 두려움이 있고, 과거의 범죄만을 의미하는 것은 아니'[56]었던 것 같다. 따라서 기소된 사람이 중죄에 대해 무죄 선고를 받았다는 단순한 사실이 치안 판사의 권한을 제한하지는 못했다. 그가 나쁜 평판을 얻거나 악행을 하면 치안 판사의 재량으로 그가 적법 행위를 하도록 강제할 수 있었던 듯하다.[57] 만일 피고가 만족할 만한 보증에 실패하거나 보증을 거절하면 그때는 치안 판사가 그를 감옥에 수감할 수 있었다.[58]

오늘날의 세계에서 '수상쩍은', '위험스러운', 또는 범죄를 '저지를 것 같은' 사람이면 누구든 체포하는 이 광범위한 재량권은 경찰관들에게는 꿈일 것이며 자유주의자들에게는 악몽일 것이다. 하지만 특히 20세기 후반 동안 공식적인 시스템과 비공식적인 시스템이 융합되기 시작했을 때, 공식적인 법률의 보호는 경찰관들의 예방적 활동과 '단순한 의심'에 의한 체포를 허용하지 않을 만큼 확대되었다. 그렇지만 치안 판사들은 비교적 최근까지 떠돌아다니는 위험스러운 인물들에 대한 불평에 반응하는 데 있어서 상당한 재량권을 보유했다.

9·11 테러 공격 이후 테러리즘과 관련이 있다고 의심되는 중동 사람들 주위로 그물망을 넓히면서 테러리즘을 예방하기 위한 노력으로 이 재량권은 다시 한번 호소되었다. 어떤 사람들이 여전히 이민법 위반으로 구금되는 동안 어떤 사람들은 '중요 증인'으로 붙잡혔고 다른

사람들은 경미한 범법 행위로 체포되었다. 법무부의 지시에 따라 그 법은 더 미리 대책을 강구하고 선제적으로 되어가고 있었다. 이러한 '비상사태' 조치들이 그것들을 일으킨 비상사태 자체보다 오래 계속 될지는 계속 지켜보아야 할 것이다.

치안 판사 시절에도 불량배들, 부랑자들, 그리고 그런 부류의 사람들로 인한 범죄가 발생할 때까지 기다리지만은 않았다. 재판관의 직무는 '불량배들의 일반적 수색을 위한 영장'[59]이라는 제목의 문서에서 설명되었듯이 그들을 수색하는 것이었다. 이 영장은 경찰관들에게 이렇게 명했다. "명령받은 몇 개의 마을 모두에 대해 특정한 날 밤에 모든 불량배들, 부랑자들, 그리고 떠돌아다니는 게으른 사람들을 체포하도록 일반적인 수색을 할 수 있다. 그리고 만일 위에서 언급된 악한들 중 누구라도 위험해 보이거나 선도할 수 없는 자가 있다면 그들을 재판에 회부하고 교정 시설이나 감옥으로 보내야 한다."[60]

범죄와 테러리즘 예방의 정황에서 치안 판사의 역할 중, 역사학자들에 의해 간과되었지만 특별한 관심을 끄는 부분이 무기의 규제다. 이런 유형의 규제는 위험한 인물들을 대상으로 실행되어온 것과 다른 종류의 예방을 보여준다. 이것은 위험한 상황들(또는 위험한 인물들과 상황들의 결합)을 향한 예방이다.

치안 판사들은 '누구든 장날, 시장에서 말을 타거나 무장을 한 사람, 또는 어느 곳에서든 (밤이든 낮이든) 왕의 신하들과 난투를 벌이는' 이들을 직접 단속할 수 있도록 권한을 부여받았다. 판사들은 그들을 체포할 수 있었고 그들에게 치안 또는 적법 행위를 하도록 강요할 수 있었으며, 보증인이 불충분하면 그들을 수감할 수도 있었다.

치안 판사들은 또한 그들의 갑옷과 다른 무기들을 빼앗을 수 있었고, 그것들을 몰수해 왕에게 바칠 수도 있었다.[61] 여러 가지 종류의 무기를 소지하는 것은 범죄가 아니었지만 치안 판사들은 범죄의 '시작'을 억제하려는 자신들의 재량권으로 총, 단검, 또는 장전된 권총, 어떤 다른 테러 행위에 입었던 갑옷, 또는 치안을 해하기 위해 사용될 것 같은 무기들을 빼앗을 수 있었다.[62] 어떤 종류의 무기들은 절대적으로 소지가 금지되었고, 절대적으로 무기 소지가 불가능한 계층의 사람들도 있었다. 예를 들어 "누구도 1야드(약 91.4센티미터) 이하 길이의 권총이나 3/4야드 이하 길이의 다른 어떤 무기(단검 또는 권총)로 사격을 하거나 그것을 운반, 간직, 사용, 또는 소유할 수 없었다."[63](이런 감출 수 있는 무기에 대한 금지 사항은 현대의 감출 수 있는 권총에 관한 법률의 전신이다.) 일정 소득 수준 이하의 가난한 자들은 '어떠한 총, 단검, 권총, 석궁 등'도 소유할 수 없었다. 그리고 치안 판사는 누구라도 가난한 자가 위험한 무기를 소유하고 있으면 그것들을 빼앗을 수 있었다. 무기에 관한 법률의 집행 목적으로, 실제로 누구든 일정 수준 이상의 소득이 있는 자는 '민간' 치안 판사 역할을 할 수가 있었다. 그런 사람이면 누구나 무기 소지에 부적격한 가난한 자가 어떤 무기를 소지하고 있는 것을 발견하면 그들로부터 무기를 빼앗아서 자신이 소지하고 사용할 수 있었다.[64]

치안 판사들이 특별히 염려했던 것으로 보이는 또 다른 '위험한 상황'은 위험하거나 불법적인 '집회'였다. 과거에는 그러한 집회들을 '아주 작은 행사로 시작해 제때 진압하지 않으면 걷잡을 수 없이 커져서 결국에는 국가와 정부를 위험에 빠뜨린다'고 믿었다. 따라서 모든 치안 판사들은 온갖 수단과 방법을 동원해 그런 집회들의 불씨를 끄도록 노력했다.[65]

물론 오늘날은 집회의 자유가 미국 헌법과 영국 관습법에 의해 보호된다. 하지만 오늘날에도 일부 '집회들(린치 집단, 민감한 장소에서의 집합)'은 치안에 너무 위협적이라고 판단되면 저지된다.

치안 판사들은 불법 집회에 대한 정의를 내렸는데, 거기에는 오늘날 공모에 관한 법으로 다루어지는(두 사람 이상이 아닌 세 사람 이상이 관여해야 한다는 점을 제외하고는) 내용들이 포함되었다. 그것들은 어떠한 위해(또는 실제적인 범죄)가 저질러질 것이 요구되지 않는 미완성 범죄였다. 아무 짓도 하지 않고 각자 출발했다 하더라도 이것은 불법 집회다.[66] 어떤 항의도 인정되지 않았다.

"모든 치안 판사는 불온 집회가 열리거나, 그러한 집회를 가지려는 계획을 알게 되면 지체 없이 그런 사람들이 모여 있는 장소로 직접 가서 그들을 진압하는 것이 좋다. …… 그리고 치안의 보증을 세우도록 강요하는 것이 좋다. …… 그리고 또한 그들의 무기와 갑옷을 빼앗을 수 있다……."[67]

치안 판사들은 '난투'를 통제하는 데도 유사한 예방적 역할을 했다. 그것이 '위험해 보인다면' 난투를 벌인 자들을 흥분이 가라앉을 때까지 잠시 동안 수감하도록 명할 수 있었다. 만일 그들이 언쟁만 한다면 그것은 난투가 아니며, 그때는 경찰관들에게 전혀 개입할 만한 권한이 없다. 하지만 판사는 여전히 예방적 행위를 취할 수가 있었는데, 왜냐하면 언쟁은 종종 난투와 구타, 상해, 과실치사, 살인으로까지 이어질 수 있기 때문이다. '언쟁'에 대한 이러한 접근은 대법원이 도발적 언사fighting words라고 칭한 것에 대한 우리의 현대의 접근법의 전조가 된다.[68]

판사들의 관할권은 현저히 '예방적'이었지만 그들에게는 아직 위험 행위나 범죄 행위를 저지르지 않은 사람들을 상대로도 조치를 (심지어 그들을 투옥할 수도 있었다) 취할 권한이 있었다. 돌턴의 글에 따르면 어떤 사람을 위험스러운 사람으로 간주할 것인지를 결정하는 데 종종 지난 비행에 대한 '의심'을 참작했던 것으로 보인다. 실제로 돌턴이 설명한 증거의 법칙들로 지나간 범죄의 증거와 장래의 위험성의 증거 사이에 예리한 차이점을 이끌어낼 수 없다는 사실이 명확해졌다.

'중죄의 조사'에서 고려된 상황들 중에는 다음과 같은 것들이 있다.

> **부모**: 그들이 사악하고 비슷한 유형의 잘못을 일삼았는가.
>
> **신체 능력**: 건강하고 민첩한가, 아니면 허약하고 병약해 그런 행동을 저지를 것 같지 않은가.
>
> **천성**: 싸움꾼인가, 도둑인가, 잔인한가…….
>
> **직업**: 게으르거나 부랑하는 자들은 …… 어떤 중죄가 벌어지면 의심을 받아 체포되기 쉽다.
>
> **친구**: ……
>
> **인생행로**: ……
>
> 평판이 나쁜 것은 아닌가. 이전에 유사한 범죄를 저지른 적이 있는가, 또는 중죄로 추방된 적이 있는가……[69]

이것들 중 일부는 성격 묘사이며 어떤 특정한 과거의 범법 행위와 관련은 없다. 하지만 이러한 '증거'의 항목들은 과거의 범죄만큼이나 미래의 위험성을 증명하고 있다. 그것들은 프로파일링의 초기 형태를 이루는데, 오늘날 우리는 프로파일링에 민족, 종교, 인종적 차이를 적용시킨다. 그런데 그 시대에는 사실상 모든 영국인들이 이러한 특징에서는 차이점이 없었기 때문에 빈곤, 유전적 형질, 그리고 평판이 표시가 되었다. 따라서 어떤 사람에게 지난 범죄에 대해 유죄 선고를 할 것인지 그가 장래에 범죄를 저지르지 못하도록 예방할 것인지의 본질적인 차이점은 이용할 수 있는 증거의 특징이라기보다는 입증 책임과 받아들일 수 있는 음성 오류들에 대한 양성 오류들의 비율에 있었다. 품행이 방정한 사람에게 지난 범죄로 유죄 판결을 내리려면 더 큰 확실성이 요구되었다.[70] 따라서 배심원들과 두 명의 판사에 의한 재판, 확실한 입증 책임이라는 더 엄중한 요구사항이 있었다. 한편 예방적 사법은 더 많은 '양성 오류들'을 포함하기에 지나치게 포괄적일 수 있었다. 돌턴은 이것을 거리낌 없이 인정하고 그것이 "새로운 일이 아니다"라고 말했다. "치안 판사의 오래된 책에 그러한 전례가 있다 …… 실제로 오늘날 그것은 흔히 실행되고 있고 매우 유용해 보인다. 이 두 가지 악 중에 그나마 나은 것을 선택해야 한다면, 중죄를 저지른 자가 형벌을 면하는 것보다는 범법자, 또는 혐의자를 한동안 수감해야 한다(간혹 불법적으로라도)."[71]

17세기 초 영국에서 한 명의 무고한 사람이 부당하게 수감되는 것이 죄 지은 자를 풀어주는 것보다 낫다는 신조가 예방적 사법을 집행하는 판사들의 실제적인 '실행'을 반영했다면, 이는 "한 명의 무고한 사람이 고통을 받는 것보다 열 명의 죄 지은 사람을 풀어주는 것이 낫다"는 공식적인 관습법의 유명한 신조와 모순이 되어 보인다.[72] 이 신조는 물론 명확하게 이미 저질러진 중죄의 유죄 판결에 대한 입증 책임을 언급한다. 윌리엄 블랙스톤마저도 장래의 범죄 예방과 관련해 확실성의 기준을 달리했다. 그가 예방적 사법이라고 부른 것의 대상이 될 만한 종류의 사람, 즉 보증인을 세울 것이 요구되거나 '보증인을 세울 때까지 즉시 수감될' 사람을 분류할 때, 블랙스톤은 "범위가 아주 넓어서 주로 치안 판사 자신의 재량권에 의해 허가가 결정되었다"고 인정했다.[73] 하지만 그는 이 예방적 절차의 결과로 수많은 무고한 사람들이 고통을 받을 수 있다는 가능성을 부인하지는 않았다. "우리가 오늘날 언급하는 보증은 실제적으로 당사자에 의해 저질러진 범죄 없이 단순히 예방을 위한 것이며, 단지 어떤 범죄가 의도되었거나 일어날 것 같다는 그럴싸한 의심에서 비롯된 것이다. 그가 잘못을 저질러서 체포된 것이 아니라면 그것은 전혀 형벌을 의미하지 않는다."[74]

블랙스톤은 치안 보증(그리고 유사한 적법 행위 보증)을 영국 법률 체계에 유일한 혁신이라고 여겼다. "그것은 진실로 영예로운 일이며 우리 영국법에 거의 유일한 제도다.[75] 그래서 이런 제목이 붙게 되었다(그 제목은 '범죄를 예방하는 방법'이었다). 예방적 사법은 모든 이성, 인간성, 그리고 확고한 정책의 원칙에 있고 모든 면에서 처벌적 사법보다 바람직하기 때문에 필요하기는 하지만 그것을 집행하는 데에는 항상 가혹하고 불쾌한 상황이 따른다." 블랙스톤은 '예방적 사법'이라는 용어를 매우 조심스럽게 사용했다. 그는 그것을 '실제적으로 당사자에 의해 저질러진 범죄 없이 단지 어떤 범죄가 의도되었거나 일어날 것 같다는 그럴싸한 의심에서 비롯된 단순히 예방을 위해 의도된' 속박으로 정의했다.[76]

법학자들이 구금을 형벌로 보았는지 예방으로 보았는지에 따라, 한 가지 유형의 오류를 다른 유형의 오류보다 선호하는 것 같은 커다란 불일치를 받아들인 것처럼 보였다는 것은 여전히 매우 주목할 만한 일이다. 그것은 어쨌든 여전히 구금이었다.

구금을 형벌로 보았을 경우에는 유죄일 가능성이 있는 자에게 무죄 선고를 하는 것을, 무죄일 가능성이 있는 자에게 유죄 선고를 하는 것보다 훨씬 선호하는 것이었다("한 명의 무고한 자가 고통을 받는 것보다 열 명의 죄 지은 자를 풀어주는 것이 낫다"). 반면 구금을 형벌이 아니라 예방적 차원에서 접근했을 때는, 위험을 끼칠 가능성이 있는 자를 방면하는 것보다 무죄의 가능성이 있는 자를 수감하는 것을 훨씬 선호했다. "이 두 가지 악 중에 좀 더 나은 것은 …… 중죄를 저지른 자가 형벌을 면하는 것보다는 혐의자를 한동안 수감해야 한다(간혹 불법적으로라도)."[77] 물론 한 가지 차이점이 있다면, 지난 중죄에 대한 형벌은 주로 사형이었던 반면 예방적 제재는 한동안의 구금이었다는 것이다. 하지만 그 차이점 하나로는 형벌의 매우 공식화된 법률 체계와 주로 재량적이고 임기응변적인 예방적 실행 사이의 커다란 불일치를 정당화할 수는 없을 것이다. 특히 영국 감옥에서의 구금은 죽음의 위험성을 수반했기 때문이다.[78]

초기의 영국 감옥들은 대개 장기간의 구금과 형벌이 아닌 단기간의, 일시적인 구금을 위해 설계되었다. 국토에는 아직 사람들이 드문드문 자리를 잡고 있었기 때문에 방랑하는 사람들을 한 격리된 지역사회에서 다른 격리된 지역사회로 보낼 수 있었다. 그리고 사람들은 다양한 형사 범죄들에 대해 비용이 많이 들지 않는 사형 제도를 묵인할 만큼 여전히 냉담했다. 따라서 장기간의 구금에 적합한 시설을 설립하는 것을 아마도 불필요한 지출과 부담으로 간주한 것 같다.

식민지 시대 동안의 미국에서조차도 치안을 유지하거나 적법 행위를 위한 보증인을 확보하지 못한 자들에 대해 명백히 구금이 시행되었다. 이 제도(치안 판사들에 의해 집행된 예방적 사법)는 영국에서 도입되었다. 치안 판사들은 식민지에서 임명되었고 그들의 관할권과 권력은 본국에서 실행되었던 것과 서로 같았다. 영국에서와 마찬가지로 판사들의 재량권이 컸다. 그들의 임무는 다양했다. 즉 나쁜 평판을 가진 자들이 주로 저지를 것으로 의심되는 해악을 예방하고, 일반 국민들을 실제 범죄가 입증되든 안 되든 장래의 행위로 체포될 것 같은 위험한 인물들로부터 분리하는 것이었다.[79]

초기의 미국 논평자가 치안 판사들에게 치안을 유지하게 하기 위한 권한을 부여한 최초의 법령 중 하나에 대해 "그것들은 해석에 의해서 원래의 취지보다 훨씬 더 확대되었고, 마침내 그렇게 확대 해석된 다른 법령을 거의 찾아볼 수 없을 때까지 그것의 목적이 점차 확대되었음이 확실하다"[80]라고 말한 것처럼 그들의 권한에는 제한이 거의 없었다.

현존하는 기록에는 식민지에서 치안 행위나 적법 행위에 대한 보증이 실제로 얼마나 자주 시행되었는지, 또는 보증을 세우지 못하면 얼마나 자주 구금이 실행되었는지에 대한 정보가 거의 없다. 이러한 방책들이 몇몇 식민지에서 시행되었다는 증거는 있지만, 실제적 구금은 같은 기간의 영국에서처럼 광범위하게 시행되었던 것 같지는 않다.[81]

위험스러운 정신질환의 경우를 제외하고는 배심 재판 없이 명해질 수 있는 구금의 기간이 일반적으로 제한되기는 했다. 하지만 예방적 차원에서 위험인물들을 구금할 수 있는 치안 판사의 권한은 헌법과 권리장전이 채택된 이후까지도 계속되었다.[82] 그 권한은 법정이 더 적극적으로 경찰들에게 헌법적 제한을 적용한 20세기까지도 지속되었다. 하지만 9·11 사건의 발발과 테러리즘에 대한 불안감으로 경찰, FBI, 그리고 현시대의 평화의 수호자들에게 아마 다소의 예방적 권한이 복귀될 것이다.

잠정적인 역사적 결론들

예방적 개입의 유형에 대한 간략한 역사는 지난 범죄에 대해 유죄 선고를 할 수 없지만 장래에 심각한 위해를 끼칠 것 같은 위험인물의 구금이 그들이 적용한 법리학상의 미사여구에 상관없이 역사상 어느 사회에서든 항상 어느 정도 실행되어왔다는 사실을 암시한다. 게다가 어떤 예방적 구금의 방식들은 다른 예방적 또는 선제적 조치들과 함께 모든 사회에서 계속 실행될 것이다.

이는 예방적 구금을 위해 시행된 조치 중 최소한 일부는 실제로 과거의 범죄를 저지른 것으로 판단되지만 이런저런 이유로 유죄 선고를 내릴 수 없는 사람들을 구금하는 메커니즘이었다는 것을 시사한다. 따라서 치안 판사들의 최초의 사법 재판권은 예방적이기는 하지만 종종 지난 범죄를 '발견(하지만 훨씬 덜 엄밀한 의미의 발견)하는 것'이 요구되었다.[83]

이런 역사적인 자료는 재미있는 가설을 암시한다. 즉 모든 다른 요소들이 같다면, 심각한 범죄를 저지른 것으로 생각되는 위험인물들에 대해 유죄 판결을 내리기가 점점 더 어려워지면서 비공식적인 예방적 메커니즘의 필요성과 긴급성이 증가할 것이다. 사회 통제 메커니즘들, 특히 구금과 격리의 메커니즘에는 종종 풍선의 법칙이 작용한다. 즉 풍선의 한쪽 끝을 꽉 쥐면 다른 쪽이 더 부풀어 오른다. 따라서 그것은 위험한 인물을 이런저런 방법으로 격리시키는 대부분의 사회에서 꽤 지속적인 현상이다. 추방이 가능하다면 그만큼 구금은 덜 적용될 것이다. 그리고 범죄의 시도에 대한 법이 없다면 범죄를 시도하지만 실패하는 자에 대해 치안의 보증이 이용될 것이다. 또한 정신질환자의 보호 시설 이용이 가능해지면 정신질환자들에 대해 부랑자법과 빈민 구제법이 덜 이용될 것이다.[84] 이 법칙은 최소한 경고로서 유용하다. 즉 구금의 특정한 메커니즘이 소용없게 되면 (또는 덜 유용하게 되면) 사람들은 최소한 그 느슨함이 다른 메커니즘들에 의해 전부 또는 일부가 회복되었는지 알아내기 위해 찾아 나설 것이다.

가장 난처한 (그리고 이 책과 가장 관련된) 문제는 비록 예방적 구금이 항상 시행되어왔고 앞으로도 항상 시행될 것이지만, 조직적이고 일반적으로 인정된 예방적 개입의 법률 체계가 발달된 적이 한 번도 없다는 것이다. 물론, 예컨대 돌턴과 몇몇 다른 사람들이 분류한 것 같은 약간의 규칙들은 있었다. 하지만 이러한 규칙들은 사법의 완전한 법적 또는 도덕적 철학이라기보다는 임기응변식 실행을 반영하는 것처럼 보인다. 놀랍게도 예방적 구금을 지배하는 법률 체계는 단 한 번도 분명하게 표현된 적이 없고, 다만 그런 것처럼 보일 뿐이다. 내가 알기로는 어떠한 철학자, 법률가, 또는 정치 이론가들도 국가가 어느 시점에 예방적 구금을 하는 것이 적당한가에 대해 조직적인 이론을 구성하려고 시도해본 적이 없다. 여기에는 수많은 이유가 있다. 가장 큰 이유는 예방 메커니즘들이 비공식적이었다는 것이다. 따라서 그들은 명확한 방어나 정당화를 요구하지 않았다. 게다가 예방적 개입, 특히 예방적 구금이 정말로 존재한다는 사실을 단순히 부정하는 학자들이 많다. 또는 그들이 이러한 메커니즘의 존재를 인정하더라도, 그것들의 적법성을 부정함으로써 이론이나 법률 체계의 필요성을 미연에 방지한다. 결국 현존하는 형사사법과 민주주의 이론과 깔끔하게 조화를 이루는 예방적 구금의 이론을 구성한다는 것은 매우 어려운 일이다.

하지만 결론은, 인간의 자유에 대한 중대한 구속과 관련된 광범위한 일련의 행위들이 그것을 적용함에 있어서 한계를 정하거나 제한하는 분명하게 표현된 법률 체계 없이 항상 존재했다는 것이다. 사람들은 어떤 종류의 위해가 예방적 구금을 정당화하는지, 또는 어느 정도의 개연성이 요구되는지, 예방적 구금의 기간은 어느 정도로 허용되어야 하는지, 그 해악, 개연성, 그리고 기간 사이에 어떤 관계가 존재해야 하는지를 결정하려는 어떠한 체계적인 노력도 없이 예견되는 해악을 예방하기 위한 방편으로 구금을 사용한다.[85] 그렇다고 해서 현재 지난 범죄에 대한 형벌의 부과를 정당화하는 완전히 만족스러운 법률 체계나 이론이 존재한다는 뜻은 아니다(파운드의 관찰을 다시 한번 생각해보라. "다른 시스템들에서보다는 영미법에서, 법학 이론들은 법률가와 재판관이 구체적인 사건들을 다루고 그것들을 결말짓기 위해 습득된 어떤 조치들을 비축한 후에 나온다."[86]) 하지만 이에 대해서 최소한 수많은 질문들이 있었고, 약간의 흥미로운 답변들이 시도되었다. '무고한 사람 한 명이 고통 받는 것보다 열 명의 죄 지은 자를 풀어주는 것이 낫다'는 원시적인 표현법조차도 우리에게 어떻게 증거와 절차의 규칙들을 고안할 것인지에 대한 중요한 메시지를 준다. 그런데 예방적 구금과 관련해서는 이에 비길 만한 격언이 없다. 즉 Y가지의 예방될 수 있는 위해가 일어나는 것보다 X명의 양성 오류들이 잘못 구금되는 것이 나은가? 사법은 X와 Y 사이에 어떤 관계를 요구하는가? 우리는 아직 '약간의 예방' 또는 '적시의 바늘 한 땀'의 효과를 격찬하는 진부한 표현들을 넘어서 이런 질문들을 체계적인 방법으로 묻는다거나 그것들에 대답하기 위한 분석 방법을 발전시킨다거나 하는 시도조차 하지 않았다. 우리는 이제 여러 가지 예방적 전쟁이나 예방적 구금이 야기할 수 있는 위해를 이해하고 인정하기 시작해야 한다.[87]

선제공격(위험하다고 추정되는 개인에 대한 예방적 구금)의 전형적인 유형에 대한 이 간략한 역사적 설명은 더 보편적인 현상을 예증하기 위해 의도되었다. 즉, 많은 종류의 선제적 행위들은 이론상 나타나는 것보다 훨씬 더 일반적으로 실행되었다. 내용과 이론적 설명은 다양하지만 다른 선제공격 메커니즘들에 대해서도 유사한 역사적 설명들이 가능하다. 예를 들어, 이제 우리가 살펴보게 될 공격을 시도하려는 적에 대한 선제적 군사 공격들은 최소한 성경만큼이나 오래되었다.

Chapter 2 | 예방적 군사 행동

정확한 습격에서 전면전까지

Preemption Military Action:From Surgical Strike to All-Out War

국가가 직면하는 가장 중요하고 복잡한 선제적 결정이라면 아마도 심각한 위험을 일으킬 것으로 예상되는 적을 상대로 군사 행동을 취할 것인지에 관한 문제일 것이다. 침략을 계획하고 있는 적을 공격할 것인가 말 것인가 하는 결정에 따라 군사적 승패가 좌우된다. 그 결정에 따라 수많은 생명을 구하거나 잃을 수도 있다. 어떤 상황에서는 국가의 흥망이 달려 있기도 하다.

선행하는 군사 행동이라는 개념이 형성된 역사는 전쟁만큼이나 오래되었다. 또한 그 범위는 한 번의 정확한 습격에서 대규모 예방적 전면전까지 다양하다. 선제적 전쟁preemtive war과 예방적 전쟁preventive war을 구별하는 것은 유용한 일이다. 전자는 임박한 위협에 한정되고, 후자는 범위가 좀 더 넓은 어느 정도의 위험까지 확대된다. 영어에서는 이 개념이 구별된다. 전 오스트레일리아 외무장관 가레스 에반스Gareth Evans, 1944~는 이렇게 지적했다. "다른 언어에 '선제적 공격과 예방'이라는 단어가 있다고 해도 그것들은 서로 호환되어 사용되는 경향이 있다. 반면, 영어에서 이 단어들은 엄연히 다르게 사용된다."[1] 이 장에서는 선제적 공격과 예방을 각각 논의하고, 그것들 간의 차이점을 밝혀내고자 노력할 것이다.

고대 사람들은 선제적 공격과 예방을 각각 다양한 방식으로 실행했다. 철학자들은 여러 가지 다양한 상황에서의 선제적 공격과 예방의 장단점을 토론했다. 선제적 공격과 예방이 실행이나 철학 그 어느 면에서 검토되든지 명확하게 밝혀지는 사실이 있다.

첫째, 선제적 공격과 예방이 정도의 차이에 관한 문제라는 점이다. 둘째, 군사적으로 대립된 상황에서 취할 수 있는 선제적 조치는 광대한 스펙트럼에 가로놓여 있다는 점이다. 셋째, 개인적 정황을 살펴 예방 차원에서 그의 자격을 박탈하는 것처럼, 군사적 정황을 살펴 선제적 공격과 예방을 실행하도록 인정하는 법률 체계나 도덕 체계가 거의 없다는 점이다. 대신에 시간과 공간을 초월한 일련의 임기응변식 결정들만이 우리 눈에 띈다. 그것들 중 일부는 역사적으로 정당성이 입증되었고 나머지들은 비난을 받았다. 역사의 심판은 그 행위가 취해진 시기에 합리적 믿음에 근거해서 정당화되기보다는 사후 결과가 어떻게 나타났는지에 의존한다는 것은 놀랄 일도 아니다. 우리는 예방적 또는 선제적 군사 행동의 결과가 어떠할지를 절대로 확신할 수가 없다(사실 '성공'에 대한 정의조차도 의견이 분분하다). 따라서 이러한 임기응변식 역사의 판단에는 어떤 종류의 선제적 군사 행동들이 법적 또는 도덕적으로 정당화되는지에 대해 기대되는 지침도 거의 없다.

한 가지 극단적인 사례를 들자면 공격을 시작하거나 심지어 그것을 준비하지도 않는, 외형상 어떤 조치도 취하지 않은 적군을 전멸시키는 일을 생각해볼 수 있다. 역사의 도처에서 국가나 부족들은 자신들의 적군을 그들이 실제적으로 군사적 위협을 가할 만큼 강해지기 전에 멸하기 위해 출격했다. 《창세기》에 보면 야곱의 아들 두 명이 하몰 일족을 속여서 할례를 받게 하고 그들이 수술에서 회복되지 않아 아직 약할 때 그들을 죽인 이야기가 나온다. 《미드라시Midrash》성서의 구절들을 개개인의 상황에 적용시켜 해석하는 유대교의 성서 주석 방법, 또는 그 내용을 담은 책-옮긴이에는 그 행위는 선제적 정당방위라고 나온다. 왜냐하면 야곱의 아들들은 후에 그들이 야곱 일족을 죽이려고 계획하고 있었다고 믿었기 때문인데, 하몰의 아들 중 한 명은 야곱의 딸을 강간했다. 재미있게도 야곱은 이에 관해 '문제를 일으켰다'는 이유로 자신의 아들들을 나무랐다. 이제 다른 일족들이 공격적인 자신의 일족에 대해 선제적 행동을 취할까 봐 두려워서였다.[2] 또 한 가지의 극단적인 사례는 적군이 공격을 하려 하는 것이 절대적으로 확실해질 때까지 기다려 간단히 기선을 제압하는 것이다.[3] 그것이 1967년의 6일 전쟁 초반부에 이집트와 시리아의 공군을 선제적으로 공격했을 때의 이스라엘의 주장이었다. 이러한 극단적인 사례들 중간 중간에 두려운 적군에 대한 광범위한 보호적, 선행적, 예방적, 혁신적, 그리고 선제적 행위들이 있다(핵미사일 발견에 뒤따라 1962년에 일어난 미국의 쿠바 봉쇄는 중간 정도의 예방적 행위의 한 예가 될 것이다).

역사 도처에서 선행된 군사적 행동

성경에는 선제적 군사 행동에 대한 몇 가지 사례가 나오는데, 그 중 《에스델》이 가장 유명하다.[4] 거기에는 페르시아의 왕 크세르크세스Xerxes, 재위 BC 486~466년(성경에서는 아하스에로스로 기록되어 있다)의 재상 하만이 왕을 선동해 '관습이 다르고 왕의 법률에 복종하지 않았다'

는 이유로 자신의 왕국에서 유대인들을 멸하도록 명령하게 한 것에 대해 자세히 설명되어 있다.[5] 왕은 특사들을 방방곡곡에 보내 급보를 전하는데, 특정한 날, 즉 열두 번째 달의 열세 번째 날에 모든 유대인들을 전멸시키고(남녀노소를 불문하고) 그들의 재산을 강탈하도록 명령했다. 그러나 왕을 하만에게서 등지게 하려던 유대인 모르드개와 그의 조카딸이자 왕비인 에스델의 책략으로 크세르크세스는 결국 하만을 사형하도록 명하게 된다. 하지만 그가 유대인들을 죽이라고 내린 이전의 명령은 취소할 수가 없었다. 왜냐하면 '왕의 이름으로 쓰이고 봉인된 어떠한 문서도 무효로 할 수 없다'는 법이 있었기 때문이다. 그러자 왕은 또 다른 명령을 발했다. 그것은 유대인들에게 자신의 첫 번째 명령을 수행하려고 준비하는 사람들을 상대로 집합해 자신들의 목숨을 보호할 수 있는 권리를 인정한 것이었다. 이 명령은 유대인들에게 '자신들과 여자들과 어린아이들을 공격할지도 모르는 어떤 군대든 파괴하고 죽이고 멸망시킬 수 있는 권리'를 부여했다. 이 선제적 정당방위의 권리는 그들을 멸하려고 했던 최초의 명령에서 정해져 있던 날과 같은 날인 열두 번째 달의 열세 번째 날에 수행되었다. 그날이 되자 유대인들의 적군은 그들을 제압하고 싶어 했지만 이제 상황이 역전되어 유대인들이 자신들을 미워하던 사람들보다 오히려 우위를 차지하게 되었다. 다른 모든 민족들은 그들을 두려워했다. 왜냐하면 모르드개가 궁전에서 주요한 인물이라는 것을 알았기 때문이다. 그래서 유대인들은 칼로 자신들의 모든 적을 죽이고 파괴하며 그들을 무찔렀다.[6]

이 성경 이야기에서 유대인들은 임박하고 확실한 집단 학살의 위협에 맞서 선행적 정당방위를 행했고 그에 관해 찬사를 받았다.[7] 에드워드 기번Edward Gibbon, 1737~1794의 옛 보고서 〈로마 황제의 쇠퇴와

추락The Decline and Fall of the Roman Empire〉에 따르면 로마인들은 이 원칙을 훨씬 더 널리 받아들였다. 그는 그리 칭찬받지 못할 만한 예방적 군사 행동을 기술한다.[8] "약속된 날이 되자 비무장 상태의 고트족 젊은이들의 무리가 광장 또는 공개 토론장에 조심스럽게 모였다. 로마 군대들은 거리와 대로를 점거하고 있었고, 집의 지붕들은 궁수들과 투석기 사용 군사들로 뒤덮여 있었다. 이윽고 동방의 모든 도시들에서 일제히 무차별 대량 학살의 신호가 주어졌다. 그리하여 아시아 지역들은 율리우스 카이사르Julius Caesar, BC 100~44의 지극한 신중함으로 인해 몇 달 있으면 헬레스폰트Hellespont 해협으로부터 유프라테스Euphrates 강까지를 무력으로 점령했을지도 모를 국내의 적군으로부터 구조되었다."

기번은 이어 이 예방적 대량 학살에 대해 다음과 같이 평가했다. "공공의 안전에 대한 긴급한 고려가 모든 실정법 위반을 허용할 것이라는 점에는 의심의 여지가 없다. 하지만 그런저런 고려가 얼마나 인간성과 정의에 대한 당연한 책임을 해소하기 위해 작용할 것인지의 원칙에 대해서는 아직 알고 싶지 않다."

'카이사르의 지극한 신중함'에 대해서라면, 예상된 위해는 임박하지도 확실치도 않았다. 그 두려움은 적국이 '어쩌면' '몇 달 있으면' 로마를 공격할지도 모른다는 것이었다. 게다가 그들이 취한 선제적 행위는 자신들을 공격할지도 모를 사람들을 무력화하는 데 국한되지 않았다. 다시 말해 '무차별 대량 학살의 신호'가 주어졌다. 기번은 이 모든 실정법 위반을 정당화하는 것처럼 보였다. 하지만 그는 필요성의 명령이 장래의 위해를 예방하기 위해 어떤 수단들이 정당하게 사용될 수 있는가에 대한 자연법의 제한을 얼마만큼이나 해소할 수 있는지에 대해서는 알고 싶지 않다고 주장했다.

마키아벨리Niccoló Machiavelli, 1469~1527가 다음과 같이 로마의 선제적 전쟁을 찬성한 것은 놀라운 일이 아니다. "로마인들은 현명한 통치자들이 해야 할 일들을 한 것이다. 즉각적 위기에만 주목할 것이 아니라 앞으로 닥칠 일들을 예견하고 그것을 예방하기 위해 모든 노력을 다 할 필요성이 있다." 그는 자신의 군주에게 다음과 같이 군사적 위험을 의학적 위험으로 유추하도록 권했다.

> 만약 병이 다가오고 있는 것을 미리 잘 안다면, 그것들을 치료하기 위한 적절한 조치를 취하기가 쉬울 것이다. 하지만 그것들이 바로 우리 눈앞에 다가올 때까지 기다린다면, 그때는 이미 병이 너무 많이 퍼져서 어떠한 처방약도 더 이상 효과가 없을 것이다. 이 문제는 의사들이 폐결핵에 대해 이야기하는 것과 같다. 이 병은 초기에는 진단이 어렵지만 치유는 쉽다. 하지만 초기에 발견하지 못해 치료받지 못한 채 시간이 흐른다면, 나중에는 진단은 쉽겠지만 치유는 어려울 것이다. 이것은 정치에서도 마찬가지다. 문제점들이 멀리 있을 때 그것들을 미리 예견한다면(오직 신중한 자만이 가능한) 쉽게 대처가 가능하다. 하지만 그것들이 닥치는 것을 알아보지 못했다면, 결국은 누구든 알아볼 수 있을 정도로 커지게 될 것이고 그때는 이미 조치를 취하기에는 너무 늦다.[9]

마키아벨리는 로마인들에게 항상 앞날을 내다보고 문제가 커지기 전에 그것들을 해결하기 위한 행동을 취하라고 명했다. 그들은 결코 전쟁을 피하기 위해 행동을 미루지 않았다. 왜냐하면 전쟁은 피할 수 없는 것이며, 그것을 미루면 적을 이롭게 할 뿐이라는 것을 알고 있었기 때문이다.[10]

더 놀랍게도 토머스 모어Thomas More, 1478~1535는 선제공격을 (최소한 어떤 환경에서는) 정당한 전쟁에 대한 가톨릭교회의 교리에 부합하는 전술로 포함시켰다. "만일 타국의 군주가 무기를 집어 들고 그들의 국토를 침략하려고 준비한다면, 그들은 즉시 총력으로 자신들의 국경 밖에서 그를 공격해야 한다. 자신들의 영토에서 전쟁을 수행하는 것은 결코 달가운 일이 아니기 때문이다."[11]

선제적 군사 행동은 종종 개인적 정당방위로 유추되었다. 시인이자 극작가였던 존 드라이든John Dryden, 1631~1700은 그것을 '자연의 가장 오래된 법'이라고 선언했다.[12] 그것은 또한 자연 상태에서 야생의 맹수를 죽이는 것으로 유추되었다. 존 로크John Locke, 1632~1704는 "이성을 포기한 범죄자가 …… 인류를 상대로 전쟁을 선언한 것이다"라고 말했다.[13]

국제법의 창시자 중 한 명인 휘호 그로티위스Hugo Groutius, 1583~1645는 기다리는 것이 너무 많은 희생을 감수해야 하는 상황에서는 언제나 선제적 군사 행동이 정당화된다고 주장했다. 그는 '정말로 죽이려고 하는 자를 죽이기 위해' 계획된 예방적 조치들을 지지했다.[14] 다른 국제법의 선도적 관점에서는 국가들은 '첫 번째 화살을 받거나 단지 그들을 겨냥하는 화살을 피할 것'을 강요받지 않았고, 그보다는 아직 적군들의 의도가 완전히 밝혀지지 않았더라도 자연법에 따라 예방적인 전쟁에 가담할 수 있도록 권리를 부여받았다는 것을 인정했다.[15]

역사의 도처에서 각 나라들은 예방적 접근법을 따르는 것이 자신들의 국익에 보탬이 된다고 믿으면 그렇게 했다. 예를 들어 영국은 루이 14세Louis XIV, 재위 1643~1715를 상대로 예방적 전쟁을 일으켰다. 부르봉 왕조하에서 위험하다고 여겨진 자신들의 오랜 적국인 스페인과 프랑스의 연합에 맞서 자국을 보호하기 위함이었다. 영국은 침공을 당하지 않았고, 침공이 임박한 것도 아니지만 자신들의 오랜 적국인

두 국가의 강력한 결합으로 자신들이 장래에 침공당할 것을 두려워했다. 그래서 그들이 아직 약하고 분리되어 있을 때 그들에 대한 공격에 착수했다. 따라서 스페인 왕위 계승 전쟁은 장기적인 예방적 군사 행동이었다. 전쟁은 1713년 위트레흐트 평화 조약 때까지 13년간 지속되었다.

그러한 전면적인 예방적 전쟁들 외에도 역사를 통해 왕, 황제, 군주, 족장, 그리고 다른 지도자들이 자신들의 통치에 대한 잠재적 위협을 예방하기 위해 더 제한된 행위들을 취한 많은 예들이 있다. 관습법에서는 왕의 죽음을 생각하는 것(즉, 상상하는 것)마저도 사형에 처할 만한 중죄로 다루었다. 생각이란 것은 실행의 전 단계이며, 왕의 목숨에 관해서라면 타당하든 타당하지 않든, 모든 의심들이 양성 오류의 숫자와 관계없이 그의 안전을 위해 해명되어야 한다는 이론이었다. 다만 한 명이라도 왕에 대해 음모를 꾸민 자가 풀려나느니 음모를 꾸미지 않은 사람 100명이 처형되는 것이 낫다는 것이었다! 이와 비슷하게 영국의 법은 재판관이 왕이나 국가에 대한 공격을 예방할 수 있을 것 같은 정보를 확보하기 위해 필요하다고 판단하면 고문을 허용했다.[16] 예방적 체포, 추방,[17] 심지어 사형까지도 역사를 통틀어 잠재적인 적에 대해 사용한 무기의 일부였다.

예방은 권력을 가진 자들을 보호하는 데 국한되지는 않았다. 현직의 재임자를 전복하려는 자들은 왕위 계승자들이 훗날 왕좌에 오르지 못하도록 확실하게 하기 위해 왕뿐만 아니라 간혹 왕위 계승자마저도 죽이려고 했다. 볼셰비키Bolsheviks는 차르 니콜라스 2세Czar Nichloas Ⅱ, 재위 1894~1917의 자녀들을 살해한 것을 이와 같은 이론적 설명으로 정당화했다. 레닌Nikolai Lenin, 1870~1924은 로마노프Romanov 왕조의 부활을 두려워했는데 그것은 '네 명의 대공들을 처형한 사건'

으로서 설명이 된다. 아나스타샤 공주가 생존한다는 주장으로 사실상 일부 차리스트들czarists은 어린 공주가 언젠가 왕좌를 되찾아 군주제를 부활시킬 수 있다는 희망을 가지게 되었다.[18] 시칠리아 섬의 마피아는 간혹 살해된 적수들의 어린 아들들이 세월이 흐른 후 복수를 하는 것을 막기 위해 그 아이들을 죽이기도 했다. 신약성서에서조차 미래의 유대인 왕이 그들 가운데 있다는 이야기를 듣고 베들레헴 내부와 주변의 두 살 이하의 모든 사내아이들을 죽이도록 한 헤롯의 결정에 대해 자세히 설명되어 있다.[19]

이런 사례들과 예방적 군사 행동과 완력을 사용한 다른 실례들 외에도, 예방적 행동에 실패해 역사적·도덕적으로 비난을 받은 예들이 있다. 그중에서도 가장 악명 높은 사건은 영국을 비롯한 승리를 거둔 유럽의 강대국들이, 독일군이 제1차 세계대전에서 패배한 후 조약의 의무들을 공공연히 위반했음에도 불구하고 그들의 재무장을 막는 데 실패했던 사건이다. 전 영국 총리 아서 네빌 체임벌린Auther Neville Chamberlain, 1869~1940은 바로 유화 정책의 역사적 심벌이 되었다. 그는 전 미국 국무장관 엘리후 루트Elihu Root, 1845~1937의 의견에 따라 행동하지 않았기 때문이었다. 엘리후 루트는 '자국을 보호하기에 너무 늦는 상황을 방지함으로써 스스로를 보호하려는 모든 주권 국가들의 권리'를 옹호했다.[20]

윈스턴 처칠Winston Churchill, 1874~1965은 나치 군사력의 부활이 완력의 사용 없이도 예방될 수 있었다고 믿었다. 처칠에 따르면 "1934년까지 영국, 프랑스, 그리고 그들의 동맹국들은 독일의 무장 세력을 단순한 의지의 노력으로 통제할 수 있었다. …… 그들은 1934년까지 어느 때나 평화 조약의 군비 조항들을 엄격하게 시행해 폭력이나 유혈 사태 없이 인류의 평화와 안전을 무기한 감시할 수 있었다." 하지만 그들은 그러한 행동을 하는 데 실패했고, 그들의 실패로 말미암아 독일인들은 재무장하게 되었다. 나치가 처음에 민주적으로 권력을 쥐었을 때 동맹국들은 또다시 실패했다. 그는 "그들이 이런 어리석은 행동을 하지 않았더라면 독일에게는 범죄를 저지르고자 하는 유혹은 커녕 기회조차도 없었을 것"이라고 말했다.[21]

요제프 괴벨스Joseph Göebbels, 1897~1945마저도 승리를 거둔 유럽 정부들이 군사적으로 우위에 있는 동안에 나치의 부활을 진압하지 않은 것에 대한 충격을 다음과 같이 표현했다.

> 우리는 1932년 이전에 국내의 적들이 우리가 어디로 향하는지, 또는 우리의 법적 의무의 맹세가 단지 속임수였다는 사실을 전혀 알지 못했던 것처럼, 독일의 진정한 목표에 관해 적군이 알지 못하도록 하는 데 성공했다. 우리는 합법적으로 힘을 얻고 싶었다. …… 하지만 힘을 합법적으로 사용하고 싶지는 않았다. …… 그들이 1925년에 우리들 중 몇 명을 체포했다면 끝이 났을 것이다. 그런데 아니었다. 그들은 우리에게 위험지대를 통과하게 해주었다. 그것이 바로 그들의 외교 정책이었다. …… 1933년 프랑스 총리는 이렇게 말했어야 했다. (그리고 만일 내가 프랑스 총리였다면 나는 이렇게 말했을 것이다). "새로운 독일 총리는 《나의 투쟁Mein Kampf》이라는 책을 썼는데, 그 책에는 이런저런 내용들이 있다. 이런 사람이 우리 근처에 있는 것을 묵인할 수는 없다. 그가 사라지거나 우리가 진격해야 한다!" 하지만 그들은 그렇게 하지 않았다. 그들은 우리를 홀로 내버려두었고 위험 지대를 빠져나가게 해주었다. 그래서 우리는 모든 위험한 암초들을 돌아서 항해할 수 있었다. 우리가 항해를 마치고 그들보다 더 잘 무장을 한 뒤에서야 그들은 전쟁을 시작했다![22]

더 복잡하기는 하지만, 일부 역사학자들은 영국군이 스페인 시민전쟁의 개입에 실패한 것 또한 나약함의 표시로 보았는데 히틀러는 임박한 세계대전의 초기 양상이라고 여겼다.[23]

이제 보다 적극적인 군사 정책 지지자들은 이러한 실패 사례들을 인용한다. 하지만 복잡하고 늘 변화하는 세계에서 유추법들은 종종 오도를 하고 있다. 게다가 전제정치에 의한 군사 공격들을 종종 선제적 원칙들로 정당화하려고 시도한다. 나치는 자신들의 폴란드 침공, 그리고 후의 소비에트 연방 침공에 대해 자신들은 선제적으로 행동했다고 주장하면서 정당화하려고 했다. 하지만 아무도 그 빤한 거짓말들을 믿지 않았다. 어떤 군사 역사학자들은 일본의 진주만 공격을 정당화했다.[24] 일본과 그의 동맹국인 독일을 상대로 전쟁을 일으키기 위한 준비로 자신들의 해군을 배치한 잠재적인 적군의 군사력에 맞선 선제적 공격이라는 이유였다. 미국이 자신들의 태평양함대에 대한 임박한 공격을 알았더라면 일본 공군을 먼저 공격한 것이 분명히 정당화되었을 것이다. 실제로 루스벨트Franklin Roosevelt, 1882~1945 행정부는 파괴적인 일본의 갑작스런 공격을 예견하고 예방하지 못한 정보 수집 실패로 인해 비난을 받았다. 어떤 사람들은 루스벨트가 일본 공군에 대한 선제공격을 정당화할 만한 충분한 정보를 입수했지만, 일단 첫 번째 공격을 받아들인 후 일본과 독일 양국을 상대로 전쟁을 선포하고 싶어 했다고 말하기까지 했다.[25]

선제공격에 실패해 큰 희생이 따랐던 이러저런 사례들은 논쟁을 불러일으켰다. 초기 소비에트 연방의 핵무기 시설들에 대한 미국의 예방적 공격에 대한 이러한 논쟁은 미국과 소비에트 연방 간에 원자폭탄이 개발되던 시기에 진행되었다.[26] 그러한 공격을 선호했던 자들은 소비에트의 핵무기고가 미국의 도시들과 군사 기지들을 겨냥하는 것은 단지 시간문제라고 믿었다. 그들은 프랭클린 루스벨트의 유명한 나치즘에 대한 유추(방울뱀이 당신을 공격하려고 자세를 취하는 것이 보인다면, 그것이 먼저 당신을 공격할 때까지 기다릴 필요 없이 바로 뭉개버려야 한다[27])를 인용하면서 스탈린이 먼저 공격하기를 기다리는 것보다 그들이 핵무기를 배치하기 전에 소비에트의 핵무기 위협을 제거하는 것이 낫다고 주장했다. 선제적 공격에 반대하는 사람들은 소비에트가 이미 약간의 핵무기 사용 능력을 갖추고 있었기 때문에 시기적으로 이미 너무 늦었으며, 선제적 행위를 취하는 것은 너무 위험하고 어려울 것이라는 주장을 펼쳤다. 그들은 잠재적인 소비에트의 공격에 맞서 핵무기로 보복하겠다고 위협하는 억제책이 낫다고 주장했다. 결국 선제 정책보다 억제 정책이 우세해, 서로간의 대규모 살상(상호 확증 파괴, MAD)의 위협으로 핵전쟁을 피할 수 있었다.

예방의 대안으로서의 억제

《뉴욕타임스》는 서론에서 인용되었던 사설에서, 소비에트의 사례를 민족 국가들을 다룰 때 선제공격에 대한 억제 정책의 선호의 증거로 인용했다. 그런 후에 선제공격이 테러리스트들에 대해서는 적합할 수도 있지만 이라크를 다루는 전략으로서는 의심의 여지가 많다고 주장했다. 되돌아보면 상호 확증 파괴라는 '지극히 단순한 착상'으로 냉전 시대 동안 소비에트 연방으로부터의 공격을 억제하는 데 성공한 것은 물론 사실이다. 하지만 만약 소비에트가 사실 미국을 상대로 핵무기 공격을 먼저 시작했더라면 어땠을까? 그랬다면 선제공격에 반대했던 사람들은 역사적으로 무수한 비난을 받았을 것이 거의 확실하다. 우리는 소비에트가 방어적인 핵무기 사용 능력을 획득한 후에도 그들의 군사력이 많은 사람들이 믿었던 것보다 약했다는 사실을 뒤늦게야 깨달았다.[28] 하지만 선제공격에 대한 토론이 이루어지던 당시에는 소비에트가 핵무기로 먼저 공격할 위험성이 있어 보였다.[29]

1962년에도 미국은 쿠바를 상대로 예방적 전쟁 또는 최소한 예방적 공격을 일으킬 뻔했다. 미국의 정보기관이 소비에트의 핵 로켓들이 미국의 해안으로부터 90마일 거리에 설치되고 있다는 정보를 입수한 직후였다. 이 로켓들이 곧 발사되리라는 의도는 전혀 증명되지 않았다. 하지만 그것들이 미국의 인구 밀집 지역에 아주 가까이 존재한다는 사실은 힘의 균형을 바꾸고 거대한 잠재적 위험을 제기하는 것으로 생각되었다. 해군의 봉쇄(또는 격리)를 포함한 가차 없는 외교술로 결국 이 위기를 해결하기는 했지만, 핵무기를 제거하지 않으면 미국이 군사 행동을 취하겠다는 확실한 위협은 없었다.[30] 일부 보고에 따르면 최근에도 미국은 핵무기에 대한 교착 상태의 평화로운 해결책을 찾는 데 동의하기 이전에 북한에 대한 공격을 고려했다.[31] 결국 1994년에 클린턴 행정부는 북한의 위협에 대해 예방적 행동을 취하지 않기로 결정했다. 대개 초강대국들은 냉전 시대 동안 핵전쟁을 예방하기 위한 상호 억제 정책에 의존했고, 냉전 시대는 결국 1991년에 막을 내렸다.

《뉴욕타임스》와 다른 일간지들은 상호 확증 파괴를 억제의 협박 수단으로 사용한 것을 칭송했다(선제적 전쟁 또는 예방적 군사 행동과 비교해 보면 확실히). 하지만 법의 지배를 약속한 민주 국가가 합법적으로 자신들의 인구 밀집 지역에 대한 핵무기 공격에 대한 복수로 상호 확증 파괴를 수행하거나 또는 위협할 수 있는지에 대해서는 굉장한 의구심이 든다. 국제법은 특히 적국의 인구 밀집 지역을 겨냥한 핵무기 공격을 허용하지 않는다. 다시 말하자면, 만약 소비에트 연방이 뉴욕 시에 폭탄을 투하해 수백만 명의 미국인들이 죽었더라도, 미국이 모스크바 중심부에 핵폭탄을 투하함으로써 복수를 하는 것은 불법이었을 것이다. 미국은 소비에트의 핵무기 시설과 다른 군사 목표물을 그것들 중 일부가 인구 밀집 지역에 가깝더라도 공격할 수 있었을 것이다. 하지만 미국이 자신들이 위협한 대로 합법적으로 소비에트의 민간인 밀집 지역을 핵무기로 전멸시키는 복수를 할 수는 없다. 이것은 미국이 그러한 복수를 실행하지 않았을 것이라는 뜻은 아니다. 결국 미국은 일본이 미국 도시들에 폭탄을 투하하지 않았음에도 히로시마와 나가사키에 원자폭탄을 투하했다. 그리고 미국과 영국은 독일이 영국의 도시들을 폭격한 이후, 재래식 폭탄을 드레스덴과 다른 독일의 도시들에 투하했다. 하지만 국제법은 일본의 도시들에 대한 핵무기 공격 (미국이 미군들의 생명을 보호하기 위해 필요한 것으로 정당화하려고 노력했던 민간인들에 대한 공격) 이후 민간인들에 대한 공격에 대한 복수라고 하더라도 민간인들을 표적으로 할 수는 없다는 것을 비교적 명확하게 규정했다.[32] 이러한 금지 조항에도 불구하고 미국과 소련은 핵무기를 이용해 먼저 공격하는 것에 대한 억제책으로서 상호 확증 파괴를 약속하고 위협했다.

1996년 국제 사법재판소는 핵무기 사용이나 사용 위협의 적법성에 도전하는 상황에 대해 명령과 일련의 선택권을 발했다. 하지만 대다수의 결정은 명확성과는 거리가 멀었다. 그것은 '억제 정책으로 알려진 것의 실행을 …… 표명하는 것'을 사절했다.[33] 그리고 국가의 존립 자체가 위태로울 수 있는, 정당방위의 극단적인 상황에 놓인 국가의 핵무기 사용이 합법적 또는 불법적이라는 최종적인 결론을 내리려는 것도 아니었다.[34] 하지만 어떤 '핵무기의 위협이나 사용'도 "무력 충돌에 적용되는, 특히 국제 인권법의 원칙과 규칙들에 적용되는 국제법의 요구사항에 부합해야 한다"는 점에는 이의가 없었다.[35] 이러한 규칙들은 당연히 대개 민간인 밀집 지역을 겨냥하는 것을 금지했고 군사 목표물을 폭격하더라도 형평성을 고려하도록 요구했다.[36] 하지만 핵무기의 성격상, 사실 수많은 민간인 사상자들에게 고통을 주지 않고 군사 목표물들만 파괴할 수는 없다. 따라서 그것들은 공해상의 군함이나 잠수함들, 또는 고립된 사막이나 산 속의 군대들 같은 멀리 떨어진 군사 목표물을 대상으로 하는 경우를 제외하고는 사용될 수 없는 것처럼 보였다. 국제 사법재판소의 결정은 의장까지 한 표를 던져 7대 7로 나뉘었고[37] 법정은 "핵무기를 사용하거나 핵무기로 위협하는 행위는 대개 무력 충돌에 적용할 수 있는 국제법 규정, 특히 인권법의 원칙과 규정에 반할 것이다. 하지만 현재의 국제법 상태와 현실적 요소들을 고려할 때, 법정은 국가의 존립 자체가 위태로울 수 있는, 정당방위의 극단적인 상황에서 핵무기 사용 위협이나 사용이 합법적인지 불법적인지에 관해 최종적인 결론을 내릴 수 없다"고 판결했다.[38]

대개 국가들은 핵무기 공격이 있을 경우 자신들의 존립이 위태로워질 것을 두려워하기 때문에, 이 결정은 가장 곤란한 상황에서 거의 실용적인 지침이 되지 못했다.

국제 사법재판소 소장인 스티븐 슈웨벌Stephen Schwebel, 1929~은 대다수가 이 중요한 이슈를 피하는 것을 혹평하며 다음과 같이 신랄한 의견을 밝혔다. "국가의 존립 자체가 위태로운 극단적인 정당방위 상황에 국제법, 국제 사법재판소가 전혀 개입할 수 없다는 것을 알아낸 것이 국제 사법재판소가 도달한 망연자실한 결론이다. …… 수개월간 법을 평가한 고뇌 끝에 재판소가 할 수 있는 일이라고는 아무것도 없다는 것을 알아냈다."39

그는 이어서 '인지된 핵무기 사용 위협이 탁월하게 합법적일 뿐만 아니라 매우 바람직한 상황의 두드러진 실례'로 소개하면서 사막의 폭풍 작전Desert Storm-1991년의 첫 번째 이라크 전쟁 동안의 미국의 경험을 인용했다. 슈웨벌에 따르면 이라크는 '명백히 화학적이고, 세균이나 핵무기 같은(그것에 맞서 배치된 다국적군에 맞서는)' 대량 살상 무기를 사용할 준비를 하고 있었다. 전 국무장관 제임스 베이커James Baker, 1930~는 이 가능성을 억제하기 위해 자신이 어떤 조치를 취했는지 설명했다. "그 후 나는 콜린 파월Colin Powell, 1937~이 특별히 내게 가장 명확한 용어로 전해주기를 바라고 요구했던 '그 이슈의 이면'에 대해 강조했다. 나는 이라크에 이렇게 경고했다. '만일 전투에서 당신들이 미군을 향해 생화학 무기를 사용한다면, 미국인들은 복수를 요구할 것이다. 우리에게는 복수를 수행할 능력이 있다. 이것은 단순한 위협이 아니며 하나의 약속이다.'"

슈웨벌은 이어서 《워싱턴포스트The Washington post》로부터 다음과 같은 냉담한 기사를 인용했다.40

> 유엔은 1991년의 페르시아 만 전쟁 동안 이라크가 미국과 그의 동맹군들을 상대로 치명적인 독소와 박테리아를 사용할 준비가 되어 있다는 증거를 포착했다. …… 이라크 관리들은 유엔의 조사관에게 1990년 12월에 그들이 세 가지 타입의 생물학적 병원체가 탑재된 미사일 탄두와 항공기 폭탄 200개를 공군 기지와 미사일 기지에 배포했다는 사실을 인정했다. …… 그들은 1991년 1월 9일, 관습을 좇지 않는 전투 행위는 치명적인 결과를 불러일으킬 것이라는, 부시 행정부의 강력하지만 모호하게 표현된 경고를 받은 후 그 무기들을 사용하지 않기로 결정했

다. 이라크의 수뇌부는 이것은 미국이 핵무기로 복수를 하겠다는 뜻이라고 생각했다. …… 이라크 측에서는 당연히 그것이 아마 바그다드에 대한 핵무기의 사용, 또는 그런 비슷한 뜻일 것이라고 여겼다. 그리고 그 위협은 그들로 하여금 그 무기들을 사용하지 못하게 하는 데 결정적인 역할을 했다.

슈웨벌은 따라서 "이라크 사람들이 사실상 자신들이 먼저 연합군을 향해 대량 살상 무기를 사용한다면 자신들에 맞서 핵무기를 사용하겠다는 미국의 위협을 인지했기 때문에 대량 살상 무기를 사용하지 않았을 것이다"라고 결론 내렸다. 그는 이후 다음과 같은 수사학적 질문을 던졌다. "베이커 장관의 의도된 (그리고 분명히 성공적인) 위협이 진정 불법적이라고 주장할 수 있을까?" 대다수의 의견에는 명확성이 결여되어 있었지만 그는 다음과 같이 명확하게 대답했다. "확실히 그 위협에 의해 유엔 헌장의 원칙들이 위반되었다기보다는 오히려 유지되었다. 이전의 '사막의 폭풍 작전'과 이후의 안전보장이사회의 결의들은 국제연맹 창설 이래 집단 안전 보장 원칙 중 최고의 업적을 의미할 것이다." 그는 따라서 "어떤 상황에서는 핵무기(국제법에서 금지하지 않는 무기이기만 하다면)를 사용하겠다는 협박이 합법적이면서도 합리적일 수 있다"고 말했다.[41]

슈웨벌은 국제법은 '민간인들'에 대한 보복은 허용하지 않지만 적절한 상황에서 핵무기를 사용하는 복수를 포함한, 일반적으로 '호전적인 복수'는 허용한다는 사실을 인정했다. 하지만 그는 자신의 견해에서 '호전적 복수'에 이를테면 바그다드를 핵무기로 전멸시키는 것 같이 민간인 밀집 지역을 목표로 하는 것을 포함했는지에 대해서는 언급하지 않았다.[42] 만약 포함되지 않았다면, 핵무기로 보복하겠다는 억제적 위협이 매우 약화되었을 것이다. 반면에 포함이 되었다면, 민간들을 목표로 하는 것을 금한다는 규칙의 힘이 매우 약화되었을 것이다. 그리고 슈웨벌은 자신이 미국에 대한 이라크의 생화학 무기들의 사용을 억제했다고 믿었던 미국의 이라크에 대한 핵무기 보복의 위협이 이라크 도시들에 대한 핵무기 공격을 포함하려고 의도되었는지, 또는 포함된 것으로 이해되었는지에 대해 지적하지도 않았다. 이 중대한 질문에 관한 고의적인 애매모호함이 핵무기 보복의 억제 효과에 관한 대부분의 토론의 중심 내용이 되는 것 같다. 이를테면 '호전적 복수', '억제', 그리고 '부수적 결말들' 같은 냉담한 법률만능주의는 만일 상호 확증 파괴가 언젠가 실행된다면 실제로 일어날 일을 위장하기 위해 이용된다.[가]

여러 가지 견해들로 갈라진 국제 사법재판소의 결정은 핵무기 억제와 관련된 가장 중요한 이슈들에 대해 거의 지침을 제공하지 못한다. 그렇다고 예방이나 선제공격 같은 가능한 대안책에 관한 지침을 제공하는 것도 아니다. 핵군축에 대한 이상적인 해결책을 제안하기보다는, 몇 가지 면에서 제1차 세계대전 이후의 비현실적인 희망들과(핵무기 확산의 시대에 현실적 가망성이 거의 없는) 유사하다.

이러한 사실로 미루어보아 자신들의 인지된 적군들의 위협에 직면한 국가들의 무기고에는 억제와 예방 정책 모두가 준비되어 있을 것이 분명하다는 것을 알 수 있다. 또한 이 사실은 불완전하기는 하지만 우리의 현존하는 억제의 법률 체계와 함께 일관된 예방의 법률 체계가 필요하다는 사실을 증명한다. 이것은 특히 세계가 이라크나 북

[가] 2005년 11월 25일, 《뉴욕타임스》는 "닉슨, 핵전쟁 가망성에 공격당했다"라는 표제를 단 기사를 게재했다.(p. A26) 그 기사는 "미국 관리들은 적들이 미국이 언제 그것을 사용할 것인지 묻자 끔찍해하면서, 자신들의 핵무기 위협이 신빙성이 결여되었다고 걱정했다"라고 보고했다.

한 같은 '불량 국가rogue state' 국가들에 의한 핵무기의 개발과 알카에다 같은 테러리스트 집단들이 그러한 무기들을 획득할 가능성에 맞서려고 애쓰는 것과 관련이 된다.

예방, 선제공격, 그리고 억제에 대한 이러저러한 역사적 성공과 실패들은 현대의 예방적 전쟁과 선제적 공격들의 실행에 관한 재고의 간략한 배경이 되고, 중동 내부와 주변의 사막 지대에 국한되지는 않지만 주로 그곳에서 일어나는 이야기를 구성한다.

Chapter 3 | 아랍과 이스라엘 간의 전쟁에서 선제공격의 의미

eemption and Nonpreemption in the Arab-Israeli Conflict-Its Relevance to U.S. Policy

예방적, 또는 선제적 전쟁들에 대해 일반적으로 널리 인정된 국제적 법률 체계가 결여되어 있기 때문에 미국은 그러한 군사 행동들과 관련해 경험(미국과 다른 민주 국가들의 경험들)에 의존하는 경향이 있다. 미국은 2003년의 이라크 침공 이전에는 전면적인 예방적 전쟁을 시작하지 않았다.[1] 미국 군대는 다른 나라들, 특히 이스라엘의 행동을 조심스럽게 연구했다. 왜냐하면 이스라엘은 선제공격을 성공적으로 수행한 현대 민주 국가들 중에서 몇 안 되는 나라이기 때문이다. 특히 1967년의 6일 전쟁 초기에 그러했고, 이후 1981년 이라크의 핵무기 원자로에 대한 성공적 공격에서는 예방책을 사용했다. 게다가 이스라엘은 선제공격과 예방책을 전반적인 방어 전략의 중요한 요소로 채택했다.

아마도 나라의 규모가 작고, 주변 국가들이 가하는 위협의 성질, 그리고 유엔의 원조 확보가 불가능하다는 이유로 인해 이스라엘은 현대의 어떤 민주 국가들보다도 예방적, 그리고 선제적 행위들의 실험실 역할을 하는 데 이바지했을 것이다. 그중 일부는 객관적인 학자들에게서 널리 인정을 받았고 일부는 비난을 받았다.[2] 대부분은 인정과 비난을 동시에 받았다. 이스라엘의 선행적 행위들을 몇 가지 재고해보는 것(장단점을 모두 포함해)은 선제공격의 법률 체계를 구성하려는 의욕에 통찰력을 부여할 것이다.[3]

이스라엘은 역사의 초창기부터 상대방이 먼저 공격하는 것을 받아들일 수 없다는 것과, 일부 적군들에게 자신들을 먼저 공격함으로써 그들이 얻는 득보다는 실이 많다고 설득할 만한 확실한 억제 능력이 없다는 사실을 인정했다.[4] 또한 이스라엘은 유엔이 자신들을 적군의 공격으로부터 보호할 것이라는 기대를 할 수 없다는 것과,[5] 국제법과 국제 기구에 관해서는 자신들이 '무방비 상태'에 놓여 있다는 것을 알았다.[6] 이스라엘은 딘 애치슨Dean Acheson, 1893~1971의 "국가의 생존은 법률에 관한 문제가 아니다"[7] 라는 격언을 실천했다. 특히 법이 법률 제정과 법률 적용 과정에서 사실상 제외된 국가에 공정하게 적용되지 않았을 때[8] 그러했다. 따라서 선제공격은 유엔의 무수한 비난을 거의 고려하지 않은 채 최소한 1956년 이후 이스라엘의 전략적 정책의 중요한 부분을 차지했다. 하지만 이스라엘은 자신들의 법률 시스템에 의해 정의된 법의 규칙 내에서 그것을 적용하려고 노력했고, 그 과정에서 최근에 생겨난 선행적 정당방위의 법률 체계에 기여했다. 전 대법관 윌리엄 브레넌William Brennan, 1906~1997이 이스라엘의 시민적 자유에 대한 법률 체계에의 기여에 대해 다음과 같이 말했던 것은 선제공격의 법률 체계에도 적용될 것이다.

> 아마도 국가 안보의 요구에 맞서 시민적 권리를 보호할 수 있는 법률 체계를 구성하려는 희망을 가장 많이 주는 나라는 미국이 아닌 이스라엘일 것이다. 왜냐하면 지난 40년간 국가 안보에 대한 실제의 심각한

위협에 직면해왔고, 가까운 미래에도 그러한 위협들이 계속될 운명인 것처럼 보이는 나라가 이스라엘이기 때문이다. …… 자국의 안보에 대한 갑작스런 위협에 직면한 국가들은 계속되는 안보 위기를 다루는 이스라엘의 경험에 의존할 것이고, 그 과정에서 이스라엘이 경험했던 근거 없는 안보의 요구를 거부하는 전문적 지식과 이스라엘이 자국의 안보에 손해를 끼치지 않고도 보호해온 시민적 권리를 지키려는 용기를 알게 될 것이다. …… 나는 미래에 만일 세계가 위험에 처하게 될 때 시민적 자유를 보호할 수 있는 것은 상당 부분 이스라엘이 시민들의 자유를 보호함과 동시에 자국의 안보를 보호하고자 하는 노력에서 배운 교훈 덕택이라고 해도 놀라지 않을 것이다. 이 위험의 시련 속에 전쟁과 위기의 소란을 견뎌낼 수 있는 시민적 권리의 세계적인 법률 체계로 전진할 수 있는 기회가 놓여 있기 때문이다.[9]

앞으로 다룰 내용에서는 이스라엘을 선제적, 그리고 예방적 유형의 조치와 오용 사례의 연구 대상으로 생각할 것이다. 그런 행위들이 거의 그렇듯이, 그들은 대개 혁신적 요소와 반작용적 요소 모두를 포함했는데, 대개는 전자가 지배적이었다.[10]

이스라엘의 첫 번째 전쟁은 주로 반작용적이었다. 이스라엘이 국가로서의 지위를 선언했던 1948년 5월 14일에, 그 새로운 국가는 시리아, 이라크, 레바논, 이집트, 트렌스요르단, 사우디아라비아의 침략을 받았다. 이미 진행 중이던 팔레스타인의 공격도 지속되었다. 이스라엘은 이에 반격했고 승리했지만 '5,682명의 사망자를 발생시켰으며 그중 20퍼센트나 되는 민간인의 희생을 가져왔다.[11] 이 무렵에 휴전 협정이 서명되었고, 그 새로운 국가는 '총 유대인 인구의 약 1퍼센트'를 잃었다.[12]

이스라엘에 대한 공격은 휴전 협정 이후에도 계속되었고, 1948년과 1956년 사이에 수백 명의 이스라엘인들이 국경을 넘는 테러리스트의 공격으로 인해 살해되었다. 이스라엘은 당시 복수와 억제 정책을 채택했지만 거의 성공을 거두지 못했다.[13] 1956년, 이집트 대통령 가말 압델 나세르Gamal Abdul Nasser, 1918~1970는 수에즈 운하를 국유화하고 모든 이스라엘 선박에 국제 수로로 인정된 티란 해협을 봉쇄하기로 결정했다고 공표했다. 이집트 군대는 이전에 에일랏 항으로 향하던 이스라엘의 상업용 선박에 발포를 하고 선박을 억류했다. 이스라엘 총리 다비드 벤구리온David Ben-Gurion, 1886~1973의 말을 빌자면, 나세르의 새 정책 공표가 전쟁의 원인이 되었다고 한다.[14]

이집트의 도발적 행위에도 불구하고 이스라엘이 단독으로 행동하지는 않았을 것이다. 하지만 영국과 프랑스 또한 수에즈 운하를 국유화하려는 나세르의 결정을 군사적 반격을 정당화하는 침략 행위로 간주했다. 1956년 10월 29일, 영국과 프랑스의 합의된 계획으로 이스라엘은 시나이를 침공했고 그곳을 손쉽게 점령했다. 수에즈 운하를 공격한 행위는 이집트의 도발에 대한 반작용이었지만, 그 전쟁(또는 그들이 불렀던 것처럼 '작전')은 사실상 거의 예방적이었다. 왜냐하면 그 전쟁은 이집트가 두 개의 국제 수로에 대한 지배권을 행사하려는 것과, 이집트 군대가 소비에트 세력권으로부터 획득하기로 예정되어 있던 대규모의 무기들을 사용하는 것을 막기 위해 계획되었기 때문이다.[15]

합동 침략은 다음과 같이 혼합된 결과를 가져왔다. 첫째, 이스라엘은 자신들의 억제력을 강화하며 군사적으로 명백히 승리했다. 둘째, 이스라엘의 행동에 대해 미국을 포함한 국제 사회가 빗발치는 비난을 가했다. 그리고 마지막으로 영국과 프랑스는 국내외에서 비난을 받으며 외교상 패배했다.[16] 결국 티란 해협은 이스라엘 선박에 계속 개방되었고, 이집트 국경 전역의 상대적인 평화는 10년 이상 계속되었다.

이스라엘군은 1948년에 있었던 전쟁으로 고통 받았던 수많은 민간인 사상자 발생과 시나이 작전에서의 압도적인 군사적 성공의 결과가 결합되어, 다음과 같은 두 가지의 전쟁 원칙을 채택했다. 첫째, 공군을 활용해 선제적 공격을 할 것, 그리고 둘째, 전쟁을 적군의 영토에서 치를 것이었다.[17] 이 선제적 원칙들은 다음에 소개될 이스라엘이 치렀던 두 번의 전쟁 동안 시험되었다.

선제공격을 할 것인가, 말 것인가 6일 전쟁과 제4차 중동 전쟁의 비교

이스라엘은 1967년과 1973년, 예상되는 임박한 공격에 대해 선제공격을 감행할 것인가, 아니면 적군의 공격을 먼저 받아들인 후에 반격을 할 것인가를 결정해야 하는 상황에 직면했다. 이 두 번의 결정은 모두 잘못된 것으로 뒤늦게 비난을 받았다.[18] 하지만 결정을 했어야 했던 당시에는 두 번 모두 옳은 결정으로 판단되었을 것이다. 두 가지 사례를 비교해보는 것은 군사적 상황에서의 선제공격을 위한 적절한 기준으로의 비범한 통찰력을 제공한다.

6일 전쟁

1967년, 이스라엘은 이집트를 상대로 선제적인 공격을 할 것인지, 말 것인지를 결정해야 했다. 이집트가 시리아와 결합해 다시 티란 해협을 봉쇄하고, 유엔 중재인단을 추방했으며, 자신들의 정규군을 국경에 소집하고, 대량 학살 전쟁을 일으킬 것처럼 위협했기 때문이었다. 나세르에 따르면 그 전쟁은 티란 해협 때문이 아니라 이스라엘의 '존재' 때문이었고, '전쟁 목표는 이스라엘의 파멸'이라고 했다.

하피즈 알아사드Hafiz al-Assad, 1930~2000는 자신의 시리아 군인들에게 "적국의 민간인 거주지를 공격해서 그들을 전멸시켜버려라. 아랍 거리를 유대인들의 두개골로 뒤덮으라. 일체의 자비심을 베풀 필요 없이 그들을 공격하라"고 지시했다. 그는 닥쳐올 이스라엘에 대한 공격을 '전멸의 전투'로 특징지었다. 다마스쿠스 라디오 방송Damascus Radio은 다음과 같이 청취자들을 선동했다. "아랍인들이여, 오늘은 당신들의 날입니다. 전장으로 돌격하십시오. …… 그들에게 우리가 마지막 시온주의자까지 제거하고 마지막 제국주의자 군사를 목매달 것이라는 사실을 알게 해줍시다."[19]

이스라엘은 이집트와 시리아의 공군을 지상에서 파괴시키며 선제공격을 했고 계속 공격을 퍼부어 6일 만에 압도적인 승리를 거두었다. 비록 동쪽에 위치한 요르단의 공격 또한 두렵기는 했지만 그들을 상대로 선제공격을 하지는 않았다. 실제로 1967년 6월 5일 오전, 이스라엘은 유엔 사절을 통해 요르단에 메시지를 보냈다. 요르단이 먼저 자신들을 공격하지 않는다면, 자신들도 요르단을 공격하지 않을 것이라는 내용이었다. 대신에 이스라엘은 요르단 포병대의 예루살렘 서부의 민간인 지역과 텔아비브와 라마트 데이비드 근처의 군사 시설을 겨냥한 첫 번째 공격은 받아들였다.[20] 요르단 지상 병력은 또한 스코푸스 산을 위협하며 예루살렘의 총독 관저를 장악했다. 이스라엘 당국은 '만일 요르단군이 스코푸스 산을 차지하고 유대인의 예루살렘을 에워싼다면'[21] 그들이 군사적으로 훨씬 우위를 차지하게 될 것이라고 믿었다. 따라서 이스라엘은 이에 대해 지상군과 공군의 공

격으로 반격을 가했다. 이스라엘은 상당수의 사상자를 내기는 했지만 종국에는 요르단을 패배시켰다.[22]

전 세계는 대부분 이스라엘이 1967년 당시의 전쟁에서 취했던 선제공격의 필요성과 정당성을 인정했다. 이스라엘이 자신들의 파멸을 위협하는 적대적인 아랍 국가들에 둘러싸인 희생자로 보였기 때문이었다. 게다가 이집트가 먼저 이스라엘 선박을 국제 수로에 접근하지 못하도록 하고, 유엔 중재인단을 추방함으로써 대규모의 공격을 가할 것처럼 위협하고, 자국 군대를 국경 지대에 소집함으로써 개전 원인을 제공했기 때문이었다. 이집트 공군은 또한 디모나에 있는 이스라엘의 핵무기 시설의 상공을 비행했는데, 그것은 이스라엘의 핵무기 생산 능력에 대한 공습의 두려움을 일으켰다.[23] 나세르는 이전에 이스라엘의 핵무기 개발을 저지하기 위해 "아랍은 선제공격을 할 것이다"라고 위협했다.[24] 하지만 먼저 발포를 한 것은 이스라엘이었다. 왜냐하면 이스라엘 총리 레비 에슈콜Levi Eshkol, 1895~1969이 자신의 내각에 말했던 것처럼 '첫 5분간이 결정적인' 전쟁을 피할 수 없었고, '문제는 누가 상대방의 비행장을 먼저 공격하느냐'였기 때문이다.[25] 이스라엘 공군은 이집트의 비행장을 먼저 공격해 공중에서의 제공권을 확실하게 장악했다. 또한 이스라엘은 신속하고 압도적으로 지상에서도 승리함으로써 그에 견줄 만한 어떤 현대전에서보다 더 적은 민간인 사상자 수를 기록하는 결과를 가져왔다.[26] 연합된 아랍군들의 초기 공격으로 죽임을 당할 뻔했던 이스라엘의 민간인들과 군인들의 숫자는 상당한 것으로 추산되었다.[27] 하지만 문제는 이라크가 도발적인 행위를 했다고 해서 반드시 공격을 했으리라고 장담할 수는 없다는 것이다. 마이클 월저Michael Walzer, 1935~는 자신의 저서 《정의로운 전쟁과 불의한 전쟁Just and Unjust Wars》국내에서는 《마르스의 두 얼굴》로 번역

됨—편집자에서, 나세르의 의도는 이스라엘로 하여금 대단원의 공격이 임박했다고 믿어서 예비군을 소집하게 하고, 국가의 자신감뿐만 아니라 국가 경제를 피폐시키게 만들려는 것이었다고 언급했다. 그는 이스라엘이 전쟁 기간 동안 획득한 이집트의 문서를 인용했는데, 그 문서에는 나세르가 '이스라엘 국경에 있는 자신의 군대를 실제적 전쟁을 일으키지 않고' 유지한다는 계획이 시사되어 있었다. 그들은 이것만으로도 이스라엘과의 대립에서 커다란 이득을 취할 수 있었다. 왜냐하면 이집트는 이로 인해 티란 해협에서 영구히 이스라엘 선박을 봉쇄할 수 있었고, 이스라엘 방어 시스템에 압력을 가할 수 있었기 때문이었다.

월저는 이에 관해 힘의 구조의 기본적 불균형 문제를 지적했다. 즉 이집트는 그들의 장기 복무 정규군으로 이루어진 대규모의 군대를 이스라엘 국경에 배치하고 무기한 유지할 수 있었던 반면에 이스라엘은 이집트의 군사 배치에 예비군을 활성화해 대응했으며 예비군은 성질상 오랫동안 복무를 할 수는 없었다"[28]는 것이다. 그는 또한 서구 열강이 이집트인들에게 압력을 가하고 강제력을 행사할 의도가 없음을 명확히 했던 국제 외교의 실패를 지적했다. 시간이 흐를수록 외교적 노력은 이스라엘을 심각하게 고립시킬 뿐이었다. 그는 심리적인 요인을 인용하며 다음과 같이 설명했다. "이집트는 전쟁 열병에 빠져 있었는데, 이는 유럽 역사를 통해 충분히 우리에게 친근한 내용으로 예견되는 승리에 앞선 축배였다. 이스라엘의 분위기는 전혀 달랐는데, 위협하에 사는 것이 무엇인지를 보여주는 것이었다. 즉 다가오는 재앙에 대한 루머가 끊임없이 계속되었고, 식량 비축량이 충분하다는 정부의 발표에도 불구하고 겁먹은 사람들이 식료품점에 들이닥쳐 전 물량을 사들였다. 그리고 군인 묘지에서 수천 개의 무덤이 파헤쳐졌고, 이스라엘의 정치·군사 지도자들은 신경 탈진의 벼랑 끝에 서 있었었다."[29]

월저는 이집트가 실제로 공격할 것인가에 대한 사후 불확실성에도 불구하고 이스라엘 지도자들이 '단순한 두려움'을 경험했으며 이집트 지도자들이 '위험 상황을 초래할 의도가 있다'고 믿었다.[30] 따라서 월저는 '이스라엘의 첫 번째 공격은 명확히 정당한 기대에 의한 사례'라고 결론지었다.[31]

6일 전쟁은 웨스트뱅크, 가자, 그리고 골란 고원을 장악하고 점령하면서 마무리되었는데 이것이 국제 여론을 변화시키고 미래의 선제공격 조치를 더욱 문제시하게 만들었다.

월저는 법적인 관점에서 명백히 옳았다. 국내 자위와 국제 군사적 선제공격이라는 관점에서는 그러한 행위는 이후에 알게 된 것이라든가 '객관적' 사실에 의해서가 아니라 조치가 취해졌던 시점에 알려지고 합리적으로 믿었던 것에 의해 판단되어야 한다.[32] 이러한 기준에 의하면 이스라엘의 선제공격은 교묘한 자극과 이집트와 시리아에 의한 위협적인 공격에 대한 대응으로 예상되는 합법적인 정당방위의 사례였다.

제4차 중동 전쟁 욤키푸르 전쟁

1973년에 이스라엘은 또다시 이집트와 시리아의 합동 공격에 직면했다. 이때는 적군들의 의도에 관여하는 정보기관이 1967년 때보다 못했고 위협이 그리 심각하게 인지되지 않았다. 왜냐하면 당시에는 1967년에 정복된 지역들이 완충제 역할을 했고 위협이 공공연하지 않았기 때문이었다. 아마도 6일 전쟁의 영향으로 획득한 지식, 즉 나세르가 1967년 6월에 침공할 의도가 없었을 수도 있다는 생각으로 어떤 사람들은 사다트Muhammad Anwar Sadat, 1918~1981가 침략할 의도가 없다고 믿었다. 게다가 이번 경우에는 사다트가 이스라엘로 하여금 자신들이 공격을 계획하고 있지 않다고 믿게끔 만들었다. 이집트와 시리아의 공군은 현실적으로 1967년 때보다 준비가 더 잘 되어 있었지만, 그럼에도 불구하고 그들을 선제공격할 수 있는 기회는 있었다. 1973년 10월 6일 새벽 4시, 이스라엘 정보기관은 이스라엘의 스파이로 활동하고 있던 이집트 고위 관리로부터 이집트-시리아의 공격이 임박했다는 보고를 받았다. 군사 지도자들 중에 몇 명은 선제공격을 제안했다. 실제로 육군 참모총장 다비드 엘라자르David Elazar, 1925~1976는 공군 사령관에게 선제공격을 준비하라고 명령했고 오전 11시에 공격하라는 명령을 내렸다.[33] 하지만 국방장관 모셰 다얀Moshe Dayan, 1915~1981은 "우리는 이제 1967년에 했던 것처럼 선제공격을 할 수 없는 정치적 환경에 처해 있다"며 완강하게 선제공격에 반대했다.[34]

이집트-시리아의 공격이 임박했을 무렵에, 이스라엘의 총리 골다 메이어Golda Meir, 1898~1978가 동석한 자리에서 선제공격에 관한 토론이 진행되었다. 엘라자르가 선제공격의 사례를 소개했고, 그는 그 방법으로 많은 사람들의 목숨을 구할 수 있을 것이라고 주장했다. 다시 말해서, 먼저 공격을 함으로써 적군의 공격을 혼란스럽게 하고 지체시켜서 이스라엘군이 결집할 시간을 벌고, 적군의 방공 시스템을 일부라도 파괴시켜 이스라엘의 사상자 수를 줄일 수 있다고 주장했다.[35]

하지만 국방장관 다얀은 부정적인 사례에 대해 주장했다. 그는 이스라엘이 선제공격을 하게 되면, 필요할 때 미국의 지지를 확보하기가 어렵게 될 것이라고 말했다. 그는 먼저 공격함으로써 이스라엘이 초래할 정치적 손해는 훨씬 더 클 것이라고 여겨 선제공격에 반대했다.[36] 토론이 끝났을 때, 총리는 확신이 없는 듯 잠시 주저하더니 이윽고 다음과 같은 명확한 결정을 내렸다. "선제공격은 없을 것입니다. 우리는 아마도 조만간 미국의 원조가 필요하고, 그러기 위해서는 전쟁을 시작했다는 비난을 면해야 합니다. 만일 우리가 먼저 공격을 한다면 국제 사회에서 누구의 도움도 받지 못할 것입니다."[37]

전쟁이 막바지에 이를 무렵, 미국의 국무장관 헨리 키신저Henry Kissinger, 1923~는 다얀에게 다음과 같이 말했다. "이스라엘은 속죄일에 선제공격을 피하지 않을 만큼 현명하게 처신했습니다. 만약 선제공격을 단행했더라면 …… 미국으로부터 손톱만큼도 도움을 받지 못했을 것입니다."[38] 미국은 이스라엘에 상당한 양의 대체 군비를 제공해 주는 데 동의했다. 이스라엘이 상대방의 첫 번째 공격을 먼저 받아들일 의향이 있었고 그로 인해 막대한 손실을 입었기 때문이었다(생명과 장비 모두에 있어서[39]). 대부분의 미국 무기들은 실제로 사용하기에는 너무 늦게 도착했다. 하지만 무기가 도착하고 있다는 생각에 이스라엘 군대는 사용 가능한 모든 무기와 탄약을 그것들이 고갈될지도 모른다는 두려움 없이 사용할 수가 있었다.[40]

선제공격을 하지 않았기 때문에 이스라엘이 입은 직접적인 군사적 손실은 계산이 불가능했다. 하지만 일부 전문가들은 선제공격을 했더라면 이스라엘의 사상자 수를(사망자 2,656명, 부상자 7,250명) 그보다 훨씬 줄일 수 있었을 것이라고 추정했다.[41] 1967년의 전쟁에서는 800명이 안 되는 이스라엘 군인들이 사망했고 대략 2,500명이 부상했다.[42] 더 의미심장한 것은, 이스라엘과 적군의 사망자와 부상자의 비율이 두 가지 전쟁에서 큰 차이점이 있었다는 점이다. 제4차 중동 전쟁에서는 누가 계산했느냐에 따라 이스라엘 입장에서 볼 때 4:1에서 7:1 사이였던 반면,[43] 6일 전쟁동안의 비율은 이스라엘 입장에서

볼 때 대략 25:1 이었다.[44]

군사 문제를 연구하는 역사학자들과 분석가들은 이스라엘이 선제공격을 하지 않기로 한 결정에 대해 검토하고, 선제공격을 하지 않음으로써 얻은 손실이 더 컸다는 결론을 내렸다. 미 항공군 전문가들은 "공군이 선제공격을 할 수 있도록 허락받았더라면, 10대 이하의 전투기 손실로 3시간에서 6시간 사이에 지대공 미사일SAM 기지의 90퍼센트를 파괴할 수 있었다"고 평가했다. 그랬다면 이스라엘의 지상에서의 손실을 상당히 감소시킬 수 있었을 것이다. 즉 미사일과 집결한 군대를 선두로 해 선제적 공습을 했더라면 확실히 적군의 공격 태세와 통신을 교란시킬 수 있었을 것으로 추측된다. 일부 권위 있는 저술가들은 이스라엘 공군IAF은 아랍군의 공격이 총력에 달하기 전에 3,000톤의 폭탄으로 적군의 목표 지점에 타격을 가할 수 있었을 것이라고 주장했다.[45]

선제공격으로 얼마나 많은 생명을 구할 수 있었는지에 대한 정확한 추산이 불가능한 한 가지 이유는 그런 공격은 전쟁의 방향을 완전히 바꾸어놓을 수 있기 때문이다. 어쩌면 이집트와 시리아의 공습 자체를 막았을 수도 있다.[46] 이 부분에 대해서는 강력한 추측으로 남아 있을 것이다. 특히 제4차 중동 전쟁과 관련된 이집트의 목표는 전통적 개념의 완전한 군사적 승리가 아니라 이스라엘군에 수많은 사상자를 만들어 자국의 명예를 회복하고, 휴전 이전에 자신들이 잃었던 영토의 일부를 되찾는 것이었다. 이런 이유로 종국에는 군사적으로 패배했지만 '이집트로서는 그 전쟁은 업적을 쌓아가는 것'[47]이었고 전쟁을 시작한 이집트 대통령 무하마드 안와르 사다트는 '명백한 승리자'[48]로 부각되었다. 이집트인들은 자신들이 입은 막대한 군사적 손실에도 불구하고 아직도 라마단 전쟁Ramadan War-제4차 중동 전쟁의 아랍어 표현에서의 '승리'를 경축한다.

군사적 손익 계산법으로 통상적인 억제 대상이 아닌 전쟁에 관해서는 정확하게 선제공격이 매력적인 선택이 된다. 적어도 이론상으로는 억제는 항상 전쟁을 예방하는 바람직한 방법인데, 왜냐하면 사람들은 다모클레스의 검sword of Damocles, 신변에 따라다니는 위험: 왕의 행복을 칭송하는 다모클레스를 왕좌에 앉히고, 그 머리 위에 머리카락 하나로 칼을 매달아 왕의 신변의 위험을 가르친 고사에서 유래된 표현-옮긴이이 떨어지기보다는 매달려 있을 것이라고 믿기 때문이다. 하지만 그 검이 떨어지는 것을 두려워하지 않는 적에게는 선제공격만이 유일한 현실적 선택일 것이다. 그것은 아마도 항상 정도의 문제일 것이다. 왜냐하면 보복의 위협을 전혀 염두에 두지 않는 적은 거의 없기 때문이다.

제4차 중동 전쟁의 결정과 관련된 계산법은 단기적인 군사적 이익과 불이익을 넘어서 옳았다. 이스라엘이 만일 이집트와 시리아를 선제공격했다면 단기간의 군사적 이익을 상당히 얻었을 것이 확실하다.[49] 하지만 장기적으로는 위험성이 상당했을 것인데, 특히 이스라엘의 주요 동맹국인 미국과의 관계에 있어서 그러하다.[50] 이스라엘에 선제공격의 위험성이 그토록 높았던 중요한 이유는, 선제공격은 이스라엘이 6일 전쟁에서 성공적으로 사용했던 전술이었고 그로 인해 압도적인 승리를 거두었기 때문이다. 이제는 그 방법이 너무 강력한 것으로 인지되었고, 6일 전쟁이 발발한 것에 대해 한편에서 비난을 받았기 때문에 이스라엘은 선제공격을 다시 감행한다는 것에 대해 난처한 입장에 놓여 있었다. 이스라엘은 국제 사회가 사실 자신들이 다시 한번 불가피하고 임박한 공격을 물리치기 위해 선제적으로 공격을 한 것이라고 믿기보다는, 예방적 정당방위라는 구실을 만들어 공격적인 전쟁을 일으켰다고 생각할 것이라는 걱정을 했다(결과를 보면 이해할 만했다).

이것은 선제공격에 뒤따르는 다른 중요한 잠재적 손실을 시사한다. 즉 선제공격을 한 번 실행하면 (성공적이라고 하더라도) 그것을 다시 반복하기는 힘들다는 것이다. 여기에는 여러 가지 실제적 이유들이 있다. 첫째, 이전에 감행되었던 선제공격에 대해 잘 알고 있는 적군은 반복되는 선제공격에 더욱 잘 대비할 수가 있다. 사다트는 이스라엘이 효과적인 선제적 조치들을 취할 기회를 주지 않기 위해 제4차 중동 전쟁 전날 자신의 의도를 위장하기 위해 많은 공을 들였다 (뒤에서 1981년의 이라크 핵무기 원자로에 대한 이스라엘의 선제공격으로 인해, 후에 이란이 비슷한 공격에 대비해서 매우 조심하는 상황을 다루게 될 것이다). 둘째, 성공적인 선제공격은 이후의 공격을 정당화하기 힘들다(도덕적, 법적, 정치적, 그리고 외교적 바탕에서). 우리는 이것을 1967년의 이스라엘의 성공적이었던 선제공격을 1973년에 반복하는 것에 반대하는 다얀의 주장에서 보았다. 마지막으로, 그리고 두 번째 이유와 관련해서, 만일 한 나라가 성공적인 첫 번째 선제공격 이후 반복적으로 선제공격을 가한다면, 첫 번째 선제공격의 타당성마저 소급해 의심받게 될 것이다. 이 또한 다얀의 근심거리 중 하나였다. 우리는 미국의 2003년의 이라크에 대한 예방적 공격(그리고 뒤이은 점령)으로, 이란이 이라크보다도 더 핵무기 개발에 근접한 것처럼 보여도 이란의 핵무기 시설들에 대한 예방적 공격을 정당화하기가 더 곤란해졌다는 것을 확인할 수 있다.

이스라엘이 1967년에는 선제공격을 결정하고 1973년에는 선제공격을 결정하지 않은 또 다른 연관된 원인으로는, 1967년에는 나세르가 명백하게 공격의 위협을 하고 있었고, 이스라엘과 세계가 자신들의 공격이 임박했다고(비록 그렇지 않았지만) 믿게 만들려고 계획된 행동을 취했던 것도 이유가 될 수 있다. 따라서 세계는 1973년보다는 이스라엘의 선제공격의 정당성을 더 용인한 것 같았다. 1973년에는 사다트가 이스라엘과 세계가 그가 공격을 계획하고 있지 않다고(비록 공격했지만) 믿게 하려는 의도를 품고 있었다. 따라서 선제공격은 잘 감추어진 은밀한 공격보다도, 엄포의 의도였다 하더라도 명백한 위협 앞에서 더 용인되는 것 같다.

따라서 6일 전쟁과 제4차 중동 전쟁을 분석해보면 선제공격에 착수할 것이냐 아니냐를 결정하는 주된 요소는 대개 '먼저 공격함으로써 얻을 수 있는 단기적인 군사적 이익의 정도'라는 점을 시사한다. 이스라엘 전 총리이며 국방장관이었던 시몬 페레스Shimon Peres, 1923~는 자신의 글에서 "최소의 위험 상황에서 전쟁을 맞이하는 것이 지도자의 의무다"라고 했는데, 여기에는 선제공격의 선택권이 반드시 포함되어야 한다.[51] 하지만 정치적, 외교적, 도덕적, 인도주의적인, 그리고 세심한 또 다른 고려 사항들이 있을 것이다. 게다가 먼저 방아쇠를 당기면 (정확한 정보와 확실한 동기에 근거했다고 하더라도) 시작되지 않았을 수도 있는 전쟁을 초래할 가능성이 항상 존재한다.

정당성을 입증해야 하는 부담은 항상 선제적 또는 예방적 행동을 취한 국가에 있다. 선제공격을 한 국가는 그 부담을 이행하기 위해 공격의 확실성, 그것의 임박성, 그리고 상대방의 첫 공격을 받아들임으로써 군인들과 민간인들이 당하는 피해의 범위를 지적할 수 있다. 다른 중요한 요소들에는 선제공격의 특징(다수의 사상자와 장기간의 점령을 수반하는 전면전과 구별되는 군사적 목표에 대한 한 번의 결정적인 첫 공격)이 포함된다. 즉 선제공격으로 가해지는 비전투원의 제한된 손실(특히 먼저 공격을 당한 후에 복수하는 것과 비교했을 때), 그리고 선제공격을 한다면 손실을 줄이는 전쟁의 가능성, 그리고 말로 표현할 수 없는 다른 요소들이 거기에 포함된다. 결국 결정은 항상 정보의 질과 가능성의 평가에 의존할 것이다.[52] 또한 자국의 민간인들과 군인들의 생명, 그리고 적군의 생명이 상대적 가치에 따라 결정될 것이다. 그것은 항상 정도와 판단의 문제다. 하지만 어떤 법률이나 도덕 규칙도 모든 선제적 군사 행동을 금지하는 데 성공하지는 못할 것이며 그렇게 되어서도 안 될 것이다.[53]

엔테베 인질 구출 작전

1973년 6월, 팔레스타인 테러리스트들은 아테네에서 파리로 향하던 민간 항공기 에어프랑스를 납치했다. 이 항공기는 텔아비브에서 출발했다. 테러리스트들은 이후 비행기를 우간다의 엔테베로 이동시켰는데, 그곳에서 그들은 죄수들을 석방하라는 자신들의 요구를 들어주지 않으면 이스라엘 승객들을 죽이겠다고 협박했다. 이스라엘이 인질 구출을 시도하기로 한 결정은 진행 중인 위협 행동에 대한 반응이었으므로 엄밀한 의미에서 선제공격은 아니었다. 하지만 승객들의 죽음을 막기 위해 계획되었기 때문에 선제적인 요소들이 포함되어 있었다. 게다가 이국땅에서의 군사 공격을 결정하는 것은 종종 순전히 예방적 행위임을 증명하는 것처럼 복잡한 요소들에 근거했다. 그리고 국제 사회의 일부 이스라엘 비평가들은 이스라엘이 우간다의 영토 보존과 주권에 대해 불법적인 예방적 공격을 일으킨 것에 대해 비난했다.[54] 따라서 이 군사 행동을 평가되어야 할 선제적 결정 중 한 가지에 포함하는 것은 가능하다. 게다가 이스라엘이 취했던 군사 행동의 유형은(정확하고, 목표를 정하고, 일회성의) 아마도 이라크, 체첸

공화국, 그리고 세계의 다른 위험한 지역들에서처럼 인질극 발생이 증가하면서 다른 나라들에서 되풀이될 것이다. 미국은 이제 엔테베에 투입되었던 팀을 거울삼아 잘 훈련된 팀들을 가지고 있어서 인질들을 적절한 상황에서 구출할 준비가 되어 있다. 하지만 미국의 가장 눈에 띄는 분투는(테헤란에서 이란인 급진주의자에게 포로로 잡힌 대사관 직원을 구조하려던 시도) 기술적 문제로 실패했다.

당시 이스라엘 총리는 이츠하크 라빈이었다. 그의 딸 달리아는 내게 구출 작전의 개시에 앞서 라빈은 만약 임무가 실패하면 자신이 사임하겠다는 서한을 작성했다고 말해주었다. 그는 20명 이상이 사망하는 것을 실패라고 정의했다. 물론 이 숫자에는 테러리스트들이나 테러리스트들을 보호하는 우간다 군인들은 포함되지 않았다. 그 20명에 이스라엘 군인들, 우간다 시민들이 포함되었는지, 아니면 인질들만 포함했는지는 명확하지 않지만, 아마도 이스라엘인들과 다른 무고한 사람들이 포함되었을 것이다.[55]

라빈과 그 위험한 결정을 내린 사람들이 명백하게 질적이고 양적인 손익 분석을 했든 안 했든, 그들은 아무런 조치도 취하지 않으면 인질들 일부나 전부가 살해당할 수 있다는 가능성을 포함한 몇 가지 요소에 중점을 두었던 것 같다. 만일 인질들 중 일부가 살해되고 나머지가 협박을 당한다면 이스라엘이 양보를 강요당할 가능성 인질들 중 일부나 전부가 살해당할 가능성에 더해 구출을 시도했다 실패했을 때 구조 요원들 중 일부나 전부가 살해당하거나 부상당할 가능성, 구조가 '성공했다' 하더라도 인질들이나 구조 요원 중 일부나 전부가 살해당하거나 부상당할 가능성, '성공'의 경우 이스라엘의 위세와 억제의 신빙성이 주는 이익, 그리고 실패할 경우 억제의 신빙성과 위세의 손실이 거기에 포함된다.

이스라엘은 대담한 군사 행동을 감행했다. 잘 훈련된 이스라엘 특공대원들을 가득 실은 지프차들을 적재한 커다란 여객기가 비밀스런 비행을 했다. 특공대원들은 그들을 기습해 우간다인들과 테러리스트들을 사로잡는 데 성공했고, 이 과정에서 세 명의 인질들과 한 명의 이스라엘 군인이 사망했다는 점에서는 약간의 희생이 뒤따랐지만 더 이상의 인질들의 죽음은 막을 수 있었다.[56] 구조된 생명들 외에도 얻은 이익 중 한 가지는, 이스라엘의 국경 밖에서의 테러리즘에 대한 억제 정책이 강화되었다는 점이다.

그런데 우간다의 흉악한 지도자 이디 아민Idi Amin, 1928~2003이 적극적으로 비행기 납치범들을 원조하고 있었다는 명백한 증거가 있었음에도, 이스라엘이 '우간다의 주권'을 침해했다는 외교적 비판을 받았다는 점에서는 약간의 손실이 있었다. 당시 유엔 사무총장 쿠르트 발트하임Kurt Waldheim, 1918~2007은 이스라엘을 비난했고, 자신들의 비행기가 납치되었던 프랑스는 이스라엘에 감사하지 않았다. 그리고 많은 유엔 회원국들은 일제히 살해의 위협을 받았던 103명의 시민들을 구출하려는 이스라엘의 성공적 노력에 맞서 일방적인 비난에 합류했다. 하지만 이스라엘의 우간다에 대한 주권과 영토 보존의 침해를 비난하는 아프리카-아랍 결의문은 충분한 표를 획득하지 못해서 결국 철회되었다. 그렇지만 그것은 이스라엘이 1903년 우간다에 유대국가를 수립하려던 오랜 계획을 실행하기 위한 책략의 일환으로 우간다를 침공했다는 터무니없는 오해와 비난을 받은 이후의 일이었다.[57]

성공적인 구출 작전 몇 년 후, 의사 결정에 관한 재미있는 분석이 《저널 오브 콘플릭트 레솔루션Journal of Conflict Resolution》에 개제되었다.[58] 이 저널은 이스라엘이 이스라엘, 독일, 프랑스, 그리고 케냐에 수감된 팔레스타인 수감자들의 석방을 요구하던 테러리스트들과의 협상을 포함한 몇 가지 옵션을 고려했다고 폭로했다. 처음에는 이스라엘 또한 인질들의 석방을 위해 이디 아민을 설득하는 것을 고려했다. 하지만 곧 그가 완전히 테러리스트들과 협력하고 있으며 이스라엘을 돕지 않을 것이라는 사실이 명백해졌다. 또한 인질들을 맡고 있던 특정 단체가 그들 모두를 죽이는 것을 주저하지 않으리라는 사실도 명백했다. 그들은 이전에도 미국인 외교관을 포함한 인질들을 살해한 적이 있었고, 이스라엘 국민들을 죽이기 시작하는 준비 과정으로 그들을 다른 사람들과 분리했다.[59]

라빈은 처음에는 구출 작전에 반대했다. 육군 참모총장이 그에게 세부 사항과 관련해 정보가 부족하기 때문에 군사적 옵션 중 하나도 성공할 가능성이 없다고 말했기 때문이다. 그는 대신에 납치범들과 팔레스타인 수감자들의 석방에 관해 협상을 하기로 결정했다. 하지만 국방장관 페레스는 이에 강력히 반대했다. 그는 "이스라엘은 그런 협박에 항복할 수 없다. 그런 교환 협상은 차후에 이스라엘의 테러리즘과의 전투 능력에 심각한 타격을 줄 것이며, 이스라엘 국민들에 대한 테러 공격의 수가 증가하는 결과를 낳을 것이다"라고 주장했다.[60]

이스라엘은 군사적 옵션을 준비하면서 협상을 시작하기로 결정했다. 이스라엘 정보기관은 곧 부족한 정보를 채우기 시작했고, 새로운 정보의 입수로 이스라엘 군사 계획자들은 작전의 성공 가능성이 높아졌음을 알게 되었다. 특히 인질들이 붙들려 있던 비행기의 끝부분에는 처음에 걱정했던 것처럼 폭발성 전선이 설치되지 않았다는 것이 밝혀졌다. 라빈은 이후 자신의 견해를 바꾸고 정부의 고문들에게 이렇게 말했다. "우리에게는 이제 성공 가능성이 농후한 군사적 옵션이 있습니다. …… 하지만 나는 성공을 확실히 보장할 수는 없다는 점을 강조하고 싶습니다. 군대가 테러리스트들을 제압한다 하더라도 우리는 15명에서 20명 정도의 인질이나 이스라엘군의 죽음을 예상해야 합니다." 그는 수많은 사망자 수와 외교적 비난과 같은 실패의 '심각한 결과'를 인정했지만 "우리는 군사적 옵션을 취할 것입니다. 그것이 성공 가능성이 높다고 믿기 때문입니다"라고 결정했다.[61]

《저널 오브 콘플릭트 레솔루션》의 기사 작성자는 이스라엘 정책 결정자들이 정확한 손익 분석을 수행하지 못했음을 인정했다. 하지만 개인과 조직 내에서의 의견 수정에 대해 분석해보니 개인들과 계획을 짜는 팀들이 직관적인 방법, 다시 말해 새로운 정보에 입각해 견해를 수정하는 베이스의 접근법Bayesian approach[가]에서 매우 비슷하다는 점을 알아냈다.[62]

기자는 이어서 숫자들과 복잡한 공식들로 가득한 자신의 베이스의 접근법을 분명하게 제공했다. 그리고 실제로 만들어진 직관적인 결정들은 매우 정확한 수학적 모델에 적용했을 때와 놀랄 정도로 유사하다고 단정했다. 그는 따라서 이렇게 결론지었다. "엔테베 사건은 개인들은 가장 스트레스가 심한 환경에서 다수의 옵션을 가진 조심성 있는 탐험가, 유능한 정보 처리자, 그리고 여러 가지 가치의 이해력 있는 평가자가 될 수 있다는 것을 증명한다. 그 증거는 매우 민감한 가치 교환과 새로운 정보에 입각한 효과적인 견해의 수정을 자각하고 자진해서 받아들이려는 마음을 시사한다."[63] 그는 이어서 한 가지 경고를 했다. "이 발견들은 위기 상황에서의 선택 과정과 관련된 증거의 대부분과 반대 방향으로 흐르며, 이는 엔테베 위기에서의 의사 결정이 원칙이라기보다는 예외라는 점을 시사할 수도 있다."

[가] 베이스의 논리는 가능성에 대한 추론을 다룬다. 다시 말해 이전의 사건으로부터 얻은 지식으로 미래의 사건을 예견한다. TechTarget Network, Bayesian logic."

1981년의 이라크 핵무기 원자로 파괴

선제공격과 관련해 현재 토론에서 가장 자주 인용되는 이스라엘의 군사 행동은 1981년의 이라크 오시락Osirak 원자로 파괴다. 마이클 라이스만Michael Reisman 교수는 《아메리칸 저널 오브 인터내셔널 로American Journal of International Law》에서 "국제법은 수십 년간 선제적인 정당방위에 대한 요구와 투쟁을 벌이고 있다. …… 1981년 이스라엘의 바그다드 근처의 오시락 원자로 파괴는 전형적인 선제적 행위였다"라고 했다.[64] 유엔 안전보장이사회는 만장일치로 이스라엘의 공격을 '명백한 유엔 헌장과 국제 행위 규범 위반'이라며 비난했다. 앞으로 살펴보게 되겠지만 이스라엘의 선제적 행위는 (시간이 흐르면서) 핵무기 시대에 적절하고 균형 잡힌 선행적 정당방위의 예로서 인정받게 되었다. 따라서 그것은 특히 핵무기 보유국이 되고자 하는 이란의 노력에 관해 현재 고려되고 있는 옵션들과 지대한 관련이 있는데, 이에 관해서는 제6장에서 상세하게 논의된다.

이스라엘의 성공적인 엔테베 구출 작전 5년 후, 새 정부는 더 위압적인 예방적 결정 상황에 직면했다. 그것은 이라크의 핵무기 원자로를 폭파하고 파괴해야 하는가 하는 문제였다. 그 결정은 전면전에 못 미치는 전형적인 순수한 예방적 (또는 선제적) 공격의 예다. 그것은 또한 '임박성'과 '확실성' 요구의 한계를 예증한다. 원자로는 아직 완성되거나 작동하고 있지 않았다. 이라크는 핵무기 장치들을 소유하지 않았지만, 핵무기를 생산하고 그것을 이스라엘에 배치하겠다고 위협하고 있었다.

1980년 9월 30일의 이란의 이라크 핵무기 원자로에 대한 공격 실패 이후 바그다드 공식 신문 《알-주무리야Al-Jumhuriya》는 다음과 같이 이란 국민들에게 핵무기 원자로는 이란을 위협하기 위한 것이 아니라고 안심시켰다. "시오니즘의 단체가 '이스라엘'에 심각한 위협을 주는 이라크의 핵무기 원자로를 두려워하는 자들이다." 다른 이라크 신문은 더 분명한 표현을 했다. "이라크 핵무기 원자로는 이란을 상대로 사용하기 위한 것이 아니라 시오니스트를 상대로 한 것이다."[65] 이라크 부총리 타리크 아지즈Tariq Aziz, 1936~는 요르단 보도 기자와의 인터뷰에서 이러한 위협을 반복했다.[66]

이스라엘을 상대로 한 핵무기 위협은 명확하기는 했지만 임박하지도, 확실하지도 않았다. 이미 잘 발달된 핵무기를 보유하고 있던 이스라엘은 공식적으로 핵무기 보유국임을 확증하는 것을 꺼렸지만 확실히 중요한 억제력을 가지고 있었다.[67] 게다가 사담 후세인이 지배하는 이라크는 물질적인 위협에 순종하는 세속적인 전제 정치하에 있었다(지도자들이 죽음을 더 나은 세상으로의 서막으로서 반기도록 요구하는 근본주의자들의 종교 체제와 구별되는). 이라크는 여전히 법적으로 이스라엘과 '전쟁 중'이었기 때문에(이라크는 단호하게 이스라엘과 가까운 인접한 이웃 국가들과의 사이에 여러 가지 휴전 협정에 서명하기를 거부했다) 오시락 공격 이후 스커드 미사일이 텔아비브에 빗발쳤던 첫 걸프전 동안 그랬던 것처럼 진행 중인 전쟁을 자신들이 선택한 시기와 장소에서 계속할 권리를 선언했다. 따라서 이스라엘은 자신들도 이라크 군사 목표물들을 법적으로 자유롭게 공격할 수 있다고 믿었다.[68] 하지만 정치적으로, 그리고 외교적으로 어떤 공격과 관련해서도 중대한 위협이 있었다. 이라크가 이스라엘을 상대로 1973년부터 8년간 어떤 개전 원인도 제공하지 않았기 때문이다.

이라크 원자로의 위협의 임박성과 확실성의 결여에도 불구하고 이스라엘 정부는 수많은 고려 끝에 잠재적 이익이 위협을 초과한다는 결론을 지었다. 왜냐하면 위협의 규모가 (임박성과 확실성의 결여로 감소되기는 했지만) 격변하고 있었기 때문이다.[69] 유대인 대학살로 자신의 많은 가족을 잃었던 전 이스라엘 총리 메나헴 베긴Menachem Begin, 1913~1992은 "유대인들의 역사에 또 다른 대학살이 일어날 수 있다"며 두려워했다. 그는 사담 후세인이 3~4개의 히로시마 타입의 핵폭탄을 개발할 수 있다고 추산하는 정보를 지적하고 "우리는 우리를 향한 대량 살상 무기를 개발하는 어떠한 적도 용납해서는 안 된다"고 말했다.[70]

바꾸어 말하면, 이라크가 이스라엘을 상대로 향후 10년 이내에 핵무기를 배치할 가능성이 5퍼센트밖에 안 된다 하더라도, 그 잠재적 위해의 크기는(수십 만 명, 어쩌면 수백 만 명의 민간인 사망자와 사상자) 선제공격을 정당화하기에 충분한 정도 이상이었다. 게다가 방사능 오염 폭탄이 이스라엘의 자그마한 국토의 상당 부분을 여러 세대에 걸쳐 살 수 없는 곳으로 만들 수도 있었다.

공격 시점 또한 이라크 원자로가 거의 완성되고 따라서 위협이 더 임박하고 확실해질 때까지 기다리는 것에 대한 손해와 이익이 주의 깊게 계산되었다. 원자로의 활성화가 가까워지면서 이스라엘이 폭격을 할 경우 이라크의 민간인들에 대한 위험이 더 커졌다. 민간인들에 대한 위험성이 너무 커지기 이전에 원자로 파괴를 위한 기회의 시간대는 극히 짧았다. 메나헴 베긴은 이스라엘은 일단 원자로가 '방사능'이 생기게 되면 원자로를 폭격하지 않았을 것이라고 명확하게 진술했다. 정보원에 따르면 그 일은 1981년 7월이나 9월 정도에 실현될 것으로 예상되었다. "이스라엘의 어떤 정부도 그런 공격으로 인해 거대한 방사능 낙진이 바그다드를 덮어 수만 명의 무고한 주민들이 해를 입게 된다면 폭격을 기도하지 않았을 것이다."[71] 이스라엘 육군 참모총장은 베긴에게 그런 상황에서는 원자로를 폭격하라는 명령에 복종하지 않았을 것이라고 분명하게 말했다.[72] 베긴은 만약 텔아비브가 이라크의 핵폭탄으로 인해 파괴되었다면 자신은 바그다드를 상대로 복수전을 벌이도록 허락하지 않을 것이라고 말하기까지 했다. 그는 이와 관련해 "바그다드의 어린이들은 우리의 적이 아니다"라고 말했다.[73]

마이클 월저는 이렇게 말했다. "이라크 핵 원자로에 대한 이스라엘의 공격은 …… 간혹 정당한 예방적 공격, 또는 선제적 공격의 예로서 호소된다. 이라크의 위협은 절박하지 않았지만, 즉각적인 공격이 그에 맞선 유일하게 정당한 행위였다."[74]

그의 관점에 따르면 절박성에는 단지 위협 자체의 일시적 직접성 이상의 것이 포함된다. 즉 그것은 두려워하는 위해의 심각성뿐만 아니라, 그 예방적 행동을 수행하기 위한 일시적 기회의 기능이다. 많은 실용주의적 법학자들에게 있어서 이라크 핵 원자로에 대한 이스라엘의 공격은 모순과 도전 모두를 상징한다. 많은 사람들이 믿었듯이 그 공격이 긍정적 결과를 가져왔지만 국제법에 부합하기는 어려웠다. 실제로 비난이 일었을 당시 미국 유엔 파견단의 일원이었던 케네스 아델만Kenneth Adelman, 1946~은 미국의 투표는 '큰 실수'였다고 설명하면서 자신이 그 부분에서 수치심을 느낀다고 말했다. 그는 이제 이스라엘의 공격을 '현 시대의 가장 멋진 선제공격의 예'라고 생각한다.[75] "되돌아보면 고마운 일이다. 사담 후세인이 1985년 이후 핵무기를 가진 아랍의 주요 지도자가 되는 것은 무시무시한 일이다."[76]

미 행정부와 유엔 양쪽에서의 이스라엘의 오시락 원자로 폭격에 대한 비난에 관한 토론은 최근 20~30년 이내에 발생한 선행적 정당방위에 대한 태도의 변화를 증명한다. 폭격 직후, 호전적인 공화당원들은(그들 중 일부는 지금 이라크 침공을 지지한다) 이스라엘에 대한 비난을 주도했다. 국방장관 캐스퍼 와인버거Caspar Weinberger, 1917~2006가 이를 주도했고 법무장관 에드윈 미즈Edwin Meese, 1931~도 거기에 포함되었다.[77] [가]

일제히 이스라엘을 비난했던 유럽에서 그러한 비난을 주도했던 사람은 전 영국 총리 마거릿 대처Margaret Thatcher, 1925~였는데 그녀는 다음과 같이 선언했다. "그런 상황에서의 무장 공격은 정당화될 수 없다. 그것은 국제법의 심각한 침해를 의미한다." 그런데 대처 총리는 부시 대통령에게 사담 후세인에 대해 '동요하지 말 것'을 촉구했을 때는 국제법 해석을 잊은 것이 분명했다. 이라크에 대한 미-영 합동 공격 이전, 대처는 '지속되는 공습뿐만 아니라 보다 많은 지상 병력의 배치'를 주장했다.[78] 그녀의 기사에는 이런 소제목이 붙었다. "사담은 사라져야 한다. 인도와 파키스탄이 핵무기를 보유하고 있는 것만으로도 충분하다."[79]

에드워드 케네디Edward Kennedy, 1932~2009와 앨런 크랜스턴Alan Cranston, 1914~2000 같은 민주당 상원의원들은 이스라엘의 행위를 앞장서서 옹호했는데, 몇몇 공화당 상원의원들도 이에 합류했다. 사우스다코타의 공화당 상원의원 래리 프레슬러Larry Pressler, 1942~ 는 증언 청취 후 자신의 견해를 바꾸어 주의 깊게 관찰한 후에 이렇게 결론지

|가| 캐스퍼 와인버거는 2003년의 예방적 이라크 침공을 열정적으로 지지하고 핵무기뿐만 아니라 생물학, 화학 무기까지 획득하려는 이라크의 노력에 관한 보고를 '무시하려고' 한 사람들을 비난했다. 하지만 그는 이스라엘에 이라크의 핵무기 획득을 위한 '노력'뿐만 아니라 그것들을 이스라엘을 향해 사용할 것이라는 훨씬 더 확실한 정보를 '무시하라고' 요구했을 것이다. 내가 단정할 수 있는 것은 그가 이런 일관성 없는 입장들을 조화시키려고 노력한 적이 없다는 점이다. 미즈 또한 이라크에 대한 미국의 공격에 호전적인 지지를 이스라엘의 공격에 대한 비난과 융화시킨 적이 없다. 미국의 침략 이전에도 미즈는 2001년 9월 11일에 있었던 알카에다의 테러 공격이 "후세인의 추종, 확실히 그의 사령부의 추종, 그의 군사 시설의 추종을 정당화했으며, 만일 그 과정이라면 우리는 그를 공격해야 한다. 그것이 매우 적절하다고 생각한다"고 주장했다. (Fox News, Hannity and Colmes, March 11, 2003.)

었다. "나는 이 증언 청취에서 처음에는 이스라엘을 다소 비판했다. 하지만 시간이 흐르면서, 이스라엘이 가지고 있던 정보에 근거해 아마 이스라엘로서는 국가가 할 수 있는 유일한 일을 한 것이고, 그것은 미국도 장래 어느 시점엔가는 하게 될 일이라고 믿게 되었다."[80]

일부 국제법 전문가들은 이 사건을 미국의 쿠바 봉쇄와 이스라엘의 엔테베 인질 구출 작전 같은 다른 선제적 행위들에 유추해 설명했다. 그들은 "이라크의 핵 원자로는 이스라엘 같은 작은 국가에게는 존립을 위협하는 문제다. 때문에 이스라엘의 핵 원자로 파괴는 한정된 목적을 지녔다"고 지적했다. 그리고 이 공격을 탱크나 재래식 대포를 생산하는 공장에 대한 공격과는 구분했는데, 그것은 핵무기의 어마어마한 잠재적 파괴력 때문이었다.[81]

전 대법원 판사 아서 골드버그Arthur Goldberg, 1908~1990는 영향력 있는 법적 분석을 했다. 그는 이스라엘의 공격을 선제적인 것으로뿐만 아니라 진행 중인 전쟁의 일부로서 다음과 같이 정당화했다. "이라크가 스스로를 이스라엘과 전쟁 중이라고 생각한다는 사실에 비추어볼 때, 이스라엘은 국제법 규정에 따라 전쟁이 선포된 것과 마찬가지인 상황에서, 이스라엘에 위협이 될 가능성이 있는 시설물을 폭파하는 것을 포함한 군사 행동을 취할 권리가 있다. 내가 알기로는 국제법 규정을 적용할 때, 문제의 핵무기 시설이 핵폭탄을 생산하고 있는지에 대해 이스라엘이 입증할 필요성은 없다. 이 핵무기 시설이 이스라엘의 안보를 해칠 목적으로 계획된 알려진 프로그램에 따라 이라크를 원조할 가능성이 있으면 그것으로 충분하다."[82]

이런저런 주장에도 불구하고, 미 행정부와 유엔 모두 이스라엘을 '위선의 향연'으로 특징지으며 이라크 원자로에 대한 공격을 비난했다. 아마도 그중에서도 가장 위선적인 주장은 이스라엘이 원자로가 방사능을 가지게 될 때까지 공격을 지체했다면 실제로 수천 명의 이라크 민간인들이 죽었을 것이라는 점을 절대적으로 확신할 수 없었다는 것이었다.[83] 조너선 빙엄Jonathan Bingham, 1914~1986이 이에 관해 이렇게 답변했다. "이스라엘 비평가들은 이제 원자로가 작동 중에 폭격을 당했지만 바그다드에 대한 위험이 그렇게 크지는 않았다고 주장하고 있다. 만일 이스라엘이 원자로가 방사능을 가지게 될 때까지 기다린 후에 폭격했다면 어땠을까? 그랬다면 비평가들은 활동 중인 방사능이 있는 원자로를 폭격했다는 이스라엘의 무자비함에 열 배 이상 비판의 수위를 높였을 것이다."[84]

오시락 원자로 폭격 결정은 선제공격이 조심스럽게 실행되면 종종 억제보다는 무고한 시민들의 희생을 줄일 수도 있다는 가능성을 보여준다. 성질상 억제가 종종 민간인들을 목표로 하는 반면, 선제공격은 성격상 대개 군사 목표물들을 상대로 한다(의도하지 않은 민간인 사상자의 가능성은 항상 존재하지만). 냉전 시대의 상호 확증 파괴 개념은 그대로 되갚는 복수를 다짐했다. 즉 상대가 우리의 인구 밀집 지역을 폭격하면, 우리도 상대의 인구 밀집 지역을 폭격한다는 것이다. 민간인들을 목표로 한 공격에 대해 단지 군사 목표물들을 상대로 한 복수를 다짐한다면 억제의 위협이 훨씬 효과적이지 못할 것이다. 게다가 상호 확증 파괴는 도덕적인 민주주의보다는 비도덕적인 전체주의에 유리하다. 후자는 핵폭탄을 적군의 도시에 투하하면서 상대방의 첫 공격에 대한 복수를 주저하지 않을 것이다. 반면에 도덕적인 민주주의는 "바그다드의 어린이들은 자신들의 적이 아니다"라고 한 메나헴 베긴의 진술이 증명하듯이, 그런 앙갚음을 위한 명령을 내리는 데 주저할 것이다. 상호 확증 파괴 위협은 냉전 기간 동안 미국에 도움이 되었다. 왜냐하면 미국은 제2차 세계대전 말기에 자국이 기꺼이 핵폭탄을 적군의 도시들에 투하하리라는 것을 증명했기 때문이다. 그것은 이스라엘에는 도움이 되지 않을 수도 있다. 왜냐하면 이스라엘 공군은 한 번도 고의적으로 대규모 인구 밀집 지역을 목표로 한 적이 없고,[85] 지도자들은 자신들의 도덕성이 그것을 허락하지 않을 것이라고 언급했기 때문이다.[86]

하지만 억제 정책에는 확실성이 더 크고 양성 오류가 적다는 장점이 있다. 복수는 적군의 공격이 있을 때까지는 일어나지 않기 때문에 실수의 위험이 줄어든다. 반면 선제공격은 항상 예견에 근거해야 하고, 예견에는 항상 양성 오류의 위험이 따른다. 따라서 예방하려고 했던 일이 절대 일어나지 않았을 상황에서 예방적 공격이 일어날 수도 있다.[87] 게다가 군사 행동과 관련해 예방과 억제 사이의 경계선이 항상 명확하지는 않을 것이다. 왜냐하면 예방적 조치를 취하겠다는 위협 자체가 억제의 역할을 할 수도 있기 때문이다. 그것이 또한 도발적인 행위의 자극제가 될 수 있다. 우리가 곧 다루게 될 이런 이슈들은 극히 복잡하다.

1982년 이스라엘의 레바논 침공

오시락 원자로에 대한 이스라엘의 결정적인 선제적 공격의 성공에 뒤이어, 이스라엘은 매우 다른 종류의 예방적 행위에 연루되었다. 그것은 바로 레바논 남부에 대한 대규모의 장기 점령이었는데, 이스라엘 북부 도시들에 대한 테러 공격을 예방하고 레바논에서의 팔레스타인해방기구PLO의 존재를 종식시키기 위함이었다. 1982년에 시작된 레바논에서의 전쟁은 국내외적으로 가장 논란이 되는 이스라엘의 군사 행동 중 하나다. 이것이 이스라엘 내부에서도 논란이 되고 있는 이유는 당시 국방장관이었던 아리엘 샤론Ariel Sharon, 1928~이 계획된 침략의 범위와 기간에 대해 이스라엘 국민들뿐만 아니라 메나헴 베긴 총리마저도 오도했기 때문이다. 내각이 승인한 원래 임무는 다음과 같이 극히 제한되어 있었다. 첫째, 이스라엘 방위군IDF은 갈릴리 지역들을 테러리스트 공격의 사정거리로부터 벗어나게 하는 임무를 부여받았는데, 그들의 본부와 기지는 레바논에 집중되어 있었다. 둘째, 이 작전은 '갈릴리의 평화를 위해'라고 부른다. 셋째, 결정을 수행하는 과정에서 시리아 군대가 이스라엘군을 공격하지 않는다면 그들을 공격하지 않는다.

샤론에 따르면 그들의 목표는 이스라엘 북부 국경으로부터 '대략 45킬로미터' 거리의 사정거리 안의 '테러리스트들'을 제거하는 것이었으며 베이루트로의 진격은 전혀 계획에 없었다. 그리고 작전 전체는 48시간 동안 지속되도록 예정되어 있었다.[88]

그런데 예정과는 매우 다른 결과가 나왔다. 이스라엘 군대가 레바논의 수도인 베이루트를 70일간 포위 공격했던 것이다. 이스라엘 공군은 또한 시리아 공군을 공격했는데, 처음에는 지대공 미사일 시스템을 파괴하고, 이어서 96대의 시리아 전투기(F-15기와 F-16기)를 격추시켰다. 이 과정에서 이스라엘 전투기의 손실은 단 한 대도 없었다. 결국 1982년 8월 말까지 야세르 아라파트Yasser Arafat, 1929~2004와 함께 거의 1만 5,000명의 팔레스타인 사람들이 베이루트를 떠나면서 팔레스타인해방기구는 그곳을 포기했다. 동시에 레바논의 기독교인인 바시르 제마엘Bashir Gemayel, 1947~1982이 대통령으로 선출되었다. 그는 1982년 9월 23일에 예정된 취임식 후 이스라엘과의 강화 조약에 서명하려는 의도를 내보였다. 이때까지는 이스라엘의 예방적 전쟁이 그 목표를 성취하고 있는 것처럼 보였다. 그 후 9월 14일, 제마엘이 암살되었고 샤론의 계획이 해명되었다. 이스라엘 군대는 내란을 막기 위해 베이루트에 총격을 퍼부었고, 마론파Maronite 팔랑헤 당원Phalangist 민병대는 사브라와 샤틸라의 팔레스타인 난민 수용소에 침투했다. 2,000명의 팔레스타인해방기구 게릴라들을 소탕하기 위해서였는데, 보고에 의하면 게릴리들이 아직 그곳에 숨어 있었다.[89] 하지만 팔랑헤 당원들은 게릴라들을 소탕하는 데 그치지 않았다. 그들은 민간인들을 포함한 600명에서 700명 사이의 팔레스타인 사람들을 대량 학살하면서, 자신들의 선거로 선출된 지도자를 살해한 것에 대한 복수를 했다. 이스라엘 군대는 그 학살에 가담하지 않았지만, 심리위원회는 팔랑헤 당원들을 중지시키지 않은 것에 대한 책임을 샤론에게 돌렸다. 샤론은 그들이 (레바논의 오랜 전통에 의해) 자신들의 지도자를 살해한 책임이 있다고 믿는 자들을 상대로 복수하려 한다는 사실을 알았거나, 알았어야 했다.

사브라와 샤틸라에서의 사태 이후, 레바논의 상황은 악화되었다. 이 전쟁에 대한 이스라엘의 태도는 이전에 있었던 다른 어떤 전쟁에 대한 태도와도 달랐다. 왜냐하면 이 전쟁은 임박한 공격에 의해 이스라엘에 강요된 것이라기보다는, 선택의 여지가 있었던 전쟁으로 인식되었기 때문이었다. 그것은 일부 군인들의 양심적인 반대와 전국토에서 널리 시위운동이 있었던 첫 전쟁이었다.[90] 이 전쟁은 장래에 공격이 있을 경우 이스라엘의 지위를 강화하려고 계획된, 성격상 선제적이라기보다는 거의 완전히 예방적인 전쟁이었기 때문에 다른 전쟁과는 사뭇 달랐다. 1967년의 전쟁은 선제적이었고, 역시 거의 예방적이긴 했지만 1956년의 군사작전은 잘 무장된 이집트의 공격이 단지 시간 문제라고 합리적으로 믿었을 때 일어났다. 게다가

1956년의 전쟁은 반작용적인 요소들이 있었다. 왜냐하면 이집트가 국제 수로에 대한 접근을 차단했고 약간이나마 페다이 fedayee 아랍계 반이스라엘 무장조직-편집자에게 이스라엘 민간인들에 대한 국경을 넘는 공격을 조장하고 있었기 때문이다. 1982년의 전쟁 또한 처음에는 레바논 남부로부터의 테러 공격에 대한 반작용이었지만, 그 위협과 비교해 온당한 범위와 기간을 훨씬 초월했다.

선제공격의 흔들리는 추 이스라엘-아랍 전쟁 요약

1982년의 전쟁은 외국의 적을 상대로 한 이스라엘의 마지막 전쟁이었다. 나머지 '전쟁들'은 주로 가자 지구와 웨스트뱅크의 점령된 영토의 테러리스트들을 상대로 한 것들이었다. 이런 전쟁들은 공군과 포병을 갖춘 정규군에 의한 대규모의 공격을 포함하지 않았다. 테러리즘과의 전쟁에는 다른 종류의 대응들이 요구되는데, 그것들 중 다수는 역시 그 성격상 예방적이거나 선제적이지만, 대규모라기보다는 소규모로 진행된다. 연관이 되기는 하지만 다소 어려운 다음의 이슈들로 넘어가기 전에, 외부의 적들과 투쟁하는 데 있어서 이스라엘의 예방과 선제공격의 사용과 오용에 관한 결론을 이끌어내는 것이 유용할 것이다.

이러한 역사는 폭넓게 흔들리는 추의 이미지로 묘사할 수 있다. 이스라엘의 첫 전쟁이었던 독립 전쟁은 주로 방어적이었다. 이스라엘은 다국적군의 공격에 맞서 싸웠으며 그 과정에서 수많은 시민과 군인의 사상자가 속출했다. 이스라엘의 그다음 대규모 군사 작전은 영국·프랑스와 연합해 수행했다. 그것은 이집트의 국제 수로를 봉쇄하겠다는 협박과 국경을 넘는 페다이의 공격을 조장한 것에 대한 반격으로 착수되었지만, 진정한 선제적 정당화는 없었음에도 그 작전 또한 예방적인 측면들이 있었다. 이러한 초기의 경험 결과 이스라엘군은 두 가지 요소를 강조하는 전략을 발전시켰다. 즉 적절한 경우에는 선제공격을 한다는 것과 이스라엘 영토 밖에서 민간인 밀집 지역을 벗어나 전투를 수행한다는 것이었다. 이러한 전략은 1967년 전쟁에서 시험대에 올랐고 기대 이상으로 성공했다. 그러나 성공했음에도 불구하고 바로 그러한 전략 때문에, 1973년 이집트와 시리아로부터 계획된 공격 이전에 경고를 받았지만 선제공격 전략을 채택할 수 없었다. 이스라엘은 욤키푸르에 공격을 받은 후 전적으로 방어 전쟁에 매달려야 했으며 상당한 사상자를 내는 고통을 감수했다. 1976년에 이스라엘은 민간 항공기 에어프랑스가 공중 납치되어 이스라엘 승객들이 살해의 위협을 받고 있는 상황에 구조팀을 미리 급파하는 대응을 했다. 또한 1981년에 이스라엘은 이라크의 핵 시설이 방사능을 가지게 되어 선제공격이 불가능해질 것 같은 상황에 이르기 직전에 핵 시설에 대한 공격과 파괴를 감행함으로써 선제공격을 새로운 단계로 도약시켰다. 유엔 안보리가 만장일치로 비판했음에도 불구하고 거의 모든 이스라엘인들은 오시락 공격을 도덕적으로, 그리고 법적으로 정당화될 수 있는 대단한 성공으로 간주했다. 그리고 1년 후에 이스라엘은 무리하게도 전적으로 예방적인 대규모 전쟁을 감행해 레바논을 점령했다. 공격 직후에는 몇몇 긍정적인 결과를 가져왔지만 장기적으로는 많은 부정적인 결과를 낳았으며 그것을 도덕적으로, 그리고 법적으로 정당화하기는 어려웠다.

이렇게 역사는 명백히 혼합적인 모습을 보이면서 예방적인 군사 행동과 선제적인 군사 행동의 차이가 중요하다는 점을 시사한다. 이스라엘이 공격을 하지 않으면 잠재적인 파멸에 직면해야 했을 때 이스라엘의 선제공격 행위는 정당화되었고 일반적으로 성공적이었다. 1973년의 임박한 공격에 직면했을 때 이스라엘이 선제공격을 감행하지 못한 것은, 외교적으로는 이해될 수는 있을지라도 군사적으로는 잘못된 선택이었다. 그러나 이스라엘이 1956년과 1982년에 예방적인 공격을 감행했을 때 그 결과는 더욱 의문시되었고 비난은 더욱 확고했다.

Chapter 4

테러리즘에 맞선 예방적 조치들

Preventive Measures against Terrorism

테러리스트들에 맞선 예방적, 선제적 행위들

테러리즘과의 전쟁은 민족 국가들을 상대로 하는 재래식 전쟁 conventional war과는 다르다. 그 차이는 아마도 정도의 문제일 것이다. 종종 그렇듯이 테러리즘의 규모가 크고 국가의 후원이나 지지를 받을 경우에는 특히 더 그렇다. 하지만 이것이 현실이며, 특히 테러리스트들이 명분을 위해 기꺼이 죽음을 감수하거나 심지어는 죽음을 갈망할 때에 그렇다.[1] 이런 상황에서 억제는 별로 효과가 없기 때문에 예방적 메커니즘이 더 큰 역할을 맡아야 한다. 우리는 앞으로 몇몇 예방적 전략들을 고찰하게 된다. 이는 테러리스트 개인이나 집단을 대상으로 실시해 다양한 성공을 거두었던 전략들이다. 우리는 또한 테러리즘 위협이 증가하면 사용할 가능성이 있는 몇몇 조치들을 살펴볼 것이다. 물론 테러리즘 위협은 확실히 증가할 것이다. 이는 오늘날 많은 토론의 대상이 되고 있기 때문에 선제공격이나 예방의 법률 체계를 구성하려는 어떠한 시도에도 중심 역할을 담당할 것임에 틀림없다.

'비상사태'에서 널리 사용된 한 가지 예방적 메커니즘은 장래에 테러리즘 행위에 가담할 것으로 예상되는 개인 혹은 단체를 구금하는 것이었다. 특정한 개인을 예방적 근거로 구금하는 것은 제1장에서 논의했듯이 일종의 소규모적 행위다. 그러나 이는 때때로 테러리즘과의 전쟁처럼 대규모 행위가 실시되는 상황에서 결정되기도 한다. 따라서 이는 전반적인 예방적 전략의 일부로 볼 수 있다. 개인이 아닌 단체를 구금할 때에는 특히 더 그렇다.

중동 이야기로 되돌아가기 전에 영국과 미국의 경험을 간단히 살펴보자. 영국의 예방적 구금에 대한 접근법은 이스라엘과 요르단을 비롯한 다른 중동 국가들이 실시한 그와 유사한 행위의 토대가 되었기 때문이다.

영국의 경험

영국은 오랫동안 전시나 다른 국가 안보 위기 상황이 초래되면 예방적 구금을 실시했다. 양차 세계대전 동안에도 영국 정부는 어떤 위험인물에 대한 예방적 구금을 분명히 허용하는 규정을 선포했다. 1915년에는 규정 14B Regulation 14B가 공포되었는데, 이는 아주 특별한 권한이 있는 전시 허가였다. 이를 통해 내무장관은 적국 출신이나 단체의 누구든 '공안과 국토 방위'에 저해될 것이라는 판단이 들면 구금할 수 있는 권한을 가지게 되었다.[2] 제2차 세계대전 중에도 비슷한 규정이 만들어졌는데, 그에 따라 나치 독일을 피해온 유대인 망명자부터 영국의 파시스트 당원들까지 수천 명이 억류되었다. 정부는 북아일랜드 테러와의 전쟁에서 특별한 유치 권한을 가졌으며, 그에 따라 수백 명을 구금하기도 했다.[3]

9·11 테러 이후 영국은 반테러리즘법을 신설했는데, 이는 테러 용의자로 지목된 외국인을 무한정으로 예방적 구금할 수 있음을 허용하는 것이었다. 2004년 12월 상원은 재판 없이 무한정으로 구금하는 법률과, 인권에 관한 유럽 협정은 양립할 수 없다고 이의를 제기했다. 그럼에도 영국 정부는 당시에 기소 없이 억류하고 있던 이슬람교도 9명을 석방하라는 요청을 거부했다. 그들이 '영국 안보에 매우 위협적'이라는 이유 때문이었다[4](구류의 구체적 이유는 비밀로 되어 있다).[5] 이 구류자들은 현재 유럽 사법재판소에 자신들의 석방을 호소하고 있다.[6]

2005년 7월 7일 런던 지하철 테러 사건이 발발하자 영국 정부는 반테러리즘법을 재고했다. 당시 총리였던 토니 블레어Tony Blair, 1953~는 그 사건 이후 이렇게 주장했다. "내 판단으로는, 우리는 사회 전역에 걸쳐 과격주의, 또는 그것을 보급시키거나 선동하는 행위에 가담하는 자들을 용인하지 않을 것이라는 강력한 신호를 보내는 데 있어서 충분히 강경하거나 효과적이지 못했다."[7] 그는 테러를 당한 이후 테러리즘에 대한 일반 국민들의 인식이 바뀌었다는 사실을 알아차렸다. "나는 선거 전 몇 달간 반테러리즘법을 강화하고자 노력했다. 당시 사람들은 이를 두고 유언비어를 조장하는 행위라고 일축해버렸다. 그러나 이제 더 이상 그런 말을 하는 사람은 없다."[8] 그는 테러 이후 유럽의 모든 국가들이 자국의 법률을 강화하고 있다는 사실을 알아차렸다.[9]

당시 블레어의 반테러리즘 계획 열두 가지에는 테러리즘 지지 조직 금지, 테러 용의자에 대한 추방 혹은 구금이 포함되어 있었다. 블레어는 "증오를 조장하거나 폭력을 옹호하고 정당화하려는 자들은 추방 명령을 받게 될 것이다"라고 말했다.[10] 또한 추방 문제에 대한 자신의 계획이 당시 인권법에 상충될 수 있다는 점을 인정하면서, 인권법은 추방을 용이하게 하기 위해 "필요에 따라 개정되어야 한다"고 말했다.[11]

블레어의 건의에 따라 특별 비밀 정보를 사용하도록 허가를 얻은 재판관들이 구금 연장 명령을 내렸다. 그들에게는 예를 들어 전화 도청 같은 '현재 보통의 법정에서 증거로 채택할 수 없는 증거'[12]를 고려할 수 있는 권한이 주어졌다. 그러자 영국 시민 단체의 지도자는 이렇게 보고했다. "피의자들에게 절대적으로 불리한 비밀 도청의 발상이 심히 우려된다."[13] 영국의 대법관 찰스 팰코너Charles falconer, 1951~는 제안된 입법을 부분적으로 옹호하면서 이렇게 말했다. "우리는 그 석 달이라는 기간에 대해 토론을 해야 하며, 적절한 기간이 어느 정도인지에 대해 합의점을 찾으려고 노력해야 한다. …… 하지만 지금 제안되고 있는 억류 기간은 사리에 맞게 조사가 진행되는 동안에 용의자를 구금할 수 있는 상식적인 기간이 아니다."[14]

결국 '간접적 선동'과 '테러리즘의 미화'를 범죄화하려는 계획은 인권 단체들로부터 평화로운 표현을 침해한다는 비난을 받았다. 인권감시위원회의 유럽과 중앙아시아 이사인 홀리 카트너Holly Cartner는 이렇게 말했다. "영국에서는 폭력을 직접적으로 선동하는 것은 이미 범죄다. …… 이렇게 범죄의 폭을 지나치게 넓힌다면 학교나 방송, 그리고 모스크에서의 언론의 자유에 찬물을 끼얹는 결과를 가져올 것이다."[15] 오스트레일리아는 이러한 선례를 따르기 시작했다. 오스트레일리아 총리는 선동의 정의를 정부에 대해 '불평을 자극'하거나 단체들 사이에서 '반감이나 적대감'을 조장하는 언사를 포함하도록 확대할 법을 통과시키도록 촉구했다.[16]

미국의 경험

미국에서도 제2차 세계대전 이전에 상대적으로 소규모의 예방적 구금이 시행되었다. 남북 전쟁 동안 링컨Abraham Lincoln, 1809~1865 대통령은 인신 보호 영장을 정지시켜서 군이 위험하다고 판단되는 개인들을 구금할 수 있게 했다.[17]

대법원이 국회 제정법에 의하지 않고서는 영장을 정지시킬 수 없다고 결정했을 때, 링컨은 위험스러운 적들을 구금할 수 있는 권한을 달라고 국회를 설득했다.[18] 뒤이어 군대에서는 램딘 밀리간Lambdin Milligan이라는 시민을 구금하기로 결정하는 사건이 발생했다. 그들은 또한 그를 처형하도록 명했는데, 그는 미합중국에 대한 반란을 계획한 죄로 체포된 상태였다. 대법원은 전쟁이 끝난 후 사형 집행 전에 있었던 상고심에서 밀리간을 군사 법원에 회부한 것은 의헌이라는 판결을 내렸다. 당시에 미합중국 인디애나 주의 민사 법원이 개정한 상태였다는 것이 이유였다. 법원은 밀리간이 감정이 매우 격앙되고 '안전에 대한 고려'가 가장 중요하다고 생각되는 전시에 체포되었다는 사실을 인정하며 다음과 같이 결론지었다. "우리의 헌법 입안자들은 통치자들과 사람들을 구속하기가 힘들고, 그들이 뚜렷하고 분명한 조치들로 정당하고 절적한 결말을 성취하는 것을 추구할 난세가 도래하리라는 것을 알고 있었다. 그리고 헌법의 자유의 원칙들을 취소할 수 없는 법으로 제정하지 않으면 위기에 처하리라는 것을 예견했다."

법원은 다음과 같이 계속했다. "우리는 항상 헌법의 원칙들을 진정으로 고수하는 현명하고 인도적인 사람들이 우리의 지도자가 될 것이라고 장담할 수는 없다. 자유를 증오하고 법을 업신여기는, 권력의 야망을 품은 사악한 인간들이 한때 워싱턴이나 링컨이 차지했던 자리를 차지할 수도 있을 것이다. 그들에게 정부의 긴급사태 동안 헌법 조항을 정지시킬 수 있는 권리가 부여된다면, 그리고 전쟁 같은 큰 재난이 우리에게 닥친다면, 그때 다가올 인간의 자유에 대한 위협들은 생각만 해도 끔찍하다."

대법원은 '취소할 수 없는 법'에 대해 이런 명확한 수사법을 전하면서, 이어서 보석에 관한 권리는 비상사태 동안에 정지될 수 있다면서 다음과 같이 계속했다. "법은 혼란스러운 상황하에서 밀리간의 자유를 억제하지 않는 것이 위험하다면 …… 그를 체포하고, 구금하고, 추후의 잘못을 저지르지 못하도록 무기력하게 만들고, 그 다음에 관습법 절차에 따라 공판에 회부하도록 했다."[19]

비상사태 동안의 예방적 구금에 관한 이러한 견해는 올리버 웬델 홈스 판사에 의해 재차 확인되고 강화되었는데, 콜로라도의 석탄 광부들과 소유자들 사이에 있었던 사적인 충돌에서 생겨난 사례가 그러했다. 그 충돌로 인해 주지사는 국지적 계엄령을 선포하기에 이르렀다. 그는 신문들을 억압하는 것 외에도 행정장관을 면직하고, 술집들을 휴업시키고, 인신 보호 영장을 정지시키고 일정한 '불만이 있는 인물들'의 체포를 명했다. 이 '인물들' 중 한 명인 광부들의 지도자는 보석 없이 두 달 반 동안 구금되었으며 석방된 후에는 주지사를 고소했다. 홈스는 남북 전쟁 참전 군인으로서 구금을 합법화하지는 못했지만 주지사의 행위를 정당화하기 위해 비상한 노력을 기울였다. 급기야 그는 하버드 법학부 1학년 학생들이나 혼내줄 수 있었을 만한 어설픈 '논법'으로 다음과 같은 주장을 했다. "주지사는 자신의 군인들에게 폭동을 진압하기 위한 노력에 '저항하는 자들을 처형할 수 있도록' 명령을 내릴 수가 있기 때문에, 평화를 회복하는 데 방해가 된다고 판단되는 자들을 체포하는 정도의 가벼운 조치들을 취할 수 있다."[20]

1941년 12월 7일, 일본군이 하와이를 혼란 상황으로 몰아넣고 미국의 태평양 연안 도시에 공격의 두려움을 일으키며 진주만을 폭격했을 때의 법이 그러했다. 하와이 주지사는 몇 시간 내에 군대의 주장에 따라 계엄령을 선포했고, 인신 보호 영장을 정지시켰고, 민사 법원을 폐쇄하도록 명했고, 군사 재판소에서 모든 범죄 사건들을 재판하도록 권한을 부여했다.[21] 대법원은 전쟁이 끝나고 나서야 (그리고 대통령이 인신 보호 영장을 복구하고 나서야) "국회가 당시 하와이에서의 계엄령을 허락하면서 '군사 재판소가 법원을 찬탈하는 것'을 허용할 의도가 아니었다"고 판결했다.[22] 하지만 그때까지 수천 명의 사람들이 이미 불법 구금되었다.

하와이에서 계엄령이 남용되기는 했지만 당시에는 1942년과 1944년 사이에 태평양 연안에서 시행되었던 것과 같은 종류의 인종적인 이유에 근거한 대규모의 구금은 없었다. 그 당시에 태평양 연안에는 약 11만 명의 일본계 미국인들이 살고 있었고, 그 중 7만 명은 미국 시민권자들이었다.[23] 진주만 공격 이후 매서운 반일본 히스테리가 뒤따랐다. 일본계 미국인들이 적군의 파일럿과 잠수함들에 신호를 보내고 있고, 의도적으로 전력과 수력 회사들에 잠입했고, 수천의 사보타주고의적인 사유 재산 파괴나 태업 등을 통한 노동자의 쟁의 행위–편집자를 했으며 간첩망 연결 고리를 형성했다는 소문이 유포되었다. 하지만 이 소문들 중 어느 것 하나 진실로 판명되지는 않았다. 미국 연방 수사국과 육군, 그리고 해군의 정보 기록에 의하면 제2차 세계대전을 전후로 한 일본계 미국인들의 간첩망이나 사보타주 사례가 한 건도 보고되지 않았다.[24] 하지만 그러한 사례가 없다는 사실이 뿌리 깊은 인종적 적개심을 품은 사람들을 만족시키지는 못했다. 실제로 캘리포니아 주 법무장관 얼 워런Earl Warren, 1891~1974은 "우리의 현 상황에서 바로 그러한 사보타주가 없다는 것이 오히려 불길한 징조다"라고 말했다. 그는 우리가 겪게 될 사보타주는 진주만 공격과 똑같이 적절한 시기에 맞추어져 있으며, 현재 일본계 미국인들이 활동하지 않고 있는 것은 안보에 문제가 없는 것처럼 우리를 안심시키기 위해 계획된 것이라고 확신했다.[25]

다양한 정보기관들은(FBI와 육군과 해군 정보기관) 잠재적 테러리즘과 간첩망 문제에 '시민권에 상관없이, 그리고 인종적 근거에 의해서가 아닌, 개별적인 근거'로 접근하는 편을 선호했다. 이 접근법은 대서양 연안의 독일과 이탈리아 혈통을 가진 사람들에게 행해진 것이었다. 당시 법무장관이 수천 명의 외국인들에 대해 개별적 근거에 의한 예방적 구금을 실시했는데, 그들을 붙잡아두지 않으면 국가 안보에 위험한 것으로 여겼기 때문이었다. 하지만 태평양 연안에서는 다음과 같은 서부 방위 사령부 사령관이었던 존 드윗John DeWitt, 1880~1961의 태도가 우세했다. "일본인은 어디까지나 일본인일 뿐이다. 그들에게 충성심을 강요할 수는 없다." 얼 워런도 이에 동조했다. "백인들을 다룰 때는 그들의 충성심을 시험할 방법들이 있다. …… 하지만 일본인들을 다룰 때는 어떠한 확고한 견해도 형성할 수 없다."[26] 결국 그들은 태평양 연안의 일본계 미국인들 전부를 구금하기로 결정했다. 따라서 11만 명의 남녀와 어린이들이 임시 수용소에 억류되었고, 그들은 전쟁이 거의 끝날 때까지 그곳에 머물어야 했다.[27]

태평양 연안에서 일본계 미국인을 대규모로 구금했던 사례는 역사상 '가장 순수한' 예방적 자격 박탈의 사례에 속한다. 대규모 구금으로 예방하려고 했던 위해들에는 사보타주와 간첩망이 포함되었다. 가족 전체를 고립된 수용소에 구금하는 것은 일본계 미국인들에 대한 일본의 진주만 공격에 격노한 '순수한' 미국인들의 공격을 예방하기 위해 계획되었다는 주장도 있었다.

이러한 예방적 자격 박탈은 억류자들 중 누구도 이전에 간첩이나 사보타주의 전과가 없기 때문에 순전히 미래에 대한 예견에 근거했다는 면에서 '순수'했다.

대부분의 자유주의자들은 인종적 근거에 의한 일본계 미국인들의 구금을 격렬하게 비난했다.[28] 미국 시민자유연맹의 주요 지도자들은 대통령 프랭클린 루스벨트에게 개개의 시민들과 외국인들의 '충성심을 판단하기 위한 청취위원회 시스템'을 구성하라고 촉구했다. 일부 대법원 판사들은 추방과 구금 명령을 내렸던 법률상 승인과 의견을 달리했다. 그들은 정부를 비난했는데, 이 일본계 미국인들을 독일과 이탈리아계 사람들에게 했던 사례처럼 충성스러운 자들을 그렇지 못한 자들에게서 분리하기 위해 조사를 하고 발언권을 주며 개별적 근거에 의해 다루지 않았다는 이유에서였다(사실상 이러한 개별화된 예방적 구금에 대해서는 어떠한 비난도 없었다). '개별적인 의심에 기초를 두지 못했던' 일본계 미국인들의 구금과 단계적인 제한을 두는 시스템(영국과 프랑스가 채택했던 것과 같이, 오직 가장 위험한 사람들만 구금하고 나머지 사람들에 대해서는 일종의 계속되는 제한을 두는 시스템)을 채택하지 않은 미국의 실패에 학문적 비판이 집중되었다.[29]

물론 간첩망이나 사보타주 사례들이 있었을 가능성이 있기는 하다. 하지만 대규모의 구금으로 인해 그중 한 가지 사례라도 실제로 예방되었다는 확고한 증거는 없다. 예방적 구금들의 특성상 그것들이 양성 오류를 양성했다는 것을 증명하기는 어렵다. 특히 그 구금이 널리, 그리고 위협이 가해지던 시기와 동일한 시기에 시행되면 그러하다. 구금된 사람들은 예견된 행동에 가담할 수가 없기 때문에 그것이 효과적이었다고 주장하기가 쉽다. 그리고 비평가들은 구금을 하지 않았더라도 같은 결과가 성취되었을 것이라고 입증하기가 힘들다. 하지만 역사의 판정은 비평가 편이며, 일본계 미국인들에 대한 구금은 아마도 미국의 선제적 자격 박탈의 역사상 최대 규모의 양성 오류 구금으로 생각될 것임에 틀림없다.[30]

그것은 또한 여타의 인종 프로파일링의 사례들과 종류와 정도 모두에서 다른, 미국 역사상 최대 규모의 인종적 프로파일링 사례였다. 미국 정부는 태평양 연안 일본계 미국인들을 구금함으로써 본질적으로 모든 일본계 미국인들을 잠재적 스파이나 테러리스트로 몰아가고 있었다. 이것은 9·11 테러 이후에 일어난 일들과는 사뭇 다른데, 미국에 대한 테러 공격 이후 많은 법집행 관리들은 서로 다른 결론을 내렸기 때문이다. 다시 말해서 모든 자살 폭탄 테러리스트들은 이슬람교 극단주의자들이었지만, 이슬람교도 중 오직 소수만이 잠재적 테러리스트라는 생각이었다. 이로 인해 법집행 관리들은 기독교인, 유대인, 또는 다른 무신론자들보다는 이슬람교도들에 관심의 초점을 두게 되었다. 하지만 결과적으로 모든, 또는 상당수의 이슬람교도들, 심지어는 극단적 이슬람교도들도 구금되지 않았다. 일본인들의 구금에 대한 대법원의 무분별한 승인에도 불구하고, 또는 아마도 그것 때문에, 미국은 위해를 끼칠지도 모른다는 일반화된 예측에 근거해서 특정 민족이나 나라 출신 전체에 대한 예방적 구금을 하는 실수를 다시는 범하지 않았다.[31]

이스라엘의 경험

이스라엘은 1948년 정부 수립 이후, 프랭클린 루스벨트의 인종에 근거한 대규모의 구금 정책에 동조하지 않았던 자유주의자들이 제안한 것과 유사한 모델을 따랐다. 즉, 위험성(충성심이 아닌)을 개별적으로 판단했다. 이스라엘은 정부 수립 이전에도 테러 공격에 노출되었다. 1920년대와 1930년대 동안 수많은 테러리스트 단체들이 팔레스타인의 유대인 정착지를 공격해 수백 명의 유대인들을 죽였다. 그리고 1948년과 1967년 사이에는(웨스트뱅크와 가자 지구 점령 이전) 1,500명 이상의 이스라엘인들이 페다이 테러리스트들로부터 죽임을 당했다. 또한 6일 전쟁 종전 이후 2,000명 이상의 이스라엘인들이 테러 공격으로 죽었다. 그런데 팔레스타인 테러리스트들이 계획한 테러 공격은 극히 일부분만이 성공했는데, 이스라엘이 수천 번의 공격에 대해 용케(정보나 다른 예방적 조치들을 통해) 선제공격을 하거나 그들의 공격을 좌절시켰기 때문이었다. 이스라엘은 그런 방법을 이용해서 수만 명의 생명을 구할 수가 있었다.[32]

이런 예방적 조치들로 많은 이스라엘 국민들의 목숨을 구할 수는 있었지만, 팔레스타인 사람들의 목숨과 자유, 재산, 위신의 관점에서는 희생이 컸다. 그 조치들에는 예방적 구금, 표적 살해, 안보 방벽 건축을 위한 자산 탈취, 검문소 설립 등이 수반되었다. 더 중요하게는, 이스라엘 민간인들에 대한 수많은 자살 폭격과 함께 2000년과 2001년에 시작된 인티파다 재개에 따른 웨스트뱅크의 대부분의 재점령도 포함되었다.[33]

이스라엘이 처음부터 사용한 예방적 메커니즘 중 하나는 예방적(또는 행정상) 구금이었다. 이스라엘은 1948부터 1979년까지 영국의 강제적인 법에 기초해 예방적 구금의 개별화된 시스템을 작동시켰다. 이 접근법에 의해 구금된 사람들 대부분은 테러리즘을 공모했다는 의심을 받은 아랍인들이었다. 1979년 이스라엘 국회는 비상통치권(구금)에 관한 법을 제정했다. 구법과 신법 모두 위험에 대한 개별적인 증거를 요구했고, 형사소추 시에 요구되는 절차와는 현격한 차이가 있었지만 정부의 주장에 이의를 제기할 수 있는 약간의 절차가 포함되어 있었다. 현 이스라엘법에 의하면 테러리즘 공모 혐의자에 대해 '국가 안보나 공공의 안전'상의 이유들로 구금이 요구되는 '정당한 이유'가 발견되면 그것을 기초로 6개월간 구금시킬 수가 있고, 그 기간은 연장이 가능하다. 하지만 이런 모호한 기준은 양성 오류와 음성 오류 사이에 적절한 조화를 이루는 데 거의 법적 지침이 되지 못한다. 또한 법원장이 '이 구금이 진실의 발견과 사건의 공정한 처리에 도움이 될 것'이라며 만족한다 할지라도 '증거의 원칙에서 벗어날' 권한 이상으로 증거를 구성하는 데 많은 도움이 되는 것은 아니다.[34]

법의 원리에 입각한 민주주의가 전통적인 형사 절차 대신 예방적 구금을 활용하는 이유는 몇 가지가 있다. 첫 번째 이유는 정보당국에서 실제로 폭탄을 터뜨리는 것에서부터 테러리스트 공격을 조직화하는 것에 이르기까지 과거의 테러 행위에 대해 책임이 있는 것으로 확신하지만, 이러한 결론을 도출하게 된 정보가 공공연한 재판 과정을 통해 드러나면 현재 수행 중인 정보 활동에 방해를 초래하게 되기 때문에 공공연히 밝힐 수 없기 때문이다. 예를 들자면, 그러한 증거는 테러리스트 네트워크 깊숙이에 침투해 위장 활동을 펼치고 있는 정보원으로부터 얻어진 것일 수 있다. 그가 정보 제공자로 밝혀질 경우에는 살해를 당하거나 그렇지 않더라도 최소한 스파이로서 그의 활동 반경이 좁아질 수 있다. 그러한 증거는 또한 테러리스트들에게 아직 알려지지 않은 전자통신이나 여타의 하이테크 감시 수단을 통해 얻어진 것일 수도 있다.[35]

이러한 상황과 유사한 또 다른 이유로는 미래의 테러 공격을 계획하고 있다고 의심되는 사람들과 관련된 것이다. 미래의 공격을 계획하는 것이 이미 범죄이므로(최소한 그 계획이 어떠한 단계에 이르렀다면), 그리고 그러한 미래의 범죄자들은 일반적으로 과거의 범죄자이기도 하므로 위에서 논의한 첫 번째 분류에 해당한다고 볼 수 있다. 아마도 정도의 차이만 있을 뿐이다. 첫 번째 범주에 있어서 그 사람들은 이미 다수의 사망을 초래한 것으로 의심을 받겠지만, 반면에 두 번째 범주에 있어서는 과거의 범죄가 본질적으로 미수일 수도 있으나 미래의 범죄는 대량의 인명 피해를 초래할 수 있는 것이다.

위 사례들에서 민주 사회는 근본적으로 네 가지 선택을 할 수 있다. 첫 번째 선택은 전통적인 형사 절차에 전적으로 의존하는 것이다. 그런데 이 경우에는 모든 사건에서 그 비밀 정보를 밝힐 것인가 아니면 기소를 포기할 것인가를 선택할 것이 요구된다. 하지만 대량의 피해에 대해 괄목할 위협에 직면한 어떠한 민주 사회에서도 이러한 '단순한' 선택을 한 적이 없다.

두 번째 선택은 현존하는 형법을 수정해 새로운 현실에 적용하는 것이다. 예를 들어 일반적으로 반대 신문을 위해서 그 일에 대해 직접적인 지식을 가지고 있는 것으로 알려진 사람에 의한 증언을 필요로 하는 전문 증거 배제 법칙전문 증거에 대한 증거 능력을 불인정하는 법칙-옮긴이을 완화하는 것을 포함한다. 전문 증거 배제 법칙은 정보 요원으로 하여금 신뢰할 만한 비밀 정보원이 논란이 되는 사람이 특정한 과거의 테러 행위를 했다고 또는 미래의 테러 공격을 준비하고 있었다고 말했다는 것을 증언할 수 있도록 허락하는 형태로 수정될 수 있는 것이다. 이러한 것은 현재 수색영장의 신청, 대배심, 그리고 몇몇 다른 절차에 적용되고 있으나 형사 재판에는 적용되지 않고 있다(심지어 전문 증거 배제 법칙 증언은 어떤 경우에는 정보의 본질이 정보원에 대한 실마리를 내포하기 때문에 비밀 정보원들을 위험에 빠뜨릴 수 있다).

1970년 내가 이스라엘의 예방적 (또는 행정적) 구금에 대해 연구할 당시 이스라엘 법조계의 한 고위 관료에게 이러한 선택에 대해 언급했는데, 그의 반응은 다음과 같았다. "우리는 국민의 자유가 무척 자랑스럽습니다. 다소의 전시 안보를 도모하기 위해서 전 사법 시스템을 망치는 것은 바보 같은 일입니다." "그렇지만 정말로 사법 시스템을 망쳐야만 할까요?" 라고 내가 되물었다. "증거의 원칙을 약간 바꾸는 것으로 충분하지 않을까요?" "증거의 원칙은 우리 자유 인권의 중심 되는 내용이며 처벌하고자 하는 이에게 대항하는 권리는 공정한 증거 시스템의 핵심입니다. 만일 우리가 보이지 않는 잉크 메시지와 기관의 보고서를 증거화하는 것(전문 증거와 관련해)을 허락하는 원칙을 만들어낸다면,[36] 대항권과 관련해 거의 아무것도 남지 않게 됩니다. 저는 차라리 모든 사안에서 다소의 불법을 용인하기보다는 몇몇의 사안을 철저히 불법적으로 처리하는 것이 낫다고 생각합니다." 이 관료는 만약 이스라엘이 일반적 사안을 처리함에 있어서 전문 증거를 허용하는 형태로 법칙을 수정한다면 그에 대한 항의로 '사직'하겠다고 말할 정도로 강한 신념에 차 있었다.[37]

이 선택의 다른 형태는 현존하는 형법을, 다른 모든 사건들에는 전문 증거 배제 법칙과 다른 보호 장치들을 유지하면서 테러리스트 사건들의 경우에만 수정하는 것이다. 한 가지 문제는 미국 대법원이 최근에 전문 증거 배제 법칙의 일부 양상들은 수정헌법 제6조의 대면 조항에 의해 강제된다는 판결을 내렸다는 것인데, 모든 형사 소추에서 피고인은 '자신과 대립하는 증인과 대면해야 한다'는 것이다. 대법원이 또한 해외에서 붙잡히고 적군의 전투원으로 붙잡힌 테러리스트들의 경우에는 보호를 약화시키는 것을 인정했지만, 이 헌법적 보

호는 권리장전의 개정 없이는 수정할 수 없었다.[38]

세 번째 선택은 영국과 이스라엘이 했던 방식을 그대로 따르는 것이다. 다시 말해 미래에 테러 행위에 가담할 것으로 여겨지는 개인들을 범죄 없이도 구금할 수 있는 명확한 예방적 구금법을 제정하는 것이다. 이 선택은 명확하다는 것이 장점이다. 좋은 예방적 구금법은 (영국이나 이스라엘 모두 특별히 잘 만들어내지 못한) 이 기이한 교정법을 허용하는 구체적이고 제한된 기준을 제공해야 한다. 또한 엄격한 절차상의 보호책을 제공해야 한다. 결국 그것은 남용될 가능성이 있는 이 메커니즘이 절대로 권력자들의 정치적, 또는 이데올로기적 한도로 역할하기 위해 사용될 수 없다는 확신을 주어야 한다. 2005년 5월 이스라엘 정부는 가자 지구로부터의 예정된 철수를 반대했던 몇몇 유대인 과격주의자들에 대한 예방적 구금을 명했다. 당국에서는 논란이 있는 철수에 대해서 폭력적인 반대의 위협이 있었기 때문에 그 구금이 정당화되었다고 주장했지만 일부 이스라엘 사람들, 특히 극우주의자들은 그것이 반대 의견을 침묵시키려는 정치적 의도가 다분하다고 믿었다.[39] 지적할 만한 특별한 과거의 범죄 행위도 없이 특히 정치적 적들에 대해 예방적 구금을 시행하는 자들은 항상 이 반테러리스트 조치의 오용의 책임 대상이 될 것이다.

영국이나 이스라엘식 접근법은 명확성과 책임성이 있음에도 불구하고 여전히 판사 로버트 잭슨이 분명히 표현한 원칙의 타협이 필요하다. 다시 말해 '법원이 아직 발생하지 않은 범죄가 예상된다는 이유로 사람들을 수감하는 것'은 '전통적인 미국법'과 조화를 이룰 수 없다.[40]

미국은 종종 언급되는 (그리고 실제로 종종 타협되는) 이 원칙과의 타협을 피하기 위해 네 번째 선택을 취했다. 미국 정부는 미국이 예방적 구금을 실행한다는 사실을 명확하게 인정하지 않는다. 실제로 일본계 미국인들의 구금에 대한 반응으로 제정된 연방법에는 "미국은 국회 제정법에 따르지 않고서는 어떤 시민도 수감하거나 또는 구금하지 않는다"라고 규정되어 있다.[41] 미국 정부는 이 금지 규정을 피하면서도 같은 결과를 이뤄내기 위해 현존하는 법을 확대해석하지만 책임감은 훨씬 떨어진다. 9·11의 여파로 미국은 시대착오적인 중요 참고인법을 다시 적용했다. 그 법은 원래 관할권을 벗어날 가능성이 있는 범죄 중요 참고인들의 단기 구금을 허용하기 위해 계획되었다. 연방법 집행 요원들은 수백 명의 외국인들을 구금했는데,[42] 그들 중 다수는 아랍인들과 이슬람교도들이었다. 그리고 그들 각자를 '중요 참고인'이라고 선언했다. 하지만 그들이 어떤 범죄에 대한 참고인들이란 말인가? 그 범죄들은 종종 그들 스스로가 저지르거나 계획했다는 혐의를 받았던 것들이었다![43] 이러한 중요 참고인법의 오용은 명백히 명확한 예방적 구금법의 부재를 교묘하게 회피하기 위해 계획되었다.

예방적 구금을 대신하기 위해 확대 해석된 또 다른 현존하는 법에는 이민법 규정들이 있었는데, 그 법에 의하면 신분이 없거나 시민권 증명서가 없는 외국인을 단기 구금할 수가 있다. 이 법들은 그러한 외국인들을 신속하게 국외로 추방하는 것이 적절한 해결책일 경우에 그것을 용이하게 하기 위해 입안되었다. 하지만 9·11 테러의 영향으로 그것들은 미래에 위험을 일으킬 것으로 예상되는 특정한 개인들(거의 대부분 아랍인들과 이슬람교도들)을 예방적 구금하는 것을 목적으로 이용되었다.

나는 1971년에 〈자유의 특례 Stretch Points' of Liberty〉라는 제목의 소논문을 썼다.[44] 이 논문의 연구 과정에서 미 법무차관을 인터뷰했는데,

그는 당시 국가 비상사태에 반응하는 계획을 책임지고 있었다. 나는 미국이 테러리즘 공격을 받으면 '일시적 구금의 이례적인 권한'의 발동을 추천할 것인지 물었다. 그는 이렇게 대답했다. "우리는 그럴 필요가 없을 것입니다. 현존하는 형법을 끼워 맞추면 충분히 그들을 구금할 방법이 있습니다. 따라서 우리가 진정으로 폭력적 봉기를 지휘하는 자들을 구금해야 한다면 그것은 기존의 형법으로도 충분히 가능합니다. 우리는 그들을 기소할 만한 구실을 찾아낼 것이며, 그들을 얼마간 억류할 수 있을 것입니다."

그는 최소한 실제적인 문제에서는 옳았다. 모든 법률 시스템은 상황의 위급성에 따라 융통성 있게 확대나 축소될 수 있는 스스로의 '특례들'을 갖추고 있다. 미국 시스템의 특례들에는 광범위한 경찰의 권한과 기소의 결정권, 모호하게 정의된 범죄들(이를테면 무질서한 행위), 미수범(이 또한 '음모'처럼 모호하게 정의되었다), 공판 전 석방의 거부(간혹 1년이 넘는 구금의 결과를 가져올 수도 있다), 그리고 앞서 언급한 중요 참고인법과 이민법들이 포함된다. 어떤 시스템들은 유사한 결과들을 이뤄내기 위해 이러한 장치들을 관습법(판례법) 범죄들, 소급(사후의) 입법, 그리고 비상 통치권으로서 이용하기도 한다.

미국 정부는 여기저기에서 한 위원회가 이름 붙인 전형적인 '위선자적인 방법'을 선택한다.[45] 즉 우리는 정부의 행위에 일정한 제약을 가하겠노라고(이 경우에는 예방적 구금을 금지하겠다는) 큰 소리로 선언한다. 하지만 동시에 현존하는 법률을 조심스럽게 확대 해석해 이러한 메커니즘의 결과를 얻어낸다.

민주주의가 예방적 구금을 적용하려는 또 다른 이유가 있다. 그것은 바로 계획 중인 테러 행위에 대한 정보를 획득할 목적으로, 제한된 형사 절차를 벗어나 중요한 용의자의 심문을 허용하기 위한 충분한 구금 기간을 확보하기 위해서다. 형사 절차에서의 심문은 법과 헌법의 엄격한 규제를 받는데, 특히 그중에는 소위 말하는 미란다 원칙이 있다. 따라서 이론상으로는 구금된 범죄 용의자를 변호사 없이 심문할 수가 없다.[46] 하지만 실제로는 이러한 제한이 종종 이러저러한 구실들로 인해 지켜지지 않는다. 게다가 최근 대법원은 불리한 진술을 강요받지 않을 권리는 검찰당국이 형사 재판에서 피고에 반하는 증거를 도입하려고 할 때까지는 발동하지 않는다는 판결을 내렸다.[47] 법원은 그 시점에서 증거가 부적절한 심문의 산물인가를 결정해야 한다. 이에 따라 정보 수집 기관은 형사 재판에서는 전혀 사용할 의도가 없는 정보를 얻어내기 위해 개인을 심문하는 데 있어서 상당한 시간적 여유를 확보한다. 아직도 그런 심문을 행할 시간이 있는 것이 분명하지만, 현행법을 따르면 범죄 용의자를 비교적 단기간 이상 심문의 목적으로 구금할 수는 없다. 따라서 예방적 구금을 통해 훨씬 장기간 동안에 형사상이 아닌 구금의 권한을 부여함으로써, 형사 절차에서라면 허용되지 않을 종류의 심문을 가능하게 해 그 문제를 개선하려고 한다.[48]

미래의 테러 용의자들에 대한 예방적 구금은 테러리즘이 심각한 위협으로서 인식되는 곳에서는 어디서나 계속될 것이다.[49] 따라서 법률에 입각한 지배를 하는 민주주의 국가들에서는 이 점점 더 중요해지는 예방적 메커니즘을 규제하는 법률 체계를 발달시켜야만 한다. 하지만 현재까지 어느 나라도 이 중요한 욕구를 채우고 있지 못한 형편이다.

목표로 정한 테러리스트들의 선제공격

억제는(본격적인 형사 재판 후에 선호되는) 테러 용의자들에 대해 선택할 수 있는 전략이다. 하지만 테러 용의자들, 심지어는 자칭 테러리스트들 또는 국가에 즉각적이고 심각한 위협을 가하는 다른 사람들을 항상 체포할 수 있는 것은 아니다. 이러한 상황에서 많은 국가들은 더 과감한 예방적 자격 박탈 형태, 즉 표적 살해를 채택했다. 이스라엘은 가장 공공연하게 이 이슈에 대해 기꺼이 언급하고(그들은 이것을 초점을 맞춘 선제공격이라고 부른다) 법의 규정 내에 편입하려고 노력하는 국가들 중 하나였다. 미국 또한 표적 살해를 채택하기는 했지만 그것을 법률에 의해 정당화하려는 시도는 거의 이루어지지 않았다.

지난 몇 년간 이스라엘의 표적 살해 대상자들은 거의 모두 테러리스트들이거나 그들의 사령관과 지도자들이었다. 하지만 그 이전에는 과학자들, 무기 공급자들, 그리고 이스라엘의 적군들에게 대량 살상 무기를 공급함으로써 이스라엘에 위해를 끼치려는 사람들에 대해서도 선제적 또는 예방적 암살을 시도했다.

이스라엘은 여러 가지 방법을 동원해 독일 과학자들이 자신들을 상대로 사용하려는 이집트의 대량 살상 무기 개발을 돕는 것을 막으려고 애썼다. 그것은 후에 일어난 이라크 핵 원자로에 대한 대규모 공격의 축소판이라고 볼 수 있는데, 그 과학자들 중 일부는 이전에 나치당원들이었다. 이스라엘 정보기관의 이안 블랙Ian Black과 베니 모리스Benny Morris는 다음과 같은 내용의 역사적인 보고를 했다.

모사드Mossad, 이스라엘의 비밀 정보기관-옮긴이는 독일 과학자들이 이스라엘의 존재 자체를 위협하는 무기를 개발하고 있다고 믿었다. …… 모사드는 그 당시에는(1956~1961년) 정보 수집 행위에만 주력했다. 그러다가 1961년 9월, 처음으로 이집트 지대지 미사일의 개발에 대한 평가를 시행했다. 1962년 10월에 있었던 정보기관의 두 번째 평가에서, 이집트가 12~18개월 이내에 약 100개의 로켓을 작동시킬 수 있으리라는 사실이 예견되었다. …… 그런데 한 망명자가 이집트인들이 코드명이 아이비스Ibis인 활동성 있는 방사성 폐기물을 포함한 탄두를 자신들의 미사일에 장착하려고 준비하고 있었다고 주장했다. 이로써 이집트의 프로그램의 규모에 대한 이러한 우려되는 보고들은 더 비극적으로 받아들여졌다. 더 심각한 것은, 이집트가 핵탄두를 생산하는 클레오파트라Cleopatra라고 불리는 프로젝트 또한 준비하고 있다는 사실이었다.[50]

이후 이런 대량 살상 무기를 개발하는 자들을 표적으로 하는 공격이 수차례 계속되었고, 이집트는 결국 이러한 프로그램을 진척시키지 못했다.[51]

이스라엘은 이라크 핵 원자로에 대한 공격에 앞서 몇몇 표적 공격 또한 시도했지만 번번이 실패했다. 그들은 외교적 노력 또한 성과가 없자 자신들은 오시락 원자로를 공습하는 것만이 유일하게 현실적인 선택이라고 결론짓게 되었다.

이스라엘은 처음에는 뇌물과 협박을 한 차례씩 시도했다. 하지만 그 방법은 실패로 돌아가고 결국 무기 제작자는 살해되었다. 탄도학 실린더 분야의 최고 전문가인 제럴드 불Gerald Bull, 1928~1990 박사는 이라크에서 이스라엘로 직접 핵, 화학, 또는 생물학적 탄두를 포함한 포탄을 발사할 수 있는 이라크의 특대포supergun 개발을 돕고 있었다. 그 대포의 실린더 길이는 487피트(약 150미터)였는데, 영국의 회사에서 이라크로 공급된 32톤의 강철로 만들어졌다. 1989년 후반에 그

원형이 북이라크 모술의 사격 연습장에서 시험 발사되었다. 사담 후세인은 2,000만 달러를 들여 세 대를 설치하도록 명했다. 불은 100만 달러를 받고 컨설턴트로 고용되어 있었다. 그 프로젝트의 코드명은 바빌론Babylon이었다.[52] 이스라엘은 처음에는 제럴드 불을 매수하려고 했다. 하지만 불은 번번이 자신의 유대 국가에 대한 혐오감을 노골적으로 표현했다.[53] 이어서 협박이 뒤따랐지만 아무 소용이 없었다. 결국 불은 살해당했고 그로 인해 특대포 프로젝트는 종결되었다.

이스라엘은 무기 공급자들에 대한 이런 표적 공격 외에도 테러리스트 지도자들에 대한 표적 살해를 자행했다. 특히 서독 정부가 1972년 뮌헨 올림픽에서 이스라엘 운동선수들을 공격해 체포된 테러리스트들을 석방하기로 결정한 이후에 그러했다.[54] 서독 정부의 결정은 유럽 정부들이 체포된 테러리스트들을 석방하거나 아예 애초부터 체포하지 않기로 한 여러 가지 결정들 중 하나였다. 하지만 이스라엘은 이 사건으로 인해 외국에서 활동 중인 테러리스트 지도자들을 살해하는 것만이 그들을 상대로 자신들이 취할 수 있는 유일하게 효과적인 조치라는 결론을 내리게 되었다.

이 표적 살해 중 일부는 분명히 예방적이었지만(목표 대상이 진행 중인 미래의 테러 공격 계획에 직접 관련되어 있었고, 그들을 살해함으로써 이 계획들을 중단시키거나 최소한 혼란에 빠뜨릴 수 있었기 때문에) 나머지는 억제를 위한 목적으로 수행되었다. 이안 블랙과 베니 모리스에 따르면 이스라엘은 뮌헨에서의 학살로 인해 팔레스타인 테러리즘에 맞서는 전쟁의 전환점을 맞이하게 되었다. 골다 메이어는 복수 자체를 위해서만이 아니라 억지력으로서 전면적인 복수의 시대가 도래했다고 언급했다.[55]

이러한 움직임이 2000년 가을에 시작되었던 팔레스타인 테러리즘

운동 동안 표적 살해를 수행하기로 한 이스라엘의 결정의 배경이 되었는데, 이는 지금까지도 논란이 되고 있다. 표적 살해는 특히 도시와 마을들, 그리고 이스라엘 군인들이 자유로이 활동할 수 없었던 가자 지구의 난민 수용소에서 전술로서 채택되었다. 하마스Hamas, 이슬람교 원리주의를 신봉하는 팔레스타인의 반 이스라엘 과격 단체-옮긴이는 상대적으로 가자 지구에서 자유로이 행동할 수가 있었다. 많은 테러 행위들이 가자 지구에서 시작되었고, 이스라엘은 그 지역의 테러리스트 단체와 개인들에 대해서 충분한 정보를 가지고 있었다. 아주 드물기는 하지만 간혹, 촉박한 공격을 계획 중이거나 실행 중인 테러리트들을 체포할 수 있었다. 하지만 대부분의 경우에는 체포가 불가능했는데, 테러리스트들이 의도적으로 인구밀도가 높은 도시 지역의 민간인들 사이에 숨어들었기 때문이다. 그곳에서는 이스라엘 군인들이 대대적인 군사 지원 없이는 팔레스타인 시민들뿐만 아니라 자신들의 목숨을 걸지 않고서는 안전하게 작전 수행을 할 수가 없었다. 이스라엘은 그런 경우에는 다른 예방적 조치, 즉 지휘자들, 첩보 요원들, 그리고 자살 폭탄 테러자들을 포함한 테러리스트들에 대한 표적 살해를 선택했다. 대개 그러한 공격들은 공중에서 실시했지만 간혹 그들은 테러리스트 전투원들의 휴대전화를 폭파하거나 치명적인 폭발물을 전하는 다른 기술적인 방법들을 사용하기도 했다. 예를 들어 예히야 아야시Yehiya Ayash라고 불리는 기술자는 하마스를 위해 폭탄을 제작하는 기술자였는데, 이스라엘 요원들이 그를 목표로 정해 폭발성 전하를 그의 휴대전화에 장착했다. 만약 이런 전투원들(이 용어에 어떤 식으로 정의를 내린다 해도 그들은 전투원들이다)을 단순히 체포하거나 구금했더라면 비판의 여지가 없었을 것이다. 모든 정부는 자국의 시민과 군인들을 테러리스트 공격으로부터 보호하기 위해 합당하고 균형 잡힌 조치들을 취할 권한이 있기 때문이다. 비판이 이는 이유는 이러한 예방적 메커니즘에 테러리스트 용의자들을 목표로 한 살해가 포함되기 때문이다.

아무리 조심해서 시행된다 하더라도 표적을 설정한다는 것은 결코 완벽할 수는 없다. 특히 테러리스트들이 숨어 있는 큰 도시 중앙에서 무고한 시민들이 테러리스트들과 함께 죽거나 부상당하는 경우가 발생하기도 한다. 따라서 이에 관한 비판에는 두 가지 요소가 있다. 첫째는 흔히 있는 일이지만 비록 죽은 자들이 테러 용의자들뿐이더라도(간혹은 역시 전투원인 그들의 경호원들을 포함한) 그들이 재판이라는 '정당한 절차' 없이 '처형되었다'는 점이고, 둘째는 무고한 사람들이 테러 용의자들과 함께 죽임을 당하거나 부상당하는 경우가 비일비재하다는 점이다.

첫 번째 비판과 관련해서는, 이러한 조치를 실행하는 것을 비판하는 자들은 테러리스트들은 법적으로 이스라엘과 전쟁 중이 아니기 때문에 테러리즘은 법 집행의 문제로 다루어야 한다고 주장한다. 이 주장에 의하면 (그것이 적절하다면) 테러 용의자들은 강간범들이나 강도들과 정확하게 똑같이 다루어져야 한다. 따라서 그들을 추적해 살해할 것이 아니라 체포해 재판에 회부해야 한다. 그러므로 정당방위 상황에서만(그들이 체포하려는 관리들에게 직접적인 위험을 가한다면) 그들을 살해할 수 있을 것이다. 만약 적절한 절차 없이 그들을 살해한다면 이것은 사법 관할 밖의 처형이 될 것이며, 불법이다.

하지만 이것이 사법 관할 밖의 처형이라는 주장에는 흠결이 있다. 왜냐하면 모든 군사적 살해는 그 성격상 사법 관할 밖이기 때문이다. 사실 많은 다른 자유주의자들과 내가 강하게 반대하는 것은 사법상의 처형이다. 왜냐하면 종신형을 선고한다 할지라도 항상 형기 선택이 가능하기 때문이다. 사법 절차에 따라 처형될 자는 이미 체포되었기 때문에 당연히 더 이상 직접적인 위험인물이 아니다. 하지만 표적 살해와 관련해서는 그로 하여금 계속해 살해하도록 허용하는 방법 외에는 테러리스트의 행동을 멈추게 하는 다른 실행 가능한 선택권이 없다. 테러리스들을 표적 살해하는 것은 체포를 피해 달아나고 있는 위험한 중죄인을 죽이거나 정당방위로 죽이는 상황과 더 흡사하다. 이 두 가지 상황 모두 사법 관할 밖이지만 전적으로 합법적이다. 표적 살해에 관해서는 그것들이 사법 관할 밖의 것이냐 아니냐가 아니라, 그것들이 법률을 준수하고 도덕적인가 아닌가 하는 문제가 중요하다. 여기에는 수많은 요소들이 포함된다. 즉 목표가 된 용의자가 진행 중인 작전과 관련된 실제 테러리스트라는 증거가 있는지, 사태의 임박성이 있는지, 이 테러리스트들의 작전이 성공할 가능성이 있는지, 다른 덜 치명적인 대체 방법을 사용할 수 있는지, 목표가 정해진 그 공격에서 다른 사람들이 죽임을 당하거나 부상을 당할 가능성(다른 말로, 그 공격이 얼마나 정확하게 목표를 향할 것인지)이 있는지가 여기에 해당된다.

테러리스트들을 일반 형사범들처럼 다루어야 하는지 아니면 전시법을 위반하는 전투원들처럼 다루어야 하는지에 관한 문제에 관해서는 재미있는 사실이 있다. 테러리스트들이 붙잡히면 그들 중 다수는 전시 포로의 지위를 요구하고 주장하면서, 자신들은 군사적 또는 준군사적 폭동 상태 중에 있다며 일반 형사범들처럼 대우되는 것을 거부한다. 반대로 테러리스트를 체포하는 사람들은 종종 그들을 전시 포로의 자격을 갖춘 전투원으로 대하는 것을 거부한다. 현실에서는 진행 중인 폭동이나 테러 행위에 관련된 테러리스트들의 지위는 혼합적이다. 따라서 일단 그들이 붙잡히면 전시 포로가 아닌 표적 살해 목적의 전투원으로 대하는 것이 정당화될 것이다.[56] 요람 딘스타인

Yoram Dinstein, 1936~ 교수는 이에 관해 이렇게 말했다. "하지만 한 사람이 동시에 두 개의 모자를 쓸 수는 없다. 즉 민간인의 모자와 군인의 철모를 말이다. 낮에는 선량한 시민으로 행세하면서 밤에는 군사 공습에 가담하는 자는 민간인도, 합법적인 전투원도 아니다. 그는 불법적인 전투원이다. 따라서 그는 적군에 의해 합법적으로 표적이 될 수 있다는 점에서는 전투원이지만, 합법적인 전투원으로서의 특권을 주장할 수는 없다." 57

표적 살해에 대한 두 번째 주요 비판은 이스라엘인들이 말하는 무관한 사람들에 대한 위험에 초점을 둔다. 테러리스트들과 그들의 지도자들은 의도적으로 민간인들 사이에 숨어들기 때문에 거의 항상 '부수적인 피해'의 위험이 존재한다. 이것은 이스라엘이 매우 심각하게 받아들이는, 테러리트들에 대한 표적 살해의 손익을 평가하는 데 있어서 염려하는 부분이기도 하다. 이스라엘 군사 전문가들에 의하면 이러한 작전들을 통해 약 200명의 테러리스트들이 성공적으로 표적이 되었고, 약 100명의 무관한 시민들이 고의는 아니었지만 죽임을 당했다.[58] 팔레스타인 정부는 이러한 숫자에 명백히 동의하지 않지만 그들은 대략적인 진정한 양성과 양성 오류 간의 비율을 제시한다. 이스라엘은 또한 이러한 표적 살해를 통해 수백 명, 수천 명의 자국 국민들의 죽음을 예방할 수 있었다고 주장한다.

2003년 12월, 나는 이스라엘을 3주간 방문하면서 이 문제에 대해 연구했다. 그곳에서 비평가들뿐만 아니라 그 정책 실행을 책임지는 많은 사람들을 만났다. 그중 테러리스트를 감시하는 한 이스라엘의 지휘관을 통해 테러리스트가 사는 아파트에 초점이 맞춰진 카메라를 들여다볼 수 있는 기회를 얻었다. 그 지휘관은 지나가는 인파가 거의 없고 무고한 시민들이 피해를 입을 가망성이 최소일 때 그 테러리스트를 살해하도록 권한을 부여받았다고 말했다. 그 지휘관은 테러리스트가 사는 집을 폭파함으로써 간단하게 그를 죽일 수도 있었다. 하지만 그 집이나 아파트를 표적으로 삼지 말라는 상부의 지시가 있었다. 그 집에는 다른 사람들이 있을 수도 있고 그들의 지위(전투원인지 아닌지)가 불확실했기 때문이었다. 나는 카메라가 그 집과 거의 텅 빈 거리에 초점을 맞추고 있는 것을 보았다. 사람들은 큰 점들처럼 보였는데, 나의 숙련되지 못한 눈으로는 그들이 남자인지 여자인지, 또는 어린아이인지 성인인지 알아보기가 힘들었다. 반면 차들은 쉽게 식별이 가능했는데 심지어 차종까지도(지프, 소형차, 대형차, 트럭 등) 알아볼 수가 있었다. 때는 이른 저녁이었고 적외선 카메라는 이동하는 차량들의 엔진으로부터 열기를 받아서 엔진이 차량의 앞쪽에 있는지 뒤쪽에 있는지도 감지할 수 있었다. 나는 겨우 몇 분 동안만 그것을 볼 수 있도록 허락받았고 내가 카메라를 들여다보는 도중에는 그 테러리스트가 집 안에 있었기 때문에 어떤 행동도 취하지 않았다. 이스라엘 군인들과 경찰은 웨스트뱅크에서 했던 것처럼 가자 시에 안전하게 들어갈 수 없었기 때문에 그를 체포할 수 없었다. 반면 웨스트뱅크에서는 목표를 정한 선제공격보다는 체포가 더 자주 이용되었다.

다음 날 나는 그 표적이 된 테러리스트가 그날 밤 늦게 그의 집을 떠나 다른 테러리스트와 차를 탔고, 그의 차에서 유도탄이 폭발했지만 테러리스트는 경미한 부상만을 입고 탈출했다는 이야기를 들었다. 몇몇 다른 사람들 또한 부상을 당했다. 하지만 사망자는 없었다.

나는 그날 이전에 성공했던 공격을 녹화한 비디오를 보았는데, 비디오에서 두 명의 테러리스트들은 폭발물을 설치하던 중에 표적이 되어 죽었다. 외진 곳에서 그들에 대한 완벽한 공격이 있었는데, 두 번에 걸친 폭발이었다. 첫 번째 폭발은 이스라엘 로켓이 차 앞부분의 엔진을 맞춰 일어났고 두 번째 것은 차 트렁크 장착한 폭발물에 의해서였다.

실패했던 공격 며칠 전에, 나는 이스라엘의 고위급 위원회의 일원 중 몇 명을 만나볼 수가 있었다. 그 위원회는 표적 살해의 테크닉에 관한 정책 문제들을 고찰하기 위해 창립되었다. 위원회의 구성원에는 다양한 전문적 지식을 갖춘 남성과 여성들이 포함되어 있었다. 그들 가운데는 텔아비브 대학의 저명한 철학과 교수, 바르 일란 대학의 유명한 국제법과 인권법 교수, 이스라엘 방위군IDF의 몇몇 법조인들, 육군 대학 총장이었던 장군, 가자 지구의 선제적 표적 공격 정책의 실행을 맡았던 몇몇 지휘관들이 있었다. 간혹은 확률론 분야의 전문가인 수학자들이 회의에 참여했다. 이들은 가능성이 있는 다양한 시나리오들을 검토했는데, 그중 일부는 사실적이었고 다른 것들은 가상적이었다. 그들은 정책 선택을 의논했는데, 전형적인 사례들과 그리 전형적이지 않는 사례들을 함께 토의했다.

가장 단순한 사례로 자살 폭탄 테러리스트가 혼자서 시한폭탄이 장착된 벨트를 자신의 허리에 둘러매고 민간인 밀집 지역으로 향하는 것을 생각해볼 수 있다. 그가 목표 대상에 도달하기 이전에 멈추게 하지 못하면, 그는 군중들 속에서 폭탄을 터뜨려 수많은 사람들이 죽고 부상을 당하게 될 것이 확실하다. 그는 목표 대상을 향해 차를 몰아간다. 그는 30분 이내에 교통이 혼잡한 인구 밀집 지역에 도착할 것이다.[59] 이제 공중에서 미사일을 발사해 그의 차를 폭파시킬 것인지를 결정해야 한다. 그를 다른 방법으로 중단시키려고(이를테면 체포를 한다고 치자) 애쓰면 체포하려는 아군이 위험에 처할 것이고, 어쨌든 그는 죽게 될 것이 거의 확실하다. 체포 시 그가 무장을 해제하기

보다는 폭탄을 폭발시킬 것이기 때문이다.

이러한 상황에서 로켓 공격 명령에 어떤 반대 의견들이 있을 수 있을까? 첫째, 정보가 잘못된 것일 수도 있고, 무고한 시민들이 죽게 될 수도 있다. 심지어 전형적인 정당방위 사례들에도 실수는 언제나 있을 수 있다. 이를테면 총을 들고 당신을 향해 다가오는 자가 배우일 수도 있다. 어쩌면 그 총에는 총탄이 장착되지 않았을 수도 있다. 또는 그는 총을 발사하지 않기로 결심할 수도 있고 발사하더라도 명중하지 못할 수도 있다. 이 가능성에 대한 전형적인 응답은 음성 오류 오차의 가능성을 양성 오류 오차의 가능성에 견주어보는 것이다. 이 상황에서 취해진 방어 행위가 정당해 보였다면, 만약 정당방위를 주장하는 사람이 임박한 위해를 염려한 것이 온당했고 그것을 피할 적당한 다른 방법이 없었다면, 비록 그의 오해였음이 밝혀지더라도 정당방위 주장이 받아들여질 것이다. 만일 그 습격 혐의자에게 죄가 있다면, 만일 그가 실제로 그 희생자로 알려진 자를 해칠 의도가 있었다면, 사회는 음성 오류 오차(실수로 습격자로 하여금 희생자에게 해를 끼치게 하는 것)보다는 양성 오류 오차(실수로 습격자를 죽이는 것)를 선호한다. 습격자에게 죄가 없다는 사실이 밝혀지더라도(예를 들어 그가 살인자 역할을 하고 있던 배우였다고 하더라도) 만일 그 상황에서 그렇게 행동하는 것이 정당했다면 우리는 그 실수를 용서한다. 왜냐하면 우리는 정당하게 인지된 위험에 맞서 자신의 생명을 지키려는 인간의 권리를 인정하기 때문이다(두 명의 죄 없는 사람이 있는데 그중 한 명이 무심코 죄 있는 사람처럼 보이는 상황에서 우리가 실제로 양성 오류를 음성 오류 오차보다 선호한다고 말할 수는 없지만).

정당방위는 다음과 같은 가상의 상황에서 설명되듯이 죽음의 위험이 확실하지 않더라도 적절시된다. 한 습격자가 당신의 머리에 6연발 권총을 겨눈다. 그는 지금 자신의 실린더에는 탄알이 단 한 발밖에 없으며, 당신과 러시안 룰렛을 할 것이라고 말한다. 만약 총알이 발사되면 당신은 죽는다. 하지만 그렇지 않으면 당신은 자유를 얻게 된다. 당신은 그의 말이 진심이라고 믿는다. (아마 당신은 그가 이 위험한 게임을 다른 사람들과 하는 것을 본 적이 있다.) 당신이 죽음에 노출될 확률은 거의 17퍼센트다. 이때 그를 막을 수 있는 유일한 방법이 그를 죽이는 것이라면 분명히 당신에게는 그를 죽일 권리가 있다.

법은 무력 충돌의 경우에 더 필살의 공격을 지지한다. 전시법에서는 상대방이 비전투원과 구분되는 전투원인지 아닌지를 결론지을 수 있는 정당한 근거만 있으면 된다. 전통적인 전쟁에서는 제복을 입은 군인을 전투원으로 정의한다. 일반적으로 인정된 전시법에서는 전투원으로서의 상대방의 지위가 온당하게 확인되면 그를 잠자고 있을 때라도, 그리고 군대 내에서의 그의 임무에 관계없이 살해할 수 있었다.[60] 이것은 특히 극단적인 사례들에서는 매우 비도덕적으로 보일 것이다. 만일 A라는 국가의 군인들이 B라는 국가의 무장하지 않은 채 잠자고 있는 취사병들에게 접근한다면, 현존하는 법에서는 A국 군인들은 B국 취사병들을 항복할 기회도 주지 않은 채 살해할 수 있다. 어떤 군대도 실제로 이런 행동을 취하지는 않을 것이다. 하지만 전통적인 전시법은 전투원과 비전투원 간에 명확한 경계선과 확실한 구분을 둔다.

그런데 테러리즘의 경우에는 이 경계선들이 흐릿해진다. 폭탄을 자신의 허리에 두른 채 도시를 향하는 자살 폭탄 테러리스트는 어떠한 논리적인 기준으로 보아도 분명히 전투원으로 보아야 한다. 그는 임박하고 치명적인 행동에 가담할 의도로 무장을 한다. 그가 표적으로 삼고자 한 사람들은 전투원들이 아니다. 그렇다고해서 그가 단순한 개별적 범죄자는 아니다. 그는 직무상 범죄자 패거리라기보다는 군인에 더 가까운 준군대, 준군사 조직 또는 폭동 단체의 일원이다. 그는 군사 충돌에 가담한 불법적인 전투원인데, 군사 충돌 상황에서는 임박성이나 체포와 같은 다른 선택의 여지가 없었을 것을 요구하지 않는다. 앞으로 다루어지겠지만 선제적 정당방위는 대개 일반적 상황보다는 군사적 상황에서 더 용인된다. 선제공격을 절대로 허용해서는 안 된다는 절대론자들(또는 선제공격을 행하는 국가들을 상대로 정치적인 도끼를 가는 일부 도덕주의자들)만이 이 시한폭탄 테러리스트의 차를 폭파하는 것이 전시법이나 인권법 위반, 또는 도덕성 위반이라고 주장할 것이다. 이성적인 사람들은 "그런 행위는 더 많은 테러리즘을 조장할 뿐이다"라든가, "그것은 폭력의 순환에 기여할 뿐이다"라는 주장과 함께 정책적 고려들과 연관지어 이 행위에 반대 의견을 제기한다. 하지만 바꾸어 생각하면 한 명 이상의 무고한 시민들이 죽을 가능성을 막기 위해 테러 가능성이 있는 한 사람의 목숨을 빼앗는 것은 좋은 정책이라고 주장할 수도 있다. 민주주의에서는 이런 결정들이 합법적이고 정당하다면 당연히 정부가 결정을 내린다. 거의 모든 민주주의에서는 시민들에 대한 테러 공격의 가능성보다는 예방 차원에서 테러 가능성이 있는 자를 살해하는 것을 선택할 것이다.[61] 어떤 이성적인 도덕주의자들도 마찬가지 의견일 것이다.

이 첫 번째 사례는 상대적으로 단순하며 이스라엘군은 이미 이런 일을 수차례 겪었다(차 트렁크 안에 설치된 폭발물을 포함해).[62] 하지만 이것이 이스라엘이 직면한 어려운 상황들의 전형적인 모습은 아니며 더 복잡한 사례들은 또 다른 형태를 보인다. 2002년에 이스라엘 정부에 일어났던 다음의 사례를 고려해보라. 이스라엘 정보기관에 의하면 하마스의 군사분과 지휘자인 살라 셰하다Salah Shehada가 '규모와 범위에서 사상 유례가 없을 정도'인 다른 공격들을 계획하고 있었다고 한다.[63] 그는 수많은 자살 폭탄 테러들을 계획하고 지휘했던 사람으로, 그 계획에는 최소한 다음과 같은 내용들이 포함되어 있었다. "최근 건설된 구시 카티프 다리Gush Katif bridge를 폭파하기 위해 600킬로그램의 폭발물을 실은 트럭을 준비하는 것(그곳은 수백 명의 이스라엘인들이 매일 자신들이 사는 지역에서 오가며 이용하는 유일한 경로이다), 최근 그곳에서 행해지는 축하 행사 동안 공격을 수행해 구시 카티프 지역 사회 주민들을 대량 학살하는 것, 자살 폭탄 테러리스트들을 이스라엘에 잠입시켜 비어셰다의 인구 밀집 지역에 수많은 폭탄 공격을 계획하는 것, 이스라엘 감옥에 수감되어 있는 팔레스타인 사람들의 석방을 얻어내기 위해 군인들과 민간인들을 납치하는 것, 그리고 폭발물을 실을 보트를 준비한 후 구시 카티프 지역 사회의 주민들이 즐겨 찾는 해변 중 한 곳에서 폭발시키는 일을 계획하는 것"들이 주요 골자였다.

그는 또한 이스라엘의 표적들에 대한 자살 공격을 수행하기 위해 살인 무기로 무장한 팔레스타인 어린이들을 이용하고 있었다. 이런 정보는 가자 지구의 하마스와 관련되어 있던 팔레스타인 사람들로부터 수집했는데, 그들은 셰하다의 명령을 수행했던 사람들이었다.[64] 그 대규모의 공격 중 최소한 한 가지가 임박했다고 여겨졌다. 이스라엘 대변인은 그를 최후의 시한폭탄이라고 지목했다.[65] '우리는 단지 복수를 하거나 처벌을 하기 위해 그를 표적으로 삼지 않았다. 우리는 선제적 작전으로서 그것을 시행했다. …… 그는 오늘 밤 가자 지구에서 대학살을 자행하기 위해 사람들을 파견하려고 계획했다.[66] 그를 체포한다는 것은 불가능했다. 그럴 수 있었다면 당연히 그 길을 선택했을 것이다." "최선의 방법은 테러리스트를 체포하는 것이다. 그로부터 정보를 얻어낼 수 있기 때문이다"라고 총리의 사무실 관리가 말했다. "두 번째 선택은 그를 죽이는 것인데, 테러 공격 사후에 반응하는 것보다는 그것을 예방하는 것이 낫기 때문이다."[67]

셰하다를 살해한다면 당연히 장래에 계획된 공격을 좌절시킬 수 있을 것이라고 믿었다. 따라서 이스라엘 정부는 다른 비전투원들에 대한 과도한 위험 없이 그를 살해할 수 있다면 그가 첫 번째 사례의 원칙들에 적절한 표적이라고 결정했다. 문제는 그가 끊임없이 일부러 이쪽저쪽 인구 밀집 지역에 있는 은신처로 옮겨 다니며 거주지를 옮긴다는 사실이었다. 그는 그곳으로부터 계속해서 수행되어야 할 공격 명령을 내렸다.[68] 그는 종종 아내와 함께 여행을 하기도 하고 잠을 자기도 했다. 그리고 아내는 그의 활동에 대해 숙지하고 있었고 아마 그를 지지했겠지만, 그녀는 '무관한 사람'으로 간주되었다. 군 사령관들은 그가 아내와 단 둘이 있을 때 그를 로켓으로 공격할 수 있도록 정부로부터 허락을 구했다. 그들은 그가 한 사람의 비전투원을 죽이는 것을 정당화할 만큼 충분히 중요한 군사 표적이라고 주장했다. 특히 그 특정한 비전투원은 전투원인 남편이 자신을 '인간 방패'로 사용되는 것을 허락할 만큼 '순수하게 무고한 사람'과는 매우 거리가 멀었기 때문이다. 이스라엘 정부는 수차례의 토론 끝에 다음과 같은 결정을 내렸다. 그가 혼자 있을 때가 없는 것이 확실하고 비전투원들 간에 다른 사상자가 발생할 것 같지 않을 때만 그러한 공격을 할 수 있다는 것이었다. 그들이 궁극적으로 셰하다를 공격하기 3일 전에도 기회가 있었지만 그가 가족들과 함께 있었기 때문에 공격을 연기해야 했다.[69] 이스라엘군이 마침내 그를 공격했을 때, 그들은 민간인들이 근처에 있다는 사실을 알아채지 못했다. 로켓 공격으로 그 테러리스트 지휘자와 그의 부관뿐만 아니라 그의 아내, 그의 열네 살짜리 딸, 두 명의 다른 친척들, 그리고 몇몇 이웃들이 희생되었다. 분명히 정보가 잘못되어 과도한 숫자의 민간인 사망자가 발생했고, 이스라엘 미디어와 국민들의 반응은 그 행동에 대해 매우 비판적이었다. "우리는 이렇게 많은 민간인 사망자를 초래할 생각이 아니었다." 이스라엘의 군사 관리가 이렇게 말한 것이 보도되었다. "만약 이런 결과가 초래되리라는 것을 알았더라면 우리는 오늘 이런 행동을 취하지 않았을 것이다."[70] 당시 '온건 평화파'인 메레츠당Meretz Party 의장이었던 요시 사리드Yossi Sarid, 1940~는 그 암살이 정당하지만 타이밍이 적절하지 못했고, 암살 방법이 잘못되었다고 지적하며 그것은 일종의 테러 행위였다고 언급했다.[71]

하지만 만일 그가 바로 그날 밤 대규모의 공격을 계획하고 있었다는 정보가 확실하다면, 공격을 연기함으로써 선제적 살해에 의해 목숨을 잃은 무고한 팔레스타인인들보다 더 많은 이스라엘 국민들의 생명을 희생해야 할 수도 있었다. 이런 것이 의도적으로 자신들의 민간인들 사이에 숨은 시한폭탄 테러리스트가 야기한 비극적 선택의 유형이다.

테러리스트 용의자를 표적으로 삼는 행위의 또 다른 형태는 테러리스트 단체들의 종교적, 또는 정치적 지도자들을 표적으로 삼는 것이다. 2004년, 이스라엘은 두 명의 하마스 지도자들을 재빠르게 연속으로 살해했다. 그중 한명은 아메드 야신Sheikh Ahmed Yassin, 1938~2004이었고 다른 한 명은 압델 아지즈 알란티시Abdel Aziz Al-Rantissi, 1947~2004 박사였다. 두 사람 모두 최소한의 '부수적 피해'를 수반하며 살해되었지만, 그들을 표적으로 삼은 것에 대해서는 논란이 많았고 많은 비난을 받았다. 나는 이 표적 살해들에 대해 이스라엘의 행동을 미국과 영국의 행동과 비교하면서 다음과 같은 내용의 소논문을 썼다.

미군은 최근 매우 구체적인 군사 명령을 받았다. 이라크의 미군 총사령관인 리카르도 산체스Ricardo Sanchez, 1953~에 따르면 그 임무는 급진주의자 무크타다 알사드르Muqtada al-Sadr, 1974~를 살해하는 것이다.

알사드르를 표적으로 삼아 사법 관할권 밖에서 살해하라는 이 명령은 전시법하에서 완전히 적법하고 합법적이었다. 알사드르는 전투원이고, 진행 중인 전쟁에서 전투원이 먼저 항복하지 않는다면 그를 살해하는 것은 타당한 일이다. 그가 취사병인지 폭탄 제작자인지, 병사인지 장군인지는 문제가 되지 않는다. 그가 군복을 입었는지, 카피에아랍 남성의 두건-옮긴이를 둘렀는지 또한 문제되지 않는다. 그가 명령 체계의 일원이기만 하면 그는 그가 살해될 당시 전투에 참가하고 있는지, 잠이 들어 있는지와 상관없이 적절한 표적이다. 물론 그의 죽음은 사법 관할 밖의 일일 것이다. 전투원들에 대한 군사 공격에는 배심원 재판이나 사법상 영장이 뒤따르지 않는다.

알사드르는 전투원에 대해서 어떠한 정의를 내리더라도 정확히 전투원에 해당한다. 그는 외국과 이라크의 민간인들뿐만 아니라 미국과 연합군에 전쟁을 선포한 민병대를 이끌었다. 그는 명령 체계의 수장이며, 살해의 결정권을 쥐었다. 그를 비전투원들에 대한 불균형적인 위해 없이 살해할 수 있다면, 그는 오사마 빈라덴Osama bin Laden, 1957~과 모하메드 오마르Mohammed Omar, 1959~처럼 적절한 군사 목표 대상인 것이다.

만일 미군이 그를 생포할 수 있다면 그렇게 하는 것도 허용되지만, (전시법하에서) 알사드르의 생포하기 위해 자국 군인들의 목숨을 위태롭게 할 필요는 없다. 실제로 알사드르가 항복하려고 하지 않으면 미군이 그를 생포하지 않고 죽이는 것은 완전히 합법적이다(이 방법이 전술적으로 유리하다고 결정되면).

미국 사령관들은 살해와 함께 생포를 하나의 옵션으로 언급했지만, 사실 그를 생포하는 것을 선호하지는 않을 것이다. 그를 수감하면 그와 인질들을 맞바꾸고자 하는 의도로 더 많은 인질극들이 활기를 띠게 될 것이 예상되기 때문이다. 알사드르를 살해하거나 생포하라는 지시는 "그가 먼저 항복하지 않으면 살해하라"는 뜻의 완곡한 표현일 것이다(사담 후세인이 그러했듯이).

세계는 빈라덴과 모하메드 오마르를 살해하고자 하는 미국의 뒤늦은 결정을 수용하는 바와 마찬가지로 알사드르를 표적 살해하라는 미국의 결정을 이해하고 받아들이는 듯싶다. 테러리스트 지도자들을 적절한 사법 절차 없이 살해하고자 하는 미국의 정책에 대해서는 국제적인 비난이 거의 없었다. 오히려 빈라덴과 모하메드 오마르를 9·11 이전에 살해하지 못했다는 것에 대해 주된 비난이 쏟아졌다.[72]

그렇다면 전 하마스 지도자인 야신, 란티시 등과 같은 테러리스트 지도자들을 표적으로 하는 이스라엘의 결정에 대해서는 세계가 매우 다른 반응을 보이는 것에 대해서는 어떻게 설명할 수 있을까? 분명히 야신과 란티시, 그리고 알사드르와 빈라덴 사이에는 어떠한 법적, 도덕적 차이도 없다. 야신과 란티시 둘 다 이스라엘 시민들에 대한 테러 공격을 직접 명령했으며, 사전에 승인한 것은 물론이거니와 그러한 공격이 성공했을 때 그 행위를 칭송했다.

그들 각각은 수백 명의 민간인의 희생에 대해 책임이 있었고, 그들이 시기적절하게 살해될 당시에도 더 많은 테러 공격을 계획하고 있었다. 그들도 알사드르처럼 테러리스트 지휘관들이었다. 그들은 통상적으로 그리고 불법적으로 민간인들을 방패막이로 활용해 숨어 지냈음에도 불구하고 민간인 희생자를 최소화하는 방식으로 둘 다 군 경호원들과 함께 살해되었다. 이스라엘은 그들과 그들을 수행하는 경호원들이 민간인들로부터 분리될 때를 기다려 성공적으로 표적 공격을 감행했다. 그들은 목숨을 바쳐 싸우기로 맹세했기 때문에 그들을 생포할 만한 현실적인 가능성은 없었으며, 숨어든 민간인 사이에서 그들을 적출해내고자 하는 어떠한 시도든 수많은 민간인 희생자를 낳았을 것이다(이스라엘은 지상에 많은 자국의 군대를 두고 있는 웨스트뱅크에서는 테러리스트 지휘관을 체포하고자 하는 반면, 훨씬 적은 군대를 두고 있는 가자 지구에서는 표적 살해를 수행한다).

이성적인 사람이라면 야신, 란티시, 빈라덴, 또는 여타의 테러리스트를 표적 살해하는 결정에 대해서 전술적으로 현명한지 그렇지 않은지, 또는 그것이 민간인에 대한 위험을 감소시킬지 증가시킬지에 대해 다양한 의견을 가질 수는 있다. 그러나 이러한 전투원들, 즉 테러리스트 지휘관들을 표적 살해하고자 하는 결정이 전시법 또는 국제법에 미루어볼 때 불법이라고 주장하는 어떠한 합리적인 논쟁도 있을 수 없다.

영국 외무장관 잭 스트로Jack Straw, 1946~는 야신과 란티시를 살해한 사례를 구체적으로 지목하면서 이러한 표적 암살은 국제법을 위반한 불법 행위라고 주장했다. 하지만 그의 주장은 틀렸다. 영국 정부가 자국의 이익을 위협하는 테러리스트 지도자들에 대한 살해를 승인해 왔기 때문이다.

나는 스트로로 하여금 이스라엘이 야신과 란티시를 암살한 것과 연합군이 알사드르, 사담 후세인과 그 아들들, 오사마 빈라덴과 모하메드 오마르를 표적으로 하는 것에 무슨 차이가 있는지를 구별해서 설명해보라고 묻고 싶다.

그는 그 차이점을 설명할 수 없을 것이다. 하마스가 군사분과와 정치(또는 종교)분과로 분리된다는 주장은 야신과 란티시가 둘 다 하마스의 군사분과에 테러 행위에 가담하도록 명령했고 구체적인 살해 행위를 사전에 승인했다는 사실에 의해 확신할 수 있다. 만약 스트로가 이러한 상황을 이해할 수 없다면 그는 알사드르에 대한 미국의 살해 정책에도 반대해야 한다. 만약 영국군이 알사드르 또는 빈라덴을 눈앞에 두고 있다면 스트로가 방아쇠를 당기는 것을 불법이라고 말했기 때문에 사격을 중지해야 하는 것일까?

미국과 영국의 군인들은 같은 행동 규칙에 따라 작전을 수행하게 되어 있으므로 우리는 이러한 질문에 대한 대답을 들을 권리가 있다. 그렇지 않다면 스트로는 그가 그의 조국과 군사 동맹국들에게 적용하는 것과는 다른 원칙을 이스라엘에 적용하는 것이라고 말할 수 있다. 국제 사회가 강대국들보다 유독 이스라엘에 대해서 계속 상이하고 더 까다로운 기준을 적용한다면 신용을 유지할 수 없을 것이다.[73]

표적 살해에 대한 토론은 이후로도 계속된다. 테러리스트 용의자에 대한 표적 살해 문제는 이스라엘 법 체계의 전형적인 현상대로(미국의 시스템과는 달리), 수많은 이견이 분분한 사안들처럼 이스라엘 인권단체들에 의해 재판에 회부되었다.[74] 그 사건은 이스라엘이 팔레스타인과의 정전 명령의 일환으로 표적 살해를 중지하기로 결정했을 때 널리 알려졌다. 그리고 지금 그 사건은 보류 상태에 있지만 논란(이스라엘 내부와 세계의 나머지 곳곳에서)은 계속된다. 러시아는 2004년 9월 베슬란 학교에서의 인질극과 사망 사건에 뒤이어 차후 체첸공화국의 테러리스트들을 향해 그들의 지도자들과 사령관들의 표적 살해를 포함한 선제적 행동에 가담하겠노라고 발표했다. 2004년 미국 대통령 선거에서 두 후보 모두는 미국을 위협하는 오사마 빈라덴과 다른 테러리스트들을 살해하겠다고 선언했다.

2004년 10월, 영국 의학저널 《랜싯Lancet》이 발간된 후에 논쟁이 터져 나왔다. 거기에는 미국의 이라크 침공으로 대략 10만 명의 이라크 민간인들이 죽었다는 기사가 개제되었다. 이 숫자들이 뜨겁게 논쟁이 되었지만 실제 사망자 숫자는 절대로 알 수 없을 것이다.[75] '이라크 바디 카운트Iraq Body Count'라고 불리는 조직에서는 2005년 11월 28일 현재 민간인 사망자 수가 27,115명에서 30,559명 사이라고 했다. 미국과 영국의 폭격과 다른 군사 행동으로 수많은 부수적 죽음이 뒤따랐다는 점에는 논쟁의 여지가 없다(이스라엘의 표적 살해 정책에 의해 야기된 사망자 숫자보다 훨씬 많았다). 일부 연합 폭격 작전들은 정확하게 조준이 되었으나 몇몇 경우에는 별로 그렇지 못했다. 이 문제는 표적 살해가 절대로 허용되어서는 안 되는가 하는 점에 짜 맞추어져서는 안 되고(분명히 어떤 상황에서는 허용해야 한다), 예방적 정당방위라는 이러한 사법권 밖의 조치들을 적용하는 적절한 기준의 관점에서 보아야 할 것이다. 또한 이용 가능한 대체 방법에 관련해 짜 맞추어야 할 것이다.

하버드 로스쿨의 필립 헤이만Philip Heymann, 1932~ 교수의 지도를 받은 어느 단체가 2004년 11월에 발행한 보고서는 실제의 임박한 위협을 가하는 테러리스트들의 표적 살해는 구체적이고 엄격한 기준과 절차가 충족된 법률의 위임을 받아야 한다고 제의했다. 그 보고서는 이렇게 결론지었다.

> 알려진 테러리스트에 대한 표적 살해는 적군의 표적을 명중시키는 유일하게 정당하고 효과적인 방법으로서 미국 내에서 실제로 용인되는 옵션이 되고 있다. 테러리스트에 대한 표적 살해는 계획된 공격을 예방

할 수 있고, 테러리스트 단체나 그들에게 합류하고 싶어 할 수도 있는 개인들에게 억제책으로서 역할을 할 수 있다. 표적 살해는 또한 어떤 상황에서는 내부적으로 사기를 증진시킬 수도 있는데, 그것이 특정한 테러리스트 적군에 대한 진보를 보여주기 때문이다. 오사마 빈라덴의 죽음이 알려진다면 미국의 안보 측면에서 그 영향력을 쉽사리 상상할 수 있다. 여전히 그것의 가장 기본적인 목적은 추후의 공격을 멈추는 것이다. 테러리스트 단체의 지도자나 중요한 구성원에 대한 표적 살해는 일시적으로 그 조직을 무력화하고 최소한 테러리스트 활동을 지연시킬 것이다. 다른 이용 가능한 선택권들이 주어진다면, 목숨과 경제적인 관점에서 볼 때 적국에서 은신처를 제공받는 테러리스트를 죽이는 것이 그 나라를 침공하는 것보다 훨씬 희생이 덜할 것이다. 위협이 임박한 곳에서의 표적 살해로(재판을 위한 광범위한 증거 수집이나 전면전의 준비가 필요 없는) 필요한 시간을 벌 수도 있다.[76]

보고서는 다시 '위선자의 방법'을 표현하는 현존하는 집행 명령이 누구든 '미국을 대표해' 행동하는 자는 어떠한 암살에도 가담해서는 안 된다는, 절대적인 금지를 강제한다는 사실을 인정했다. 이러한 서면상의 금지에도 미국은 오사마 빈라덴과 몇몇 다른 테러리스트 지도자들의 암살을 계획했다. 미국은 실제로 차를 폭격해 테러리스트 알하리티Abu Ali al-Harithi, ?~2002를 암살했는데, 그 차 안에는 한 명의 미국 시민권자를 포함한 다섯 명이 타고 있었다. 그 보고서에 따르면 현재의 집행 명령에서는 기본적으로 일관된 기준이라고는 찾아볼 수 없다.[77]

따라서 그 보고서는 표적 살해를 위한 '세 가지 테스트'를 제안한다. 첫째로 '필요할 것', 이는 다른 정당한 대체 수단이 없으며, 그 표적 살해가 마지막으로 의지할 수 있는 방법이어야 한다는 것을 의미한다. 둘째로 '임박성이 타당할 것', 대체 수단(생포, 체포 기타 등)의 개발이 진정 임박하게 위협적이고 치명적인 공격을 당할 가능성을 배제하지 않을 것, 또는 미국이나 연합군에게 상당히 위험스러워야 한다는 것을 의미한다. 그리고 마지막으로 '예방적'이 되기 위해서는 이러한 기준들에서 표적 살해를 이전의 악한 행위에 대한 앙갚음이라기보다는 오직 장래의 목적으로만 이용해야 한다는 것이다.[78]

이런 기준들은 대체로 사리에 맞기는 하지만 다양한 수위의 책임감을 가진 정책 결정자들의 책임에 초점을 맞추기 위해 요구되는 구체성이 결여되어 있다. 나는 이 책의 7장에서 이러한 구체성에 대해 제안하려 한다.[79]

2005년 1월 25일, 이스라엘은 휴전 협정 또는 정전 명령의 일환으로 팔레스타인 테러리스트들에 대한 표적 살해를 중단하겠노라고 공포했다.[80] 하마스도 그에 대해 이스라엘 시민들에 대한 공격을 중지하기로 동의했다. 양측은 다른 한쪽에서 그 협정을 지키지 않으면 공격을 다시 재개할 권리를 가지고 있었다. 2005년 9월 말 이스라엘이 가자 지구에서 철수한 후, 하마스는 스데롯 마을을 향해 로켓 공격을 감행했고 몇몇 부상자가 발생했다. 그에 대한 반격으로 이스라엘은 가자에서 하마스에 대한 공습에 착수했다. 곧 뒤이어 하마스는 자신들이 로켓 공격을 중단한다고 (최소한 당분간) 공포했다. 2005년 11월 14일 하마스는 이스라엘군이 하마스 사령관을 급습해 총살한 이후, 이스라엘에 대한 테러 공격을 재개하겠다고 협박했다.

생화학 공격에 대한 선제공격과 예방

2005년 1월, 미국 중앙정보부CIA와 관련된 싱크탱크가 미국은 향후 15년 어느 시점엔가 생화학 테러 공격을 당할 '가능성'이 있다고 예견하는 보고가 있었다. "바이오 테러리즘은 …… 특히 더 작고 정보가 풍부한 단체들에 적합해 보인다. 실제로 바이오 테러리스트들의 실험실은 어쩌면 가정집 주방만 하고 그곳에 설치된 무기는 토스트기보다 작을 수도 있다. 따라서 테러리스트들이 생물학적 병원균을 이용할 가능성이 있고 그 선택의 범위는 늘어날 것이다. 탄저균anthrax, 천연두, 그리고 다른 질병들은 으레 인식에 이르기까지 시간이 걸리기 때문에 '악몽의 시나리오'하에서는 당국에서 그것을 알아채기 전에 공격이 진행 중일 수도 있다."[81]

미 국방부의 컨설턴트로 근무했던 한 바이오 테러리즘 전문가는 "생물학적 병원균들이 핵무기보다도 훨씬 더 생명에 위협을 가할 잠재력이 있음에도 불구하고 우리는 이 위협을 예방하거나 통제할 준비가 되어 있지 않다"고 경고했다. 그렇다고 미국의 세분화되고 중압감에 시달리는 건강 관리 시스템이 생물학적 공격에 대비가 되어 있는 것도 아닌데, 이는 생물학적 공격이 어떠한 적절한 반응을 보이기에 구조적으로 적당하지 않기 때문이다.[82] 《뉴욕타임스》 2005년 11월 14일자에 특필된 기사에 따르면, 국가재난대비센터의 센터장인 어윈 레드레너Irwin Redlener, 1944~ 박사는 "9·11 테러 이후 4년이 지났건만 우리는 한 국가로서 주요 대재난 사건을 다룰 준비가 되어 있지 않다. 이것은 매우 이례적이며 이해할 수 없는 일이다"라는 사실을 인정했다. 2005년 9월의 허리케인 카트리나에 대한 부적절한 대응으로 이러한 걱정들이 확인되었다.[83] 2005년 11월 1일, 부시 전 대통령은 조류독감의 유행 가능성에 대비한 71억 달러 규모의 예산 계획을 공포했다. 그 질병으로 16개국에서 62명의 사망자가 발생한 이후의 일이었다. 대통령이 말했다. "미국은 조류 독감의 위험성에 대해 상당한 경고를 받았습니다. …… 그리고 준비할 시간도 주어졌습니다. …… 이제 미국인들을 보호하기 위한 조치를 취하는 것이 저의 책임입니다." 하지만 생물학적 공격에 대해서는 아무런 경고도 받지 못할 수도 있다.

적국이나 테러리스트 단체로부터의 생화학 공격을 예견하는 전술은 어떤 면에서는 다른 대량 살상 무기나 재래식 대량 살상 공격들에 대한 것과 같다. 즉 효과적으로 정보를 수집하고, 무기를 개발, 배치, 운반할 수 있는 능력에 대해서 예방적 파괴를 시행하고, 대규모의 복수 위협으로 억제를 할 수 있다. 그리고 그 외에도 다른 외교적, 경제적, 정치적, 군사적 옵션들이 있다. 하지만 또한 중요한 차이점들이 있다. 최소한 일부 생화학 무기들의 위협에 대해서는 그것을 중화하거나 약화시킬 수 있는 조치들을 취할 수가 있다. 이러한 조치들에는 생화학 공격을 시도하는 자들이 얻고자 하는 피해의 상당 부분을 예방할 수 있는 광범위한 예방 접종 프로그램이 포함된다. 우리가 살펴보게 될, 역시 예방적인 구성 요소들을 가지고 있는 좀 더 민감한 조치들은 즉각적이고 효과적인 첫 대응을 위한 계획과 절차들을 발전시키는 데 초점을 둔다. 여기에는 치명적인 화학 물질로부터 보호하기 위한 방독면과 외부와 완전히 차단된 방들을 이용하는 것, 전염병의 전파를 멈추기 위한 계획된 격리 프로그램을 시행하는 것, 병균이나 화학 무기들의 영향을 최소화하기 위해 약학적으로 대응하는 것, 신체의 유독물질을 제거할 수 있는 광범위한 해독 시설을 이용하는 것, 그리고 다른 공중위생과 전통적인 의학적, 약학적 대응들을 결합하는 것이 포함된다.

이러한 조치들 중 신체 해독 시설의 설치 같은 일부 조치들은 최소한 인간의 생명이라는 관점에서 보면 비교적 쉬운 셈이다. 단순히 돈으로 해결할 수 있는 문제이기 때문이다. 이스라엘은 벌써 화학적 공습의 경우에 대비해서 강력한 세척 샤워 시설을 포함한 각종 시설들을 설치하기 시작했다.[84] 뉴욕 시는 문제점들이 발생하기 전에 그것들을 찾아내기 위해 광범위한 감시 시스템을 설치했다.[85] 이러한 문제점들에는 화학적 공습이 포함된다. 생태 감시 시스템이 생물학적 위험들을 나타낸다. 탄저균이 공기 중으로 퍼지면 그것의 이동 가능 경로를 결정하기 위해 바람의 패턴들이 체크된다. 한 전문가는 최근 "탄저균을 도시의 옥외에서 퍼뜨리는 것은 전혀 어려운 일이 아니다"라는 결론을 내렸다.[86] 테러 공격 이후 널리 보편화되어 있는 주사나 알약을 사용하는 등의 조치들은 죽음을 포함한 다소 심각한 부작용을 낳을 수 있다. 심지어 방독면도 적절치 못하게 사용되면 생명에 위해를 초래할 수 있다. 1차 걸프전 기간에 이라크의 스커드 미사일이 이스라엘 도시에 빗발치듯 쏟아져 내렸을 때 미사일에 화학 탄두가 장착되었을 것을 우려한 몇몇 사람들이 방독면을 썼다가 사망했다. 스커드 미사일이 재래식 폭발물만을 장착하고 있었고 예방 조치가 필요 없는 것으로 밝혀졌지만, 미사일로 인해 사망한 이스라엘인보다 방독면으로 인해 사망한 이스라엘인들이 더 많았다.[87]

하지만 만약 생화학 공격이 확실시된다면 주사, 알약, 또는 다른 조치들로 인해 구제된 사람들이 의약품 자체로 인해 사망한 사람들보다 훨씬 많을 것이기 때문에, 그때는 의약적인 대처로 인한 이익이 비용을 훨씬 능가한다.

하지만 생화학 공격을 예상해 널리 보편화되고 일반화된 접종 프로그램을 시행하는 것에 대해서는 반드시 똑같다고 말할 수는 없다. 만약 공격이 비교적 확실하고 임박했다면, 그리고 접종이 매우 효과적이라면 그 이익이 비용을 초과할 것이다. 그러나 공격이 불확실하고 시간적으로 여유가 있다면 접종으로 인해 불가피하게 사망할 사람들의 숫자가 실제로 발생하지 않을 가능성에 의해 도외시된 공격의 위험을 훨씬 초과할지도 모른다.

무시무시한 천연두의 무기화라는 관점에서 비용과 이익을 계산하는 데 훨씬 더 유용한 생각이 있었다.[88] DNA 분자를 조합하는 데 있어서 최근의 과학적 진보는 천연두 바이러스 게놈을 만들어[89] 무기화하는 데 사용될 가능성을 훨씬 높였다. 그러나 미국의 적대 세력 중 누가 실제로 천연두 바이러스에 접근이 가능하고 그것을 무기화할 수 있는지에 대해서는 확실치가 않다. 지금 우리가 알고 있는 것은 만약 테러리스트들이 천연두를 미국에 들여오게 되면 그 참상은 가히 재앙적일 수 있다는 것이다. 대부분의 미국인들이 현재 그 죽음의 질병에 대해 면역이 없기 때문이다. 우리는 높은 성공률로 그 위협을 중화시킬 수 있는 매우 효과적인 예방 접종이 활용 가능하다는 것을 알고 있다. 그러나 접종의 성공은 상당한 희생을 수반하게 될 것이다. 그러한 접종을 받은 사람들 중 일부의 사람들이 매우 영구적이고 치명적인 의학적 결과로 인해 고통을 받을 것이며, 심지어 그중 몇몇은 사망할 것이기 때문이다.[90]

미시간 대학교 의사 단체에 의한 최근의 보고서는 "1세부터 29세에 달하는 사람들에 대한 예방 접종 전략이 대략 1,600건의 심각한 부작용을 낳고 190명의 사망을 초래할 것으로 추정된다. 1세부터 65세에 해당하는 사람들에 대한 예방 접종은 대략 4,600건의 심각한 부작용과 285명의 사망을 초래할 것으로 추정한다"고 언급했다.[91]

천연두 공격의 위협은 소소한 것으로 간주되고 있다(예방 접종이 일반화되지 않은 상태에서 그러한 공격이 발생했을 때 그 효과가 재앙적일 것임에도 불구하고). 따라서 공중 보건과 테러 전문가들이 현재 취하고 있는 분명한 조치는 공격의 가능성이 증가하는 미래의 어느 시점에 예방 접종을 하게 될 가능성을 준비를 하는 것이다. 하지만 현재로서는 예방 접종을 일반화하는 어떠한 프로그램도 공식화되지 않았다.

인간의 생명과 건강의 희생을 수반하는 광범위한 예방 접종의 대체 방법은 접종 대상에 더 제한을 두는 것이다. 즉, 특정한 부류에 속하는 사람들, 이를테면 첫 대응자들, 군인들, 공중위생 종사자들, 격리 문제를 처리하도록 지정된 사람들에게 먼저 접종하는 방법이다. 또한 더 많은 그룹들, 즉 의료 종사자들, 특히 공격받기 쉬운 도시의 모든 주민들, 고령자나 어린아이들처럼 특별히 감염되기 쉬운 모든 사람들, 또는 심지어 예방 접종의 위험성과 이득을 받아들이기로 선택한 사람들을 포함할 수도 있다(만약 병균이 매우 전염성이 강하다면 개인적인 선택은 가능한 옵션이 아닐 수도 있지만). 이러한 그룹 각각의 위험성의 균형을 맞추기는 다소 어려울 수 있다. 하지만 이러한 각각의 범주에 가능성에 근거한 결정이 이루어져야 하며 적절한 균형이 이루어져야 한다. 이러한 균형이 입법, 사법, 행정에 의하든, 다른 기구들에 의하든, 그리고 연방의 문제든 지방의 문제든 의사 결정은 중요한 민주주의 이론의 이슈를 포함한다.

또 다른 대체 방법은 천연두의 첫 조짐이 보일 때 격리와 함께 재빠른 예방 접종을 하는 방법이 있다. 공중위생 전문가들은 천연두나 다른 전염성이 강한 위험한 질병들의 전파를 감소시키기 위한 링 전략ring strategy을 궁리했다. 과다한 예방 접종과 너무 적은 예방 접종 간에는 적절한 균형이 이루어져야 한다.[92]

예방 접종이 생물학적 공격 이전에 이루어지든지 아니면 이후에 이루어지든지, 격리를 하는 것은 전염성이 강한 질병에 대한 효과적인 대응책의 일부가 될 것이다. 하지만 미국에는 생물학적 공격에 대응하기 위해 고안된 격리에 관한 성문화된 법률이 없다. 대부분의 주 법들은 의학적으로 그리고 법적으로 시대에 뒤처진다. 그것들은 자연적 돌발 사태에 대한 대응책으로, 결핵 같은 더 이상 공중위생에 중요한 위해가 되지 않는 범주의 전염성 질병들에 대해 제정되었다.

전염성이 강하고 치명적인 바이러스가 사람들이 가득한 대형 빌딩의 공기 여과 시스템을 통해 전염된다면, 끔찍한 선택의 문제가 대두될 것이다. 그 빌딩을 봉쇄하고 빌딩 내의 모든 사람들을 최소한 그들이 테스트를 받을 때까지 격리시켜야 하는가? 만일 그렇게 하기로 한 결정이 이 위기에 최선의 공중위생 대응책이 된다 하더라도, 그런 명령을 발하고 강요할 어떤 구체적인 법률에 의한 근거도 없을 것이다. 특히 아직 감염되지는 않은 사람이, 바이러스에 노출되어 전염성이 있는 사람들과 함께 격리되어 남아야 한다면 바이러스에 노출될 것을 두려워하는 사람들에 대해서 더욱 그러하다.[93] 나는 법원이 적절한 권위자들이 선포한 비상사태와 계엄령을 인용하면서, 사실상 어떤 정당한 공중위생 명령도 인정할 것이라고 믿는다. 오래된 격언을 바꾸어 말하면 "계엄령martial law의 법law에 대한 관계는 무도martial art의 예술art에 대한 관계와 같다."[94] 그것은 본질적으로 '필요성'이라는 꼬리표가 붙은 권력의 비합법적인 단언이다. 고대의 격언 중에 "필요성은 법을 무시하게 만든다"라는 말이 있다. 하지만 법을 어기기보다는 어떤 생물학적 공격에 앞서 구체적인 격리에 관한 법을 제정하는 편이 훨씬 나을 것이다. 그러한 법률은 그와 같은 공격이 있을 경우 직면하게 될 문제점들을 다루어야 할 것이다. 격리법을 연구한 한 학자는 이렇게 결론지었다. "격리가 전염병에 대한 표준 방편이었던 시기 이후로 법과 과학 모두 바뀌었다. 현대의 상황에서 격리에 대한 법정의 주저 없는 승인은 시대에 뒤떨어진 이론적 근거를 이용할 것이다." 하지만 이것은 1985년에 에이즈AIDS가 유행하던 시기에 쓰였다. 그것은 전염병의 무기화를 고려하지 않았다. 이제 전문가들이 더 현재의 필요성에 부합하고 시민의 자유를 보호하는 방식으로 격리에 관한 법률을 다시 제정할 시기가 도래했다.[95]

더 넓은 관점에서 보면 생화학전이나 생화학 테러리즘을 다루는 현재의 법률 구조는 비참할 정도로 부적절하다. 혼란을 줄이고 법률의 역할을 유지하려면 그것은 공격이 일어나기 이전에 준비되어야 한다. 그리고 사람들에게 (예방 접종이든 격리든 또는 어떤 다른 부담이든) 희생과 위험을 수용하도록 명하는 기준이 선제적 그리고 예방적인 정부의 행위에 대한 전체적인 접근법 또는 법률 체계의 일부가 되어야 한다.

표현의 사전 구속

표현(연설, 글, 종교적 예식, 예술, 집회 등)의 자유는 역사의 도처에서 구속을 받았다. 제때에 예방되지 않으면 직·간접적으로 종교의 권위를 약화시킨다거나 정부의 전복, 강간, 심지어 대량 살육에 이르기까지 위해를 가할 것이라는 예견에 근거해서였다. 사전 구속이나 검열에 반대하는 자들은 종종 표현의 구속과 예견되는 위해 사이에 실증적인 관련이 없다고 주장한다. 예를 들어 많은 자유주의자들은 포르노가 강간 사건(또는 관련된 성범죄)을 야기한다는 증거가 없다고 지적한다.[96] 또 어떤 사람들은 비록 일부 포르노(예를 들어 폭력적인 성적 묘사)와 어떤 악행(예를 들어 강간, 희롱, 그리고 여성의 비하) 사이에 직접적이고 우발적인 관련이 있다손 치더라도, 그것을 사전 구속하거나 검열하는 데 드는 비용이 지나치게 높다고 주장한다.[97]

어떤 표현들은 특정한 종류의 악행들의 중대한 원인이 된다는 점에는 의문의 여지가 없다. 뉘른베르크 재판소가 《데어 슈튀르머Der Stürmer》1923년 창간한 반유대인 주간 신문－옮긴이에 실린 반유대주의적 비평과 유대인 대학살 사이의 관계를 알아낸 것처럼, 르완다 국제 형사 재판소는 어떤 라디오 방송과 대량 학살 사이에 직접적인 관련이 있다는 사실[98]을 알아냈다. 르완다 국제 형사 재판소는 대량 학살, 대량 학살의 공모 약속, 그리고 이른바 투치족tutsis에 대한 폭력을 선동한 범죄들에 대해 세 명의 남자에게 유죄를 선고했다. 한 명은 후투족Hutus 극단주의 이데올로기를 조장하기 위해 알티엘엠RTLM, Radio Television Libre des Mille Collines 방송국의 창설을 도운 혐의로 기소되었다. 알티엘엠이 방영한 프로그램은 이른바 인종 간 분열을 조장하고 투치족 출신에 대한 살인과 박해를 선동했다. 다른 한 명은 국영 라디오 방송에서 인종 간 혐오를 선동하고 투치족들에 대한 살해의 메시지를 방송해 기소되었고, 또 다른 한 명은 《캉그라Kangura》에 인종 간 혐오를 조장하고 투치족에 대한 대량 살육 또는 심각한 신체적·정신적 위해를 가하도록 선동하는 내용물의 발간을 동의했다고 알려졌다. 법원은 그 세 사람에게 유죄를 선고하는 데 있어서 그 사건이 뉘른베르크 이후 국제 형사법의 수위에서는 제기되지 않았던 미디어의 역할에 관해 중요한 원칙들을 세운다는 사실에 주목했다. 근본적인 인간의 가치를 창조하고 파괴하는 미디어의 힘에는 커다란 책임이 따른다. 그러한 미디어를 통제하는 사람들은 그 결과에 책임을 져야 한다. 피고인 중 두 명은 종신형을 선고받았고, 나머지 한 명은 35년형을 선고 받았다. 이후 세 사람 모두 항소했다.[99]

표현의 자유와 관련해서는 다양한 메커니즘들이 있는데 그 메커니즘들에 의해 표현과 행위 간의 관계가 작용한다. 간혹은 그것이 단순히 정보만을 전달하는데, 이 경우에는 이미 결정된 목표를 용이하게 수행하기 위한 사실을 전달한다. 예를 들어 다른 나라를 공격하고 싶어 하는 한 나라가 비밀스러운 정보를 얻는다. 그것은 공격 계획에서부터 취약 지역들, 핵무기를 생산하는 방법에 이르기까지 어떤 것이든 가능하다. 가끔은 그 정보가 주로 감정적일 때가 있다. 즉 살해를 조장하거나, 적군의 인간성을 말살하거나 종교적 살해 명령을 내릴 수 있다. 예를 들어 《데어 슈튀르머》에서 소개되었던 소재나 아랍과 이스라엘 방송국에서 흔히 보도되는 일부 연설들은 독자들이나 청취자들에게 기꺼이 살해하려는 마음을 일으켰을 수도 있다. 간혹은 여러 가지 요소들이 결합되기도 한다. 예를 들어 르완다 미디어의 경우에는 투치족 지휘자들의 소재에 관한 정확한 정보와 함께 투치족을 살해하라는 감정적 선동이 결합되었다. 그 대량 학살에 대한 몇몇 보고에 의하면 투치족을 찾아 나선 민병대의 구성원들이 바리케이드를 설치하고 자신들의 트랜지스터 라디오에 귀를 기울이는 일은 흔한 일이었다. 그 라디오에서는 청취자들의 혐오감을 부추기려고 애쓰는 메시지가 흘러나오고 있었다고 한다.[100]

미국의 헌법에 준거한 법률들은 대개 정부가 '언론'을 검열하는 것을 금하지만[101] 여기에는 항상 다양한 예외가 인정된다. 수정헌법 제1조의 비준이 있은 지 5년 이내에, 국회는 외국인에 관한 법과 난동 교사에 관한 법을 제정했다. 그 법에 의해 존 애덤스 대통령은 행정부를 비판하는 선동적인 언론을 처벌했다.

그런데 언론을 사후 처벌할 때와는 달리 사전 구속할 때는 법원의 허가가 나는 경우가 드물었다. 유명한 펜타곤 문서 사건에서, 대법원은 위험하다고 알려진 언론을 통제하는 두 가지 메커니즘을 예리하게 구분했다. "수정헌법 제1조에서 사전 구속은 현저하게 중한 정당화를 요구한다." 판사 바이런 화이트Byron White, 1917~2002가 자신의 보충 의견에 다음과 같은 내용을 제시했다. "하지만 정부가 사전 구속을 정당화하는 데 실패했다고 해서 범죄적 출판물에 대해 유죄 판결을 내릴 헌법상 권한이 규제를 받는 것은 아니다. 즉, 정부가 잘못된 선택을 했다고 해서 성공적으로 다른 방향으로 나아갈 수 없다는 뜻은 아니다."[102]

법원의 이론적 설명에 의하면, 《뉴욕타임스》나 《워싱턴포스트》 같은 저명한 신문들이 허용할 수 없는 소재를 게재하면 그 결과 법률 위반의 책임이 발간 이후에 남을 것이다. 다른 말로 바꿔 말하면 그것들을 사후에 억제할 수가 있기 때문에, 굳이 법률 위반을 막기 위해 사전 구속이라는 예외적이고 탐탁지 않게 여겨지는 메커니즘을 무리하게 적용할 이유가 없었다. 하지만 인터넷을 이용해 출판하는 사람들 중 다수는 발신인 주소와 재력을 가진 전통적인 출판업자들이 아니기 때문에 그들에게는 억제 전략이 통하지 않을 것이다. 억제나 예방 중 어느 것이 더 적절한 통제 메커니즘인지를 결정하기 위한 목적으로 이런 '무책임한 출판업자들'은 억제할 수 없는 테러리스트들과 비교되었다.

법률집행협회의 2002년 정보통신법 학회에서 토론자들은 점점 인터넷을 통한 통신의 접근이 쉬워지면서 새로운 문제들이 생겨난다는 사실을 발견했다. 따라서 그들은 언론의 구속을 허용하는 최근 법원의 결정들과 자신들의 사전 억제주의에 대한 관념을 융화시키려고 애썼다. 미국 생명보호행동주의자협회가 낙태에 반대하는 포스터를 배포하고, 낙태를 시행하는 의사들의 이름과 신원이 담긴 정보를 살해당하거나 부상당한 의사들을 지워가면서 인터넷에 공시하면서 토론자들이 검토했던 사례가 발생했다.[103]

최근에는 특히 신용 보장을 위해서 웹로그와 다른 인터넷 조작자들에 의한 자체 감찰 노력이 있었다. 즉 《사이버저널리스트닷넷Cyberjournalist.net》에서 발견할 수 있는 것 같은, 심지어 도덕적 지침을 만들어내려는 신출내기의 시도가 있었다. 현상 유지를 옹호하는 자들은 진실은 '협력'을 통해 나타나기 때문에 블로그에 도덕적 규칙들은 필요하지 않으며, 이해관계의 선입견과 충돌은 '투명성'에 의해 근절된다고 주장한다. 하지만 '협력'은 부정직과 명예 훼손에 맞서 방어하는 우연한 방법이며 블로그는 실제로 그렇게 투명하지 않다. 블로거들은 위선 행위라는 비난을 피하기 위해 도덕적 방침들을 제도화할 필요가 있을 것이다. 하지만 도덕적 업그레이드가 필요한 진정한 이유는, 온라인이든 오프라인이든 그것이 저널리즘의 바른 길이기 때문이다.[104]

하지만 이런 노력들이 책임감 없는 블로거들이 야기할 수 있는, 이를테면 국가 비밀 또는 테러리스트 표적의 누설 같은 돌이킬 수 없는 손해들을 해결할 수 있는 것은 아니다. 만일 테러리즘이 증가하려 하고, 인터넷이 위험한 정보 통신의 중요한 도구가 되려고 하면, 그리고 인터넷을 사용하는 자들을 사후 제제로 억제할 수 없다고 생각되어지면 사전 구속의 확장된 관념을 포함한 예방적 도구를 실행하라는 압력이 거세질 것이다. 이제 이 중요한 상황에서 자유와 안보가 상충하는 요구에 대하여 심각하게 고려할 시기가 되었다.

테러리즘이 증가하면서 시민들을 표적으로 하는 자살 폭탄 투하자들과 다른 사람들을 선동한다고 여겨지는 언론에 대한 사전 검열의 요구가 증가할 것으로 예상된다. 수정헌법 제1조의 예외로서 미국의 헌법에 준거한 선동에 관한 법은 그 시대의 인지된 위험에 따라 항상 변했다. 제1차 세계대전 중에는 징병에 반대하는 인쇄물들을 배포하는 것은 북적이는 극장에서 거짓으로 불이 났다고 소리치는 것으로 유추되었다. 매카시즘McCarthyism 시대에는 공산당의 일원으로서 활발하게 활동하는 행위는 정부를 폭력적으로 전복하는 것을 옹호하는(그것은 금지되어 있었지만) 것으로 여겨졌다. 이런 것들은 이런 표현들이 심각한 위해의 명확하고 현존하는 위험을 이루었다고 결론지을 만한 합당한 근거가 없었기 때문에 언론의 자유에 대한 근거 없는 속박이었다.

카리스마를 지닌 이맘imam, 이슬람교 사원에서의 집단 예배를 인도하는 자-옮긴이들이 젊은 신도들을 자살 폭탄 투하자가 되도록 선동하는 것에 대해 반드시 이와 같다고 말할 수는 없다.[105] 대중적인 매체에 자주 노출되지 못하고 이맘의 말이 곧 법인 통제된 종교적 인생을 사는 이런 광신자들에게 다양한 생각과 사고를 항상 접할 수 있는 환경이 조성되지 못했기 때문이다. 어떤 사람들은 순교자들을 위한 영광된 내세의 약속과 함께 하는 죽음의 문화를 거부하기 힘들 것이다.

이런 종류의 직접적인 선동의 사전 구속에 대한 심각한 건의가 제안되는 것은 단지 시간문제다.[106] 이미 일부 이맘들은 프랑스, 오스트레일리아, 그리고 영국으로부터 추방하겠다는 위협을 받았다.[107] 국외 추방은 언론에 대한 예방적 구속의 한 형태다. 다른 방법들도 머지않아 도래할 것이다. 우리는 이러한 표현과 종교적 자유의 도전에 직면할 준비를 해야 한다.

다른 예방적 메커니즘들

특정한 지역이나 논쟁에 더 구체적으로 적용되는 다른 예방적 메커니즘들도 있다. 테러가 발생한 한 지역을 군사적으로 '점령'하는 것은 예방적 요소를 가질 것이다. 아프가니스탄과 이라크에서의 미국의 존재, 이스라엘에 의한 웨스트뱅크와 가자 지구 점령은 테러 예방이라는 근거에서 정당성이 추구되었다. 점령에 반대하는 사람들은 그러한 점령이 테러리즘을 자극하거나 최소한 테러리즘에 기여한다고 주장한다. 이스라엘은 1993년에 서명된 오슬로 협정에 뒤이어 자신들은 웨스트뱅크 주요 도시들에 대한 일상적인 점령을 대부분 끝냈지만, 그곳의 전부가 아닌 일부를 재점령했다는 사실을 지적한다. 2000년과 2001년에 캠프 데이비드와 타바에서의 자신들의 제안에 대해 아라파트가 동의를 거절한 이후, 그에 뒤따른 자살 폭탄 테러의 맹공격이 있었기 때문이었다. 웨스트뱅크 도시들에서 퍼지고 있던 테러리즘을 통제하고 예방하는 방편으로 재점령이 필요하게 되었던 것이다. 이것에 관한 팔레스타인의 인식은 물론 매우 다르지만, 이곳에서 그 차이점들을 풀어보려고 노력하지는 않겠다. 나는 단지 이른바 재점령의 예방적 성질을 지적하기 위해 이 논쟁을 언급하는 것이다.

위와 관련된 것으로 이스라엘에 의한 보호 방벽 건설이 있다. 이스라엘은 그것 또한 테러 공격을 예방하기 위해 고안되었으며, 자신들은 그것을 점령에 비해서 더 수동적인 대체 메커니즘으로 본다고 주장한다. 물론 그런 수많은 논란을 불러일으킨 것은 보호 방벽의 건설 자체라기보다는 그것의 위치다. 다시 한 번 강조하건대, 이 책에서는 그러한 논란을 다루지는 않고, 테러리즘을 통제하기 위한 노력으로 이용되었던 예방적 전술들의 범위 내에서 보호 방벽 메커니즘에 대해 설명하고자 한다.

보호 방벽이 있든 없든 검문소들이 사람들과 화물차들의 흐름을 통제하고 테러리즘에 대한 예방적 조치의 역할을 한다. 하지만 바로 이 검문소들이 합법적인 교통을 방해하고 무고한 사람들이 직장, 병원, 집으로 통행하는 것을 불편하게 만든다. 그런 검문소들의 정당한 예방의 필요성과 부당하게 불편을 초래하는 효과 간의 적정한 균형을 맞추는 것은 상당한 논란이 없이는 불가능하다. 보호 방벽과 검문소는 물론 국경 통제라는 보다 큰 문제의 일부분이다. 미국에는 순찰이 행해지지 않는 매우 긴 해안선과 북측과 남측으로 통제되지 않는 거대한 국경이 있다. 이런 취약한 국경을 통제하기 위한 정부와 민간 단체의 노력은 테러리즘에 대한 정당한 관심과 보다 나은 삶을 위해 미국으로 입국하려는 불법 입국자의 유입을 제한하는 정당성이 떨어지는 관심을 분리하기가 결코 쉽지 않기에 상당한 정도의 논란을 야기한다.

또 다른 논란이 되는 예방 전략은 법 집행 기관의 요원이 테러리스트, 무기 판매상, 또는 다른 형태의 테러를 도모하는 사람으로 위장하는 것이다. 그들은 표면 깊숙이 숨어 있는 테러 조직원에게 도움과 물품을 제공함으로써 그들로 하여금 테러 행위를 하도록 부추기는 시도를 활발하게 한다. 이러한 전략과 관련된 것으로는 테러리스트 행동 요원 중에서 정보원을 확보하는 것이 있다. 이러한 메커니즘의 보다 수동적인 변형 형태는 스파이 또는 전자 스파이 장비를 테러리스트나 잠재적인 테러리스트에게 심는 것이다.

또 다른 예방 메커니즘은 의심되는 자들을 대거 검거하는 것, 무기를 일소하는 것, 프로파일링, 무작위 불심검문과 수색, 예방적 체포, 중요 증인 확보, 경찰견 활용, 그리고 정교한 화학 물질 탐지 장치를 설치 등을 포함한다.

테러를 방지하기 위한 노력에 있어서 어떠한 조치를 취할 것인가를 제한하는 요소들은 오직 인간의 상상력, 현재의 과학 기술, 법률, 그리고 도덕성뿐이다.[108] 위에서 묘사된 메커니즘들은 현재 사용 중인, 그리고 테러가 증가한다면 시도될 조치들을 예시한 것이다. 이러한 예방 메커니즘들은 끊임없이 사려 깊게 고려되어야 할 위험과 전망을 보여주고 있다. 그러나 그것들은 단지 임시변통으로 또는 건별로 고려되어서는 안 된다. 그 메커니즘들은 테러리즘과 관련해서뿐만 아니라 다른 심각한 위해들에 대해서도 조기에 대처하는 법률 체계 개발의 일부가 되어야 한다. 오직 가장 막대한 형태의 위해들만이 2003년 3월 미국이 이라크에 행했던 것과 같은 전면적 전쟁이라는 예방 메커니즘 수단을 정당화할 수 있다. 그런 전쟁은 공격받는 쪽과 종종 공격하는 쪽에 가장 높은 비용을 초래하기 때문이다. 우리가 이제 살펴보고자 하는 것이 바로 그런 전쟁에 대한 내용이다.

Chapter 5 | 선제공격에 대한 부시 독트린

Bush Doctrine on Preemption The U.S. Attack against Iraq

부시 독트린

예방적 전쟁의 독트린과 예방을 위한 법률 체계의 시험 사례는 2003년 3월 이라크를 공격, 침략, 점령하기로 한 부시 행정부의 결정이었다. 2002년 12월(미국이 이라크를 공격하기 3개월 전, 그리고 9·11 테러를 당한 지 15개월 후) 행정부는 〈미국의 국가 안보 전략〉이라는 제목의 주요 정책 보고서를 발간했다. 정부는 그 보고서를 통해 이라크 침공 사례가 '미국의 국가 안보에 대한 충분한 위협에 맞서는 선제적 행위'를 취한 것이라고 설명하고자 노력했다.

부시 독트린으로 알려진이 개요를 설명했던 보고서는 냉전 시대에 소비에트 연방과 그 동맹국들을 대상으로 한 주요 전략인 억제를 검토하는 내용으로 시작되었다. 보고서는 모험을 싫어하는 핵 강대국인 적군에 직면했던 냉전 시대의 특성상, 당연히 미국은 엄격한 상호 확증 파괴 전략을 구사하면서 적군의 완력 사용 억제를 강조하게 되었다는 점을 부각시켰다.[1] 보고서는 계속해서, 그런 유형의 억제가 모험을 싫어하는 소비에트 연방에 대해 성공적이었다는 사실이 입증되었다고 해도, 현 국제적 테러리즘을 다루기에는 부족하다고 주장했다. 복수의 위협에도 불구하고 위험을 감수하겠다는 각오가 되어 있고, 자국 국민들의 목숨과 자국의 부에 도박을 거는 흉포한 지도자들에게 그런 억제 정책은 별 효과가 없을 것이라는 이유에서였다.

보고서는 냉전 시대 동안의 미국의 적을 오늘날의 적들과 대조했다. 냉전 시대의 적은 대량 살상 무기를 최후의 수단으로 여겼고, 그것을 사용하는 것은 스스로를 파멸의 위기로 몰아가는 것이라고 인식했다. 하지만 오늘날의 적들(테러리스트들과 흉포한 국가들)은 대량 살상 무기의 사용을 선택의 문제로 본다. 그들은 또한 이 무기들을 가지고 미국과 그 동맹국들이 자신들의 공격적인 행위를 억제하거나 격퇴하지 못하도록 협박할 수 있다고 생각한다. 예를 들어 사담 후세인이 지배하던 이라크가 1990년 쿠웨이트를 침공했을 때 핵무기를 보유하고 있었더라면, 미국으로서는 그들을 물리치는 일이 훨씬 위험했을 것이다. 테러리스트에 대해서는 억제 정책도 효과를 발휘하지 못할 것이다. 그들이 공공연히 인정하는 전술은 무자비한 파괴와 무고한 자들을 표적으로 삼는 것이고, 군인들은 죽음으로써 순교를 추구하고, 한 국가에 귀속되지 않기 때문이다. 따라서 보고서는 이렇게 결론지었다. "이러한 새로운 현실이 우리를 행동하게 한다."

이러한 분석에 따라 기도된 행위에는 무국적 테러리스트들과, 그들을 숨겨주고 원조하는 국가들을 상대로 하는 선제적 군사 공격이 포함되었다. "우리는 불량 국가들과, 그들에 의존하는 테러리스트들이 우리와 동맹국들 그리고 우방에 대해 대량 살상 무기로 위협하거나 그것을 사용하게 되기 전에 그들을 중단시킬 준비를 하고 있어야 한다. …… 잠재적 공습자에 대한 억제가 불가능하고, 오늘날의 위협이 긴박하며, 우리의 적들이 무기를 선택함으로써 야기될 수 있는 잠재적 위해가 거대함에도 불구하고 단지 방어만 할 수는 없다. 우리는 적군들이 우리를 먼저 공격하도록 허락할 수 없다."

이어서 보고서는 현존하는 국제법을 국제적 테러리즘이라는 새로운 현실에 맞추면서, 선별된 상황에서 선제적 조치를 취하는 것을 정당화하고자 다음과 같이 노력했다. "국제법은 수 세기 동안 국가들이 공격의 고통을 당할 필요가 없이 임박한 공격의 위험을 드러내는 세력에 맞서서 합법적으로 스스로를 방어하기 위한 조치를 취할 수 있다는 사실을 인정했다. 법학자들과 국제법 학자들은 종종 선제공격의 합법성에 임박한 위협의 존재라는 조건을 붙였다(가장 흔하게는 공격을 준비하는, 눈에 띄는 육해공군의 이동이라는)."

하지만 이런 제한적인 개념('임박한' 위협에 직면한 선제공격)으로는 시간적으로 더 멀고, 확실성은 떨어지지만 여전히 심각한 위협들을 가로막으려고 계획된 예방적 전쟁들을 정당화하지는 못할 것이다. 보고서는 이 문제점을 해결하기 위해 전통적인 의미의 임박성을 오늘날 적군들의 능력과 목표에 맞추어 해석할 것을 권고했다. 그 점에 있어서 매우 논란이 되는 급작스러운 도약이 있는데, 거기에는 국제법이나 미국법에 확고한 법리학상의 근거가 결여되어 있다. 보고서는 우리의 새로운 적들이 테러 행위와 잠재적 대량 살상 무기(쉽게 숨기고, 은밀하게 이동하고, 경고 없이 사용할 수 있는 무기들)에 의존한다는 사실을 지적하면서, 테러리즘의 위험을 호소함으로써 이 공백을 채우고자 노력했다. 보고서는 9·11 사건은 테러리스트들의 구체적인 목표가 대규모의 민간인 사상자를 발생시키는 것이라는 사실을 증명했다. 그리고 이러한 피해는 테러리스트들이 대량 살상 무기를 획득하고 사용한다면 기하급수적으로 더 심각해질 것이라고 지적했다.

이후 보고서는 전례를 통해 다음과 같이 추론했다. "미국은 우리의 국가 안보에 대한 충분한 위협에 맞서기 위해 오랫동안 선제적 행위의 옵션을 유지했다. 위협이 커질수록 불이행에 의한 위험도 커진다. 우리는 적의 공격 시기와 장소가 여전히 불확실하더라도 우리 자신을 방어하기 위한 선행적 행위를 취해야만 한다. 우리의 적들에 의한 그런 적대적 행위들을 미연에 방지하거나 예방하기 위해, 미국은 필요하다면 선제적으로 행동할 것이다." 보고서는 '선제적'이라는 용어와 '예방적'이라는 용어를 교대해 사용함으로써 이 개념들의 진정한 차이점과, 그것들을 사용하기 위한 법리학적 근거의 차이점에 대해서는 얼버무렸다.

보고서는 마지막으로 우방과 적군들에게 똑같이, 미국은 항상 자신들의 행동의 결과를 중요시하면서 신중하게 행동할 것이라는 점을 확실히 했다. "우리는 선제적 옵션들을 지지하기 위해 다음과 같이 행동할 것이다."

- 우리는 위협이 발생할 때마다 그것에 대해 시기적절하고 정확한 정보를 공급하기 위해 더 나은, 더 많은 통합된 정보력을 갖출 것이다.
- 우리는 대부분의 위험스러운 위협에 대해 공동의 평가를 내리기 위해 동맹국들과 긴밀한 협조를 이룰 것이다.
- 우리는 신속하고 정확한 작전을 수행해서 당당한 결과를 성취할 수 있도록 우리의 능력을 확고히 다져야 한다. 따라서 우리의 군사력에 계속해서 변화를 줄 것이다.

  우리 행위의 목적은 항상 미국과 우리의 동맹국, 우방국들에 대한 구체적 위협을 제거하는 일이다. 우리 행위의 동기는 명확하고, 힘은 규제되고, 원인은 정당할 것이다.

이런 경고성의 신중한 보장들도 유용한 면은 있다. 하지만 그것들은 조심스럽게 심사숙고된 법률 체계 또는 행동을 위한 구체적인 지침과는 큰 차이가 있다. 그렇다고 해서 역사적 전례가 이 부족한 요소들을 채워준 것도 아니다. 보고서에서 미국이 극단적 사례에 대해 오랫동안 선제적 행위의 옵션을 유지했다는 점을 인정한 부분은 옳다. 클린턴 전 미 대통령은 자신의 재임 시절 동안 몇 차례 선제적 군사 행동을 고려했다. 그 결과로 최소한 세 번은 그런 공격을 허락했고, 한 번은 위협을 했다.[2] 하지만 이 옵션은 부시 독트린이 공식적으로 제의되기 전에는 미국 국가 안보 정책의 중심이 되는 양상으로서 공개적으로 표현되지는 않았다.[3] 그리고 이라크 공격 이전에는 적군이 대량 살상 무기를 확보하고, 그것들을 테러리스트들에게 퍼뜨리고, 불확실한 미래 시점에 다른 악과 위험한 결과들을 일으키는 것을 예방하기 위해 계획된 전면적인 전쟁(다른 말로 하면, 선제적 공격과는 구분되는 예방적 전쟁)을 정당화하는 데 이용되지도 않았다.[4]

이라크 전쟁은 이라크에서 대량 살상 무기를 발견하지도 못했고 그들이 국제 테러리즘과 명확히 연관되어 있다는 증거를 찾지도 못했다는 점에서 매우 논란이 되었다. 따라서 현재의 선제적 또는 예방적 군사 행동에 관한 논의는 국가가 그 독트린을 처음으로 이용(어떤 사람들은 이를 오용이라고 주장한다)한 사례가 실패함으로써 당연히 왜곡되었다. 선제공격, 특히 예방적 전쟁에 관한 토론은 대부분 이라크 공격과 뒤이은 점령의 합법성에 관한 토론이었다. 게다가 전면적인 예방적 전쟁(이라크 침공 같은)과 대조되는 일회성의 정확한 선제공격(이스라엘의 오시락 원자로 폭격과 같은) 같은 매우 다른 이슈들도 이라크 침공 이후 생겨난 일부의 토론에 융합되었다. 이라크 침공은 실제로 예방적 전쟁 독트린의 시험 사례의 하나일 뿐, 특정한 시험 사례로, 혹은 독트린의 전부로 간주되어서는 안 된다. 우리는 용인할 수 있는 일반 법률 체계를 분명히 표현하기 이전에 훨씬 광범위하고 잠재적인 상황들을 평가해야 한다.

예방과 선제공격에 관한 전쟁 전 토론

이라크 공격을 전후로 해 수개월 동안 많은 사람들은 선제적 또는 예방적 군사 행동 정책과, 이라크에서 그 정책을 실행하는 것 사이에는 긴밀한 연관성이 있다고 생각했다. 그 공격이 현재 진행 중인 독트린의 일부로서 선제적 개념으로 정당화되었고, 미국이 싸운 전면적인 예방적 전쟁의 최초이자 유일한 예이기 때문에 이러한 연관성은 이해할 만하다. 하지만 선제공격과 예방이라는 일반적 이슈를 이라크전이라는 하나의 논란 많은 사례에서 분리시켜 생각할 필요가 있다. 또한 선제적인 정확한 공격과 전면적인 예방적 전쟁은 정도에 있어서 중대한 차이점이 있다는 사실을 상기하는 것도 중요하다. 분명히 어떤 종류의 예방 정책은 적절한 상황에서 타당하게 실행된다면 적절하다는 평을 들을 가능성이 있다. 하지만 이라크에 대한 공격은 적절한 실행이라는 기준에 들어맞지 않았을 가능성이 있다. 그렇다 하더라도 이라크전의 경험을 무시하거나 경시해서는 안 된다. 왜냐하면 이라크전은 주요한 시험 사례였으며, 그것이 군사적 예방이나 선제공격 원칙의 오용에 대한 위험 가능성을 증명할 수도 있기 때문이다.

이라크 침공 전 단계에서 부시 독트린과, 특히 그것의 선제적 양상이 논쟁의 본질이 되었다. 이러한 논쟁은 위험하고 논란이 되는 이라크 전에서의 긴박한 위협과, 많은 종교적·학문적 단체와 평화 단체들의 강력한 반대 때문에 일어났다. 종종 다음과 같은 양자택일의 질문들이 제기되었다. 당신은 예방적 전쟁을 선호하는가, 아니면 반대하는가? 국제법상으로 볼 때 예방적 또는 선제적 공격은 합법적인가, 아니면 불법적인가? 그것은 '정당한 전쟁'이라는 원칙에서 볼 때 정당한가, 아니면 부당한가? 억제 정책이 선제공격 정책보다 바람직한가 아닌가?

문제시되는 이라크 침공에 관한, 위와 같은 지나치게 광범위한 질문들에 대해 글 쓰는 사람들은 종종 자신의 이데올로기적 또는 정치적 경향을 반영해서 다소 절대적인 용어들을 사용하며 답한다. 시카고 대학의 로버트 A. 페이프Robert A. Pape, 1960~ 교수는 다음과 같이 주장했다. "미국이 수행한 예방적 전쟁은 '민주주의 국가는 예방적 전쟁을 치르지 않는다'는 국제 정치의 가장 중요한 규범 중 한 가지를 위반한 사례다. 미국은 이제껏 한 국가가 군사력을 확보하는 것을 방지하고자 공격을 시도한 적이 한 번도 없다. 따라서 이라크 전이 미국 최초의 예방적 전쟁일 것이다."[5]

페이프 교수의 발언이 기술적으로는 옳았을 수도 있지만, 그의 규범적 결론은 옳다고 볼 수 없다. 1930년대에 독일이 폴란드를 침략하기 이전에 미국이 (또는 영국이) 독일의 군사 목표물들을 공격했더라면, 그로써 독일이 막대한 사상자를 내면서 유럽을 정복하는 것을 예방했더라면, 예방적 전쟁에 대한 역사적 평가는 매우 달라졌을 것이다. 실제로 체임벌린은 태만했다는 이유로 부도덕하고 무능한 유화 정책의 전형이 되었다. 만일 히틀러가 이끌던 독일을 예방적 군사 행동으로 파괴하거나 무장해제했더라면 세계는 결코 나치 침략의 참사를 겪지 않았을 것이다. 세계는 단지 실제로 무슨 일이 일어날지도 모르면서, 영국이 조약 의무를 위반한 독일을 너무 가혹하게 '침략'

했다고 생각했을 것이다.

이것이 바로 예방 정책의 모순이다. 다시 말해 그것이 성공적으로 적용되면 우리는 무엇이 예방된 것인지 거의 확신할 수가 없다. 하지만 그것이 적용되지 않으면 그것이 실제로 일어난 참사를 예방할 수 있었는지를 평가하기가 힘들다. 뒤늦었지만 이제야 민주 국가들이 필요하다면 나치 독일을 상대로 예방적 전쟁을 벌이는 것을 포함한 예방적 행동을 취했어야 한다는 것이 비교적 명확하게 보인다. 물론 그러한 결론에 따라, 히틀러의 독일과 사담의 이라크 사이의 유추에 흠결이 있음에도 불구하고 미국이 이라크에 맞서 예방적 전쟁을 했어야 한다는 뜻은 아니다. 다만 이러한 결론으로 알 수 있는 것은 민주주의 국가가 예방적 전쟁을 하는 것이 부적절하다는 어떤 절대적인 진술도 역사적 판단 아래 지지를 얻지 못한다는 점이다.

미국 가톨릭주교협회 또한 최근의 대량 살상 무기를 처리하기 위해 군사력을 예방적인 목적으로 사용하려고 하는 시도나 대의명분에 대한 전통적 제한을 극적으로 확대하려는 제안들에 대해 깊은 우려를 표했다.[6] 하지만 바티칸 성직자 중 일부는 냉전 시대 초기에 소비에트 연방에 대한 예방적 전쟁을 선호했다. 왜냐하면 동유럽 도처에서 가톨릭교회의 예배를 억압하고 교회의 중요한 가치들을 위태롭게 했던 이 무신론적 정치 체제가, 자신들의 무신론을 유럽을 비롯한 세계 도처에 퍼뜨릴 것이라는 두려움 때문이었다.[7]

이스라엘의 행위에 주로 비판적인 반응을 보이는 프린스턴 대학의 리처드 포크Richard Falk, 1930~ 교수는 1967년 이스라엘이 일으킨 선제공격과 미국의 이라크에 대한 예방적 전쟁을 다음과 같이 말했다. "이스라엘은 1967년 전쟁에서 적군인 아랍군을 상대로 설득력이 약한 정당화 논리로 선제공격을 가했다. 아랍군이 유엔의 전쟁

방지군을 해산시킨 후 이스라엘 국경에서 무리지어 있었을 때였다. 하지만 그 선제공격은 유효성이 없다. 선제공격은 음침한 의도, 알려진 테러리스트 단체 간의 잠재적 연계, 대량 살상 무기를 획득하려는 예정된 계획과 프로젝트, 가능성 있는 장래 위험에 대한 예견에 근거를 둘 때 그 유효성이 인정되기 때문이다. 이스라엘의 선제공격은 아무런 제한도 받지 않았고, 유엔과 국제법에 대한 책임감도 없으며, 책임 있는 정부들의 공동 판단에 의존하지도 않은데다가 설상가상으로 선제공격의 실제적 필요성을 설득력 있게 증명하지도 않았다."[8]

이라크 문제에 대해서는 포크 교수가 옳았을 수도 있다. 하지만 그가 1930년대 중반 나치 독일의 음침한 의도에 대해서는 다소 다른 견해를 취했을 것이라는 점에서 강력하게 의심이 간다.[9] 순수하게 예방적 군사 행동이 '실제적으로 필요했다'는 사실은 뒤이은 사건들로 증명되었고, 심지어 당시에도 일부 사람들은 그것을 예상했다. 결국 독일은 조약의 의무를 공개적으로 위반해 스스로 완전무장을 했다. 그들의 인접국들에 대한 계획은 분명했고, 스페인 시민 전쟁에 개입할 것이 명백했다. 게다가 히틀러는 저서 《나의 투쟁》에 자신의 유대인 프로그램을 자세히 설명해 모든 사람들이 알 수 있게 했다. 히틀러는 정기적으로 침략 행위와 평화적 의도를 보장하는 행위를 연계시키면서 자신의 적수들을 속이고 무능하게 만들었다. 그는 한편으로는 겁에 질리고 한편으로는 무력한 적수들 앞에서 만민의 군복무 도입을 통해, 1933년 10월 국제연맹에서 탈퇴하는 것을 시작으로 라인 지방에서 비엔나, 뮌헨, 프라하를 점령하는 데 이르기까지 자신이 착수하는 모든 일에 성공했다.[10]

예방적 또는 선제적 완력의 사용과 그것의 위협은 부시 독트린과 관련이 있기는 하다. 하지만 이처럼 논란이 되는 이슈들을 두고 벌이는 토론은 사실 클린턴 행정부 시절에 본격적으로 시작되었다. 당시 토론의 핵심은 이라크가 아니라 리비아였는데, 리비아는 타루나 Tarhunah 지역에 지하 화학 공장을 건설하고 있는 것으로 여겨졌다.[11]

1997년의 보고서는 다음과 같은 사실을 지적했다. "국방장관에 따르면 선제공격(언론을 흥분시키고 그것을 은폐하려는 정치인들을 다투게 만드는 의미 있고 가치가 담긴 용어)은 명백한 정책 옵션이었다."[12] 이 보고서는 5년 후의 부시 독트린 보고서와 마찬가지로, 단기적 선제공격과 장기적 예방 정책을 확실하게 구분하지 않았다. 일반적으로 '선제공격'이라는 용어를 두 가지 모두를 다루는 데 사용했다. 보고서는 이 임박한 위험을 가하는 것으로 보이지 않는 시설에 대한 공격 가능성에 초점을 두었는데, 사실 당시는 1981년 6월의 오시락 원자로처럼 그 시설에 대한 공격을 불가능하게 하는 상황도 아니었다. 따라서 그 공격은 선제적 군사 행동이라기보다는 예방적 군사 행동에 가까웠을 것이다.

1997년의 보고서는 하버드 케네디 스쿨 국가 안보 프로그램의 군 장교들이 작성했는데, 그들은 위험한 적에 맞서서 선제적 군사력을 이용하려는 모든 결정에 포함된 정책적 고려 사항을 약술했다. 그들은 다음과 같은 두 가지 이유에서 선제공격이 의사 결정자들의 옵션이 될 것이라고 예견했다. 첫째, 선제적으로 행동하지 않음으로써 발생하는 비용이 증가하고 있다. 불량 국가들, 테러리스트 집단들, 다국적으로 조직된 범죄자들이 미국에 초래할 수 있는 죽음, 파괴, 그리고 혼란이 매우 크기 때문에, 그것을 예방할 어떠한 가능성이라도 있다면 그러한 행위가 발생되는 것을 허용할 수 없다. 둘째, 우리는 정보 처리, 정보 수집, 그리고 전략적 공격 능력의 향상으로 선제적

으로 행동할 능력을 더욱 잘 갖추고 있다.[13]

보고서는 계속해서 다음과 같이 어떠한 선제적 군사 결정과도 관련이 있을 수 있는 일련의 일반 기준들을 열거했다.

> 구체적이고, 정확하고, 그리고 시기적절한 정보 수집이 선제공격의 중요한 촉매제가 된다. 시기적절하고 실행 가능한 선제공격이 정당하다는 충분한 증거를 확보하려면 비전통적인 국내·국제적 파트너들과 정보를 공유해야 한다. 정보 자산은 잠재적 적의 능력과 의도, 그리고 그들이 이 의도들을 수행할 수 있는 기회에 초점을 두어야 한다. 적의 능력, 의도, 전적, 기회, 그리고 현재의 행위들과 관련된 시간과 공간에 집중하는 것이 선제공격을 결정하는 열쇠다. 이 다섯 가지 중요한 정보를 간파하는 일은 직접적이면서도 결정적으로 핵심 결정 변수와 관련이 있다. 이러한 정보가 없으면 정치적·군사적 실행 가능성뿐만 아니라 도덕적·법적 정당화의 가능성도 희박하다.

보고서는 이어서 다음과 같이 결론지었다. "미국의 지도자들은 선제공격을, 용인할 수 없는 생명의 손실이나 중요한 공공시설의 훼손을 예방하기 위해 실행 가능하고, 때로는 필요한 선택으로서 고려해야 한다.[14]

이 보고서 작성자들은 자신들이 분명하게 표현한 기준을 적용하면서 리비아의 화학 공장에 대한 군사적 선제공격에 반대했다. 대신에 외교적·정치적·경제적 압력을 선호했다. 결국 군사적 선제공격은 시도되지 않았고, 리비아는 군사적 강압의 위협으로 강요된 외교적 해결책을 수용한 것처럼 보였다.[15] 그 경우에는 선제공격을 하지 않기로 한 결정이 효과가 있었다. 리비아가 미국을 표적으로 화학 무기를 사용했다면 견해가 달라질 수도 있겠지만, 지나고 보니 그 결정은 옳았다. 만약 화학 공장을 공격했더라면 어떤 복수극이 벌어졌을지 단정하기란 어렵다.[16]

따라서 클린턴 행정부와 부시 행정부가 취한 접근법의 차이는 그들이 각각 분명히 표현한 정책(그들 모두 미국의 안보가 위협을 받았을 때 선제공격을 지지했다) 자체보다는 그 정책을 실행하는 데 있다. 클린턴 행정부는 더 높은 수위의 위협을 요구하면서 더 조심스러워했다. 그들은 또한 다른 수단들을 먼저, 그리고 오랫동안 취하려고 준비했다. 한편 부시 행정부는 그 과정에서 군사적 선제공격을 더 일찍 취하려고 준비했던 것이다. 하지만 얻을 수 있는 정보에 따라 부시와 클린턴의 입장이 반대였다면 리비아와 이라크의 정책이 똑같이 적용되었을지는 확실치 않다.[17]

그리고 또 다른 중요한 차이점이 있다. 케네디 스쿨 보고서는 만일 선제공격이 옵션으로 포함된다면 그것이 전략적인 정책의 일부로서 공개적으로 공표되어야 하는 것인지에 대한 의문을 제기했다. 보고서는 다음과 같이 권유했다. "선제공격을 거부하지도, 추천하지도 않는 의도적으로 모호한 정책이 최선일 것이다. 우리의 잠재적 적에게는, 우리가 무슨 말을 하느냐보다는 어떤 행동을 취하는지를 보여주는 것이 훨씬 더 중요하다. 하지만 미국을 비롯한 전 세계의 사람들에게는 우리가 무엇을 말하는지가 중요하다."[18]

클린턴 행정부는 그 정책을 선택한 것 같아 보인다. 반면 부시 행정부는 그렇게 하지 않았다. 후자에 대해서는 지금부터 살펴보고자 한다.

선제공격의 정책을 공표할 것인가

이라크와 관련된 부시 독트린은 다음과 같이 두 부분으로 구성되어 있었다. 첫째, 미국은 이제 위험한 국가들과, 그들에 의존하는 테러리스트들이 위협을 하거나 대량 살상 무기를 사용하기 전에 중단시킬 명백한 정책을 가졌다는 점을 공표한다는 것이다. 둘째, 그 정책을 적용해 실제로 이라크를 공격한다는 것이다. 이라크를 둘러싼 대부분의 토론은 자연스럽게 두 번째 이슈에 초점이 맞추어졌는데, 무력이 말보다 강력하기 때문이다. 하지만 첫 번째 이슈(예방 또는 선제공격의 정책을 공표하는 결정) 또한 분명히 고려되었다.

편견이 없는 논평자들은 어떤 제한된 상황에서 선제공격의 옵션을 계속 유지하는 것과, 광범위한 선제적 전쟁의 정책을 공표하고 실행하는 것 사이에는 차이가 있다는 사실에 동의하는 것 같다. 베슬란 러시아 학교에서 일어났던 끔찍한 죽음에 뒤이어 러시아는 기존의 방식을 벗어난 선제공격이라는 새로운 정책을 공표했다. 러시아는 자신들은 세계 어느 곳에 있는 테러 기지에 대해서도 선제적 공격에 착수할 수 있다고 경고하고, 오싹한 베슬란 학교 인질 공격 비디오가 방영된 이후 두 명의 최고위 체첸 반군들에게 현상금을 내걸었다. 러시아 육군 참모총장 유리 발루옙스키Yury Baluyevsky, 1947~는 러시아군은 테러 기지가 어디에 있든, 그들을 해치우기 위한 조치를 취할 것이라고 공표했다. 그는 또한 테러리스트들에 대한 예방적 군사 행동 정책은 이전에도 공공연하게 자세히 설명되었다고 언급했다. 그리고 그러한 조치들은 핵무기를 사용하지는 않지만 '극단적인 조치'였다고 말했다. 그가 이전에도 예방적 군사 행동 정책이 명확히 표현되었다는 사실을 언급했음에도 불구하고, 그의 발표는 한 방송사가 남 베슬란에서 복면을 한 인질범들이 폭탄으로 위협을 가하고, 체육관에 앉아 있는 어린이들과 부모들이 겁에 질려 있는 비디오 필름을 방영한 다음 날 모스크바의 살벌한 분위기를 반영하는 것으로 이해되었다. 유럽연합은 발루옙스키의 테러리스트들에 대한 선제적 행위에 관한 경고를 무시하려고 애쓰면서, 그가 선제공격 정책을 공표한 것에 대해 부정적으로 반응했다. 그리고 발루옙스키의 발언 같은 것들은 테러리즘과의 투쟁에 있어서 성과를 가져올 수 있는 최우선 수단이 아니라고 말했다.[19]

발루옙스키의 발언이 있은 지 며칠 후, 러시아의 블라디미르 푸틴 Vladimir Putin, 1952~ 대통령은 테러리즘에 대한 선제공격은 이제 러시아의 공식 정책이라면서 다음과 같은 사실을 확인했다. "테러리스트들은 그들의 소굴에서 즉시 제거해야 하며, 상황이 요구되면 해외에서라도 공격을 감행해야 한다."[20]

위협을 하든 실제로 행동을 개시하든 간에 선제적 군사 공격에는 부정적인 면들이 상당히 잠재한다. 물론 공표를 하든 안 하든 군사적 선제공격의 정책도 마찬가지다. 이러한 부정적인 면들 중 일부는 매우 명확한데, 이를테면 양성 오류의 위험과 같은 것이 그러하다. 다른 문제들은 더 미묘하다. 예를 들어 선제공격 정책을 공표하게 되면 핵무기 개발을 시도하고 있는 적군이 개발 중인 프로그램을 가속화할 수도 있다. 《뉴욕타임스》는 2004년 9월 19일자 사설에서 이에 관한 소견을 다음과 같이 밝혔다. "부시 대통령은 한때 이라크, 이란, 그리고 북한을 '악의 축'으로 한데 묶었다. 부시가 이라크를 침공하기로 결정함에 따라 북한과 이란에 영향을 미치려는 외교적·군사적으로 남겨진 수단이 제한되는 결과를 가져왔다(그들은 이라크의 경험으로부터 당연히 선제공격에 대한 최고의 보호책은 핵무기 개발이라는 사실을 배웠기 때문이다)." 이것은 리비아의 경험이 증명하듯이 어떤 특정한 사례에서든 들어맞을 수도 있고 그렇지 않을 수도 있다. 리비아의 경우는 무아마르 알 카다피Muammar Al Quaddafy, 1942~가 외교적 압력과 추후의 제재, 그리고 국제적 배척을 피하고자 했기 때문에, 선제공격으로 위협해 결국 비군사적인 해결책을 가져올 수 있었다.

선제공격을 하겠다는 신빙성 있는 위협만으로도 핵무기를 개발하는 것을 억제한 상황들도 있다. 예를 들어 시리아는 자신들이 이스라엘의 인구 밀집 지역을 목표로 하는 핵폭탄을 개발하거나 힘의 균형을 바꾸어놓으려고 애쓴다 해도, 이스라엘이 자신들을 향해 선제공격을 할 수 있다는 의도를 공표했을 뿐만 아니라 실제로 군사력을 보유하고 있다는 것을 알았다. 따라서 시리아는 핵폭탄의 개발을 간절히 원했지만 자신들의 결심대로 그것을 개발하려는 심각한 노력을 기울이지는 않았다. 대신에 그들은 화학 무기와 생물학 무기를 개발했다.[21]

하지만 위험한 국가가 자신들의 핵무기고가 선제공격을 당하기 전에 그것을 개발하는 데 간신히 성공한 후, 자신들을 선제공격하는 데 실패한 국가들을 상대로 핵무기로 대응하는 위협을 한다면, 당연히 그들은 적의 선제공격을 억제하는 데 더 유리한 입장에 놓일 것이다.[22] 북한은 이러한 교훈을 배웠고 이란은 그러한 북한의 성공을 모방하려고 애쓰고 있다. 위협과 역위협이라는 이 고위험도의 게임에서는 타이밍에 모든 것이 달려 있다고 해도 과언이 아니다.

또한 선제공격의 정책을 공표하면 선제공격을 두려워하는 적군에게 선제공격에 앞서는 또 다른 선제공격을 장려함으로써 역으로 억제를 당하는 역할을 할 수도 있다. 2004년 11월 9일, 이란은 자신들은 샤하브-3 미사일을 대량 생산할 수 있으며, 자신들의 핵무기 시설들이 공격의 위협을 받으면 그 미사일을 선제적 공격에 사용할 것이라고 공표했다.[23] 즉 이란은 어떠한 선제공격에 대해서도 선제공격으로 맞서겠다고 위협했다. 선제공격을 용인하는 국제법 시스템과 도덕 체계는 선제공격의 잠재적 목표물로 하여금 먼저 공격하도록 장려할 것이다. 이집트가 1967년에 이스라엘이 자신들의 공군을 지상에서 공격하리라는 것을 알았더라면 분명히 먼저 어떤 행위를 취했을 것이다. 어쩌면 이스라엘 공군에 대한 선제공격 자체를 시도했을지도 모른다.[24] 미국이 진주만에서 일본이 자신들의 해군 기지를 공격하리라는 것을 알았더라도 역시 마찬가지였을 것이다. 그런데 이런 잠재적인 면은 실제적이라기보다는 학리적인 성격이 더 강하다. 국가들은 대개 정책의 공포라든가 국제법과 도덕 체계의 모호한 원칙들에 관해서 염려하기보다는 적군의 의도에 관한 실제적인 정보에 근거해서 행동을 취하기 때문이다. 하지만 선제공격 정책을 공포하게 되면 실제적 이유에 상관없이 선제적 첫 공격을 사후 정당화하기가 쉬워진다.

이러한 내용들은 1981년에 이스라엘이 이라크의 핵 원자로를 공격한 것과 같은 공포되지 않은, 갑작스러운 선제공격을 행하는 결정보다는 미국, 러시아, 이스라엘, 그리고 오스트레일리아가 지금 행했던 선제공격 정책을 공표할 것인지 하는 결정과[25] 더 관련이 있을 것이다. 하지만 정책을 공표하지 않고서 하는 일회성의 선제적 군사 행위 또한 단기적으로는 성공할지라도 중대한 부정적인 면들이 있을 수 있다. 우선 어떠한 선제적 군사 행동을 취하더라도 반드시 선제공격이 그 국가의 정책 옵션의 일부가 되었다는 신호의 역할을 한다. 따라서 선제공격 정책을 공표하는 경우에 수반되는 모든 단점들(장점들뿐만 아니라)이 뒤따른다. 이것을 다른 말로 하면, 국가는 기습적 선제공격의 장점은 오직 한 번 밖에 누리지 못하고 후에 그것의 단점들이 가져다주는 부담을 진다.

군사적 선제공격에 관한 1997년 케네디 스쿨 보고서 작성자들은 이렇게 결론지었다.

> 선제공격은 중대한 억제적 가치가 있을 것이다. 특히 불량 국가나 테러리스트가 한 번 공격당한 후에는 더욱 그러하다. 하지만 그것은 완고한 적들로 하여금 극단적인 복수와 앙갚음의 조치를 취하도록 내몰 수가 있다. 이러한 결과들은 선제공격을 감행하기 전의 원래의 위협보다 더 안 좋을 수도 있다.
>
> 선제적 행위를 취하면 당면한 위협을 제거할 수는 있을 것이다. 역설적이기는 하지만 선제공격은 또한 적을 비유적으로, 또는 글자 그대로 지하로 숨어들게 하고, 따라서 미래의 행위들을 탐지하지 못하도록 만들고 장래에 있을 금지 노력을 훨씬 더 힘들게 만들 수도 있다. 선제공격에는 이러한 역설적인 면이 있기 때문에 정책 결정자들은 자신들의 목적이 무엇인지, 그리고 무엇이 성공을 이루는지에 대해 명확하게 이해해야 한다. 선제공격은 어떤 경우에는 다른 해결책들을 찾기 위한 '시간을 벌기 위해' 위기를 연기하거나 연장하는 역할을 한다.

부시 행정부는 이전 행정부와는 대조를 이루며 군사적 선제공격의 명확한 정책을 특정 상황에서 공포하기로 결정했다. 만일 이런 정책 공포가 이라크가 무기 시찰단에 완전하게 협조하는 것을 지속적으로 거절하는 것을 억제하기 위해 의도된 것이라면, 그것은 실패한 것이다. 행정부는 이어서 선제적으로 행동하겠다는 자신들의 위협을 수행했고 이라크를 침공했다.

공격 후 논쟁

이라크 침공 결과 대량 살상 무기는 발견되지 않았고, 양측 모두에 많은 사상자를 발생시키는 곤란한 점령이 계속되며, 수많은 국제적 비난을 받는 등 선제공격은 논쟁의 본질을 떠나 더 많은 비난을 받게 되었다. 이라크 공격에 대한 비난은 종종 선제공격과 예방적 전쟁 정책에 대한 비난으로 전환되었다.

《파이낸셜타임스Financial Times》의 한 기사는 부시의 허세 때문에 선제공격의 독트린은 사망했고, 대통령의 '위협이 구체화되기 전에 선제적 행동을 할 미국의 권리'에 관한 주장은 오만할 뿐만 아니라 실속이 없다고 기술했다. 2001년 9월 11일 테러의 결과로 발표된 부시의 선제공격 독트린은 명목상으로만 남아 있을 뿐이라는 것이다.[26]

《로스앤젤레스타임스Los Angeles Times》는 '먼저 쏘다. 선제적 전쟁 독트린, 이라크에서 조기 사망하다'[27] 라는 기사를 표제로 다루었다. 본문의 내용은 점령을 힘들게 했던 문제점들로 인해서 그가 다른 곳에서 선제공격을 전술로 사용하지 않을 가능성이 매우 높다고 결론지었다. 기사는 또한 "부시의 선제공격 정책은 그 의도와 목적 모두에서 사망했다"고 선언했다.

《뉴욕타임스》의 2004년 9월 12일자 사설에는 '예방적 전쟁, 실패한 정책'이라는 표제가 붙었다. 기사는 예방적 전쟁 정책이 실패했다고 인정했다. 예방적 전쟁은 단 한 번의 진정한 시험을 거쳤는데, 대량 살상 무기 발견에도 실패했으며, 이라크와 알카에다와의 연계성을 발견하는 데에도 실패했기 때문이다. "우리가 얻은 진정한 교훈은, 어리석게도 미국이 가상의 적들을 신경쓰느라 자국의 군사적·외교적 방어물을 좀먹는다는 사실이다."[28] 사설은 부시 행정부가 무시한 '예방적 전쟁'과 '선제적 공격'의 차이점을 정확하게 도출해 내려고 애썼다.[29] 이 사설은 미국의 정책은 중대한 국익이 적극적 위협을 받았을 때, 그리고 모든 타당한 외교적 노력들이 시도되고 실패했을 때 항상 선제적 공격의 여지를 남겨두었다면서 다음과 같이 기록했다.

> 적군이 실제로 먼저 공격할 준비를 하고 있는 것이 명확하다면 미국은 공격을 당할 때까지 앉아서 기다릴 의무가 없다. 하지만 미국은 뭔가 위험한 일을 자행할 의도를 가지고 있을 수도 있고 그렇지 않을 수도 있는 잠재적인 적에 대한 예방적 전쟁에 정확하게 한계를 두었다. 부시 행정부가 이라크에서 겪은 비참한 경험이 충분히 증명하듯이, 그것이 여전히 가장 현명한 방침이며 점차로 위험해지는 시대에 미국을 가장 안전하게 지키는 길이다.
>
> 2001년 9월 11일의 테러리스트의 공격은 명백하게 미국에 대한 파국적 위협의 시대가 다가오리라는 것을 예고했다. 이런 위협들에 효과적으로 대응하려면 국가 안보 정책에 주요한 변화들이 요구될 것이다. 하지만 예방적 전쟁으로의 전환은 그것들 중 하나가 아니다.[30]

몇몇 기고가들은 이라크 경험에도 불구하고 계속해 선제공격을 선호했다. 《로스앤젤레스타임스》의 또 다른 기사는 선제공격은 하나의 옵션으로서 사라지지 않을 것이라고 예견하며, 심지어 코피 아난Kofi Annan, 1938~마저도 이제 일정한 유형의 위협들을 처리하기 위한 강제적인 조치들을 초기에 허락하기 위한 기준들에 대한 토론이 시작된다는 점을 시사하고 있다고 했다.[31] 루스 웨지우드Ruth Wedgwood 교수는 국가가 특정한 사례들, 즉 정보가 믿을 만하고 시기적으로 민감하며, 다각적인 권한 부여가 실제적으로 불가능하고, 대량 살상 무기 획득 네트워크를 후원하거나 주관하고 있을 때에는 항상 예방적 완력의 사용에 의지할 수 있는가의 문제가 남아 있다고 말했다. 이 질문에 대한 많은 전략가들의 대답은 '그렇다'이다. 일정한 정체는 과거에 매우 무책임한 행동을 취하고, 매우 골치 아픈 테러리스트 단체와 연계되었던 이력을 가지고 있을 것이다. 따라서 그들이 대량 살상 무기 생산 능력을 획득하게 되면 그것은 피할 수 없는 부당한 위험이 되기 때문이다.[32]

《아메리칸 저널 오브 인터내셔널 로》의 한 기사는 다음과 같이 지적했다. "아마도 이라크전은 선행적 정당방위에 대한 더 전통적인 정당화를 지배하는 제한들이 이치에 맞는다고 회의론자들을 설득하는 동시에, 새로운 예방적 전쟁 정책을 채택하는 데 따르는 위험성을 강조하는 사례가 될 것이다."[33]

이라크 문제가 정책 결정자들을 설득하든 못하든 예방적 전쟁과 관련된 위험들은 이익을 초과한다(최소한 일반적인 문제로서). 우리의 최초의 전면적인 예방적 전쟁이 우리가 예방적, 그리고 선제적 전쟁을 어떻게 생각할 것인지에 상당한 영향력을 발휘할 것이라는 점에는 의심의 여지가 거의 없다. 하지만 이라크의 교훈이 완전히 이해되고 일반적인 법률 체계로 편입되기 이전에, 논란 많고 불화를 일으키는 전쟁과 일부 역사적 견해에 의해 발생된 열정으로부터 약간 거리를 두고 바라볼 필요가 있다. 그동안에 궁극적인 역사적 결론의 초안에 불과하더라도, 진행 중인 전쟁에 대한 평가 과정이 계속될 것이다.

이라크와 관련된 결정들의 평가

이 책에서 약술된 기준들을 미국의 이라크 정책에 적용하기 위해서는, 중대한 결정들이 행해지고 실행되는 시기에 미국과 관련이 되거나 마땅히 알려졌어야 할 다수의 요소들을 조사해야 한다. 이 광범위한 구조 속에는 정부와 민간 모두에 의한 정보 수집, 평가, 그리고 결정과 관련된 문제들이 포함된다.

정부가 의존한 진실이라고 일컬어지는 모든 주장들이 정확하다고 판명되었더라면 그 행위가 정당화 될 수 있었을까? 돌이켜 보니 이런 주장의 대부분은 확인이 불가능하다. 즉 대량 살상 무기는 발견되지 않았으며, 알카에다의 9·11 공격과 사담 후세인 정부 간에 확고한 연계성이 있다는 사실도 입증되지 않았다. 후세인 독재 정권을 몰락시킴으로써 그가 흉악한 방법으로 독재를 지속하도록 허락하는 것보다 더 많은 무고한 생명들이 구조되었다는 증거도 존재하지 않는다. 뿐만 아니라 미군들이 이라크인들로부터 환영받았다는 증거도 없다. 더 일반적 표준으로는, 결국에는 미국의 행위가 민주주의를 촉진하고 테러리즘을 축소하고 다른 광범위한 가치들에 이바지할 것이라는 주장을 입증하거나 논박하기도 어렵다.

하지만 만일 이러한 모든 주장들의 근거가 확실하다고 입증되었더라면 어땠을까? 이제는 포획한 핵무기들이 거리 도처에 정렬되어 있고, 승리를 거둔 미국이 몰락한 독재자와 오사마 빈라덴 사이에 직접적 연계가 있다는 확고한 증거를 밝혀내고, 이라크가 재빠르게 민주주의의 길로 들어서며 이라크 시민들이 미국 군대에 꽃을 뿌려주기 위해 줄 지어 서는 장면을 생각한다는 것은 거의 불가능하다. 하지만 쓰라린 현실을 잠시 잊고 유토피아적 결과를 상상해보자. 그렇다 하더라도 전면적 예방적 침공 사례는 여전히 토론의 대상이다.

나는 공격의 전 단계에서 개인적으로 정부의 주장을 대부분 신뢰했다. 즉, 핵무기를 포함한 대량 살상 무기가 실재한다는 것과 이라크의 대량 살상 무기가 일부 테러리스트들의 손아귀에 들어갈 수 있다는 걱정을 일으키기에 충분한 테러리스트들과의 연계 가능성이 있다는 것, 잔인한 독재 정치의 마감에 대해 이라크 국민들이 대대적인 환영을 할 것이라는 점, 그리고 다른 이슬람과 아랍의 독재 국가들에 대해 자신들의 독재도 얼마 남지 않았다는 경고가 가능하리라는 사실을 믿었다. 이라크에 대한 전면전에는 반대했지만 나의 결론은 간단명료하지가 않았다. 나는 공개적으로 49~51퍼센트 정도의 반대 의사를 밝혔는데, 결정적인 2퍼센트는 의도되지 않은 결과의 법칙에 근거했다. 나는 비교적 세속적이던 이란 국왕의 독재 정권이 훨씬 악독한 종교적 극단주의 독재 정권으로 전이한 사실에 대해 언급했다. 그리고 대개의 경우 죽음을 기꺼이 받아들이는 종교적 광신도들보다는 그것을 두려워하는 세속적인 독재자를 다루는 편이 수월하다고 지적했다. 그리고 점령의 장기화로 인해 양측 모두에 많은 사상자를 야기하고 이슬람 근본주의를 강화시키게(이스라엘이 가자 지구와 웨스트뱅크를 장기 점령한 후에 일어났던 일처럼) 될까 봐 걱정했다.

나는 특별한 예지를 요구하지는 않는다. 단지 여럿이서 신중히 결정한 계획이 실패하는 것을 지켜본 오랜 경험에서 기인한 일반적 비관론을 요구하는 것이다. 의도되지 않은 결과의 법칙은 대부분의 다른 인간의 법보다 더 강력하고, 확실하고, 영구적이다. 그것은 복잡한 인간 행위의 결과와 관련된 어떠한 예언적인 방정식 계산에도 포함되어야 한다. 하지만 비극적인 제2차 세계대전이 증명하듯이 불이행에 대한 의도되지 않은 결과도 있다.

이라크 침공과 점령이 증명하는 것처럼, 실패한 군사 행동으로부터는 항상 배워야 할 교훈들이 있다. 이러한 교훈들은 우리가 예방적, 그리고 선제적 전쟁의 법률 체계와 도덕 체계의 구성을 향해 나아가는 데 전체적인 생각의 일부가 되어야 한다. 이라크에서 얻은 교훈들은 또한 이란에 대해 선제적 또는 예방적 군사 행동과 관련된 어떠한 결정에도 영향을 미칠 것이다. 하지만 전체 법률 체계를 합리적인 사람들과 나라 전체를 분열시킨 한 가지 경험을 토대로 구성하는 실수를 범해서는 안 될 것이다. 이라크의 교훈들은 진행 중이며 아직 완성되지 않았다. 그 이야기의 결말은 여전히 고통 받을 사람들의 피흘림 속에서 아직 쓰이지 않았다. 선거, 자살 폭탄 투척, 재판, 안정된 정부 수립, 암살, 헌법을 향한 진보, 승리, 패배, 이 모든 사건들이 매일 일어나고 있다. 한 가지 명확한 교훈이 있다면 이런 종류의 전쟁은(일회성의 선제적 공격과는 다른) 순조롭게 진행되는 일이 거의 없고, 매우 큰 희생이 따른다는 것이다. 또 다른 교훈들도 있는데, 전면적인 예방적 전쟁, 침략, 그리고 점령에 착수하기 이전에는 극도로 신중해야 한다는 것이다. 하지만 위험이 충분히 심각하고, 확실성이 매우 높고, 다른 옵션들이 매우 비현실적이라면 어떠한 옵션도(전면적인 예방적 전쟁마저도) 고려 대상에서 제외해서는 안 된다는 것이다.

한 가지 성가신 문제는 어떻게 이런 교훈들과 계고적인 원칙들을 이란을 상대로 적용할 수 있느냐는 것이다. 이란의 다수의 핵무기 시설들은 철저히 보호되고, 널리 퍼져 있고, 의도적으로 인구 집중 지역에 위치하기 때문에 훨씬 더 어려운 사례에 해당한다. 또한 이란의 경우는 내부적인 역동성 문제로 인해 훨씬 복잡하다.

Chapter 6 | 이란의 핵무기 프로그램에 대한 선제적 행위는 정당화될 수 있는가?

Would Preemptive Action against the Iranian Nuclear Program Be Justified?

이란의 핵무기 개발과 위험성

이 장은 이란의 핵무기 프로그램과 관련된 옵션들에 대한 사례 연구로 구성되어 있다. 앞에서 약술된 경험들을 지금 국제 사회가 직면한 진행 중인 정세와 잠재적 위기에 적용하려고 노력할 것이다. 대부분 그렇듯이 그러한 위기는 변화무쌍하며, 의미 있는 지침의 토대를 형성하는 경험(특히 이라크 전에서 생겨난 경험)들 또한 진행 중이다. 역사적 근거가 더 확고한 경험들, 이를테면 1981년에 이스라엘이 이라크 원자로를 공습했던 것 같은 경험들은 오늘날에도 여전히 그 영향력이 남는다는 사실을 우리는 곧 알게 될 것이다. 역동적인 사건들로부터 고정된 결과를 끌어낸다는 것이 쉬운 일은 아니지만 모든 법률 체계(특히 관습법 법률 체계)는 역동적이며 변화하는 환경과 지식에 적응할 수가 있다.

이란 정부가 핵무기 생산 능력을 개발하고 싶어 한다는 것은 누구나 알고 있는 사실이다. 이란은 단지 자신들의 에너지원을 확대하고 싫어서라고 주장하지만 그에 반하는, 중요한 증거가 있다. 첫째, 이란에는 어마어마한 석유 비축분이 있으며 핵 이외의 에너지원에 대한 접근 방법이 있다. 둘째, 이란이 수입하려고 애쓰는 물질이 단지 핵 에너지가 아닌 핵무기를 만드는 데 필요한 유형이다. 셋째, 몇몇 유명한 이란 정치인들이 핵무기 프로그램이라는 군사 목표를 인정했다. 전 이란 대통령 하셰미 라프산자니Hashemi Rafsanjani, 1934~는 자신들의 공격으로 500만 명의 유대인들을 죽일 수 있다고 자랑하면서 핵무기 살인으로 이스라엘을 위협했다. 라프산자니는 이스라엘이 핵폭탄을 투하하면서 복수를 하더라도 이란은 겨우 1,500만 명의 목숨을 잃게 될 것이라고 추산했다. 그 숫자는 전 세계의 10억 이슬람 신도들의 인구에 비하면 '극소수'가 될 것이라고 말했다.[1] 그는 자신의 공식에 만족스러워하는 것 같아 보였다.[2] 모하마드 하타미Mohammad Khatami, 1943~ 대통령은 이란의 미사일을 유대인들과 기독교 문명을 파멸시키는 데 이용하겠다고 위협했다.

> 우리는 이제 미사일로 이스라엘 문명을 공격할 준비가 되었다. 우리는 최고 지도자 알리 하메네이Ali Khamenei, 1939~로부터 지시가 떨어지기가 무섭게 이스라엘의 도시와 시설물들을 향해 미사일을 발사할 것이다.[3]

하메네이는 이에 대한 회답으로 자신의 군사들에게 "2005년 1월까지 두 개의 발사 가능한 핵폭탄을 준비하지 않으면 그들은 이슬람교도가 아니다"라고 몰아댔다.[4] 2004년 9월 21일, 이란군은 테헤란 거리에 자신들의 샤하브-3 미사일을 정렬시켰다. 이스라엘과 이라크의 도시들까지 도달할 수 있는 이 미사일들은 현수막으로 덮여 있었는데, 거기에는 '미국을 짓눌러 부수고 이스라엘을 세계 지도에서

지워버려라'라고 쓰여 있었다.[5] 2004년 10월 말, 이란 입법부는 핵 기술을 평화롭게 사용하기로 보장하자는 제안을 거부했으며, 이후 몇몇 국회의원들은 "미국에 죽음을!"이라고 외쳤다.[6] 2005년 5월, 이란이 67톤의 우라늄을 가스로 변환시켰음이 밝혀졌다. 그것은 이론상 200파운드에 달하는 무기 단계의 우라늄을 산출해낼 수 있는 양인데, 그 정도면 5개의 핵폭탄을 만들기에 충분하다.[7] 며칠 후 전 영국 총리 토니 블레어는 만일 이란이 우라늄 재생 계획을 지속한다면 자신은 유엔 안보리로부터 제재를 구할 준비가 되어 있다고 경고했다. 영국, 프랑스, 독일의 외무부 장관들은 날카로운 내용으로 된 경고 서한을 작성했다. 그 서한에는 이란이 핵무기 프로그램을 재개하려는 어떠한 시도라도 한다면 그들과의 협상 절차를 끝낼 것이라는 내용이 있었다. 이란은 이에 대해 반항조로 자신들은 기필코 가까운 미래에 우라늄 농축 행위 일부를 재개할 것이라고 응답했다.[8]

영국, 프랑스, 독일은 이란을 유엔 안보리에 회부하면서 핵무기 감시 기관인 국제원자력기구IAEA-International Atomic Energy Agency에 결의문을 제출했다. 2005년 9월 말, 국제원자력기구는 이란을 핵확산방지조약Nuclear Non-Proliferation Treaty 위반으로 소환하면서 결의문을 통과시켰다. 이란 지도자들은 분개하며 결의문을 비난했지만 결의문에는 이란에게 협상을 위한 약간의 시간을 남겨주면서, 이란이 안보리에 언제 회부될지에 대해서는 구체화하지 않았다.[9] 결의문에 분개한 약 300명의 항의자들이 테헤란 주재 영국 대사관에 돌과 연막탄을 투척했다.[10] 라프산자니의 후임자 아마디네자드Mahmoud Ahmadinejad, 1956~는 2005년 10월 '시오니즘 없는 세상'이라는 제목의 학회에서 "이스라엘을 세계 지도에서 지워버려야 한다"고 선언했다. 그는 이렇게 선포했다.

이슬람교 세계에 대항하는 세계적인 압제자는 시오니스트 체제를 창설했다. …… 그들이 점령한 영토에서 벌어지는 접전들은 운명적 전쟁의 일부다. 이제 수백 년간의 투쟁의 결과가 팔레스타인 땅에서 밝혀질 것이다.[11]

게다가 아마디네자드 이렇게 경고했다. "이스라엘을 인정하는 자는 누구든 이슬람 국가의 분노의 불길에 타버리게 될 것이며, 어떤 이슬람 지도자라도 시오니스트 체제를 인정한다는 것은 이슬람 세계의 항복과 패배를 인정하고 있다는 것을 뜻한다."[12]

《뉴욕타임스》의 한 기자는 수천 명의 이란인들이 테헤란 거리를 행진하며 다음과 같이 외쳤다는 아마디네자드의 발언을 보도했다. "이스라엘에 죽음을!" "미국에 죽음을!"[13] 이와 함께 바시지Basiji 민병대의 일원이 말한 것을 인용했다. "아마디네자드의 발언은 이란인들의 마음을 대표한 것이다. 그들은 팔레스타인을 위해 죽을 각오가 되어 있다." 기자는 아마디네자드의 이스라엘에 대한 언급이 극단적이기는 했지만, 많은 외교관들은 그것들이 이란의 다년간의 정책을 반영한다고 지적한다. "그는 오랫동안 어느 누가 말했던 것보다 더 큰소리로, 더 직접적으로, 더 힘 있게, 더 무례하게 발언한 것이다"라고 한 서방의 외교관이 말했다. "하지만 그는 본질적으로 이란의 정책을 고수하고 있을 뿐이다."[14]

이스라엘이 팔레스타인과 화해하거나, 어떤 다른 행위를 취하거나 삼가함으로써 이란의 핵무기 위협을 제거할 수 있다는 것도 확실치 않다. 이슬람교 극단주의자들의 세계에서는 모든 이슬람교도의 죽음이나 사실상 모든 이슬람교의 문제에 대해 이스라엘을 비난한다. 이스라엘이 그것의 원인과 직접적인 관계가 있든 없든 개의치 않는다.

요르단의 호텔 세 채에 대한 자살 폭탄 테러 이후 2005년 11월 12일, 《뉴욕타임스》는 많은 이슬람교도들이 알카에다에 공격의 책임이 있었음에도 이스라엘이 공격을 주도했다면서 비난했다고 보도했다. "대부분의 아랍인들은 오랫동안 이스라엘을 자신들의 적으로 생각해 왔다. 이스라엘이 지역 심리에 있어서 중요한 무게를 갖고 있으며 사회, 정치, 종교, 그리고 경제적 이슈들로부터 관심을 분산시키는 역할을 한다는 점을 간과할 수는 없다고 많은 사회·정치 분석가들이 말한다. 그들은 이스라엘을 비난하는 것은 반사적 반응이 아니라고 말한다. 많은 아랍인들에게 그것은 그들의 현실이다." 기사는 요르단 정치 논평가의 말을 인용했다. "우리는 우리 자신의 사회 문제를 회피하기 위해 이스라엘을 희생양으로 삼았다."[15] 이와 유사하게 많은 이슬람교 세계에서는 2004년 이집트에서 있었던 전직 레바논 총리 라피트 하리리Rafik Hariri, 1944~2005를 암살하기 위한 자살 폭탄 테러와 심지어 9·11 테러 공격에 대해서도 이스라엘을 비난했다.[16] 한 이집트 주간지는 이스라엘이 2004년 12월에 있었던 쓰나미를 일으켰다며 비난하기에 이르렀다.[17]

많은 이슬람교 극단주의자들에게 있어서 이런 문제들을 해결하는 유일한 방법은 이스라엘을 지구상에서 사라지게 하는 것이며, 그러한 결과를 성취할 수 있는 이슬람 지도자는 누구든, 얼마나 많은 이슬람교도들이 희생되든 상관없이 영웅으로 간주될 것이다.

수백만 명의 유대인들과 미국인들을 죽인 것에 대해 하늘에서 보상을 받을 것이라는 기대와 결합된 이런 종말론적인 태도에 대해서는 비종교적 체제에 대해서 사용되는 것보다 핵무기 위협에 접근하는 통상의 억제 효과를 얻기 힘들어 보인다. 이슬람교 극단주의자들은 그들이 재래식 자살 폭탄 투하자든 핵 자살 폭탄 투하자든 간에 단순한 죽음과 제재의 위협으로는 억제할 수 없을 것이다. 그들은 순교를 자신들의 행위에 대해 보상받을 극락에 입성하는 서곡으로서 환영하기 때문이다. 물론 그렇다고 해서 모든 권력자들이 신뢰할 만한 물질적 또는 경제적 피해의 위협을 무시한다는 뜻은 아니다. 극단적인 근본주의 광신자들 사이에서도 실용주의자들이나 물질주의자들이 존재한다. 게다가 이란 정부의 안팎에도 순수한 온건주의자와 개혁자들이 존재하며, 이란 핵무기 정책에 대한 그들의 잠재적 영향을 간과할 수는 없다. 하지만 특히 표적이 될 가능성이 있는 국가들은 어떤 최악의 시나리오에서도 권력가들의 위협적인 발언에 상당한 주의를 기울여야 한다.

이란에 대한 평가는 그들이 이동 가능한 핵무기를 독자적으로 개발할 수 있는 시점에 따라 변화한다. 어떤 사람들은 그들이 외부의 도움을 받지 않는다면 그 시점이 3~5년까지 걸릴 것이라고 믿는다. 은퇴한 한 중앙정보부 관리는 이렇게 말했다. "우리가 진정 예측할 수 없는 부분은 누가 그들의 부족한 부분을 채워줄 수 있느냐는 점이다. …… 북한이 될 것인가? 파키스탄이 될 것인가? 사실 우리는 그들에게 어떤 부분이 부족한지조차 모르고 있다."[18] 분명한 것은 이란의 미사일 운반 작업 시스템이 그들의 핵무기 개발에 훨씬 못 미친다는 사실과, 그들이 미사일을 수백 만 명의 시민들에 대한 대량 살상과 살인이 가능한 핵, 화학 그리고 생물학적 탄두로 무장할 계획을 가지고 있다는 것이다. 9·11 사건 이후 상상할 수 없는 일은 없게 되었지만, 실제로 그런 자멸적인 무기들의 배치를 시도할 권력자들이 있을지는 미지수다.

자국 국민들에게 그런 위협이 임박할 때까지 기다릴 수 있는 민주주의 국가는 없다. 이스라엘과 미국을 비롯한 모든 국가들은 위협된 대량 학살로부터 자국의 시민들과 군인들을 보호하기 위한 국제법상 권리를 가져야 한다. 그리고 그 권리에는 1981년에 오시락에서 이스라엘이 취했던 것 같은 선제적 군사 행동이 포함되어야 한다(만일 그것이 유일한 현실적 선택이라면). 특히 그러한 행위를 민간인 사상자 수를 최소화하면서 재차 취할 수 있다면 그렇다.

유엔 안보리는 만장일치로 이라크 핵 원자로에 대한 이스라엘의 공격을 비난한다고 투표했다. 하지만 전 미 국무장관 콘돌리자 라이스Condoleezza Rice, 1954~는, 역사는 사담 후세인을 핵무기에 접근하지 못하게 한 이스라엘의 공격을 지지했다고 말했다. 그러나 미국이 오시락 유형의 공격(이스라엘이 이라크의 핵무기 시설을 공습했던 공격)을 한다면 지지할 것인지에 대한 언급은 사절했다. 어떠한 두 가지 상황도 완전히 똑같을 수는 없고, 군사적 결정을 할 때 필요한 고려 사항들은 여러 가지 미묘한 요소들에 달려 있기 때문이다. 하지만 라이스는 "미국과 그 동맹국들은 이란의 핵무기 개발을 허용할 수 없다"고 말했다.[19] 그것은 미국이나 그 동맹국 모두 핵무기 생산 능력을 가진 이란을 허용하지 않겠다는 발언이었다. 우리는 벌써 명백히 그런 능력을 가진 북한을 직면하고 있기 때문이다.

최근의 보고에 의하면 미국이 이스라엘에 벙커 파괴 폭탄을 판매하고 있을 것이라고 한다. 그 폭탄은 이란이 진행 중인 자신들의 핵무기 작업을 보호하기 위해 사용하는 지하 핵무기 시설을 파괴하는 데 사용할 수 있는 무기다.[20] 이러한 정보가 이스라엘이 실제로 이란의 핵무기 시설을 파괴하기 위한 능력을 증강시키기 위해서뿐만 아니라 억제 위협을 보강하기 위해서 새어 나갔는지는 알 수 없는 일이다.

이스라엘의 이라크 핵 원자로에 대한 공격의 타당성과 이란의 핵무기 개발의 수용 불가능성에 대한 최근의 진술들에도 불구하고, 미국의 이란 핵무기 프로그램에 대한 정책은 여전히 불분명하게 남아 있다. 미국의 정책 담당 국방차관은 "나는 누구도 외교를 하는 동안에 무엇이든 배제하거나 포함해서는 안 된다고 생각한다"라고 말했다.[21] 하지만 대통령은 직접적으로 군사 문제에 대해서 발언을 하지는 않았다. 대신에 "외교가 우선순위가 되어야 하며, 행정부는 핵무기 문제 해결을 위해 항상 외교를 첫 번째로 선택해야 한다. 그리고 우리는 계속 외교적 압력을 가할 것이다"라고 말했다.[22] 그것이 확실히 군사적 옵션을 시도하려는 자들에게 무거운 부담을 주는 올바른 견해다. 빌 클린턴 전 대통령은 부시 대통령에게 군사적 옵션을 검토하되, 너무 적극적으로 추진해서는 안 된다고 권고했다.[23] 하지만 여전히 의문점이 남아 있다. 만일 1981년 이라크 사례에서 그랬듯이 모든 외교적 선택이 실패로 돌아간다면, 자국의 생존과 시민들의 보호뿐만 아니라 법의 원칙 준수를 약속한 민주 국가가 비우호적인 안보리(안보리의 일부 국가들은 이란에 그들이 핵무기를 제조하는 데 사용하는 원료를 공급했다)의 도움을 기다려야 할 것인가? 아니면 최후의 수단으로 1981년 이스라엘이 그랬던 것처럼 예방적 군사 행동을 취해야 할 것인가?

이란의 핵 위협에 대한 조치

오늘날 대부분의 사람들은 유엔 안보리의 비난에도 불구하고 이스라엘의 오시락 핵 원자로에 대한 정확한 공습을 균형 잡힌 선제공격의 전형으로 여긴다(많은 사람들이 사실은 이란이 이스라엘보다 먼저 이라크의 원자로를 공습한 것을 기억하지 못한다. 유엔은 그 공격에 대해서는 비난하지 않았다). 만일 이란의 모든 핵무기 시설들이 한 곳에 집중되어 있고 인구 밀집 지역에서 떨어져 있다면, 그리고 모든 군사 외적인 선택들이 실패한다면 이스라엘 또는 미국이 이란의 핵무기 시설을 파괴한다고 해도 아무런 윤리적인 문제가 없을(그리고 어떤 합리적인 국제법 제도하에서도 합법일) 것이다. 하지만 최근 보고에 의하면 이란의 투사들은 이라크의 경험으로부터 배운 바가 있어서, 의도적으로 핵무기 시설들을 인구 밀집 지역 내부나 근처를 포함한 국토 곳곳에 분산시킨다고 한다. 이로 인해 이스라엘이나 미국은 끔찍한 선택을 강요당할 수 있다. 즉 이란이 자신들의 민간인 밀집 지역과 다른 표적들을 겨냥한 핵폭탄 생산을 완성하도록 허락하거나, 또는 불가피하게 이란 민간인 사상자들을 감수하고 그 시설물들을 파괴해야 한다. 오래 기다릴수록 민간인들에 대한 위험은 더 커지는데, 특히 원자로가 방사능을 가질 때까지 공습을 기다리면 그러하다.

전시법은 핵무기 시설들을 포함한 전시의 군사 목표물들에 대한 폭격은 허용하지만 민간인 밀집 지역에 대한 폭격을 금한다(도시를 복수나 억제를 위한 목적으로 공격하는 것을 명백히 금한다).[24] 이란 정부는 이런 점을 노려 의도적으로 핵무기 시설들을 민간인 밀집 지역 중앙에 배치함으로써 시민들을 공습에 노출시키기로 결정했다. 따라서 그런 공습으로 야기된 사상자들에 대한 모든 책임은 그들이 져야 한다. 미국법에서는 범죄자가 무고한 행인을 경찰에 맞서 인간 방패로 이용하는 경우, 경찰이 그 범죄자를 체포하려고 정당하게 노력하다가 본의 아니게 총을 쏘아서 무고한 인간 방패를 죽인다면, 결정적인 총격을 가한 사람은 경찰이라도 그 범죄자에게 살인죄가 적용된다.[25] 같은 유죄의 원칙이 군사적 상황에서도 적용되어야 한다. 이스라엘, 미국, 그리고 다른 민주 국가들은 자신들의 민간인들에 대한 위험을 최소화하기 위해 군사 시설물들을 인구 밀집 지역에서 멀리 떨어진 곳에 설치한다. 이란은 그와는 정반대로 행동하는데, 이란의 지도자들은 민주 국가들이 도시 중앙에 위치한 핵무기 시설물에 폭격을 가하는 것을 주저할 것이라는 사실을 인지하고 있기 때문이다.[26] 이란은 예방적 공격에 맞서 자국의 민간인들을 억제책으로 이용하고 있다.

이스라엘은 (미국의 도움으로) 우선 군사 행동을 제외한 모든 노력을(외교, 위협, 뇌물, 사보타주, 이란의 핵무기 프로그램에 필수적인 개개인의 표적 살해, 그리고 다른 비밀 행동들을 포함해서) 해보아야 한다. 하지만 다른 모든 방법이 실패로 돌아간다면 이란이 대량 학살을 시행할 능력을 갖추기 전에 핵무기 위협을 제거하는 선택을 해야 한다. 이란 지도자들은 자신들이 대량 학살을 위해 핵무기를 만들고 있다고 단언한다. 이스라엘 방위 대장은 그와 관련해 이렇게 말했다. "우리는 이란의 대량 살상 무기 생산 능력 제거에 대해 이야기할 때 우선 정치적·경제적 해결책들을 사용하는 것이 성공 가능성이 높다고 믿는다. 나는 이 방법을 제일 먼저 이용해야 한다고 생각한다. 그러나 그것이 여의치 않다면 우리는 이란의 대량 살상 무기 생산 능력을 제거하기 위해 다른 옵션들을 사용할 준비를 해야 한다."[27]

2004년 6월 "이스라엘이 이미 이란에 대한 군사적 선제공격을 위한 예행연습을 실시했다"는 보도가 있었다. "이스라엘은 어떠한 경우에도 이란의 원자로(특히 러시아의 도움을 받아 부셰르Bushehr에 건설 중인 것)가 우리를 위협하는 것을 허용하지 않을 것이다"라고 이스라엘의 군사 관계자가 기자들에게 언급했다. 아리엘 샤론 총리는 "이란이 이스라엘의 존립에 최대의 위협이다"라고 공식 의견을 피력한 바 있다. 샤론의 발언이 '이스라엘은 이란이 핵무기를 보유하는 것을 허락하지 않을 것'임을 의미한다는 점에는 추호도 의심할 바가

없다.[28]

2005년 초에 이스라엘 외무장관 실반 샬롬Silvan Shalom, 1958~은 만약 유럽의 외교적 노력이 실패한다면 "이스라엘은 핵폭탄을 보유한 이란과 공존할 수 없다"며 이란의 핵 시설 공격 가능성을 언급했다.[29] 다시 말해서, 국제 외교의 성공, 제재 조치, 또는 다른 형태의 중재가 변수이긴 하지만 그것이 일관된 기조인 듯하다. 물론 이스라엘이든 미국이든 현재로서는 이란의 핵시설을 예방 목적으로 공격할 확고한 의도가 있는 것은 아니다. 하지만 양국은 전반적인 억제 전략의 한 부분으로서 과격한 발언을 연발하고 있을 가능성도 있다.

2005년 1월 24일자 《뉴요커The New Yorker》에 실린 시모어 허시Seymour Hersh, 1937~의 기사에 의하면 미국은 이란의 핵무기 프로그램에 대한 선제적 군사 공격의 가능성에 대해 준비하고 있다. 정부는 적어도 지난여름 이후 이란 내부에 대한 비밀 정찰 임무를 수행해왔다. 그것은 이미 선언된 바가 있거나 의심이 되는 이란의 핵 시설, 화학 시설, 그리고 미사일 기지에 대한 전반적인 정보와 정밀 타격을 위한 정보를 모으는 것에 상당한 초점이 맞추어져 있다. 목표는 정밀 타격과 특공대 급습으로 파괴할 수 있는 36개 또는 그 이상의 목표 지점을 파악하고 고립시키는 데 있다. 미국 국방성의 군구원들은 이란으로 가서 가능한 한 많은 군사 하부 구조를 파괴하기를 원한다고 국방성과 긴밀한 관계에 있는 정부 고문이 언급했다.

이 보도에 의하면 미국은 이스라엘과 더불어 군사적 선제공격 가능성을 고려해왔다. "미국과 이스라엘은 긴밀하지만 전반적으로 승인되지는 않은 협력을 이루었다(오시락 이후 이란은 타국, 특히 이스라엘의 타격 범위 밖에 두기 위해 많은 핵무기 기지를 동부의 외딴 지역으로 옮겼다. 그렇지만 거리가 멀다고 해서 보호가 보장되는 것은 아니다. 이스라엘은 크루즈 미사일을 발사할 수 있는 잠수함 세 척을 확보했으며 비행기 몇 대에 부가적인 연료 탱크를 장착해, 대부분의 이란의 목표 지점이 이스라엘 F-16I 전투기의 타격 범위 내에 들게 되었기 때문이다). 그들은 대략 4분의 3 정도의 잠재적 목표 지점을 공중 폭격으로 파괴할 수 있으며, 나머지 4분의 1은 타깃 공격을 하기에는 민간인 중심지에 너무 가깝거나 지나치게 땅속 깊숙이 자리한다고 믿는다."

하지만 군사적 접근의 이익을 의심하는 사람들도 있다. 허시는 이에 대해서 다음과 같이 적었다.

> 안보 정책 제네바 센터의 학술 조사 지도자인 이란인 학자 샤흐람 추빈 Shahram Chubin은 내게 이렇게 말했다. "미국이나 이스라엘이 이란에서 훌륭한 군사적 옵션을 가지고 있다고 생각하는 것은 환상입니다." 그는 계속해서 이야기했다. "이스라엘은 이것이 국제적 문제라고 봅니다. 그들은 '당신들이 처리하시오. 그렇지 않으면, 우리 공군이 처리할 것이오'라고 서구 사회에 이야기합니다." …… 하지만 이제 상황이 1981년의 이라크 때보다 더 복잡하고 위험하다고 추빈은 말했다. "오시락 폭격은 이란의 핵무기 프로그램을 지하로, 강해지고 분산된 기지들로 숨어들게 했습니다. …… 미국과 이스라엘은 모든 기지들을 공격했는지, 또는 그것들이 얼마나 빨리 재건될 수 있는지 확신할 수 없을 것입니다. 한편 그들은 반격을 기다릴 것인데, 그것은 군사적 반격일 수도 있고 테러리스트를 통한, 또는 외교적 반격일 수도 있습니다. 이란은 장거리 미사일을 소유하고 있으며 헤즈볼라Hezbollah, 레바논의 이슬람교 시아파의 과격 조직-옮긴이와 유대관계가 있는데 그들은 원격 조작 기구를 가지고 있습니다. 당신들은 그들이 어떤 식으로 대응을 할 것인지에 대해 상상할 수도 없을 것입니다."[30]

2005년 1월에 나는 이스라엘의 최고위층 전임 정보 관리에게 오시락 공격 유형의 선제적 공격이 이란의 핵무기 프로그램에 대해서도 가능한지를 물었다. 그는 그런 류의 어떠한 공격도 1981년의 아주 정확한 공습과는 매우 달라야 할 것이라고 내게 말했다. "그것은 다방면에 걸쳐야 하기 때문에 더 어려울 것입니다. 그것이 수행되려면 군사 역사상 전례가 없는 것이어야 할 것입니다." 그는 또한 내게 이렇게 말했다. "이스라엘은 혼자서 짐을 져서는 안 됩니다. 왜냐하면 이란의 핵 로켓 개발은 많은 다른 나라들 또한 위험하게 만들 것이기 때문입니다." 그는 이란의 핵폭탄이 이슬람 테러리스트들의 수중에 들어가면 미국이 특히 핵 테러에 취약할 것이라고 말했다.

이 문제는 이란 사회 내부의 역동성 때문에 더 복잡해진다. 이란은 지금 권력을 쥐고 있는 종교적 광신도들과 세속적인 소수파 사이에 깊이 분열되어 있다. 《뉴욕타임스》 칼럼니스트 토머스 프리드먼 Thomas Friedman, 1953~은 만일 이란에서 자유롭고 공정한 선거가 열린다면, 많은 이란인들이 현재의 독재적인 정권과는 반대되는 방향으로 선회할 것이라고 보도했다. 하지만 2005년 6월 당시 테헤란 시장이었던 극단적 보수주의자 마무드 아마디네자드가 이란 대통령으로 선출되었다.[31] 그는 이란의 전임 대통령이었던 라프산자니에게 역전승을 거두었는데, 이스라엘과의 핵무기 전쟁에 대해 극단적인 관점을 지녔던 라프산자니가 상대적으로 '더 온건한' 후보로 여겨졌었다.[32] 아마디네자드는 이스라엘을 지도에서 없애버리겠다고 협박했던 사람이다. 일부 전문가들에 의하면 문제는 핵무기 개발권에 대해 이란 내부에서 분열이 없다는 것이다. 이란에서 핵무기를 개발하려는 야망은 정치계 전역에 걸쳐 지지를 받고 있다. 그리고 이란인들은 이러한 기지들에 대한 공격을 고도로 기술이 발달한 현대 국가가 되

려는 자신들의 야망에 대한 공격으로 받아들일 것이다.[33]

이란인 인권 운동가들은 "미국이나 이스라엘 등 외국군의 이란에 대한 군사적 공격은 인권 단체에게 있어서는 재앙이 될 것"이라고 말했다. 그들은 외국군이 개입 위협을 하게 되면, 초기 단계에 있는 이란의 인권 단체를 뿌리 뽑고 성장을 막으려는 독재주의적 요소들이 그러한 개입 위험을 강력한 구실로 삼아 공격할 것을 우려한다.[34] 하지만 그들은 이란의 핵무기 위협은 완전히 간과한다. 이스라엘과 미국이 이란인들의 인권을 자국의 시민과 군인들의 목숨보다 중요시할 것을 요구하는 것은 순진하면서도 이기적인 생각이다(이란에서의 인권이 강화되면 핵무기 위협이 감소할 것이라는 표현되지 않은 가정이 아니라면). 이란의 인권 운동이 핵무기 위협을 제거할 만큼 충분히 강해질 가능성은 아직 희박하다. 나는 이 문제에 대해서 이스라엘 국회의 일원인 나탄 샤란스키Natan Sharansky, 1948~에게 질문했다. 그가 2005년 하버드 케네디 스쿨에서 강연을 했을 때의 일이었다. 샤란스키는 민주 국가는 다른 민주 국가를 공격하지 않으며 이란에 대한 최고의 장기적 접근 방법은 그들의 인권 운동을 강화하도록 도와주는 것이라고 강력하게 이야기했다. 그는 또한 이란의 현재 지도자들은 이스라엘에 맞서서 핵무기를 개발해 사용하려고 한다고 믿는다. 그는 외국의 공격이 인권 운동을 약화시킬 수 있다는 인권 운동가들의 의견에 동조하는 듯하다. 상당 부분은 타이밍이 관건일 것이다. 이슬람 학자들이 핵폭탄을 거머쥐는 것이 먼저일까? 아니면 반체제자들의 영향력이 증대되는 것이 먼저일까?

한 이스라엘 입안자는 이스라엘은 이란 지역 특유의 불안정에 비추어보아, 공격적으로 사용할 의도 없이 온건주의자들이 핵무기를 통제한다고 해도 이란의 핵무기 보유를 용인할 수 없다고 말했다. 이란에 있는 핵무기는 영구할 것이지만 온건주의자들이 그것을 통제하는 것은 일시적일 뿐 언제 권력이 이동할지 알 수 없기 때문이다. 게다가 항상 이란의 핵무기들이 헤즈볼라나 이란인들과 가까이서 일하는 다른 테러리스트들의 수중에 들어갈 위험이 있다. 미국의 관점뿐만 아니라 이스라엘의 입장에서 볼 때 이란 정치의 내부적 역동성에 관계없이 여전히 변치 않는 사실은 이란의 핵무기 보유를 용인할 수 없다는 것이다.

따라서 이 이슈가 내부적으로 해결될 가능성은 매우 미약하지만, 그렇다고 해서 내부적 역동성을 간과해서는 안 된다. 내부적으로 발생된 이란 내에서의 체제 변화가 있다면, 정부의 핵 강대국이 되려는 욕망이 감소되지는 않겠지만 정부의 핵무기 사용에 대한 위험을 감소시킬 수 있다. 더 세속적이고 민주적인 (또는 미국에 대한 적의가 덜한, 그에 따라 이스라엘에 대해서도 그럴 가능성이 있는) 정부는 현재 이란이 개발하거나 획득한 모든 핵무기들을 통제하는 자멸적인 종교적 극단주의자들보다 미국과 이스라엘에 대해 더 관용적일 것이다. 새로운 체제하에서는 그런 무기들이 테러리스트들의 수중에 들어갈 위험이 줄어들 가능성도 있다. 하지만 모든 위험을 제거할 수는 없다.[35]

물론 어떤 것도 장담할 수는 없고 이 모든 것은 정도와 가능성의 문제다. 하지만 선제적 공격의 위험들은 상당하기 때문에, 이러한 가능성들과 미세한 정도의 문제들은 이용할 수 있는 모든 옵션의 손익계산에 하나의 요인으로서 포함시켜야 한다. 미국과 이스라엘은 이란의 핵무기 개발에 맞서 선제적으로 행동할 법적·도덕적 권리를 가지고 있다. 하지만 미국과 이스라엘이 가하는 외부적 위협에 맞서 모든 이란인들을 결합시킴으로써 초기 단계의 개편 운동을 뒤로 후퇴시킬 수 있는, 어렵고 위험한 군사 공격의 방법으로 그 권리를 수행해야 한다는 것은 아니다.

하지만 어떤 사람들은 반대되는 주장을 펼친다. 그들은 이란의 핵무기 개발 능력을 파괴하는 행위는 이슬람 학자들의 힘을 약화시키고 오히려 반체제 인사들의 세력을 강화시킬 것이라고 말한다. 그렇지만 의도하지 않은 결과의 법칙이 항상 예측 불가능하고 종종 위험한 형태로 나타나는 것을 제외하고는, 아무도 성공적 선제공격 또는 실패한 선제공격의 영향을 확신할 수는 없다.

현재로서는 유엔, 국제원자력기구, 유럽공동체 또는 여타의 기구들이 프랑스, 독일, 러시아, 파키스탄을 포함한 다른 몇몇 국가들의 도움을 받은 이란의 핵무기 프로그램을 중단시키는 데 의미심장한 진척을 이루고 있는지가 불확실하다. 이 나라들 중 이란과 추잡한 뒷거래를 함으로써 엄청난 이익을 챙긴 몇몇 나라들은 자신들의 무역 파트너와의 대면에 몹시 불편해 보인다. 외교가 그 프로그램을 어떤 면에서는 지연시키는 것처럼 보이지만 그것이 얼마나 지속될지는 아무도 확신할 수 없다. 미국이 망설임으로써 이란인들은 핵무기로 반격하겠다는 위협을 하면서 미국의 선제공격을 억제할 목적으로 그들의 핵 프로그램을 가속화하는 분위기를 조성하는 듯하다. 2004년 미국 대통령 선거 운동 기간에 이란의 국가 안보위 의장인 하산 로하니 Hasan Rowhani, 1948~는 부시 행정부는 이란이 핵 프로그램을 개발하는 것을 방지하기 위한 별다른 노력을 하지 않기에 자신은 부시 대통령이 재선되기를 희망한다고 밝혔다. 그는 부시 대통령이 강경하고 근거 없는 과장을 할 뿐이며, 실제로 이슬람이나 그들의 핵 프로그램에 대해 현실적인 형태의 어떠한 조치도 취한 적이 없다고 언급했다.[36] 아마도 미 국방성이 실행 가능한 공격 계획과 관련된 사항을 공개한 것은 이러한 인식에 대처해 이란에 대한 압력을 증가시킬 의도였을 것이다. 이러한 상황은 곧 위기 단계에 이를지도 모른다. 그러나 세계의 법학자들 사이에서 이란의 핵 시설에 대한 예방적 공격이 정당하고, 적정하고, 도덕적이고, 지혜로운 것인가에 대해 어떠한 합의도 없다는 것은 확실하다.

다음 장에서 다루겠지만, 우리가 그러한 결정을 하는 데 있어서 고려되어야 할 요인들에 대한 합의조차도 이루어진 바 없다.[37] 이란의 핵 능력을 예방적으로 파괴할 수 있는 능력이 있는 국가들이 그러한 조치를 취하지 않음으로써 이란(또는 헤즈볼라 같은 테러리스트 대행자)에 의한 핵무기 대량 살상 공격이라는 악몽적인 시나리오가 발생한다면, 우리는 언젠가 왜 제1차 세계대전 승전국들이 나치 독일의 재무장을 막지 않았느냐고 물었던 괴벨스의 황당한 반응을 이란의 대량 살상자로부터 보게 될 것이다. 회고해보면 괴벨스가 표출했던 황당함은 적절한 경고로 들리지만 미래를 내다보면(이란의 상황이 어떻게 진행될 것인가에 대해 확실히 알지 못한 채) 그것은 우리가 배워야할 많은 역사적 교훈의 하나일 뿐이다.

결국, 이란의 핵 프로그램에 대한 어떠한 결정도 아마 국제법에 의존하기보다는 가장 위기에 처한 나라들, 즉 미국과 이스라엘이 부당한 민간인 희생 없이 이란의 원자로를 파괴하기 위한 실질적이고도 군사적인 능력에 달려 있을 것이다. 이것은 또한 국제 사회가 이러한 위협에 집단적인 조치를 통해 대처하는 능력을 보여줄 수 있느냐에 달려 있다. 이것은 선제적이고 예방적 조치라는 널리 받아들여지는 법률 체계에 아직 존재하지 않기 때문이다. 다음 장에서 제기되는 문제 중 하나는 어떤 법률 체계가(아무리 잘 고안되고 아무리 널리 수용된다고 할지라도) 특히 핵 공격 위협하에 있다고 믿는 나라들의 조치에 어떠한 영향을 줄 것으로 기대될 수 있는가 하는 점이다. 이란의 상황이 어떻게 될 것인가와 이 질문에 대한 대답은 이 글을 쓰는 동안 아직 해결되지 않고 있으며 가까운 미래에도 확정되지 않을 것 같다.

Chapter 7 예방과 선제공격의 법률 체계

Toward a Jurisprudence of Prevention and Preemption

법률 체계에 관한 예비적 관찰

민주주의를 위한 법률 체계를 구성한다는 것은 난해한 과제다. 이를 위해서는 시민들이 실제적인 선택을 하고 서로 경쟁하는 가치들을 비교·검토할 수 있도록 이슈들을 일목요연하게 정리해야 한다. 새롭게 자유 국가가 된, 그리고 좀 더 자유로워진 국가들(구 소비에트 연방과 그 위성국들에서 이란, 팔레스타인, 중국에 이르기까지)에서 헌법과 성문법의 초안을 잡고 분쟁을 해결하기 위한 절차를 만들고자 노력 중이다. 또한 전 세계적으로 새로운 혹은 변화되고 있는 현상(이를테면 인터넷, DNA 복제, 생물 복제, 우주, 인공지능, 그 외의 다른 기술 혁신)을 다루기 위한 규칙을 고안하고자 노력하고 있다. 이제껏 모든 법률 체계는 현존하는 법, 혹은 이전의 법에 근거하고 있다. 따라서 어떤 법률 체계도 무無에서 만들어지지는 않는다. 그러나 오늘날 현존하는 법을 토대로 법률 체계를 만들려는 각각의 노력에는 변화되고 쉽게 예상할 수 없는 것들이 포함되어 있다.

선제적 또는 예방적 통치 행위를 통제하는 법률 체계가 결여되어 있는 현상이 역사가 기록된 만큼이나 오래되었다는 사실은 주목할 만한 일이다. 우리는 선제공격과 예방 정책을 수천 년간 실행했다. 철학자들, 법학자들, 종교 지도자들, 그리고 정치인들은 이러한 정책이 실행되는 것을 무수히 보아왔다. 하지만 아직까지 과거의 위해에 대한 반응을 통제하는 법률 체계에 견줄 만한 아무런 조직적인 법률 체계도 출현하지 않았다. 나는 이 책 전반부에서 "법학 이론들은 법률가들과 재판관들이 구체적인 사례들을 다루고 그것들을 어떻게 처리하는가에서부터 생겨난다"는 로스코 파운드의 사려 깊은 관찰을 인용했다. 하지만 법률 체계가 결여된 이유가 전적으로 그것 때문이라고 할 수는 없다. 법이 경험으로부터 생겨나는 경향이 있는 것은 확실하지만, 그것이 선험적 필요조건은 아니다. 올리버 웬델 홈스 주니어의 "법의 인생은 논리적이지 않았다. 그것은 경험적이었다"[1]라는 관찰은 옳았다. 하지만 세계는 꽤 많은 여러 가지 유형의 선제적이고 예방적인 통치 행위에 대해 긍정적인, 그리고 부정적인 경험을 했다. 법률 시스템들은 그러한 행위들에서 생겨난 요구들을 오랫동안 다루고 처리했다.

결과가 항상 만족스러웠던 것은 아니지만 법률은 그런 식으로 발전했다. 법률 체계는 주로 경험에서 생겨난다. "좋은 법은 나쁜 사람들로부터 나온다"는 격언은 아마도 그러한 경우를 다소 과장한 것 같다. 하지만 착한 사람들의 선행에서는 그것을 토대로 법률이 형성되어질 수 있는 법적 논쟁이 생겨나지 않는다는 관찰은 분명히 어느 정도는 맞다. 관습법은 시간이 흐르면서 실수가 교정되고 끊임없는 시대착오를 거친 역사의 산물이다. 전례는 거부권이 아닌 지지를 얻는다. 홈스는 한때 이렇게 빈정댔다. "법률이 헨리 4세Henry Ⅳ, 재위

1399~1413 때보다 더 나은 구실을 하지 못한다는 사실은 불쾌한 일이다. 법률의 토대가 되었던 근거가 이후 오랫동안 사라지고, 단순한 규칙만이 과거를 맹목적으로 모방하면서 여전히 잔존한다는 것은 더 불쾌한 일이다."[2] 인간은 실수로부터 배운다. 조지 산타야나George Santayana, 1863~1952의 말을 부연해서 설명하자면, 과거로부터 배울 수 없는 자들은 같은 실수를 반복하도록 운명지어진다.[3]

나는 다른 곳에서 구체적으로 이런 주장을 한 적이 있다. "잘못된 것(인간의 경험, 특히 불법 행위의 경험)으로부터 올바른 것이 나온다."[4] 이 요점을 일반화하자면 법률 체계는 경험으로부터 나오는데, 특히 부정적 경험으로부터 나온다고 할 수 있다. 우리는 비극이 재연되는 것을 피하기 위해 과거의 비극을 토대로 새로운 법률 체계를 구성한다. 성경에서도 《출애굽기》의 십계명에 앞서서 《창세기》에 나오는 이야기들이 있다. 그 이야기들은 법률이 없던 시대에 살던 사람들이 규칙이나 심지어는 역할 모델마저도 없는 상황에서 올바르게 행동하려고 애쓰는 상황을 묘사했다. 《출애굽기》의 법률 체계는 《창세기》의 이야기에 나오는 카인, 롯, 아브라함, 야곱, 요셉, 심지어 신의 실수들을 토대로 만들어졌다.[5]

이것이 바로 내가 예비적이고 잠정적이기는 하지만, 선제공격과 예방의 법률 체계를 구성하기 위해 마지막 장까지 기다린 이유다. 우선 이런 개념들을 지닌 고대와 현대의 역사에 대해 서술하고 비판적으로 접근하는 과정을 거치는 것이 필수적이기 때문이다. 과거에 대해 사려 깊은 재고를 한다고 해서 완전하고 영구적인 법률 체계를 구성할 수 있는 것은 아니다. 법률 체계는 진행 중인 경험들을 채택함과 동시에 과거의 경험들을 평가·재평가하는 과정에 기초하는, 항상 진행 중인 작업이다. 로스코 파운드가 이에 관해 잘 설명했다. "법은 이성에 의해 발달되는 하나의 경험이며, 한층 더한 경험이 지속적으로 적용된다."[6] 신은 산꼭대기에서 영구적인 불변의 법률들을 계시할 수 있겠지만, 인간은 불완전한 입법 행위와 법률 해석을 통해서 행위를 규제함에 있어서 일관되지 못한 최선의 노력을 대충 짜 맞추려고 몸부림칠 뿐이다.[7] 그러한 노력들로 비용이 따르지 않는 완벽한 규칙들이 탄생하는 일은 거의 없겠지만 비용, 이익, 그리고 다른 도덕적 고려 사항들을 조화시키고자 하는 절충안을 만들어낼 수는 있다. 《미드라시》에서 아브라함이 하느님께 다음과 같이 말한다. "당신께서 세상이 존재하기를 원하신다면 완전한 정의를 주장하셔서는 안 됩니다. 당신께서 원하시는 것이 완전한 정의라면 세상은 지속될 수가 없습니다."[8] 법률 체계는 불완전하고 역동적인 과정이며, 고정된 결과가 아니다. 자유와 안보의 균형을 맞추려는 투쟁에서는 결코 승자가 될 수 없다.

어느 법률 체계의 구성 요소들 사이에나 필연적으로 요구될 일종의 조화를 이룬 결정들을 만들어내기 위한 메커니즘들이 있다. 거기에는 그런 메커니즘에 대한 검사와 조화, 실수를 피할 수 없다는 사실의 인정, 서로 다른 상황에서의 다른 유형의 실수들의 비용을 저울질하는 원칙들(양성 오류들, 음성 오류들), 진행에 대한 부담과 입증의 부담을 배분하는 방법, 균형 상태에서의 불이행의 법칙, 일정한 행위들에 대한 절대적인 금지의 고려나 요구, 새로운 법률 체계적 규칙들을 전통적 법률 체계와 통합하려는 노력, 규칙들을 평가, 재평가, 변화시키려는 절차들, 인간 행동, 제재, 그리고 인생·안보·자유의 가치들에 관한 이론들, 그리고 의도되지 않은 결과의 불가피성, 예상치 않은 사건들, 그 밖에도 알려지지 않은 요소들이 있다.

다양한 민주 국가에서 법률 체계를 구성하는 데 있어서 단일한 철학은 필요치 않다. 자신들의 법률 체계를 한 가지 철학적, 종교적, 정치적, 사회적 '진리'에 의존했던 국가나 단체들은 전제정치의 경향이 있었다. 우리는 한 가지의 절대적으로 옳은 도덕 체계, 진리, 또는 정의의 획일성을 추구하려고 해서는 안 된다. 나는 하나뿐이거나 획일적일 수 있는 (항상 도전과 재공식화의 대상이기는 하지만) 과학적 또는 경험적 진리를 말하는 것이 아니라, 결코 객관적이지 않은 도덕적 진리를 일컫는 것이다. 경험적 진리의 절대성이 있다고 해서 절대적인 도덕적 진리가 존재한다고 말할 수는 없다. 전통적 종교들이 가정된 경험적 진리(예를 들어 모세가 시내 산에서 십계명을 받았고, 예수가 부활했고, 마호메트가 말을 타고 하늘나라로 올라갔다는)에 근거하면서 이러한 경험적 진리들로부터 "살인하지 말라"와 같은 절대적 도덕 진리를 끌어내려고 노력하는 과정에서 어느 정도의 혼선이 생겨난다. 하지만 도덕적 진리의 절대성은 대개 생각하기 나름이다. 시공을 초월해 받아들여진 도덕적 진리들은 거의 존재하지 않는다. 한 가지 진리를 수동적으로 수용하는 것보다는 도덕적으로 설명하고, 진리를 추구하고, 정의를 구하는 활동적이고 끝없는 과정이 훨씬 바람직하다. 법률 체계를 구성하는 과정은 진리를 추구하는 과정과 마찬가지로 진행 중이다. 실제로 어떤 단일한 철학이나 도덕 체계를 수용하고 좇아 행동하게 되면 그러한 행동에는 내재된 위험이 뒤따른다. 상충하는 도덕 체계는 한 가지 진리의 횡포를 감시하는 역할을 한다. 나는 모든 칸트파와 신칸트파적 접근을 배제한 제러미 벤담Jeremy Bentham, 1748~1832이나 존 스튜어트 밀John Stuart Mill, 1806~1873의 공리주의가 최고로 성행했던 세상에서는 살고 싶지 않다. 그렇다고 해서 절대적인 명령들이 항상 노예처럼 뒤따르는 완전한 칸트파 세상에서 살고 싶은 마음도 없다. 벤담은 칸트를 감시하는 역할을 하고, 역으로도 마찬가지다. 마치 종교가 과학을, 과학이 종교를, 사회주의가 자본주의를, 자본주의가 사회주의를 감시하는 역할을 하는 것과 같다. 권리는 민주주의를, 민주주의는 권리를, 법률 체계는 현실 정책을, 현실 정책은 법률 체계를 감시하는 역할을 하는 것과도 같은 이치다.

아이디어 시장에는 우리의 감시와 조화의 헌법 시스템과 유사한 내용이 있다. 우리는 종교적이든 정치적이든 이데올로기적이든 경제적이든 한 가지 단일한 진리에 의해 생겨난 재난들을 경험했다. 자신들이 궁극적인 진리를 발견했다고 믿는 사람들은 이견에 대해 그리 관용적이지 못한 경향이 있다. 토머스 홉스Thomas Hobbes, 1588~1679는 다음과 같은 말했다. "진리를 제외하고는 어떤 것도 중요시해서는 안 된다. 그리고 무엇이 진리인가에 대한 판단은 군주에게 달려 있다."[9] 이것을 좀 더 구어체로 표현해보자. 당신이 한 가지 진실한 견해를 가지고 있다면 왜 다른 (잘못된) 견해가 필요하겠는가? 우리 모두가 마찬가지라는 것을 경험이 증명한다! 물리학자 리처드 파인만Richard Feynman, 1918~1988은 지식의 한계뿐만 아니라 경험의 교훈을 철학자 홉스보다 훨씬 잘 이해했다. 그는 의심할 수 있는 기본적 자유를 강조했는데 그 자유는 '과학의 초창기에 권위에 맞선 투쟁'에서 유래했다.[10] 그러한 투쟁은 우리가 거의 제한 없이 수백 년간 영향을 끼쳐온 오래된 현상들을 규제할 새로운 법률 체계를 구성하려고 노력할 때 존속한다.

현상들의 인정

선제공격이나 예방적 정당방위 같은 통치 행위의 실행을 지배하기 위한 법률 체계를 구성하는 데 있어서 첫 번째 조치는 그러한 행위의 존재와 합법성을 인정하는 것이다.

대부분의 국가들은 다른 국가나 테러리스트 단체들의 위협을 받는 한 선제공격이나 예방적 군사 행동을 선택할 수 있고 그것을 수시로 시행할 것이다. 국가들은 국제기구들의 개입이 필요하다고 여겨지는 상황에서 그들의 개입이 불가능하거나 개입 자체를 거절할 때는 일방적으로 또는 다른 동맹국들과 함께 행동할 것이다. 그것이 현실이며 어떤 법률 체계도 결코 그 부분을 바꾸지는 않을 것이다. 국가의 생존은 순전히 법의 문제가 아니며, 결코 그렇게 되지도 않을 것이기 때문이다. 단순히 비현실적이고 가식적인 법률 위반을 피하기 위한 목적으로 '정치적 자멸 행위'를 저지르는 국가는 없을 것이다. 법률 체계가 국가들의 행동에 영향을 미치려면, 자국 시민들의 생존을 국제법을 준수해야 한다는 의무감보다 우위에 두어야만 한다. 특히 다른 국가들이 일상적으로 그런 법을 단순히 권고 사항 정도나 가식적으로 대하면서 무시한다면 더욱 그렇다. 따라서 선제공격이나 예방에 대해 '예·아니요'나 흑백 논리, 또는 법적·불법적 정책으로서 토론을 하는 것은 별로 유용하지 않다. 이보다 훨씬 더 유용한 것은 어떤 요소들이 초기의 위험들을 예상하고 행동을 할 것인지에 관한, 그리고 그런 행위들이, 예를 들어 미국이 이라크를 상대로 2003년에 시작한 것과 같은 전면적인 선제적 전쟁, 이스라엘과 미국이 시한폭탄 테러리스트들에 사용했던 것 같은 표적 살해, 그리고 최근 이란의 핵무기 시설들에 대해 고려 중인 것 같은 다방면에 걸친 들쑥날쑥한 공격, 또는 현재 이용되고 있거나 미래에 시행될 어떤 다른 논쟁이 되는 메커니즘을 적절하게 포함할 것인지, 그리고 어떤 상황에서 포함할 것인지에 관한 결정에도 영향을 미칠 것인가를 고려하는 것이다.

국제관계에서 법률 체계의 역할

국제적인 선제공격 또는 예방의 법률 체계의 일부가 될 요소들을 고려하기 이전에, 이제 앞서 제기되었던 문제에 대답할 필요가 있다. 어떤 국가든 국제법을 준수해야 한다는 의무감보다는 자국의 국민들을 보호하고 자국의 생존을 보장하는 것을 우선시할 것이라는 현실에 비추어볼 때, 실제로 자신들이 감시하에 있다고 믿는 국가들의 행동에 영향을 미칠 수 있는 법률 체계가 구성될 현실적인 가망성은 있는 것일까?

나의 대답은 양쪽 모두에 동등하게 중점을 둔 '한정된 긍정'이다. 나는 루이스 헨킨Louis Henkin 교수의 다음과 같은 핵심을 찌르는 평가에 전반적으로 동의한다. "거의 모든 나라들이 거의 모든 국제법의 원칙들과 자신들의 의무를 거의 모든 시기에 지키는 것이 사실이다." 11 나는 그의 이야기에서 '거의 모든 나라들'이라고 표현한 부분에는 동의하지 않는다. 거의 항상 국제법을 존중하지 않는 나라들이 상당수 존재하기 때문이다. 따라서 나는 이 제안을 더 부정적인 형태로 표현하고 싶다. 즉 모든 원칙들과 모든 의무들을 항상 준수하는 나라는 거의 없다. 의미는 비슷하지만 뉘앙스가 다르다.

한 나라가 국제법을 준수할 가능성은 그 법이 정당한 현실을 반영하면서 더 가까이 다가갈 때 증가한다. 그 법은 단지 국가들이 어떠한 법적인 제약도 없을 때 실제로 하는 행위를 뒤따라서 하면 안 된다. 그런 법은 국가의 행위에 영향을 끼칠 수 없으며, 단지 현존하는 행위를 그것이 정당했든지 아니었든지 간에 반영하고 합법화할 뿐이다. 탈무드에는 "사람들이 어떻게 행동하는지를 보라. 그것이 바로 법이다"라는 구절이 나온다.[12] 하지만 그런 법은 규범적이라기보다는 설명적이다. 국제법의 목표는 국가들이 어떤 결정의 상황에서 바른 방향으로 가도록 주의를 환기시키는 것이다. 그리고 국제법의 압력으로 인해 어떤 방식으로 행동할지를 결정하는 데 주요한 고려 사항들 중 하나가 되기 위해, 최소한 한계 상황 근처에서 국가의 행위들에 영향을 미칠 수 있어야 한다. 그것은 그리 대단치는 않아 보이지만 중요한 목표다. 그것이 대단치 않은 이유는 국제법은 한 나라가 심각한 위협에 직면하거나 심각한 위해가 예상되는 경우에 언제, 그리고 어떻게 자국을 방어할 것인지를 결정할 때, 결코 법 자체만을 유일한 요소로 고려하지는 않을 것이라는 사실을 인정하기 때문이다. 하지만 한편 국제법이 어떤 상황에라도 심각하게 받아들여지면 그것은 모든 상황에서, 또는 가장 극단적인 상황에서라도 약간의 영향력을 미칠 것이기 때문에 중요한 면도 있다. 국제법은 단지 권고적이고 따라서 비현실적이라는 성질 때문에 오늘날 종종 그러하듯이 완전히 무시되어서는 안 된다.

선제적 공격을 국내법의 정당방위에 유추해보는 것은 매우 유익할 것이다. 홈스 판사는 "치켜든 칼 앞에서 충분히 이성적인 판단을 요구할 수는 없다"는 현명한 관찰을 했다.[13] 다른 말로 하면 공격자가 무고한 사람을 죽이려고 협박하고 있을 때, 그 사람은 어떻게 대응할 것인가를 결정하는 데 있어서 반드시 복잡한 정당방위법에 의존하지 않을 것이라는 뜻이다. 그는 즉시 자신의 목숨을 구하기 위해 행동할 것이다. 만약 법 규정에 따라 시간이 지체되어 자신이 살해당할 가능성이 증가함에도 총을 꺼내 공격자를 죽이기 이전에 공격자를 먼저 설득해야 한다고 요구한다면, 그 법은 지켜지지 않을 것이다. 왜냐하면 그것은 불법적인 습격의 잠재적 희생자에게 부당한 위험을 부과함으로써 현실을 반영하지 못하기 때문이다. 하지만 이런 극단적인 사례가 있다고 해서 정당방위의 이용을 규제하고 심지어 제한하는 모든 법률들이 항상 무시될 것이라는 뜻은 아니다. 예를 들어 전미총기협회National Rifle Association의 자극을 받아 논쟁이 되었던 다음과 같은 사례를 고려해보라. 칼을 든 한 남자가 느릿느릿 다가오고 있다고 치자. 위협을 받고 있는 사람은 가능하다면 안전하게 도망가야 하는가, 아니면 물러서지 않고 공격자를 죽일 권한을 가지는가? 전통적인 규정은 위협을 받는 사람은 자신의 집으로부터 도망갈 필요는 없다(아마도 익숙한 환경에서 자신을 보호하는 것이 더 효과적이기 때문일 것이다). 하지만 그가 공공장소에서 안전하게 도망갈 수 있다면(자신의 차 안으로 들어가 운전을 해서 걸어오는 공격자로부터 달아난다고 치자), 그는 치명적인 무기에 의존하기 이전에 그렇게 해야 한다. 전미 총기협회는 위협을 받는 자는 안전하게 도망갈 수 있는 상황에서라도 누구든 물러서지 않고 공격자를 죽이는 것을 허용하도록 로비 활동을 하고 있다.[14] "법을 준수하는 사람들에게 그들이 공격을 받으면 뒤돌아서서 도망가야 한다고 요구해서는 안 된다"라고 전미 총기협회 한 로비스트가 플로리다의 국회의원들에게 말했는데, 그들은 다음과 같이 도망가야 할 의무를 제거하는 법안을 승인했다. "이 법안은 때때로 범죄자들에게 특혜를 주었던 사법 시스템에 의해 부식되고 빼앗겼던 권리를 되찾아준다."[15]

정당방위에 관한 법률의 목적은 이와 비슷한 경우에 이성적으로 행동하기 어려운 긴박한 위협하에 있는 개개인들에게 주의를 환기시켜 한계에 이른 행위에 영향을 주는 것이다. 도망간다고 해서 죽음의 위험이 증대되지 않는다면 우선 도망갈 책임을 주장하는 주들에서는 다 그렇게 하는 이유가 있다. 그들은 그런 상황에서라도 남자다움이나 심지어 위엄 같은 다른 가치들보다 생명을 중요시하기 때문에, 비록 죄 있는 공격자의 생명이라도, 살인의 빈도를 줄이려는 것이다. 공격자로부터 달아나는 행위는 버티고 서서 그를 향해 힘으로 맞서는 것보다 품위가 떨어질 수는 있다. 하지만 현실적인 선택권이 있다면 품위가 떨어지는 편이 사람을 죽이는 것보다는 낫다. 사람은 실제로 경찰에 의존하거나 공격자를 살해하는 것 이외의 다른 자력 구제 방법에 의지할 수 없는 본질적인 '자연 상태'에 놓일 때에만, 그리고 무고한 희생자의 목숨을 죄 있는 공격자의 목숨보다 중요시하는 사회의 선호도를 만족시킬 때에만 법률을 침해하는 것이 허용된다. 만일 다른 대체 방법(품위 없이 달아나는 방법이라 하더라도)이 있다면 그 방법을 실행해야 하는 것이다. 최소한 그것이 도망을 요구하는 법을 선호하는 사람들의 판단이다. 그런 법률들에 반대하는 사람들은 경험적인 입장에서 도망갈 것을 요구하지 않음으로써 더 많은 목숨(또는 더 많은 무고한 자들의 목숨)을 구할 수 있다고 믿거나, 규범적인 입장에서 누군가에게 불법적인 공격자로부터 도망칠 것을 요구하는 것은 옳지 않다고 믿는다. 하지만 양자 모두 이 토론의 핵심 부분에는 동의할 것이다. 다시 말해서 '긴박한 위협 상황'에서라도 법은 한계에 달한 행위에 영향을 미칠 수 있다는 사실과, 최소한 일부 사람들은 아마도 법이 도망갈 것을 요구하느냐 않느냐에 의해 자신들의 행위에 대해 간혹 영향을 받을 것이라는 사실이다.

만약 이렇게 법이 긴박한 죽음의 위협 속에서라도 간혹 영향을 끼칠 수 있다면, 더 신중하고 계산적이며 공공의 이익을 위해 행동하는 경향이 있는 국가들에도 역시 위험 상황에서(그 위험이 임박하다 하더라도) 영향을 끼칠 수 있을 것이다. 만일 그들에게 영향을 끼치려는 법률들의 요구사항이 너무 지나치지 않고 현실적이고 합리적이라면 말이다.

개인적 정당방위에 관한 국내법과 국가적 정당방위에 관한 국제법 간의 유추 해석은 물론 완벽하게 동일하다고 할 수는 없다. 각각의 정황상 수많은 중대한 차이점들이 있기 때문이다. 선제공격이나 예방 같은 개별적 주제를 가진 법률 체계를 구성하는 데 가장 어려운 임무 중 한 가지는 그것을 현존하는 일반적 법률 체계에 통합시키는 것이다. 유추 해석은 그런 통합을 성취하는 데 강력한 수단이 된다. 유추 해석을 효과적으로 이용하려면 유추 해석될 분야들 간의 유사점들과 차이점들을 모두 이해해야 한다. 우리는 이제 국제적인 선행적 정당방위에 관한 법을 국내적인 정당방위에 관한 법(상당히 잘 정립된)과 비교·대조하면서 이 질문을 하려 한다.

국제적 정당방위와 국내적 정당방위 간의 유추

개인적인 '소규모' 범죄와 집단적인 '대규모' 테러리즘과의 차이점과 마찬가지로 선제공격이나 예방과 관련해 국내법과 국제법에는 차이점들이 있다. 국제 무대에서 국가들 간의 예방적 정당방위를 허용하는 규정들은 국내법 시스템 내에서 개인들 간의 정당방위를 지배하는 규정들과 다르며, 또 달라야 한다는 무조건적인 인식이 있는 것 같다.

국제법은 제한적이지만 의미 있는 상황에서 선행적 군사 행동을 인정하는 반면, 국내법은 죽음의 가능성이 매우 높아도 대개의 경우에는 어떠한 선행적 정당방위도 금지한다. 예를 들어 한 나라가 자신의 적국을 상대로 전쟁을 선포하고, 임박한 공격을 예견하면서 군대를 그 나라의 국경에 배치한다면, 상대 국가에는 1967년에 이스라엘이 그랬듯이 공격을 개시할 권리가 있다. 선행적인 국가적 정당방위에 대해 가장 제한적인 견해를 가진 사람들이라도 유엔 헌장의 마이어스 맥두걸Myres McDougal, 1906~1998 교수의 다음과 같은 글에는 동의할 것이다.

> 현대의 파괴 기술은 놀랄 만한 거리로부터 놀라운 속도로 국가들의 완전한 말살을 가능하게 만든다. 이런 어려운 상황하에서 효과성의 원리는 당사자들이 계획한 주요 목적들과 요구에 따라서 협정이 해석되어야 한다는 것을 요구한다. 하지만 방어의 필요성에 직면한 국가들에 '맞히기 쉬운 목표'의 자세를 취할 것을 요구한다면 그것은 거의 지켜지지 않을 것이다. 그런 어떠한 해석도 국경을 가로질러 독단적인 강압 정치와 폭력을 최소화하고자 하는 헌장의 주요 목적을 조롱거리로 만들 뿐이다. 국가들이 그러한 해석을 받아들이지도 않을 것이며 그것을 잠재적으로 적용하기도 힘들 것이다.[16]

반면에, 마피아 두목이 적을 제거할 목적으로 암살자를 고용한 경우라면 상황이 다르다. 그 적은 암살자가 실제로 살인 청부를 시행하는 단계에 있지 않다면 합법적으로 암살자를 살해할 수는 없다. 이 마피아 사례에 있어서의 차이점은 잠재적인 희생자가 그를 보호하고 예상되는 암살자를 체포할 의무가 있는 경찰에 연락하는 것이 법적 요구사항이라는 것이다. 전쟁의 경우에는 잠재적 희생자의 위치에 있는 국가가 공격으로부터 자국을 보호하기 위해 경찰의 역할을 하는 유엔, 특히 안보리에 도움을 청하도록 되어 있다. 적어도 이론상은 그렇다는 뜻이다. 그러나 현실상 많은 경우에 있어서 희생 국가에 가해지는 공격을 막을 능력 있는 경찰력은 없다. 자구적인 노력이 유일한 해결책인 경우가 허다하며 공격을 받기 전에 타격을 가할 합리적인 기회를 활용하는 것도 이에 포함된다.[17] 가정의 상황을 들어 유추해보는 것도 도움이 되겠다. 남편으로부터 폭력을 당하는 아내는 자신을 때린 남편을 그가 잠들어 있을 때 살해함으로써 예견되는 정당방위를 수행하는 것은 허용되지는 않는다. 그녀는 집을 떠나 경찰에 연락하도록 되어 있다. 그러나 최근까지(심지어 몇몇 국가에서는 지금도) 남편으로부터 폭력을 당한 아내는 폭력이 재연되는 것 또는 그녀의 생명을 위험하게 할 정도로 폭력이 심화되는 것을 막기 위해 경찰에 의존하는 것이 현실적으로 불가능했다. 그러므로 어떤 배심원들은 법을 자신의 손으로 집행해 잠자고 있는 폭력 남편을 살해한 매맞는 아내들에게 호의적인 판정을 했다.[18]

유엔 헌장은 선제적인 군사 행동이 합법적이라는 조항이 있다손 치더라도 어떤 상황이 합법적인지에 대한 지침을 거의 제공하지 않고 있다. 유엔 헌장 51조는 '회원국에 대한 무장 공격이 발생하는 경우에 개인 또는 단체의 정당방위라는 고유한 권리'를 승인하고 있다. '발생한다'는 용어를 사용한 것은 임박하고 확실한 공격에 대한 예방적인 자기 방어가 결코 합법적이지 않으며, 회원국들은 무장 공격이 적에 의해 실제로 시작될 때까지 기다려야 한다는 점을 암시하고 있다. 만약 이것이 51조에 의도된 의미라고 한다면, 그것은 비현실적일 뿐만 아니라 도덕적으로 받아들일 수 없다. 이는 첫 번째 타격이 재앙적인 결과를 불러와서 반격이나 방어가 더욱 어렵거나 심지어 불가능하기까지 한 대량 살상 무기의 시대에는 특히 그러하다. 놀랄 것도 없이 51조는 극히 제한적인 해석으로 인해 대개 무시되었다. 그것은 법이 아니다. 그것은 단지 권고적인 내용일 뿐이며 도움이 되기에는 지나치게 해로운 권고다!

51조를 문자 그대로의 해석하면 1967년 이집트와 시리아의 공군에 대한 이스라엘의 선제공격은 이스라엘이 이미 발생한 무장 공격에 대해 스스로를 보호한 것이 아니었으므로 불법이었을 것이다. 이스라엘 선박에 대해 국제 수로를 봉쇄(이것은 통상적인 국제법상 개전 원인이 되지만 51조상의 '무장 공격'은 아니다)한 것은 선제공격의 명분으로 충분치 않았을 것이다. 유엔 평화 유지군의 축출, 이스라엘 국경에 대한 이집트군의 대량 집결, 또는 이스라엘로 하여금 민간 예비군을 소환하게끔 했던 대량 학살 전쟁에 대한 구체적 위협 등 어느 것도 명분으로는 충분하지 않았을 것이다. 이 헌장에 따르면 실제 무장 공격만이 이스라엘이 군사 행동을 취할 수 있는 필요조건이었다.

하지만 이스라엘은 실제 무장 공격이 발생할 때까지 기다리지 않았다. 대신에 그들은 선제적으로 행동했고 안보리는 이를 비난하지 않았다.[19] 선제공격임에도 불구하고 안보리가 아무런 반응을 보이지 않는 것은 이스라엘의 행위가 합법적이라는 것을 확증하는 것처럼 보일 수도 있다. 특히 안보리는 모든 상임 이사국들에 대해 거부권을 가지기 때문에 그렇다.

이스라엘의 선제공격이 비난을 피할 수 있었던 한 가지 이유는 아마도 유명한 캐롤라이나 사건Carolina Case에서 분명히 표현된 좁은 의미의 기준에 포함되어서일 것이다. 그 사건에서 당시 미국 국무장관 대니얼 웹스터Daniel Webster, 1782~1852는 영국을 함선으로 공격하는 것의 법적 상태를 고려해 함선들을 정박시켰는데, 그것은 캐나다에 주둔한 영국군에 맞서 사용하기 위한 것이었다. 웹스터는 국경을 넘어선 선행적 완력의 사용을 '정당방위의 필요성이 절박하고 압도적이며 다른 선택 가능한 수단이 없고, 숙고할 시간이 없는 경우'에만 정당화했다.[20] 그것은 정당방위에 관한 국내법과 매우 유사하게 보인다. 하지만 잠재적인 공격으로부터 자신들을 보호해야 할 시기가 되면 대부분의 국가들이 자연 상태에 놓인다는 현실 때문에 더 광범위하게 해석되었다. 거의 항상 '숙고할 시간'은 있지만, 이스라엘은 자신들이 믿은 대로 이집트의 행동에 의해 선제적으로 행동할 것이 강요되었고, 이집트가 이스라엘로 하여금 믿게 하고 싶었던 것은 임박하고 잠재적인 파국적 공격이었다.

2004년 12월 유엔의 위협, 도전, 그리고 변화에 관한 고위급 패널이 보고서를 발간했다. 그 보고서는 저명한 국제 변호사들과 외교관들이 작성했는데, 오랫동안 기다려온 만큼 많은 사람들에게 널리 주목을 받았다. 보고서는 안보리의 핵무기 테러리즘의 예방에 관한 접근법의 중대한 변화를 제시했다. 그것은 51조의 '제한적인' 표현에도 불구하고 "오랫동안 확립된 국제법에 따라 위협을 받은 국가는 위협적 공격이 임박하고, 그것을 비껴갈 다른 수단이 없고 그 행위가 형평에 맞는 한 군사 행동을 취할 수 있다"는 사실을 인정했다.[21] 오스트레일리아의 전임 외무장관이자 그 보고서를 발간했던 패널 중 한 명이었던 가레스 에반스는 51조를 좁은 의미로 받아들여 제한적이고 글자 그대로 해석하는 것에 반대하며 이렇게 주장했다.

> '무장 공격이 발생할 때'에만 권리가 발생한다고 규정하는 51조의 조항에도 불구하고, 정당방위의 권리를 실제의 공격뿐 아니라 임박한 위협에까지 확대하는 해석이 51조 이전의 국제 관습법상, 그리고 이후의 국

제 관례상 오랫동안 받아들여졌다. 그러한 임박한 위협에 대해 믿을 만한 증거가 있고 위협을 받은 국가에 다른 이용 가능한 대체 수단이 없을 때, 그 국가는 먼저 안보리의 승인을 구할 필요 없이 '선제적으로' 군사력을 사용하는 데 아무런 문제가 없다(그리고 한 번도 문제가 없었다). 만일 군대가 이동하고 있다면, 그들이 당신들에게 해를 끼칠 가능성이 명백하고 분명한 적대적 의도를 보인다면, 아무도 당신들에게 공격을 당하기를 기다려야 한다고 심각하게 제안하지 않았다. 이런 경우를 총칭해 '선행적 정당방위'라고 부르는 것이 항상 합법적이었다.[22]

이 관점에 따르면 1967년의 이스라엘의 공격은 완전히 합법적이다. 제4차 중동 전쟁 몇 시간 전에 이스라엘이 선제적 공격을 했더라도 마찬가지였을 것이다. 보고서에 따르면 문제가 되는 위협이 임박하지는 않지만 사실이라고 여겨지는 경우에 '문제'가 발생한다. 예를 들어 적국이 이른바 적대적 의도를 가지고 핵무기 제조 능력을 습득하는 경우가 이에 해당된다. 즉 1981년의 이라크의 상황 또는 현재의 이란이나 북한의 상황이 이에 해당된다. 에반스는 이 이슈에 관해 다음과 같은 부연 설명을 했다.

문제는 다른 형태의 선행적 정당방위에서 발생한다. 공격의 위협이 사실인 것으로 주장되지만 그것이 임박했다고 믿을 만한 확실한 이유가 없을 때, 즉 언어 순용주의자들이 주장하듯이 논점이 되는 것이 선제공격이 아니라 예방일 때 그러하다(영어는 이러한 경우에 두 가지 용어를 가진다는 점에서 독특한 언어다. 즉 '선제공격'은 임박한 위협에 대한 대응을 말하고 '예방'은 임박하지 않은 위협에 대한 대응을 의미한다. 그렇게 두 가지 용어를 구분하는 것이 영어 원어민인 정책 애호가들에게는 의미 깊고 소중할 수도 있다. 하지만 그러한 용어를 사용한다손 치더라도 상호 호환적으로 사용하는 나머지 사람들에게는 논점을 명확히 해주기보다는 훨씬 더 애매하게 해온 듯하다). 고전적인 의미의 임박하지 않은 위협 상황이라면 적대적으로 여겨지는 국가가 대량 살상 무기를 조기 획득하는 경우가 있을 것이다 (이것은 1981년에 절반 정도 건설된 오시락 원자로에 대한 공격을 정당화하는 데 있어 이스라엘이 이라크에게 적용했던 경우다).[23]

우리가 앞서 살펴본 것처럼 안보리는 1981년 이스라엘이 이라크 핵 원자로를 선제공격한 것에 대해 이스라엘을 비난했다. 안보리는 만장일치로 이스라엘을 비난했으며 미국까지도 거기에 동참했다. 이에 따르면 모든 임박하지 않은 위협에 대한 예방적 공격들은 설사 그것이 대량 살상 무기에 관한 것이라도 불법이라는 것을 암시하는 것처럼 보인다. 하지만 미국은 이른바 대량 살상 무기가 불특정한 미래 시점에 사용될 가능성을 조금이라도 막아보려고 1962년 쿠바에 설치된 소련의 미사일을 공격하겠다고 위협했으며 2003년에는 이라크를 공격했다. 당시 유엔 사무총장 코피 아난은 미국의 이라크 공격은 '불법'이며 유엔 헌장 위반이라며 다음과 같이 선언했다. "유엔과 유엔 헌장의 견해로는 미국의 공격은 불법이었다."[24] 그는 공격이 있은 후 18개월이 지나서야 그 같은 선언을 했고, 미국은 그의 결론을 받아들이지 않았다.

미국은 이스라엘의 이라크 핵 원자로 공격의 적법성과 적절성에 대한 견해를 공격이 있은 지 수년 후에 바꾸었다. 1991년 12월, 당시 미 국방장관 딕 체니Dick Cheney, 1941~는 오시락에 대한 공격을 조직했던 이스라엘 장군에게 파괴된 원자로의 인공위성 사진과 함께 다음과 같은 내용이 새겨진 명판을 수여했다. "1981년 이라크 핵무기 프로그램과 관련해 귀하의 뛰어난 임무수행에 감사와 존중을 표합니다. 그것으로 인해 우리의 사막의 폭풍 작전이 훨씬 더 수월해졌습니다." 25

유엔 보고서의 주요 작성자 중 한 사람이 이스라엘의 이라크 핵 원자로에 대한 공격을 적대 국가에 의한 '고전적인 의미의 임박하지 않은 위협'의 경우로서 예를 들기는 했다. 하지만 그는 유엔 보고서에 의해 선포된 기준하에서 여전히 그런 공격을 불법이라고 생각할 것이다. 이스라엘(또는 미국)이 최후의 수단으로 이란의 핵무기 시설들을 공격한다 해도 마찬가지일 것이다. 그런 예방적(선제적 공격과는 구별되는) 공격은 여전히 불법적일 것이다. 왜냐하면 위협이 확실하고 파국적이라 하더라도 그것이 임박하지는 않았기 때문이다. 또 위협이 임박하지 않았으므로, 안보리의 사전 승인이 없는 일방적인 공격이 합법화될 수 없기 때문이다. 보고서는 그 문제에 관해 이렇게 틀을 잡는다.

> 한 국가가 이러한 상황에서 안보리에 도움을 청하지 않고 단지 선제적(임박하거나 직접적인 위협에 대해)이 아니라 예방적으로(임박하지 않거나 직접적이지 않은 위협에 대해) 선행적 정당방위의 행동을 취할 권리를 주장할 수 있는가? 이 질문에 "예"라고 대답하는 사람들은 어떤 위협들(예를 들어 핵무기로 무장한 테러리스트들)은 성질상 잠재적인 위해가 매우 커서 그것들이 임박해질 때까지 기다리며 단지 위험을 감수할 수는 없으며, 더 일찍 행동함으로써 위해를 줄일 수 있다고(예를 들어 핵무기 교환이나 원자로 파괴로 인한 방사성 낙진을 피하는) 주장한다.26

유엔 보고서에 의한 대답은 모든 상황에서 완전히 설득력이 있지는 않지만 다음과 같이 명확하다. "이에 대한 간단한 대답은 예방적인 군사 행동에 대해 그것을 지지해줄 수 있는 좋은 증거를 갖춘 훌륭한 논거가 있다면, 예방적 조사 행동은 안보리에 상정되어야 한다는 것이다. 그러면 안보리는 스스로의 선택에 따라 그런 행동에 권한을 부여할 수 있다. 정의상으로는 안보리가 그러한 선택을 하지 않는다면 당연히 설득, 협상, 억제 그리고 봉쇄 같은 다른 전략들을 추구하고 군사적 옵션으로 되돌아갈 시간이 있을 것이다."27

보고서는 한 국가의 모든 비군사적인 선택이 실패하고 안보리가 군사 행동의 권한 부여를 거부할 경우 무엇을 해야 하는가에 대한 의견을 제시하지는 않는다. 그렇다고 이스라엘이 곧 방사성 물질을 가지게 될 이라크의 핵 원자로와 관련해 주장했던 것과 같이, 위협 자체가 임박하지는 않지만 그 위협을 예방할 기회가 곧 사라지게 될 때 한 나라가 무엇을 해야 할지를 알려주지도 않는다. 단지 그 나라는 안보리의 허락 없이는(최소한 먼저 공격을 당하거나 공격이 임박해지지 않으면, 그리고 공격을 당하거나 그것이 임박해질 때까지는) 어떠한 행동을 취해서도 안 된다고 암시된다.

이러한 응답이 나타난 이유는 '미끄러운 경사로slippery slope, 경사로의 끝에서 살짝 밀면 바닥까지 계속해서 미끄러지게 되는 것처럼 일의 첫 단추를 잘못 채웠을 때 계속해서 일이 어긋나는 현상을 의미-편집자' 논법의 형태이다. 즉 "그런 대응에 인내심이 없는 자들에게 주는 대답은, 인지된 잠재적 위협들이 가득한 세상에서 집단적으로 승인된 행동과 구별되는 일방적인 예방적 행위의 합법성을 받아들이기에는 세계의 질서와 그것이 계속해 토대를 두는 불개입의 규범에 끼치는 위험성이 너무 크다. 한번 행동하도록 허용하게 되면 모두에게 허용하는 것이다.28

에반스는 다시 한 번 다음과 같은 부연설명을 한다.

> 여기서 문제가 되는 것은 임박하지 않는 위협 같은 것에 대한 군사 행동의 원칙과 관련된 것이 아니다. 흉포한 국가들, 대량 살상 무기, 그리고 테러리스트들을 결합한 악몽의 시나리오를 포함한, 임박하지는 않지만 진정한 위협은 분명히 상상이 가능하다. 문제는 결국 문제가 되는 그 위협에 믿을 만한 증거가 있느냐 없느냐 하는 것이다(여느 때와 같이 능력과 구체적인 의도 모두를 고려해서). 즉 모든 정황으로 보아 군사 공격 대응이 유일하게 정당한 방법인지, 그리고 결정적으로 누가 결정을 내리는지가 중요하다. 문제는 예방적 군사 행동을 취할 수 있느냐가 아니다. 그것이 일어난 사건에 충족된다면 완력을 허용하는 것은 전적으로 7장에 따른 안보리 권한의 영역 내에 있다(그리고 안보리와 다른 기구들은 요즈음 대량 살상 무기 확산과 테러리즘 모두와 관련해 그런 사건들이 일어날 수 있는 정황들에 대한 관심을 매우 적절하게 증대시키고 있다.) 문제는 임박하지 않은 위협에 대한 대응으로 일방적인 군사 행동을 취할 수 있느냐는 것이다.[29]

위협이 임박하지 않은 상황에서의 일방적인 선행적 정당방위와 관련된 '가장 큰 문제'는 그것이 중동과 남아시아, 동아시아에서 시작해 얼마든지 많은 불안정한 지역들에서의 예방적 공격 가능성을 정당화하면서 '이것에 들어맞는 것은 저것에도 들어맞는다'는 사실을 인정하는 데 완전히 실패하는 것이다. 세계 질서의 모든 시스템은 비개입의 규범에 정성스럽게 토대를 둔 것이 분명하다. 그런데 그것을 포괄적으로 위태롭게 하는 것은 무정부 상태에 빠지도록 유도하는 것이다. 그렇게 되면 우리는 일방적인 완력의 사용이 예외가 아닌 규칙인 세상에서 살게 될 것이다.[30]

요점은 모든 상황들을 지배할 수 있는 단일한 법률 체계를 구성할 수 있느냐는 것이며 이는 매우 중요한 문제다. 16세기 철학자 조르다노 브루노Giordano Bruno, 1548~1600는 "모든 상황을 다스리는 단 하나의 법은 없다"[31]라고 경고했다. 확실히 모든 상황을 다스리는 단 하나의 도덕률이나 법리학상의 법 또는 원칙마저도 없다.

옛날 유대 랍비 힐렐Hillel, BC 60?~AD 20?에게 한 회의론자가 토라를 요약해달라고 부탁했다고 한다. 힐렐은 그 질문에 다음과 같이 대답을 했다. "당신이 싫어하는 것은 이웃에게도 행하지 마시오. 그것이 토라 전체의 이야기이며 나머지는 그것에 대한 설명이오."[32] 하지만 우리가 단순히 법률 체계의 대안으로서 이기적 행동을 용인해야 한다는 것은 아니다. 어떤 국가든, 특히 핵무기 위협 같은 임박하지 않은 위험이 있을 경우에 일방적으로 행동할 것을 허락하는 규정을 둔다면 실제로 각 나라들은 자국에 이기적인 결정들을 내릴 것이다. 하지만 국가들에 자국의 생존을 잠재적으로 적대적인 국제기구의 손에 맡기도록 요구한다면 그런 규정은 전혀 지켜지지 않을 것이다. 이론상의 규정보다는 안보리가 어떻게 구성되어 있는지, 그리고 그것이 어떻게 결정을 내리는지에 관한 현실을 고려하는 데 실패하는 것이 걱정이 된다. 문제는 법률 체계 자체의 내용보다는 그것을 적용하고 집행하는 메커니즘이다.

보고서의 주장에 깔려 있는 "어느 정부든 비교적 확실하지만 임박하지는 않은 핵무기 공격을 두려워할 합당한 이유가 있으면 대참사를 예방하기 위해 안보리에 의존할 수 있다"는 전제는 명백히 틀리다. 거기에는 안보리 회원국들이 예방적 그리고 선제적 정당방위의 원칙에 따라 투표권을 행사할 것이라는 전제가 깔려 있다. 보고서에는 법률 체계를 분명히 표현하려는 시도인 이 원칙들이 다음과 같이 제시되어 있다.

안보리는 군사력의 사용을 허가하거나 승인할 것인지를 고려할 때 (안보리가 참작할 다른 고려 사항들이 무엇이든) 항상 최소한 다음의 다섯 가지 합법성의 기본적 기준에 초점을 맞추어야 한다.

❶ **위협의 심각성** 국가나 개인의 안보에 위협된 위해가 군사력의 명백한 사용을 정당화하기에 충분히 명확하고 심각한가? 국내적 위협의 경우, 그것이 대량 학살과 다른 대대적인 살해, 인종 청소, 또는 실제적으로 혹은 긴박하게 우려되는 심각한 국제 인권법 위반을 포함하는가?

❷ **타당한 목적** 군사 행동의 주요 목적이 문제가 되는 위협을 정지시키거나 피하기 위함이 분명한가? 아니면 다른 목적이나 동기가 포함된 것은 아닌가?

❸ **최후의 수단일 것** 다른 조치들이 성공하지 못할 것이라는 타당한 근거와 함께, 문제가 되는 위협을 맞아 모든 비군사적 옵션을 사용했는가?

❹ **균형 잡힌 수단일 것** 제안된 군사 공격의 규모, 기간 그리고 강도가 문제가 되는 위협을 제거하기 위한 최소의 규모인가?

❺ **결과의 균형** 행동을 개시했을 때의 결과가 행동을 개시하지 않았을 때의 결과보다 나쁠 것 같지 않아야 하며, 문제가 되는 위협을 맞아 성공적으로 군사 행동을 취할 적당한 기회가 있는가?[33]

이 원칙들이 추상적으로 생각될지라도, 안보리 회원국들이 이기심과 현실 정책의 선입견 없이 정확한 원칙에 따라 투표할 것이라는 절대적 보장이 없다. 모든 역사적 증거에 의하면 안보리는 정의나 법의 중립적 또는 객관적인 기준에 근거해서 투표하는 기구가 아니라는 결론이 나온다. 마이클 글레넌Michael Glennon, 1944~ 교수는 현존하는 국제법을 다음과 같이 현실적으로 묘사했다. "오늘날 국가들의 개입 문제에 관계하는 일관된 국제법이 없다. …… 용인되고 있는 국제법 규정들은 국가들이 무엇을 하는지를 정확하게 설명하지도 않고, 그들이 무엇을 할 것인지를 확실하게 예견하지도 않을 뿐더러, 개입을 고려할 때 그들이 무엇을 해야 하는지를 똑 부러지게 설명하지도 않는다."[34]

안보리의 결정들은 사실 예측이 가능하다. 하지만 어떠한 법적 또는 도덕적 기준에도 근거하지 않는다. 대신에 누구의 황소가 들이받히고 있는지, 그리고 어느 측이 그것을 들이받은 것으로 비난을 받는지에 근거해서 예측이 가능하다. 이와 관련해 한 젊은 변호사에 관한 오래된 이야기가 있다.

어느 젊은 변호사가 똑같은 사실에 다르게 판결이 난 두 가지 사례를 발견한다. 그는 자신의 상사에게 똑같은 사건이 어떻게 다른 결과가 나올 수 있는지를 묻는다. 그러자 더 경험 많은 변호사가 빈정대며 말했다. "자네는 가장 중요한 사실을 간과했군. 사건 당사자들의 이름 말일세."

이것이 간혹 사법재판소 앞의 동등한 사법의 원칙의 예외든 아니든(그리고 최소한 어느 정도는 분명하다[35]) 그것이 안보리의 규칙이다. 실제로 그들의 실질적인 행위보다 어느 국가의 문제인지가 훨씬 더 중요시된다. 투표권은 거래되고, 강탈되고, 매수되고, 팔리고 있다. 그것이 누구든지 활동 중인 그 기구를 연구한 사람이라면 증명할 수 있는 현실이다.

이스라엘은 1949년 이래 유엔 회원국이었음에도 불구하고 단 한 번도 안보리의 일원이 될 기회를 얻지 못했다.[36] 게다가 안보리에 속한 국가들 때문에 안보리의 보호를 받지도 못했다.[37] 이스라엘은 1981년에 안보리를 통해 이라크 핵무기 프로그램을 예방할 현실적인 가능성이 없었다. 그들은 외교를 통해서 그것을 예방해보려고 수

개월간 노력했지만 성공할 가망성이 전혀 없었다. 프랑스는 이스라엘에 대한 위험을 제거할 수 있는 어떠한 행동을 취할 것도 거절했는데, 자신들이 주로 이라크에 핵무기 원료를 공급했기 때문이다. 따라서 이스라엘로서는 두 가지 옵션밖에 없었다. 즉 이라크로 하여금 공격적인 핵무기 생산 능력을 개발하도록 허용하거나, 일방적으로 그것을 파괴하는 것이었다. 이스라엘은 옳은 결정을 했고, 다른 어떤 나라라도 그런 선택권에 직면했다면 같은 결정을 했을 것이다. 나는 가레스 에반스도 그가 오스트레일리아의 외무부 장관이었을 때 현실적 대체 수단이 없었다면 같은 결정을 내렸을 것이라고 확신한다. 실제로 2005년 봄 오스트레일리아의 총리 존 하워드John Howard, 1939~는 자신의 집무실에서 있었던 회의 도중 내게 오스트레일리아가 2002년 발리에서의 자국 관광객들에 대한 테러리스트 공격을 예방할 수만 있다면 그는 어떠한 정당한 군사 공격도 허락했을 것이라고 말했다. 그는 자신은 인접 국가들에 기반을 둔 테러리스트들에 대해서 그들이 오스트레일리아에 대해 위협을 가한다면 선제적인 군사 공격의 착수를 지지할 것이라고 전하며, 누가 오스트레일리아의 총리라도 마찬가지일 것이라고 말했다. 그는 또한 해외에 있는 테러리스트들에 대한 선제적 공격의 착수를 허용하도록 유엔 헌장의 수정을 요구했다.[38]

유엔 보고서는 '안보리로부터의 보호를 확보할 수 없고 일방적으로 조치하는 것에 실패하면 그 국민들에게 실존적 위험이 가해질 것'이라는 지극히 평범한 주장에 대해서도 상황을 올바로 다루지 못한다. 보고서는 이 절박한 이슈에 대한 고려를 계획적으로 거부함으로써 그것의 결론을 '현실적이지 않은 학문적 토론의 영역'으로 격하시킨다. 그것은 또한 유엔이 스스로의 결점과 실패를 기꺼이 인정하고 대처하려 하지 않는다는 것을 보여준다. 아마도 유엔이 현재 예방적 개입이 요구될 수도 있는 위험들을 다룰 능력이 없다는 가장 명확한 증거는 제3세계에서의 수백 만 명의 무고한 사람들이 인도주의에 대한 위협을 받았음에도 불구하고 자신들의 무기력함을 드러낸 비참한 역사에서 찾아볼 수 있다.

인도주의적 선제공격과 선행적 정당방위 간의 유추

우리는 이제까지 국제적인 상황과 국내적 상황에서의 선행적 정당방위의 유사점들과 차이점들 모두를 살펴보았다. 가장 중요한 차이점은 공정한 법률 체계를 실행하는 객관적이고 효과적인 메커니즘의 결여다. 이러한 메커니즘의 결여는 반드시 법률 체계의 내용에 영향을 미친다. 왜냐하면 어떤 국가에도 완전히 자국의 생존 또는 자국민의 생명을, 자국을 차별하는 기관의 수중에 맡기라고 요구할 수 없기 때문이다. 우리는 이제 인도주의적 선제공격과 선행적 정당방위 사이의 유추로 옮아가려 한다. 우리는 이곳에서 또한 두 개념 사이의 유사점들과 차이점들을 발견하게 될 것이다.

미국과 같은 강대국들이 직면한 가장 복잡한 이슈들 중 하나는 자신들의 정부로부터 위협을 당하고 있는 제3국 국민의 생명을 보호하기 위해 군사적으로 개입을 할 것인지, 그리고 한다면 어느 시기에 할 것인지를 결정하는 것이다. 민족성, 종교, 종족, 그리고 다른 요소들에 기초해 이루어지는 집단 학살은 역사의 도처에 허다한 일이다. 20세기만 해도 유대인, 로마, 아르메니아, 캄보디아, 수단, 르완다, 보스니아, 그리고 방글라데시에서 집단 학살이 있었다. 이 모든 것들은 예방적 군사 개입이나 다른 조치들로 예방될 수 있었거나 최소한 범위를 줄일 수 있었다. 하지만 세계는 수백만 명의 사람들(어린이들, 노인들, 여자들, 그리고 남자들)이 살해되었을 때 조용하고 무기력하게 방관했다. 유엔(그리고 더 최근에는 국제 형사법원)을 창설한 주요 목적 중 한 가지는 그러한 집단 학살을 예방하는 것이었다. 하지만 유엔의 행동을 기다리는 것은 재앙을 처방받는 것과 같았다. 간혹 취할 수 있는 유일하게 효과적인 예방적 행위는 유엔의 공식 메커니즘 밖에서 개별적인 강대국들이 단독으로 또는 협력해 취해야 한다.

자국민을 살해하는 국가의 주권에 독자적 또는 다각적으로 간섭하는 기준은 어떤 것이 있을까? 최근에 이 중요한 질문에 대한 답을 하고자 하는 시도가 집중되었다. 이와 관련해서는 선행적 정당방위에서만큼 간섭하는 국가의 이익이 직접적으로 관련된 것은 아니기 때문에 때로는 고려해야 할 점들이 다를 수도 있다. 하지만 선행적 정당방위를 둘러싼 고려 사항들과 다소 비슷한 측면이 있다.

선행적 정당방위에 기초한 군사적 선제공격이나 예방 공격에 대해서 가장 강력하게 반대했던 사람들 중 상당수가 타인을 방어하기 위한 인도적인 차원의 군사적 선제공격이나 예방 공격을 강하게 선호한다. 그 반대의 경우 또한 사실이다. 선행적 정당방위를 선호하는 많은 사람들은 타인의 선행적 정당방위에는 반대한다. 이러한 논점은 다소 이데올로기적 또는 정치적 색채를 띠어왔다. 자신에 대한 정당방위는 공격적이거나 보수적으로 보이는 반면 타인에 대한 방위는 온건하거나 개혁적으로 보인다.[39]

서맨사 파워 Samantha Power, 1970~는 특별히 미국에 주목하며 그것의 비참한 역사에 관해 다음과 같이 요약했다.

미국은 대량 학살을 억제하기 위해 위험을 감수하는 것을 계속해서 거절했다. 미국뿐만이 아니다. 대량 학살이 발생하는 지역과 국경을 두고 있는 나라들과 유럽의 강대국들도 이를 외면했다. 대량 학살을 다시는 허용해서는 안 된다는 광범위한 대중의 합의가 이루어지고 개혁적인 가치가 상승하며 많은 승리를 거두었음에도 20세기의 지난 10년은 이제껏 기록된 잔인한 역사 중에서도 가장 치명적이었다. 1994년에 르완다의 후투족은 어떤 외국의 간섭도 없이 자유롭고, 유쾌하고, 체계적으로 하루에 8,000명의 투치족들을 100일 동안이나 살육했다. 대량 살상은 냉전 이후, 인권 단체의 성장 이후, 즉각적인 통신을 가능하게 하는 과학 기술의 출현 이후, 그리고 워싱턴 D.C.의 쇼핑몰에 홀로코스트 박물관을 건립한 이후에 발생했다. …… 가장 충격적인 것은 미국의 정책 입안자들이 그 범죄를 억제하기 위해 한 일이 거의 없다는 점이다. 미국의 고관들은 르완다의 집단 학살로 인해 미국의 '극히 중대한 국가적 이익'이 위태로워진다고 생각하지 않았지 때문에, 집단 학살에 요구되는 도덕적 관심을 기울이지 않았다. 미국의 관리들은 계속해서 조치에 착수하는 대신에(가해자들을 비난하거나 미국의 원조를 중단하는 것에서부터 시작해 폭격이나 다국적 침공군을 재결집하는 것까지) 외교상의 정확성과 중립성에 집착하면서 협상을 신뢰하는 경향이 있었고 인도적 원조를 제공할 뿐이었다. …… 간단히 말하면 미국의 지도자들은 간섭을 원치 않았기 때문에 행동하지 않았던 것이다. 그들은 집단 학살은 옳지 않다고 믿었지만, 그것을 멈추기 위해 필요한 군사적, 재정적, 외교적, 또는 국내의 정치적 자본을 투자할 준비가 되어 있지 않았다. 미국의 정책들은 태만의 우연한 산물들이 아니었다. 그것들은 국가의 가장 영향력 있는 정책 결정자들이 비용과 이익을 명백히 비교 검토해 만든 구체적 선택들이었다.[40]

인도주의적 개입의 이슈는 많은 요소들에 의해 복잡해진다. 그런데 그중에서 충돌에 앞서 어떤 학살의 발단이 먼저 이루어져야 한다는 현실이 '집단 학살'을 초래하고 있다고 생각된다. 그런 면에서 인도주의적 개입은 순수하게 선제적이거나 예방적인 경우가 드물다. 그것의 목적은 차후의 학살을 예방하는 것이지만 이미 저질러진 범죄에 입각하기 때문에 개입을 정당화하기는 더 쉽다. 개입이 어려운 또 다른 복잡한 요소는 충돌이 종종 내부적이라는 사실이다. 국내적 분쟁에 개입하는 법적 근거는 국제적 분쟁에서의 그것보다 더 의문시된다. 하지만 그것을 국내법에 유추하는 행위는 일부의 개입에 대한 약간의 근거를 제공하며, 발전하고 있는 법률 정책들이 그것을 강화시키고 있다.

미국의 형사사법은 자기 자신이나 타인 모두를 보호하기 위해 완력을 사용하는 것을 (그것이 치명적이라 하더라도) 허용한다. 그런데 국제법은 (최소한 일방적인 완력의 사용과 관련해) 그 부분과 관련해서 명확성이 떨어진다. 유엔은 집단 학살과 같은 인도주의적 참사들을 예방하기 위한 군사력 사용의 독점을 주장한다. 이론상으로는 유엔이 왜 르완다나 다르푸르에서 행해진 것과 같은 집단 학살을 예방하기 위해 집단적으로 행동할 수 없었는지에 대한 합당한 이유가 없다. 하지만 유엔은 개입하는 데 비참할 정도로 실패했고 대부분의 강대국들도 마찬가지였다. 국가들은 타국의 국민들을 보호하거나 추상적 인도주의의 원칙들을 지키는 것보다는, 자국의 국민들과 자국의 이익을 위해서 더 기꺼이 선제적 또는 예방적으로 행동할 것이다. 특히 기도된 행위가 자국의 군인들의 목숨을 위태롭게 할 때 그러하다. 자국 군대를 위험한 곳으로 파견하는 대통령은 대중들이 수용할 수 있는 어떤 원칙과 관련해 자신의 결정을 정당화하는 것이 좋다.[41] 민주 국가에서의 군사 행동은 국민들의 승인을 받아야 한다. 이타심 또한 행동을 자극할 수도 있지만 이기심이 주요한 동기다. 물론 2004년 12월의 비극적인 쓰나미에 뒤이어 미국이 배운 것처럼 간혹은 이타심이 강대국의 국익 역할을 할 수도 있다. 이슬람 지역을 원조함으로써 테러리즘과의 전쟁에 도움이 되었기 때문이다.[42] 게다가 예방적 정당방위는 기껏해야 전통적 정당방위로부터 사실상 동떨어져 보이는 군사적 개입을 포함하도록 광범위하게 정의될 수 있다. 본국으로부터 멀리 떨어진 곳에서의 전쟁을 정당화하기 위해 인용된 다양한 도미노 이론들이 이 현상을 설명한다. 따라서 정당방위를 위한 예방적 전쟁과 타인의 방어를 위한 인도주의적 전쟁 간의 차이점은 종종 정도의 문제이거나 분명하게 표현된 정당화의 문제다. 실제로 이라크 침공은 대량 살상 무기에 대한 정당방위라는 구실과 전제 군주가 자신의 국민들을 계속해서 죽이고 고문하는 것을 방지하기 위한 인도주의적 개입이라는 구실 모두가 정당화되었다. 하지만 앞에서도 수차례 언급했다시피 미국과 이라크의 전쟁에서 대량 살상 무기는 발견되지 않았고 미국의 침공으로 인해 사담 후세인이 권력을 쥐고 있었더라면 초래되었을 사망자 숫자보다 더 많은 이라크 민간인들이 죽음을 맞이했기 때문에 어느 쪽도 정당화될 수 없었다.

앞으로 다루게 되겠지만 이제 '보호할 책임the responsibility to protect' 이라고 불리는 특히 인도주의적 개입이라는 상황에서의 새로운 원칙이 발달되는 과정에 있다. 이 원칙은 국가가 집단 학살, 기근, 그리고 소수 민족 학살 같은 인도주의적 위협들로부터 자국의 국민들을 보호할 수 없거나 보호하려는 마음이 없는 상황에서의 국가의 주권이라는 전통적인 관념에 도전한다. 또한 이 원칙의 기저에 깔린 법률체계가 특히 대량 살상 무기와 관련된 선행적 정당방위의 원칙을 유사하게 지지할 수 있다고 시사된다. 리 파인스타인Lee Feinstein과 앤-마리 슬로터Ann-Marie Slaughter라는 두 명의 저명한 국제법 학자들은 《포린어페어스foreign affairs》에 개제된 기사에서 다른 예방적 행위들뿐만 아니라 이 이슈를 분석하기 위한 틀을 제시한다. 그 내용은 인도주의적 개입의 정황에서 전통적인 국가의 주권 개념을 비판적으로 평가한다.

> 국제법은 국가의 주권을 보호한다는 명목하에 전통적으로 국가들이 군사력이나 다른 방법으로 다른 나라의 문제에 개입하는 것을 금지했다. 하지만 인권과 인도주의적 보호 공동체의 구성원들은 기근으로부터 집단 학살, 소수 민족 학살에 이르기까지 1990년대의 인도주의적 대참사들에 비추어보아 그 원칙들을 고수해서는 안 된다는 것을 깨닫게 된다. 세계는 더 이상 사람들이 위기로 인해 극심한 고통을 받게 되거나 그러한 위기가 국경을 가로질러 널리 퍼질 때에만 대응을 하면서 기다릴 수는 없었다. …… 그 결과 2001년 후반, 국제 법조인과 법학자 위원회는 유엔 사무총장의 도전에 대한 응답으로 '보호할 책임'이라고 부르는 새로운 원칙을 제안했다. 이 원대한 원칙은 다음과 같은 내용을 담고 있다. "오늘날 유엔 회원국들은 자국 국민들의 생명, 자유, 그리고 기본적 인권을 보호할 책임이 있다. 그러나 그들이 그 책임을 수행하는데 실패하거나 그것을 수행할 수 없다면 국제 사회가 개입해야 할 책임이 있다."[43]

그들이 정확하게 말하는 이 원칙은 주권 자체를 재정의한 것이나 다름없었으며, 인도주의적 위기들을 피하거나 중단시키기 위해 국가들이 다른 국가들의 문제에 개입할 것을 요구한다. 물론 그러한 예방적 개입의 기준이나 발단은 두려워하는 위해의 성격과 정도, 그리고 그 위해를 중단하거나 감소하기 위해 요구되는 개입의 성질이나 정도에 달려 있을 것이다. 하지만 그 개념 자체에 반대하기는 어렵다. 다시 말해서 국가가 자국의 시민들이나 거주자들에게 고통을 주는 위해를 가할 때 주권의 요구가 항상 인도주의적 우려를 능가해서는 안 된다.

글쓴이들은 이어서 다음과 같이 세계적 안보 또는 정당방위 영역에서의 '필연적인 결과의 원칙'을 제안했다.

> 그것은 자신들의 권력에 대한 내부적 감시가 없는 통치자가 지배하는 국가들이 대량 살상 무기를 획득하거나 이용하는 것을 예방하기 위한 집단적 의무를 말한다. 수년간 작지만 결연한 정권 집단들이 그런 행위를 막는 국제법 규정들에도 불구하고 (그리고 그것을 위반하지 않는 어떤 한도까지) 대량 살상 무기의 확산을 추구했다. 이런 국가들 중 일부는 우라늄 농축 노하우와 미사일 기술을 교환하는 등 서로 협조한다. 이런 정권들은 또한 개인들과 테러리스트들에게 무기와 준비된 과학 기술의 원천을 제공할 수가 있다. 그 위협은 대량 살상 무기를 추구하는 국가들이 잠재적인 적수들과 이웃 나라들에 대한 위협만큼이나 자국민들을 위협하는 지도자가 이끄는 폐쇄된 사회일 때 가장 심각하다. 그런 위협들에는 세계적인 대응이 요구된다. '보호할 책임'처럼 '예방할 의무'는 힘의 사용을 지배하는 현재의 규정들이 1945년에 고안되었고 유엔 헌장에 깊숙이 파묻혀 있어 부적절하다는 전제로부터 시작한다.[44]

이 원칙은 또한 다음과 같이 주권의 전통적인 관념에 도전한다.

인권법과 관련해서 국제 사회와 주권의 기본적 개념을 재정의하려는 위원회의 노력은 국제 안보와 매우 깊은 관련이 있다. 특히 대량 살상 무기를 소유하고 계획적으로 자국민들을 학대하는 정부에 맞서려는 노력과 관련해 그러하다. 따라서 우리는 1990년대의 인도주의적 대참사들과 동시에 생겨난 대량 살상 무기 확산의 위험을 다룰 새로운 국제적 책임이 발생한다고 주장한다. 예방할 의무라는 것은 국가들이 협력해 자신들의 권한에 대한 내부적 감시가 결여된 정부들이 대량 살상 무기나 그것들을 운반할 수단을 획득하는 것을 방지해야 할 책임을 말한다. 그러한 정부들이 이미 이와 같은 무기들을 소지하고 있는 경우라면 첫 번째 책임은 이 프로그램들을 정지시키고 그 정부들이 대량 살상 무기 생산 능력이나 실제로 그 무기들을 이전하는 것을 막는 것이다. 그 예방의 의무는 테러리즘을 후원하고 대량 살상 무기를 획득하려고 애쓰는 국가들에도 똑같이 적용될 것이다.[45]

인도주의적 개입과 관련해, 그리고 또한 대량 살상 무기를 공격적으로 사용할 것 같은 나라들에 대한 그것의 확산 예방과 관련해, 그 원칙 자체에는 논란이 없다. "가장 심각한 확산 위험들을 다루는 힘의 유용성에 대해서는 논란이 없다."[46] 미국과 유럽연합 등 모든 강대국들은 대량 살상 무기의 확산에 맞서 예방적으로 행동해야 한다고 단언했다. 이 정책의 쟁점이 되는 양상들은 약 몇 가지의 실제적인 문제들을 제시한다. 그중 주된 것은 유엔을 통해서라기보다 한 국가가 단독 행동, 또는 자발적인 국가들의 연합이 대신해서 하는 것이 적절한가 하는 문제다. 파인스타인과 슬로터는 이 이슈를 고려했고 다음과 같은 결론을 내렸다. "유엔이 무능력한 성향을 보인다면 집행의 대체 수단이 고려되어야 한다. 두 번째로 가장 정당한 집행자는 지역 조직들이다. 일방적 행위나 자발적인 국가들의 연합은 오직 이러한 옵션들이 성실하게 시도된 후에 고려해야 한다."[47]

집단적인 행동을 선호하는 이러한 가정은 미국이 위기에 처했을 때는 합당하게 보일수도 있다. 미국은 (간혹 제한을 받기는 하지만) 유엔과 다른 지역 조직들 내에서 힘과 영향력을 가지고 있기 때문이다. 하지만 이것은 이스라엘 같은 나라에는 거의 실제적으로 적용되지 않는다. 이스라엘은 결코 유엔이나 지역적 지지에 의존할 수가 없고, 단독으로 행동하거나(1981년에 이라크 원자로를 공격했던 것처럼) 종종 암암리에 미국의 지지를 받는다. 미국 또한 단독으로 대량 살상 무기의 표적이 될 때, 때때로 단독으로 행동해야 할 것이다. 따라서 가능성은 있지만 임박하지는 않은 대량 살상 무기의 개발과 배치에 맞선 예방적인 군사적 자력 구제를 위한 적절한 기준을 고려하는 것이 중요하다. 파인스타인과 슬로터는 다음과 같은 지침들을 제시했다.

> 힘에 의존하려면 확실한 예방적 원칙들을 따라야 한다. 완력을 사용하기 이전에 모든 비군사적 대체 방법들을 먼저 시도해야 한다. 그것들이 무익하다고 합리적으로 설명할 수 없다면 그래야 한다. 완력은 그것의 목적을 성취하기 위해 필요한 최소 규모로, 최단 시간에, 최저 강도로 시행되어야 한다. 그리고 문제를 악화시킬 가능성에 견주어 보았을 때 목표 자체가 합리적으로 달성 가능해야 한다. 결국 물리적 힘은 전시법의 근본적인 원칙들의 지배를 받아야 한다. 즉 그것은 최후의 수단이어야 하고 그것이 표적으로 하는 위해의 해악이나 위협과 균형을 맞추어 사용해야 하며, 민간인들에게 해를 끼치지 않도록 응당한 주의를 기울여야 한다.[48]

이러한 기준들은 확실히 이스라엘의 오시락 원자로 폭격을 정당화하는 것처럼 보인다. 실제로 이 기준들은 그 사건의 특정한 사실들에 기초한 것처럼 보인다. 따라서 유엔 헌장과 국제 관습법의 명백한 위반이라는 이유로 만장일치로 안보리의 비난을 받았던 예방적 군사 행동이 20여 년 만에 균형 잡힌, 타당한, 그리고 합법적인 예방적 행위의 전형이 되었다.[49] 그리고 그것은 최근 생겨난 예방적 군사 행동의 법률 체계의 일부가 되었다. 하지만 이러한 법률 체계가 이란의 핵무기 시설들에 대한 일방적 또는 쌍방의 정확한 공격 또한 '최후의 수단'으로서 정당화할 것인지는 더 숙고해야 할 문제다.

절대적으로 금지해야 할 선제적 또는 예방적 행위

모든 법률 체계에서는 어떠한 상황에서도 절대적으로 금지해야 하는 선제적 또는 예방적 행위에 대한 문제를 다루어야 한다. 이 경우에도 유추를 해보는 것이 유익할 것이다. 우선은 임박한 테러리스트 공격 예방을 위해 정보를 수집할 필요성이 있다고 생각되더라도 실질적인 '고문'을 허용하는 메커니즘이 있어서는 안 된다는 주장이 고문에 관한 토론에서 그럴듯하게 제시되었다. 다시 말해서 모든 형태의 고문은 도덕적 원칙들에 의해 절대적으로 금지된 행동의 범주에 들어야 하며, 비용과 편익의 분석 대상이 되어서는 안 된다는 것이다. 그것은 고문보다 더 해로운 피해를 예방하기 위해 유죄 판결이 난 범죄자들을 고문하는 것을 정당화한 벤담주의에 대조되는 엄격한 칸트주의적인 입장일 것이다(나는 이러한 논쟁에 참여한 적이 있으며, 이것에 대한 나의 입장은 쉽게 찾을 수 있을 것이다).[50]

고문 외에도 명백히 수용될 수 없는 것으로 널리 인정되는 다른 행위들이 있는데, 테러리스트와 관련된 무고한 주변 인물들을 교묘하게 표적으로 삼는 것을 예로 들 수 있다. 이는 자신의 생명에 대해서는 염려하지 않는 반면 자신이 사랑하는 사람들의 죽음에 대한 위협에는 영향을 받을 법한 자살 폭탄 테러리스트들을 예방하거나 억제하는 효과적인 수단(아마도 가장 효과적인 수단)이 될 수 있다.

미국 정부의 전 고위 관료가 나에게 다음과 같은 이야기를 들은 적이 있다고 말했다(그는 이것을 독자적으로 확인해줄 수는 없었다). 즉 1980년대에 중동 테러리스트들이 레바논에서 미국 시민들을 납치한 거의 같은 시기에 소비에트 연방 시민에 대한 납치 행위(또는 납치 시도)가 있었다. 소비에트 정보기관 KGB는 납치범 혐의자의 모든 일가친척들을 찾아내 살해했다. 이것이 모든 납치 행위에 대한 일관된 대응일 것이라는 소문이 확산되자 소비에트 연방 시민들을 납치하려는 시도는 더 이상 발생하지 않았다고 한다. 이 이야기가 사실이든 거짓이든 충분한 설득력이 있다. 자살 테러를 예방하거나 억제하기 위해 모든 가능한 수단을 사용할 준비가 되어 있는 나라는 도덕적 또는 법적 제약으로 인해 몇몇 효과적인 전략을 실행할 수 없는, '한 손이 등 뒤에 묶인 채'[51] 싸워야 하는 나라보다 더 효과적으로 대응할 수 있다. 납치범의 친척 한 명을 죽이겠다는 신빙성 있는 위협이 열 명의 납치 피해자들의 생명을 구할 수 있을 때와 같은 구체적인 상황에서, 친척을 살해하는 비용과 이익을 저울질하는 공리주의적인 주장이 보다 해가 적은 악을 선택하는 데 제기될 수 있다는 것은 당연하다. 만약 그러한 위협이 허용되는 것으로 간주된다면, 첫 번째 자살 테러가 그러한 방법으로 억제되지 않은 경우에도 다른 테러리스트에게 그러한 위협이 사실이라는 것을 확신시키기 위해 다시 이러한 방식을 실행하도록 허락할 수 있을까? 피해자들의 생명을 구하기 위해 무고한 테러범의 일가친척들을 살해하는 것을 허용하는 일반적인 원리를 받아들이는 비용과 이익을 저울질하는 공리주의에 기초한 원리에서 그러한 행위를 정당화하기는 훨씬 더 어려울 것이다. 많은 사람들에게 있어서 민주 사회가 무고한 사람을 교묘하게 살해해서는 안 된다는 것은 어떠한 이해관계에도 불구하고 결코 침해되어서는 안 되는 절대 원칙이다. 자살 폭탄 투하자들의 가족들을 살해하는 것은 필요한 억제책이라고 주장했던 검사 네이선 르윈Nathan Lewin은[52] 자신의 입장에 대해 격렬한 비난을 받았는데,[53] 나드 그를 비난했던 사람들 중 한 명이다.[54] 나는 절대적으로 무고한 사람을 의도적으로 살해하는 것은 민주주의가 넘어서는 안 되는 선이라고 믿는다.

도스토옙스키Dostoyevsky, 1821~1881는 《카라마조프가의 형제들 Brat'ya Karamazovy》에 등장하는 이반 카라마조프와 그의 형제 알료샤 간의 유명한 대화문에서 그 문제를 제기했다. 이야기 속에서 이반은 다음과 같이 알료샤를 시험한다. "네 자신이 사람들을 종국적으로 행복하게 만들어주고 그들에게 평화를 가져다줄 목적으로 그들을 위한 운명의 건축물을 짓고 있다고 상상해봐. 하지만 그것을 위해서 불가피하고 필연적으로 작은 주먹으로 자신의 가슴을 치는 한 작은 아이를 고문해야 하고, 너의 건축물을 그 아이의 보답 없는 눈물이라는 토대 위에 세워야 한다고 생각해봐. 너는 그런 조건에서 건축가가 되는 것에 동의하겠니? 진실을 말해 줘." 그러자 알료샤는 전혀 주저하지 않고 이렇게 대답했다. "아니, 난 동의하지 않겠어."[55]

문제는 유대인 대학살과 관련해 더 구체적으로 제기될 수 있다. 만일 반체제적 유대인들이 베를린의 독일 유치원생들에게 폭격을 가한다면 죽음의 수용소를 폐쇄할 수 있다고 확실하게 믿었다면(100명의 무고한 독일 어린이들의 죽음으로 100만 명의 무고한 유대인 어린이와 어른들의 목숨을 구할 수 있다고 믿었다면) 어땠을까? 이것이 도덕적으로 허용되는 악의 선택일까? 칸트와 알료샤는 아니라고 대답할 것이고 벤담과 이반은 맞다고 대답할 것이다. 나치가 나머지 가족들을 찾아내는 것을 막기 위해 자신들의 우는 아기들을 질식사시켰던 유대인 가족들은 맞다고 대답하고, 가톨릭교회는 아니라고 대답할 것이다. 정답을 가릴 수 없는 이 끔찍한 딜레마는 결코 모든 사람들이 만족할 수 있도록 결정되지는 않을 것이다. 하지만 대부분의 사람들은 무고한 사람들을 의도적으로 죽이는 것은, 만약 있다면 가장 극단적인 상황에서만 넘어야 되는 선을 넘은 것이라는 점에는 분명히 동의할 것이다. 하지만 어떤 사람들은 의도적으로 무고한 사람들을 죽일 목적으로 표적으로 삼는 행위와, 죄 있는 사람들만을 표적으로 삼기는 하되 무고한 사람들도 '부수적으로' 죽임을 당할 수 있다는 것을 완전히 인식하면서 하는 행위 사이에 사실상 도덕적 또는 실제적인 차이가 없다고 주장한다. 이 주장이 암시하는 내용은 서로 다를 수가 있다. 어떤 사람들은 무고한 사람들에 대한 의도적인 살해와 의도적이지 않은 살해 사이의 의미 있는 차이점의 결여를 이유로 후자에 반대하지만 다른 어떤 사람들은 대의 명분을 위해 무고한 사람의 희생을 강요하기도 한다. 어쨌든 모든 사회는 일부 무고한 사람들이 그 과정에서 죽을 수도 있다는 것을 분명히 알면서 죄인들에 대한 정당방위적 행위에 가담하는 것이 현실이다.

어떤 사람들은 선제적 공격과 구분되는 예방적 전쟁이 항상 절대적으로 금지되어야 할 행위들 사이에 포함되어야 한다고 주장했지만, 그것은 대량 살상 무기 시대에 가능한 결론이 아닌 듯하다. '선제적 공격'의 정의라는 낱말 놀이에 참여하는 사람이 매우 광범위하게 최소한 일부의 예방적 전쟁들을 그것에 포함시키는 경우를 제외하고는 그렇다. 확실히 선제공격은 법의 원칙하에서 작용하는 국가에 있어서 최소한 어떤 상황들에서는 보편적이지는 않지만 적절한 선택으로 널리 간주된다. 예를 들어 위협이 임박하지는 않지만 파국적이고 비교적 확실할 때, 그리고 효과적 예방을 위한 기회의 창이 재빨리 닫히고 있을 때가 그러하다. 따라서 우리는 이제 법률 체계를 구성하는 다음 단계로 이동해야 한다. 즉 예방적 전쟁이 정당화되는지, 정당화된다면 어떤 경우에 정당화되는지, 뿐만 아니라 언제 선제공격이 정당화되는지에 대한 원칙들, 표준들, 그리고 기준을 분명히 표현해야 하기 때문이다.

선제적·예방적 군사 행동을 결정할 때 고려해야 할 요소들

절대적으로 항상 허용해서는 안 되는 선제적 그리고 예방적 행위들을 폭넓게 열거한다면, 그런 행위들을 지배하는 기준은 가능한 한도까지는 분명하게 표현되어야 하고 필수적으로 국제 사회의 동의가 있어야 한다.

고려해야 할 그 요소들 중 주요한 것은 한편으로는 위협의 심각성, 확실성, 그리고 임박성이며 다른 한편으로는 기도되는 선제적 공격의 성질, 범위, 그리고 기간이다. 이스라엘이 이라크 핵 원자로를 파괴한 것과 같은 일회성의 군사 공격과 현재 이라크에서의 상황 같이 오랜 점령이 뒤따르는 본격적인 군사적 침공 간에는 상당한 차이가 있다. 미군이 침공 전날 사담 후세인을 살해하려던 시도가 성공했더라면,

그리고 뒤이은 침공이 불필요한 것으로 생각되었더라면, 많은 사람들은 그런 선제공격의 적절성에 대해 다른 평가를 내렸을 것이다.

잠재적인 선행적 군사 행동들을 한 가지 연속체로 깔끔하게 정렬시킬 수는 없다 하더라도 그것들을 최소한의 침입에서 시작해 최대한의 침입으로 이동하는 어떤 순서에 의해 정연하게 제시할 수는 있다. 그러한 연속체의 한쪽 끝에 있는 최소한의 침입에는 실제로 신체적으로 적군의 영토에 침입하지는 않는 군사적 또는 준군사적 행위가 있을 것이다. 이러한 행위에는 위험한 무기나 전투원들이 적군에게 전달되지 못하도록 예방하기 위해 계획적으로 봉쇄하거나 격리하는 조치가 있다. 여기에는 군사의 이동, 비행 금지 구역, 감시 인공위성, 정보기관 영공 비행, 스파이 네트워크뿐만 아니라 적절한 국경선에 설치하는 보호 방벽과 다른 물리적인 장벽들이 포함될 것이다.[56] 이 연속체의 반대편 끝에는 전면적 침공, 점령, 위협하는 적군의 군사력과 군사 시설의 파괴, 그리고 심지어 핵무기 공격이 있다.

이 극단적인 행위들 사이에는 단계적으로 확대되는 광범위한 군사 행동들이 있다. 여기에는 '전투원'으로 간주되는 특히 위험한 인물들에 대한 표적 살해에서부터 테러리스트 기지나 다른 위협적인 소수 이문화 집단 거주지에 대한 소규모 공격, 공격적인 무기 시스템에 대한 큰 규모의 공격, 그리고 심지어 육해공군 전체에 대한 더 큰 규모의 공격이 포함된다.

관련된 연속체는 예방적 군사 행동의 빈도를 반영할 것이다. 어떤 경우에는 이라크 핵 원자로를 파괴했던 것 같은 단지 일회성의 공격이 요구된다.[57] 또 다른 경우에는 테러리스트나 그들의 지도자들에 대한 표적 살해같이 반복되는 공격이 요구된다. 어떤 것들은 일시적인 반면 또 어떤 것들은 지속적인데, 보호 방멱을 세우고 유지하는 것, 검문소의 설치, 그리고 재무장이나 테러리스트 조직의 편성을 방지하기 위해 계획된 장기 점령과 같은 것이 후자에 해당한다.

다른 명백한 연속체들은 두려워하는 위협의 확실성, 심각성, 그리고 직접성과 관련이 있다. 상당한 근거와 위급성이라는 피상적인 기준은 당연히 적군에 의한 파국적인 첫 공격을 두려워하는 민주주의가 직면할 무수한 위협들에 적절하지 않다. 핵무기 공격의 가능성이 통계적으로 낮다고 하더라도(5퍼센트라고 치자) 별로 일어날 가망성이 없어 보이는 그런 공격에 의해 발생 가능한 사상자 수는 어떤 도덕적 또는 법적 방정식에든 계산에 산입되어야 한다.[58] 작지만 중요한 임박하지 않은 핵무기 공격의 위험이, 임박성은 지대하지만 재래식 무기를 갖춘 소규모의 공격보다 더 예방적 군사 행동의 정당성을 인정받을 것이다. 발생할 것 같지는 않지만 격변하는 가능성에 맞서기 위해 계획된 예방적 행위의 적절성을 어떻게 판단하느냐 하는 문제는 위압적인 일이다. 양성 오류의 가능성은 예견된 사건이 일어나지 않을 가능성에 비례해 증가한다. 하지만 음성 오류와 관련된 위험 또한 증가한다. 대개는 양성 오류와 음성 오류의 상대적인 중요성에 달려 있다.

한 가지 극단적인 예를 들자면, 군대에서 군인들의 핵무기 장치에 대한 접근 자격을 시험하기 위해 애쓰는 경우를 생각해볼 수 있다. 그런 경우에 양성 오류와 관련해서는 실제적 위험이 없다. 즉 얼마나 많은 군인들이 그러한 접근 자격을 박탈당하는지 전혀 문제가 되지 않는다. 왜냐하면 자격 박탈로 인해 치욕을 느끼는 경우는 거의 없으며, 실질적으로 잠재적으로 자격이 있는 군인들의 인력이 무제한적이기 때문이다. 하지만 음성 오류의 위험은 어쩌면 파국적이기까지 하다. 불안정하거나 편집증을 가진 군인들에게 핵무기 장치에 대한 접근권을 준다면 수백만 명의 목숨이 위태롭게 될 수 있다. 따라서 자격 박탈에 치우치는 것은 간단한 일이며 잠재적 후보자에 대한 모든 의심은 해명되어야 한다. 어떤 특정한 군인이 무책임하게 행동할 가능성이 단 1퍼센트라도 있다면, 그는 실수를 하더라도 거의 피해를 일으키지 않을 덜 위험한 임무에 배정되어야 한다. 이것으로 매우 많은 숫자의 양성 오류(실제로 위험성이 없으나 자격이 발탁된 군인들)가 발생할 것이다. 하지만 이것으로 역시 음성 오류(실제로 위험하지만 자격을 부여받은 군인들)의 가능성이 두드러지게 감소하는 결과를 가져올 것이다. 그렇다면 거래의 가치는 충분하다.

2004년 미국 공화당 전당대회 동안에, 공원의 잔디를 망가뜨릴 가능성이 높다는 이유로 시위자들이 뉴욕 시 센트럴파크에 집결하는 것을 방지하기 위해 승인된 강제 명령은 반증을 드러낸다. 잔디가 손상될 가능성이 95퍼센트라 하더라도 그런 종류의 피해는 구제가 가능한 반면, 4년마다 행해지는 대통령 선거 전당대회에서의 시위의 자유에 대한 피해는 구제가 불가능하다. 판사 루이스 D. 브랜다이스 Louis D. Brandeis, 1856~1941가 그 전당대회가 있기 75년 전에 깨달은 다음과 같은 내용은 오늘날에도 그 당시만큼이나 관련이 있다.

> 우려되는 악이 비교적 심각하지 않다면, 위험이 임박하더라도 효과적인 민주주의에 필수적인 이러한 기능들을 금지하는 것을 정당화할 수 없다. 이러한 것들을 금지하는 것은 매우 엄중한 수단이어서 사회에 끼치는 비교적 사소한 위해를 비껴가기 위한 수단으로는 부적절할 것이다. 경찰력을 동원하는 것은 아마도 단순한 보호 수단으로는 효과적일지라도 절차가 과도하게 난폭하거나 압제적이라서 위헌일 것이다. 국가는 경찰력을 집행함에 있어서 결과나 불법 침입자의 의도, 또는 목적

에 관계없이 타인의 땅에 대한 모든 침입을 범죄로 규정할 것이다. 또한 국가는 그런 불법 침입을 저지르려는 시도나 음모, 선동을 처벌할 것이다. 하지만 이 법원이 보행자들에게는 폐쇄되지 않은, 게시되지 않은 불모지를 지날 수 있고 자신들의 행위를 옹호할 수 있는 도덕적 권리가 있다는 것을 가르치기 위해 모인 단순한 자발적 집회를 중죄로 처벌했던 법규를 합법적인 것으로 인정한다는 것은 상상조차하기 어렵다. 그러한 옹호로 인해 침입이 일어날 임박한 위험성이 있더라도 마찬가지이다. 언론이 어떤 폭력이나 재산의 파손을 일으킬 가능성이 있다는 사실이 그것에 대한 억압을 정당화하기 위한 충분한 이유가 되지는 못한다. 국가에 심각한 피해를 끼칠 가능성이 있어야 한다. 자유인들 사이에서 대개 범죄를 예방하기 위해 적용되는 억제 정책들은 법을 위반했을 때 교육을 하고 형벌을 내리는 것이지, 언론과 집회의 자유를 축소하는 것이 아니다.[59]

브랜다이스 판사의 추론은 두 가지의 이유에서 옳다. 첫째, 우리가 (그리고 수정헌법 제1조가) 언론의 자유에 두는 가치는 대단해서(특히 사전 억제와 관련해) 우리는 정부가 검열을 할 권한을 부여받기 전에 비상한 부담을 도맡을 것을 정당하게 요구한다. 둘째, 이러한 부담은 단순히 잔디에 침입하거나 그것을 손상하는 것 같은 구제할 수 있는 재산에 대한 위험을 호소함으로써 해결될 수는 없다. 언론의 자유나 집회의 자유 같은 핵심적인 민주주의적 자유의 행사를 구속하는 정부의 어떠한 행위도, 예방하려는 악이 매우 심각하고 억제하기 어려워서 사전구속이라는 인기 없는 메커니즘이 헌법상 허용된다는 것을 입증해야 하는 엄중한 부담을 만족시키기는 힘들 것이다. 우리는 소수라도 양성 오류(우리가 위해를 야기할 것이라고 오인하는 언론들)를 피하기 위해, 다른 분야에서보다는 이 분야에서 많은 음성 오류(우리가 위해를 야기하지 않을 것이라고 오인하는 언론들)를 기꺼이 용인한다.[60]

물론 공원의 잔디를 손상하는 것과 선제적 또는 예방적 군사 공격에 수반되는 이해관계 사이에는 명백하고 중요한 차이점들이 있다. 또한 전면적인 군사 공격과 초점을 맞춘 선제공격 사이에도 차이점들이 있다. 특히 약간의 '부수적'인 생명의 위해가 수반될 수 있을 때 특정한 테러리스트들에 대한 표적 살해를 허용할 것인가를 결정하는 데 있어서 다양한 요소들이 고려되어야 한다. 그 요소들은 가능한 한 구체적이어야 한다. 선제공격 표적을 정하는 일에 착수하기 위한 결정에 포함되어야 할 요소들 중에는 다음과 같은 것들이 있다.

지명된 표적이 합법적인 전투원일 가능성이 어느 정도나 되는가?

1. 그가 과거에 테러리즘에 가담한 적이 있는가? 그렇다면 얼마나 자주 가담했으며, 어떤 종류였는가?
2. 그가 현재 테러리즘 계획에 관련되어 있는가? 만일 그렇다면 얼마나 임박한가? 그의 정확한 역할은 무엇인가?
3. 그를 살해하는 것이 장래의 테러리즘 행위를 예방할 수 있는가? 아니면 그것이 다른 테러리즘 행위를 유발할 것인가?
4. 위와 같은 평가를 내리는 데 이용된 정보가 얼마나 신빙성이 있는가? 그것에 정확한 확률을 부여할 수 있는가? 있다면 확률이 어떻게 되는가?

그를 살해하는 것에 다른 합당한 대안이 있는가?

1. 그를 체포하거나 생포할 수 있는가?
2. 그렇다면 체포하는 군인이나 경찰관들의 위험은 어느 정도인가?

3. 그가 체포에 순응할 것 같은가 아니면 목숨을 걸고 싸울 것 같은가?
4. 그가 순응하지 않는다면 사상자가 어느 정도 될 것인가?
5. 그를 체포하려는 노력이 정치적으로 어떤 결과를 가져올 것인가?
6. 그를 재판에 회부하면 어떤 결과가 초래될 것인가? 그것이 인질극이나 다른 형태의 테러리즘을 자극할 가능성은 없는가?

그 테러리스트를 무관한 사람들에 대한 과도한 위험 없이 얼마나 확실하게 선제적으로 살해할 수 있는가?

1. 공격이 실행되었을 때 무관한 다른 적들이 죽거나 심각하게 부상을 당할 가능성은 얼마나 되는가?
2. 공격이 실행되었을 때 자국민들이 죽거나 심각하게 부상을 당할 가능성은 얼마나 되는가?
3. 자국 군인들의 목숨을 담보로 한다면 민간인들(적국과 자국 모두)에 대한 위험이 제거되거나 줄어들 수 있는가?
4. 도덕 사회가 어떻게 자국 시민들의 목숨의 가치를 적국 시민들의 목숨의 가치에 견주어야 하는가? 어떻게 자국의 징집된 군인들의 목숨의 가치를 적국 시민들의 목숨의 가치에 견주어야 하는가?(미국이 히로시마와 나가사키를 폭격하기로 한 결정은 명백히 미군들의 목숨을 살리기 위해 일본 민간인들의 목숨을 희생한 사례였다.)
5. 적국 민간인들의 목숨을 똑같이 존중해야 하는가, 아니면 '연루'의 정도를 참작해야 하는가?
6. 테러 행위에 사소하게 관련된 사람들에 대한 믿을 만한 정보를 획득하기가 훨씬 더 어렵다는 현실을 고려할 때, 그러한 정도의 참작에 얼마나 의존할 수 있는가?
7. 표적 대상이 떠맡은 위험한 행위들이 합법적인지 불법적인지가 중

요한가?(그가 활동을 하고 있는 국가의 국내법과 국제법, 그리고 표적이 되고 있는 국가의 법 아래에서.)

실제 세상에서 정확성과 정밀성의 정도가 각각 다른 이런 변수들을 계량화한다는 것은 사실상 불가능할 것이다. 하지만 그럼에도 불구하고 문제 해결을 도울 목적으로 그것들에 가상의 숫자를 할당하는 행위는 가치가 있다.

정보의 신뢰도, 위험의 가능성과 임박성, 예상되는 위해의 정도에 근거해서 숫자가 부가될 수 있을까?(예를 들어 100퍼센트의 신뢰도, 100퍼센트의 확실성, 100퍼센트의 임박성, 그리고 10명이나 그 이상의 확실한 죽음 같은.) 이 숫자들은 정보의 확실성이 덜하고 위해의 임박성이 덜 하고 사망자가 10명 이하일 것 같다면 줄어들 것이다(그리고 예방될 사망자의 추정 숫자가 10명이 넘으면 증가될 것이다). 치명적인 행동에 착수하기 위해서는 최저치의 총계가 요구될 것이다.

테러리스트나 다른 사람들을 죽이지 않고 체포할 가능성에 숫자를 부여할 수 있을까?

1. 잠재적 사상자의 범주가 다르면(예를 들어 테러리스트, 그의 지원자들, 경찰관들 또는 군인들, 무관한 민간인들, 어린이들) 서로 다른 숫자들을 부여해야 하는가?
2. 만약 그렇다면 어떤 숫자들을 부여할 것인가?

표적 살해를 시도한다면 무관한 사람들이 죽거나 부상당할 가능성에 숫자를 부여할 수 있을까?

1. 얼마나 많은 수를 부여할 수 있는가?

2. 10(아기)에서 1(적극적인 지원자)까지의 규모로 놓고 볼 때 어느 정도 무관한가?

이때에는 핵무기 테러 같은 매우 이례적인 경우를 제외하고는 최대치의 총계가 행위를 저지할 것이다.

표적이 된 테러리스트를 죽일 가능성을 감소시킴으로써 무관한 사람들이 죽임을 당할 가능성을 줄일 수 있는가?(예를 들어 더 작은 폭탄을 사용한다든지, 또는 더 적은 숫자의 사람들이 근처에 있을 때를 기다린다든지)

1. 무고한 사람의 피해를 줄이기 위해 표적이 된 테러리스트를 죽일 가능성이 낮아진다면 어느 정도의 확률까지 용인할 수 있을까? 이것은 위험에 부여된 숫자에 달려 있을 것이다. 100에 가까울수록 무관한 사람들에 대한 위험의 감수도가 더 높을 것이다. 숫자가 100에서 멀어질수록, 그리고 행동 개시를 위한 최소치에 가까울수록 무관한 사람들에 대한 위험의 감수도가 낮을 것이다.

나는 이런 복잡한 요소들을 숫자로 된 점수의 부여로 의미된 정확성의 정도에 따라 실생활에서 계량화할 수 있다고 믿지는 않는다.[61] 하지만 이것은 각각의 이슈들에 대략의 무게를 할당하기 위해서, 그것들을 계량할 수 있는 방법으로 틀을 짜기 위한 문제 해결을 돕는 유용한 연습이다. 완벽한 것이 충분한 것의 적이라면, 정확성은 근사치의 적이다. 그리고 근사치는 종종 위험의 평가와 개연성에 근거한 결론들을 수반하는 악의 선택들을 계량화하는 데 있어서 단순한 직관보다 낫다.

이런 종류의 연습을 적절하게 조절하면 예방적 구금, 프로파일링, 그리고 격리와 같은 다른 선제적 또는 예방적 메커니즘에 적용할 수가 있다. 이러한 연습은 법률 체계를 공식화하는 데 있어서 중요한 조치다. 또 다른 필수적인 조치는 부득이하게 벌어질 서로 다른 실수의 상황들에서 발생하는 비용을 어떻게 평가할지를 고려하는 것이다. 우리는 이제 그쪽으로 발걸음을 돌리려 한다.

부득이한 실수들에 대해 어떻게 생각할 것인가

문제가 1차원적일 때-한 개인이(테러 용의자라고 치자) 확인된 위해(테러 행위)를 특정한 기간(1년이라고 치자) 내에 저지를 것인지 아닌지에 대한 단순한 예견-의 선택과 결론에 관해서는 다음과 같은 간단한 행렬로 나타낼 수 있다.

		결과	
		발생	미발생
예견	일어날 것	진정한 양성 True positive-TP	양성 오류 False positive-FP
	안 일어날 것	음성 오류 False Negative-FN	진정한 음성 True Negative-TN

표의 왼쪽에 있는 항목들은 생각할 수 있는 두 가지의 예견을 나타낸다. 즉 한 개인이 위해를 저지르거나 위해를 저지르지 않을 것이다. 표의 위쪽에 있는 항목들은 두 가지의 가능한 결과를 반영한다(우리가 실제 결과를 단정할 수 있다고 추정한다면). 즉 그가 위해를 저질렀거나 또는 그가 위해를 저지르지 않았다. 이러한 예견과 결과들을 각각 결합해보면 네 가지의 가능한 예견 결과 시나리오가 나온다. 만일 그가 그렇게 행동할 것이라고 예견했고 실제로 그렇게 한다면, 그

것은 진정한 양성True positive-TP이다. 만일 그가 그렇게 행동하지 않을 것이라고 예견했고 실제로 그렇게 하지 않았다면, 그것은 진정한 음성True Negative-TN이다. 이 두 가지 시나리오는 모두 예측이 정확하게 맞아 떨어졌다는 것을 뜻한다. 부정확한 예견들에도 마찬가지로 두 가지 종류가 있다. 만일 그가 그렇게 행동할 것이라고 예견했는데 그렇게 하지 않았다면, 그것은 양성 오류False positive-FP다. 만일 그가 그렇게 행동하지 않을 것이라고 예견했는데 그렇게 행동했다면, 그것은 음성 오류False Negative-FN다. 우리는 간혹 정책적으로 한 가지 유형의 부정확성을 다른 유형의 부정확성보다 선호한다. 예를 들어 형사 피고인이 기소된 범죄를 저질렀는지를 결정하는 상황에서, 사실은 유죄이지만 잘못해 무죄가 선고된 피고인이 음성 오류이고, 사실은 무죄이지만 잘못해 유죄가 선고된 피고인이 양성 오류다. 우리는 다수의 음성 오류가 발생하는 편이 양성 오류가 단 한 명이라도 발생하는 것보다 낫다고 생각한다. 이러한 정책적 선호는 단 한 명의 죄 없는 피고인이 잘못해 유죄를 선고받는 것보다는 열 명의 죄 있는 피고인들을 풀어주는 것이 낫다는 이전에 인용된 원칙으로 요약된다 (브랜다이스 판사의 인용문에서 설명된 바와 같이 언론의 사전 구속에 관한 결정을 할 때도 이와 비슷한 선호도가 작용한다).

아브라함이 소돔의 죄인들에 관해 하나님과 협상하는 동안에 하나님께 상기시켰던 원칙에 의거한 결정에서도 숫자는 중요하다.[62] 수백 명의 무고한 승객들이 타고 있는 민간 항공기가 사람들이 가득 찬 당장 비울 수 없는 큰 빌딩을 향해 날아가도록 조종되고 있다면 그것을 격추시키는 것이 옳다. 그 비행기가 아직 납치범들의 손아귀에 있을 가능성이 매우 높지만 그 사실을 절대적으로 확신할 수 없다 해도 마찬가지다. 하지만 같은 비행기가 한밤중에 내부에 야간 경비원만 있는 워싱턴 기념탑을 향해 날아가도록 조종되고 있다면 그것을 격추하는 것이 분명히 옳다고 할 수는 없다. 이와 비슷한 논법으로, 적은 숫자의 민간인들이 근처에 있는 군사 목표물을 폭격하는 것은 적절하지만, 크고 사람들로 북적이는 민간인 병원에 인접한 비슷한 목표물을 폭격하는 것은 그리 적절치 못하다. 그것이 도덕과 법 모두에 자리하고 있는 균형의 법칙이다. 민주주의에서는 사회의 가치와 선호도를 반영하는 이 숫자들은 국민들이 결정해야 하고 법원의 적절한 재고의 대상이 되어야 한다. 한 명의 죄 없는 자에게 잘못해 유죄를 선고하는 것보다 열 명의 죄 있는 자들을 풀어주는 것이 낫다는 격언은 법의 지배하에 움직이는 대부분의 사회의 가치와 선호를 반영한다.

하지만 테러리스트 용의자들에게 이 격언을 적용하는 데는 몇 가지 변수가 있다. 첫째는 만일 음성 오류의 실수가 벌어질 때(즉 실제 테러리스트가 잘못해서 풀려날 때)의 잠재적 희생자의 숫자다. 테러리즘과의 연계가 있다는 정보에도 미국에 입국하도록 허용되었던 모하메드 아타Mohamed Atta, 1968~2001의 경우를 생각해보라. 만일 그가 구금되었더라면 분명히 9·11 대참사를 피할 수 있었을 것이다. 물론 결코 알 수 없는 일이지만…….

아타를 구금하는 데 실패한 것은 그 격언을 적용하는 것을 거부한 것이라기보다는 정보를 조화시키는 데 실패했기 때문이다. 하지만 그를 구금하지 않은 사람들에게 관련 정보가 알려졌더라면 어땠을까? 미국 관리들에게 알려진 모호하고 일반적인 정보에 근거해서 용의자를 구금하는 행위는 많은 양성 오류(즉 테러리즘과 관련이 있다고 의심되지만 사실은 아무런 관련이 없는 많은 사람들을 구금하는) 실수를 양산할 것이다.[63] 하지만 그렇게 하는 것이 대량 살상 테러리스트 공격을 예방할 결정적 가능성이 있다면 초래할 만한 가치가 있는 비용일 것이다.

여기서 두 번째 변수가 등장한다. 양성 오류 실수의 결과 무고한 사람이 처형되거나 표적 살해를 당한다면 이해관계가 상당하게 증대될 것이다. 하지만 그것의 유일한 결과가 죽음이나 부상의 위협이 동반되지 않은 몇 주 동안의 잘못된 예방적 구금이라면 이해관계가 상당히 감소될 것이다. 그렇다고 해서 그것들이 완전히 사라지는 것은 아니다. 무고한 사람을 수 주간 잘못해 구금하는 것은 육체적으로뿐만 아니라 정신적으로 환산했을 때 여전히 희생이 따른다. 그러한 희생은 임박한 테러리스트 공격에 대한 정보를 유도해내려 애쓰는 과정에서 구금된 사람이 학대나 위협, 또는 고문까지 받는다면 더욱 이해관계가 증가한다. 또한 그렇게 잘못 구금된 사람들이 인종적, 종교적, 또는 민족적 프로파일링에서 생겨나는 것 같은 냉대받는 소수 집단에 속해 있다는 이유로 선택되었다면 이해관계는 극적으로 증가한다. 이런 저런 비용은 음성 오류 실수(실제 테러리스트를 잘못해 석방하는 것)의 비용에 맞서 저울질되어야 한다. 하지만 누가 저울질을 하며, 누가 적절한 균형을 맞추어야 하는가? 이것은 특히 전통적으로 균형을 맞추는 사람들이 양성 오류 실수보다 음성 오류 실수의 잠재적 희생자들을 대표할 때 진정한 도전이 된다.

이런 것들이 대량 살상 무기를 소지한 잠재적 테러리스트들이 우리의 법률 시스템을 통과할 때 우리가 걱정하기 시작해야 하는 일종의 이슈들인데, 그중 일부는 피할 수 없을 것이다. 우리는 얼마나 많은 음성 오류들을 방지하기 위해 얼마나 많은 양성 오류들을 묵인해야 할 것인지를 결정해야 한다. 이 점에 있어서 우리가 만드는 정책 결정들을 실행하기 위해 우리는 또한 공급원의 정확성, 잠재적 테러리스트들을 옳게 알아맞히는 것과 관련된 정확성과 그 표적의 범주에 드는 무고한 사람들을 그릇되게 포함시키지 않는 것과 관련된 정확성을 평가해야 할 것이다. 한 명의 무고한 자를 수감하는 것보다 다수의 범죄자를 방면하는 것을 선호하는 격언은 특히 형사재판에 근거한다. 하지만 그것은 안보와 자유가 충돌할 때마다 적절한 균형을 이루는 행위의 상징이 되었다. 서로 다른 가치들이 문제가 될 때 그것들의 비율이 어떻게 되든, 우리는 안보를 최고로 강요하는 주장에 직면하더라도 자유를 계속해서 선호해야 한다. 하지만 자유도 안보와 마찬가지로 정도의 문제다. 그리고 또한 감각의 문제이기도 하다.

안보에 대한 심각한 위협에 직면했을 때 자유에 대한 감각과 실재 모두를 간직하는 것은 법률의 지배를 약속한 민주주의에 대한 진정한 시험이 될 것이다. 자유는 개별적인 구속과 해방을 모두 더한 것 이상이지만 구체성이 중요하다. 그리고 미국의 헌법은 헌법이 없는 국가가 취할 법한 일부 구체적인 행위들에 제약을 부과한다.

특정한 개인들에 의한 소규모의 위해를 정확하게 예견한다는 것은 어려운 일이다. 특히 예견된 행위가 드문 일일 때 더욱 그러하다(나는 이 책의 첫 번째 부록에서 몇 년 전에 기도되었던 구체적인 예언적 결정과 관련된 어려움을 증명할 것이다).[64] 예방적 군사 행동을 취함으로써 가해질 수 있는 위해뿐만 아니라, 예방적 조치를 취하지 않았을 때 국가나 테러리스트 단체가 가하는 대규모의 위해를 예견하는 것은 더 어려워진다. 그런 복잡하고, 조건적이고, 상호 작용을 예측하는 데 고려되어야 할 요소들의 다양성은 명확히 설명하기가 힘들고 어느 정도의 정확성으로도 계량화가 불가능하다. 하지만 이전에 주장했듯이 이러한 이슈들에 대해 논리적으로 그리고 도덕적으로뿐만 아니라 경험적으로 생각해보는 것은 필연적이다.

민주 국가가 내려야 하는 어렵고 복잡한 결정들 중 하나는 범위와 기간이 불확실한 대규모의 예방적 또는 선제적 전쟁을 과연 시작해야 하는가 하는 문제다. 그러한 결정 시에 계산에 넣어야 할 고려 사항들이 이전에 예시되었다. 대규모의 군사 상황에서 잘못된 결정을 내리는 데 따른 비용은 개인적 또는 작은 그룹과 관련된 결정들에서 초래되는 비용보다 훨씬 크다. 그것이 바로 법률 체계를 공정하게 집행하려는 법률 메커니즘을 구성하려는 이유일 뿐만 아니라 민족 국가들의 선행적 정당방위의 법률 체계를 분명히 표현하려는 더 큰 이유가 된다.

왜 선제공격과 예방의 법률 체계가 필요한가

세계에는 자신과 타인을 위한 정당방위 모두의 상황에서 널리 수용되고 일관된 '선제공격과 예방의 법률 체계'가 절대적으로 필요하다. 또한 그런 법률 체계를 적용할 중립적인 인물과 공정한 메커니즘 역시 절실하게 필요하다. 그런데 오늘날 세계는 이 두 가지 모두가 결여되어 있다.[65] 법률 체계와 법률 메커니즘의 부재로 인해 임기응변식 결정들이 사실상의 규칙이 되고 있다.

선제적·예방적 군사 행동을 계획하는 의사 결정권자들이 고려해야 할 요소들의 다양성을 반영하는 선제공격의 법률 체계는 시간이 흐르면서 발달되어야 한다. 그러한 법률 체계는 유엔에 의해서든(공동 행위가 실행 불가능할 때는) 개별 국가에 의해서든 인도주의적 개입을 위한 적절한 기준 또한 고려해야 한다. 이러한 결정들은 임기응변식이어서는 안 되는데, 의사 결정자들은 자신들에게 가해지는 위협은 과대평가하면서 자신들의 적이나 다른 사람들이 당하는 희생은 과소평가하는 경향이 있기 때문이다. 게다가 임기응변식 결정들은 대개 대립되는 고려 사항들을 조화시키기 어려운 시기 동안에 만들어진다. 하지만 이미 갖추어지고 널리 용인된 법률 체계의 장점은 이러한 시기 동안에 만들어지는 충동적인 임기응변식 결정의 감시 역할을 할 수 있다. 이와 관련된 갖추어진 법률 체계의 장점은 누가 수익자가 될 것인지가 알려지기 전에 좀 더 중립적인 방법으로 고안될 수 있다는 것이다.[66] 반면에 임기응변식 법률 체계는 이미 정해진 행위들을 합리화하려는 결과지향적인 경향이 있다. 기준을 객관화한다고 해서 반드시 이런 고유의 선입견이 제거되지는 않을 것이다. 하지만 최소한 외부적 원인들에 의해 동의된 외면적인 기준에 맞서 자신들의 행위를 정당화하기 위해 법적 그리고 도덕적 규범을 따르는 것을 염두에 두는 민주주의를 요구할 것이다.

전면적으로 똑같이 적용될 수 있는 객관적인 기준들의 문제점은 대량 살상 무기에 대한 접근으로 나타난 실제적 위험에 관해서라면 모든 국가들은 물론 모든 지도자들도 같지 않다는 것이다(그것은 정당방위 상황하의 개인에게 있어서도 마찬가지다). 중립적인 사전적 규칙이 이런 어려움들을 어느 정도 반영할 수는 있지만, 그것들이 진행 중인 위기 상황 동안에 모두에게 명확한 뉘앙스를 풍기는 것은 불가능하다. 하지만 그것이 규칙들을 공식화하려는 노력 없이 지내려는 이유의 전부는 아니다. 그것은 단지 객관적 기준을 적용함에 있어서 적당한 재량과 융통성을 허용하는 약간의 변경이 가능한 규칙들을 요구하고자 하는 경고다.

법률 메커니즘, 그리고 법률 체계를 구체적 위협에 적용할 수 있는 널리 용인되고 존중받는 다국적 기구의 필요성 역시 절박한데, 그것은 모두를 만족시키기가 훨씬 더 어렵다. 현재 구성된 유엔은 그러한 기구가 아니다. 특히 이스라엘, 아르메니아, 쿠르드, 티베트(예들 들어 팔레스타인과 대조해 보면)와 같은 인기 없는 국가들과 단체들에 관해서 그렇다. 그렇다고 헤이그 국제 사법재판소가 중립적인 법정도 아니다. 그것은 유엔의 조직이며 그곳의 많은 재판관들은 자신들의 정부의 편협한 이익을 위해 투표하는 것뿐이다. 에릭 포스너Eric Posner, 1965~ 교수는 이 같은 슬픈 현실을 다음과 같이 기록했다.

> 왜 국가들은 국제 사법재판소를 저버렸는가? 가장 그럴듯한 대답은 국가들은 국제 사법재판소에 속한 재판관들이 공명정대하게 판결을 내리지 않고 자신이 속한 국가의 이익을 위해 투표권을 행사할 것이라고 여기기 때문이다. 자신들의 본국이 소송 당사자가 될 때 재판관들의 약 90퍼센트 정도는 자국의 이익을 위해 투표한다. 그들은 자신들의 본국이 소송 당사자가 아닐 때는 자신들의 본국과 처지가 비슷한 국가들을 위해 투표하는 경향이 있다. 즉 부유한 나라 출신 재판관들은 부유한 나라의 편을 들어 투표하는 경향이 있고, 가난한 나라 출신 재판관들은 가난한 나라의 편을 들어 투표하는 경향이 있다. 게다가 민주주의 국가 출신 재판관들은 민주주의 국가의 편을 드는 듯하고, 독재주의적인 국가 출신 재판관들은 독재주의 국가의 편을 드는 듯하다. 그렇다고 해서 재판관들이 법에 전혀 주의를 기울이지 않는다는 뜻은 아니다. 하지만 정치가 고려된다는 점에는 의문이 없다.[67]

이러한 상황이 곧 개선되리라는 가망성은 없다. 하지만 현실이 이렇다고 해서 가치 있는 법률 체계의 필요성이 사라지는 것은 아니며 오히려 더욱 강조된다. 일반적으로 인정된 국제법은 많은 민주 국가들의 국내법의 일부가 되고 있다. 따라서 널리 인정된 국제적 법률 체계는 법률의 지배를 약속한 민주 국가들의 일방적 행위들에 대해 국내적인 제약을 부과할 것이다.[68]

하지만 현재 국제법의 상태에는 심각한 결함이 있다. 국제법에 대한 안보리의 시대착오적인 견해는 핵무기에 의한 전멸(이란을 책임지는 자들 같은 독실한 이슬람 광신도들이 단언한)이라는 위협을 받는 민주 국가에 자국에 대한 위협을 없애려는 균형 잡힌 예방적 군사 행동을 금지한다. 이런 무지몽매한 견해하에서는, 미국, 러시아, 또는 이스라엘은 외국에서 공공연하게 활동하며 자국의 국민들을 위협하는 테러리스트 단체에 맞서 선행적 조치를 취할 수 없을 것이다. 그들은 테러리스트들이 먼저 공격을 해올 때까지 잠자코 기다려야 할 것이다. 그들이 자살 폭탄 투하자들이라고 해도 마찬가지다. 그들은 그 사실을 알게 되더라도 적어도 공격이 임박할 때까지 기다려야 할 것이다. 이런 비현실적인 국제법의 왜곡은 단순히 억제의 효과에 의존할 수 없거나 억제의 위협을 수행함으로써 수백 만 명의 무고한 민간인들이 죽게 될 수 있는 상황들을 고려하는 방향으로 바뀌어야 한다. 민주 국가들은 자국이나 자국민들의 생존에 대한 심각한 위협에 맞서서 선제적 군사 행동을 취할 수 있도록 허용되어야 한다. 한 논평가가 지적했듯이 국제법이 '자살협정'으로 여겨져서는 안 된다.[69] 국제법은 한 국가가 정당하게 자신들의 생존이 위기에 처했다고 믿을 때 선행적 정당방위를 허용해야 한다.[70] 왜냐하면 국가의 생존은 결코 법의 문제로 생각되지 않을 것이기 때문이다.[71]

정확하고 신속한 선제공격과 총력을 다한 예방적 전쟁과의 차이점은 정도의 문제이고, 둘 다 선행적 군사 행동의 넓은 연속체에 자리하지만, 예상되는 위해를 예방하는 방법은 매우 다르다. 선제공격을 정당화할 수 있는 위협이 반드시 예방적 전쟁을 정당화하지는 않는다. 미끄러운 경사로 이론이 부득이하게 선제공격에서 예방적 전쟁으로 안내할 것이라는 두려움 때문에 선재공격을 실행하는 것이 항상 불법적으로 여겨져서도 안 될 것이다. 목표를 정한 선제공격은 그것이 용인할 수 없는 첫 공격을 흡수하는 유일한 현실적 대안이라면 합법적이고 도덕적으로 타당한 것으로 받아들여져야 한다. 위험이 더 수용 불가능해지면 합법적인 선제적 행위의 수위가 연속체를 따라 전면적인 예방적 전쟁 쪽으로 이동하도록 허용되어야 한다.

군사적 선제공격은 이라크 공격 이후 일부에서 혹평을 받게 되었지만, 억제가 비현실적이고 위협이 충분히 심각한 상황에서는 옵션으로 남아 있어야 한다.[72]

예방의 포괄적 법률 체계가 발달될 수 있을까?

이제는 서론에서 제기되었던 문제로 되돌아갈 때가 되었다. 프로파일링, 예방적 구금, 선행적 대규모 예방 접종, 위험한 언론의 사전 검열, 다양한 종류의 선제적 군사 행동, 그리고 전면적인 예방적 전쟁과 같은 다양한 예방적 메커니즘들이 예방적 행위들이 개략적이기는 하지만 보편적인 법률 체계가 발달할 수 있는 충분한 요소들을 공유하는가? 이것을 더 간단하게 설명하자면, 선행적인 정부의 행위에 대한 일관되고 실행 가능한 법률 체계를 분명하게 표현하는 것이 가능한가? 우리에게는 형사처벌의 부과라는 한 가지 특히 심각한 유형의 사후 통치 행위의 개략적인 법률 체계가 있기는 하다. 하지만 그 법률 체계는 자동적으로 모든 다른 심각한 사후 통치적 제재에 일반적으로 적용이 불가능하다고 여겨진다는 점을 상기해보라. 법원은 항상 현명하지는 못했지만 그것이 부과되는 사람에게 그 제재가 얼마나 가혹하게 느껴질지와 상관없이 형사처벌과 모든 다른 제재들을 구별했다. 내가 칭했던 것처럼 이런 법적 꼬리표 붙이기 게임은[73] 그것의 규칙들을 헌법의 용어들과 관습법의 역사로부터 끌어내려고 시도한다.[74] 어디에서 유래되었든 간에 그것은 종종 이치에 거의 맞지 않는 결과를 야기한다. 내가 어딘가에 민사-형사 꼬리표 붙이기 게임에 대해 다음과 같이 썼던 것처럼 그렇다.

> 민사-형사 꼬리표 붙이기 게임의 목적은 단순하다. 법원은 헌법에 의해서 '모든 형사소추'에 요구되는 어떤 절차상 보호 수단이 다양한 소송 절차에 적용되는지를 결정해야 한다. 게임의 규칙들은 약간 더 복잡하다. 입법부는 한 참가자(피고인, 환자, 청소년 피후견인, 피추방자 등으로 다양하게 불린다)의 자유를 제한하는 법령을 제정한다. 그 참가자는 이어서 국가가 자신의 자유에 제한을 가한 공식적인 절차는 진정 형사소추라고 법원을 납득시켜야 한다. 반면에 국가는 그 절차가 민사소추라는 것을 보여주어야 한다. 이것을 입증하기 위해서 국가는 종종 그 절차로 인해 해를 입는 것이 아니라 도움을 받는 것은 상대편이라고 주장한다. 오랜 역사 동안 검사들은 법원의 도움으로 너무 자주 변호인들의 저항 없이 청소년, 성도착자들, 정신병자들, 알코올 중독자들, 약물 중독자들과 위험인물들의 범죄들을 포함한 광범위한 절차들에 민사 꼬리표를 붙이는 데 성공했다. 마찬가지로 국외 추방, 가석방과 집행 유예의 취소 절차들도 민사적으로 간주되었다. 국가는 이 꼬리표들을 부착함으로써 피고인들에게 형사 재판에 요구되는 거의 모든 중요한 보호책을 성공적으로 부인했다. 이 신비한 단어의 간구는 실제 국민의 기본

> 적 인권에 관한 선언을 무시해버렸다. 《이상한 나라의 앨리스》에서 앨리스는 이렇게 말했다. "한 단어가 이런 일을 할 수 있다는 것은 굉장한 일이야." 이에 험티 덤티는 이렇게 응답했다. "내가 한 단어가 그렇게 많은 일을 하게 할 때는 …… 나는 항상 별도의 값을 치르지." 아주 최근까지 이 말은 실제로 보상을 받았음에 틀림없다. 그것은 판사들의 군대 역할을 하고 있었기 때문이다.[75]

더 최근에 대법원에서 있었던 또 다른 꼬리표 붙이기 게임은 예방적 제재와 형벌 사이뿐만 아니라 규제적 제재와 형벌 사이의 구별을 포함한다. 전 미국 대법원장 윌리엄 렌퀴스트William Rehnquist, 1924~2005는 마피아 두목에 대한 중범 형무소에의 공판 전 예방적 구금이 형사처벌이 아니었다면서 자신의 판결문에 다음과 같은 글을 썼다.

> 우선, 사람이 구금된다는 단순한 사실로 엄연히 정부가 형벌을 부과했다는 결론을 도출해낼 수는 없다. …… 자유의 제한이 허용할 수 없는 형벌의 구성 요소인지 허용할 수 있는 규제의 구성 요소인지를 결정하기 위해 우리는 먼저 입법부의 의지를 살펴보아야 한다. …… 국회가 명백히 처벌적인 목적으로 자유에 대한 제한을 의도하지 않는 한, 처벌적·규제적 목적의 구별은 자유에 대한 제한에 그것과 합리적 관련성이 있는 대안적 목적이 주어질 수 있는지, 그리고 자유에 대한 제한이 그것에 부여된 대안적 목적과 관련해 지나쳐 보이지는 않는지에 달려 있다.

법원은 이러한 비교적 의미 없는 기준들을 설명하면서 이어서 광범위하고 위험한 함축성을 가진 융통성 없는 방식으로 그것들을 다른 예방적 메커니즘들에도 적용했다. 그리고 이렇게 결론지었다.

> 법령에 의한 구금은 이러한 이분법에서 규제적 측면에 해당된다. 보석금 개정법은 국회가 공판 전 구금 조항들을 위험스러운 인물들에 대한 형벌로서 공식화하지 않았다는 것을 명백하게 지적한다. …… 대신에 국회는 공판 전 구금을 절박한 사회 문제의 잠재적인 해결책으로서 인지했다. …… 진정한 규제의 목적은 사회에 대한 위험을 예방하는 것이라는 점에는 의심이 여지가 없다. …… 우리는 적절한 환경에서 정부가 사회 안전을 위해서 시행하는 단속의 중요성이 개인의 자유의 중요성을 능가할 수 있다고 반복해 지지했다. 예를 들어 전쟁이나 폭동 같은 사태에 사회의 관심이 극에 달했을 때, 정부는 위험하다고 여겨지는 개인들을 구금할 수도 있다. …… 우리는 긴박한 전쟁 상황이 아니라 하더라도 정부의 이해관계가 달려 있으면 위험한 인물의 구금을 정당화할 수 있다는 것을 알아냈다.[76]

한편으로는 형벌, 다른 한편으로는 '절박한 사회 문제에 대한 잠재적 해결책'이라는 이 이분법은, 모든 의미에서 형벌이 종종 절박한 사회 문제에 대한 잠재적 해결책이고 그런 해결책들이 종종 형벌이라는 현실을 인정하는 데 실패한다. 이와 비슷하게 '위험한 인물들에 대한 형벌'과 '사회에 대한 위험의 예방' 사이의 이분법이라고 일컬어지는 것은 이러한 서로 연관된 사회 통제 메커니즘에 중복되는 성질이 있다는 사실을 인정하는 데 실패한다.[77] 어느 경우든 이 꼬리표 붙이기 게임은 형사처벌과 똑같이 보인다 하더라도 형사처벌을 지배하는 헌법상의 법률 체계를 예방적, 선제적, 또는 다른 '규제적인' 메커니즘들에 적용할 수 없다는, 단지 결과지향적인 부정적 결론을 초래한다. 이러한 잘못된 이분법들에 의존하는 사례들은 대개 예방적 또는 선제적 제재들을 지배해야 하는 대안적인 법률 체계를 분명히 표현하는 데 실패한다. 하지만 아직 의미 있는 예방적 또는 선제적 법률 체계가 합법화되지 못했기 때문에(최소한 수년간 형사처벌 시스템이 있었던 범위까지는) 조리 있고, 일관되고, 기능적인 선행적 통치 행위의 법률 체계를 고안하고 분명히 표현할 수 있는 입헌적인 융통성이 존재한다. 하지만 이 중요한 필요성을 채우기 위해 준비되어진 것이 없다.

법률 체계를 구성하기 위해서는 우선 고려 사항을 정당화하는 모든 요소들이 포함되었는지를 확인하기 위해 그것들을 복잡하게 뒤섞어야 한다. 다음 단계로는 최소한 문제 해결을 도울 목적으로 이 요소들을 계량화하도록 노력해야 한다. 그 이후에 우리는 이 결과들을 간소화해야 한다. 하지만 이 과정에서 실생활에서는 어떤 선제적 또는 예방적 결정에도 들어맞는 요소들에 특정한 숫자들이 할당되도록 허용하기에는 말로 다 표현할 수 없는 수많은 요인들이 있다는 사실도 인정해야 한다. 마지막으로 의사 결정자들이 법률 체계를 실생활에서 일어나는 결정에 적용할 수 있도록 하기 위해, 법은 날카로운 외과용 메스가 아니라 무딘 도구라는 것을 인정하면서 위의 내용들을 단순화해야 한다.

이런 일반적인 고려 사항들을 염두에 두면서 애초의 질문을 단순한 형태로 되물어보자. 즉, 일관되고 실행할 수 있는 선행적 통치 행위의 법률 체계를 분명히 표현하는 것이 가능한 일인가? 내가 생각하는 대답은 조건부 긍정이다. 이 책의 구석구석에서, 그리고 특히 이 장에서 나는 그런 법률 체계의 윤곽을 그려내려고 노력했는데 이 윤곽은 암시적이고 총체적이다. 어떤 조직적인 법률 체계도 시간을 두고 발전해야 하며 구체적인 상황들에 적용함으로써 계속적인 시험을 해야 하기 때문이다. 그것은 사회의 가치와 우선권에 대한 시민들로부터의 민주주의적 조언을 필요로 한다. 이러한 경고를 염두에 두고서 예방의 법률 체계에 들어가야 할 일부 광범위한 요소들을 고려해보자.

어느 법률 체계든 중요한 요소는 진행되어야 한다는 부담과 관련이 있다. 이 부담은 몇 가지 요소들이 반영된 것이다. 불이행 상태는 어떻게 될까? 행위를 취하거나 취하지 않을 때 생겨날 부득이한 실수들로 인한 상대적인 비용은 얼마나 될까? 이러한 변수들의 비용을 어떻게 할당해야 하는가? 그 부담은 모든 예방적 결정들에 있어서 같아야 하는가? 또는 그것이 각각의 사례마다 문제가 되는 가치에 따라 달라야 하는가? 누가 이 이슈들을 결정해야 하는가? 누가 이런 결정들을 재고해야 하는가?

나는 이 책에서 논의된 종류의 예방적 통치 행위를 옹호하는 사람들이 무거운 부담을 져야 한다고 생각한다. 이것은 대다수의 이성적인 사람들이 동의할 것이라고 믿는다. 그런 모든 행위들은 자유, 건강, 생명, 그리고 다른 가치들에 관한 중대한 비용의 부과나 최소한 부과의 위험을 수반한다. 가장 높은 잠재적 비용들은 물론 전면적인 예방적 전쟁과 군사 행동 같은 대규모의 행위들에 의해 부과된다. 하지만 대규모의 예방 접종 프로그램, 표적 살해, 소규모의 예방적 개입들에서의 생명과 건강으로 측정된 비용 또한 문제가 된다. 존엄성과 자유에 대해 측정된 비용은 모든 프로파일링, 구금, 또는 검열의 결정들에도 포함된다.

예방적 조치들을 취하지 않았을 때의 비용들(역시 생명, 건강, 존엄성, 해방, 그리고 자유에 대해 측정된) 또한 문제가 된다. 어떤 경우에건 태만의 비용은 아마도 행동의 비용을 초과할 것이다. 하지만 그렇다고 해서 예방적 또는 선제적 공격을 진행하는 데 있어서 무거운 부담이 없다는 뜻은 아니다. 단지 불이행의 비용이 아주 클 때 선제공격으로 인한 부담을 더 쉽게 받아들일 수 있다는 뜻이다. 정부가 위험 요소가 크고 실패의 가능성이 높을 때마다 주의를 요하기보다 생명, 건강, 존엄성, 또는 자유에 상당한 위협이 되는 예방적 조치를 강구할 때일수록 예방 조치에 대한 부담이 높을 것이다. 또 다른 이유들도 있는데 일부는 이전에 이미 제시되었다. 즉 위해가 일어나기 전에 사람들의 목숨에 개입하는 정부의 힘의 배분에는 내재하는 위험들이 있다. 일정한 정부의 권력 사용의 전제 조건으로 위해나 특정한 위법 행위를 요구하는 것은 그런 권력의 남용에 대한 중요한 감시의 역할을 한다. 그것이 민주주의에서 사전 예방보다는 사후 억제가 일반적으로 행해졌던 이유다. 이 민주주의 규범에 반대되는 행위를 하려면 어떤 정부든 큰 부담을 져야 한다. 그러한 부담은 특히 정부가 감지된 적들에 대한 정당방위 상황에서 취해지는 예방적 행위를 강구할 때마다 높아질 것이다. 왜냐하면 정부는 대개 자국과 자국의 시민들에 대한 위험에 대해서는 과대평가(또는 과장해 말할 것이다)하는 반면, 위험을 가하는 것으로 인지된 자들에 대한 위험은 과소평가할 것이기 때문이다. 한편 시도된 행위가 성질상 인도주의적 즉, 타인들을 보호하려는 계획일 때에는 부담이 다소 줄어들 것이다. 그런 경우에는 과대평가나 과소평가를 하게 될 위험 요소가 줄어들기 때문이다. 민주 국가가 대대적인 예방 접종이나 격리와 같은 자국 시민들 전부나 일부를 상대로 한 예방적 행위를 시도할 때도 마찬가지일 것이다. 그런 상황들에서도 예를 들면 인종, 종교, 민족성, 혈통 같은 부당한 요소들이 개입되지만 않는다면 과대평가나 과소평가를 하게 될 위험성이 그리 높지는 않다.

하버드 대학의 광장에는 한 환경 단체가 붙인 다음과 같은 문구가 있다. "위해의 증거가 아닌, 위해의 조짐이 우리를 행동하게 한다." 이것은 본질적으로 주로 환경과 다른 관련된 위험 상황하의 유럽에서 발달한 예방의 원칙이다. 이 단체가 시도한 행동 또한 예방적이지만, 반드시 선행적 정당방위에 수반되는 생명 또는 자유에 대한 같은 종류의 위험을 포함하는 것은 아니다. 그것은 환경 오염이나 비슷한 문제들에 관한 경비 지출, 입법상의 제한에 한정된 것 같아 보인다.

무고한 생명들을 보호하기 위해서라는 이유라 해도, 정부가 또 다른 무고한 생명들을 위험에 처하도록 하는 행위를 시도한다는 것은 엄청난 부담을 지닌다. 그 무거운 부담은 그러한 행위를 취하지 않음으로써 더 많은 무고한 사람들을 위험에 빠뜨릴 수 있다는 사실을 증명해야만 기꺼이 받아들여질 것이다. 무고한 시민들의 목숨은 침략자나 적군의 목숨보다 더 높이 평가되어야 한다. 하지만 자국 군인의 목숨과 적국의 민간인의 목숨을 비교해볼 때 어디에 가치를 두어야 할 것인지에 대해서는 이견이 있을 수 있다. 이 계산법은 그 민간인들의 특징이 어떠한가에 달려 있을 것이다. 그가 아기인가 아니면 전혀 무관한 어른인가? 또는 그가 침략자의 적극적인 지원자인가? 이런 종류의 판단은 책임감 있게 민주적으로 결정되어야 한다.

기도된 행위가 생명이 아닌 자유와 다른 중요한 가치들을 위협할 때는 전자에 비해 부담이 다소 낮을 것이다. 게다가 기도된 행위가 약간의 자유(또는 목숨을 제외한 다른 중요한 가치들)를 희생시킴으로써 시민들의 목숨을 구할 가능성이 크다면, 그로 인해 보장된 목숨들의 가치는 대개 잃어버린 자유의 가치보다 더 높게 여겨진다.

각각의 상황에 따라 가치들이 매우 다양하기 때문에, 형사사건에 있어서 매우 큰 입증 부담을 요구하는 규칙인 '열 명의 죄 있는 자'와 유사한 격언을 제안한다는 것은 불가능하다. 하지만 문제가 되는 가치들을 일정하게 유지할 수 있다면(한 명의 생명 대 한 명의 생명, 또는 한 단위의 자유 대 한 단위의 자유라고 치자), 민주주의에서는 부담에 순위를 매기려고 노력할 필요가 있다. 정부가 한 명의 무고한 시민을 살리기 위해 또 다른 한 명의 무고한 시민을 죽이는 것과 같은 모험을 하는 것이 더 낫다고 볼 수 없다. 균형 상태에서는 아마도 아무런 행동도 취하지 않는 것이 현명할 것이다. 하지만 만일 잠재적으로 두 명 또는 세 명, 또는 다섯 명의 무고한 시민들을 구하기 위해 한 명의 무고한 시민의 목숨을 위태롭게 해야 한다면 어떻게 하겠는가? 이 비율이 매우 위험하기는 하지만 잠재적으로는 이로운 예방적 행위를 정당화하기에 충분히 높은가? 태만이라는 불이행 상태에 어느 정도의 중요성이 주어져야 하는가? 의도하지 않은 결말의 법칙은 없는가? 확률의 계산에서 부득이한 실수들은 없는가? 정부가 목숨을 빼앗을 때의 도덕적 비용은 얼마나 되는가? 행동과 태만의 죄 사이에서 간혹 생겨나는 도덕적 차이는? 적극적으로 생명을 빼앗는 것에 대한 책임감의 심리학적 부담은 어떠한가?

이 질문들에 대한 대답은 서로 다른 종류의 선제적 그리고 예방적 결정에서 문제가 되는 각각의 가치에 따라 다를 것이다. 이에 관하여 제안된 일부의 대답들은 관련 요소들을 열거하고 심지어 계량화해(문제 해결을 도울 목적으로) 이미 앞에서 약술했다. 그 정도로 단일하고 편협한 법률 체계로는 현재 이용되고 있고 미래에도 도입될 것 같은 다양한 선제공격 메커니즘들을 충분히 다루지 못할 것이다. 하지만 이것은 사후 억제적 제재에 관해서도 어느 정도 사실이다. 모든 상황을 다스릴 수 있는 단일한 법은 없다.

단일하고 편협한 법률 체계적 해결책으로는 '열 명의' 규칙과 일부

헌법상 요구되는 절차상 보호책과는 달리 사후 억제에 의해 가해진 광범위한 다른 비극적 악의 선택의 문제들 또한 수정할 수가 없다. 하지만 부담의 분배와 수용할 수 있는 양성 오류들과 음성 오류들의 비율을 포함하는 이 광범위한 이슈들에는 공통분모가 있다.

이런 것들은 민주주의 사회에서 공공연하게 토론되는 일이 매우 드문, 일종의 악의 선택에 관한 문제들이다. 우리는 그것들에 투표를 함으로써 명시적으로 응대하기보다는, 행동으로 암시하는 경우가 더 많다.[78]

정부는 생명과 자유를 관련시켜 어느 정도 예방적으로 행동할 때마다, 가치들에 대한 이런저런 위압적인 문제들에 암시적으로 대답한다. 법률 체계의 역할은 이런 가치 선택을 공개적으로 만들어서 더 명확하고 민주적으로 결정하게 하는 것이다. 음성 오류에 대한 양성 오류의 수용할 수 있는 비율들은 궁극적으로 사람들이 할당해야 한다. 선택이라는 것은 종종 대부분의 사람들이 하고 싶어 하지 않는 고통스러운 작업일 것이다. 하지만 선택을 하지 않는다는 것은 불가능하다. 불이행 또한 서맨사 파워가 대량 학살 예방에 있어서의 우리의 집단적 실패와 관련해 강력하게 주장했던 것처럼 가치의 선택이기 때문이다.[79]

이런 관련된 부담들과 어떻게 그러한 부담들을 받아들여야 할 것인가를 넘어선 다른 선택들은 법의 지배를 약속한 민주주의 사회의 허용 가능한, 그리고 허용이 불가능한 예방적 메커니즘들과 관련이 있다. 효과와는 상관없이 모든 사후 처벌이 허용되지 않듯이, 매우 효과적이라고 여겨진다고 해도 모든 예방적 메커니즘이 허용되는 것은 아니다. 민주 국가들은 실제로 한쪽 팔을 뒤로 묶인 채 테러리즘을 비롯한 위해들과 싸워야 한다.

법률 체계의 역할은 어려운 선을 긋고, 악들 중에서 선택을 하고, 그런 비극적 선택들을 하는 것이다(또는 최소한 이런 종류의 결정들을 내리고 재고하는 구조와 메커니즘들을 만드는 것이다).

결국 어떤 법률 체계도 부득이하게 광범위한 사회의 가치 선택들을 반영할 것이다. 절충적이고 이질적인 민주 사회에서는 어떤 법률 체계도 결코 단일한 이데올로기나 세계관을 반영하지는 않을 것이다. 물론 그렇게 해서도 안 된다. 법률 체계는 이익보다는 비용에 무게를 두는 벤담의 공리주의 원칙을 중요시해야 한다. 하지만 칸트주의의 필요성과 절대성 또한 일부 반영해야 한다. 어떤 정치 형태를 구성하든, 어떠한 광범위하고 수용 가능한 법률 체계에도 다양한 사람들과 단체들의 경험들을 고려해야 한다. 절차, 정치, 타협은 모든 다른 통치 지역에 존재하는 다소의 불일치를 양산할 것이다. 이제 나타날 법률 체계는 정적인 산물이라기보다는 역동적인 과정일 것이다. 위원회가 생산한 결과물이 동물이라면 이 법률 체계는 윤기 나는 말보다는 육중하게 걷는 아라비아산 단봉낙타를 닮을 것 같다. 하지만 오늘날 우리는 선제공격과 예방을 다스리는 규정들에 관해서라면 메마른 사막에 살고 있다. 이 법률 체계라는 낙타가 유용한 출발점이 될 것이다.

부록 1

예방적 자격 박탈

수치들은 그것에 반한다

Preventive Disbarment: The Numbers Are against It

1972년 8월, 나는 《미국변호사협회저널》에 기고할 논문을 썼다. 그 주제는 예측 수학, 특히 많은 양성 오류를 초래하지 않고 상대적으로 드물게 발생하는 사건을 예측하는 일에 대한 어려움이었다. 1975년에 나는 논문에서 다룬 분석을, 범죄 행위를 예측하기 위해 염색체를 배열하는 데 적용했다. 이 책에서 나는 그 논문을 약간 수정해서 실었는데, 그 까닭은 그 논문이 확률적 예측에 기초한 예방적 혹은 선제적 정부 조치들로 내려진 많은 결정과 관련되어 있기 때문이다.

1970년대 초에는 많은 변호사들이 참여했던 민권 운동과 반전 데모가 한창이었다. 그때 미국 변호사협회의 법 교육과 자격 허가 부서 위원회에서는 변호사 자격시험을 응시하기 전에 수험생의 성격적 특성을 유용하게 검증할 수 있는지 여부를 결정하기 위한 연구를 권유했다. 위원회는 특히 다음의 연구를 제안했다.

A. 이 연구는 다른 직업 혹은 사업에서는 현재 어떠한 검증 방법이 진행되거나 계획되고 있는지를 살펴보기 위한 다음 목적의 학제적 연구다.

(1) 직업 의무에 위배되는 비행을 저지를 것으로 예측되는 성격의 중요한 요소를 파악하기 위한 목적.

(2) 개인의 성장 과정과 법 교육의 안정적인 효과에도 불구하고 지속되는 그런 불리한 요소의 정도를 가늠하기 위한 목적.

B. 적정한 설문이나 조사에 의해 로스쿨 학생 단계에서 발견할 수 있는

> 예측 정보를 확보할 수 있는지, 그리고 만약 그렇다면 어떤 유형의 연구가 성과가 있었을지를 규명하기 위해 변호사들의 밝혀진 결점과 관련해 선택된 사례들에 대한 회고적 연구다.

이러한 연구들의 목적은 현재의 기술 수준 내에서 3만 5,000명이나 4만 명의 22세 남녀를 대상으로 매년 시행할 수 있고, 법률가로 활동함에 있어 그들의 미래 행동과 성실성에 대해 유용한 정보를 밝혀낼 검사를 고안할 수 있는지를 결정하는 것이다. 아마도 만약 '정확한' 예측 검사가 고안될 수 있다면 '변호사 자격을 거부하거나 후일에 변호사협회에 의한 징계를 야기하게 될 사실상의 성격 결함을 가진' 사람들에게 예방적으로 사용될 것이다. 그 보고서는 계속해 다음과 같이 언급했다.

> 이로 인해서 대신 학생들은 법 교육을 이수하느라 인생의 3~4년을 투자한 후에야 이러한 장애에 대해 알게 되어 곤란을 겪는 일과 때로는 비극적인 문제에 봉착하는 문제를 피하게 될 것이다.

해당 부서의 위원회에서 승인된 이 보고서는 예측되는 '미래의 결점'이 양산할지도 모르는 정확한 결과를 구체화하지는 않았다. 그것은 단지 '각 관할 구에서 원하는 보충 연구 또는 조사를 하도록 50개 관할 구에 맡겨놓도록' 제안했다. 이러한 제안에 대해서는 예측 조사에서 '실패'한 사람들이 '법 교육에 대한 경쟁과 궁극적으로 변호사 자격을 얻을 기회'로부터 일찌감치 제외되거나 그러한 경쟁에 참여하는 것 자체를 박탈당할 것이라는 우려가 제기될 법하다. 보고서는 로스쿨 1학년의 정원은 대략 3만 6,000명 정도이며 지원자 수는 매년 증가하고 있다는 사실을 인용했다(1971년에 8만 명 그리고 1972년에 10만 명). 보고서에 의하면 이러한 숫자는 지적 능력과 지원 동기라는 관점과 도덕적 성격 특성이라는 관점 모두에 있어서 가장 적임자가 법 교육을 위한 경쟁과 변호사 자격 취득에 성공하는 사람들이라는 것을 확실히 하고자 하는 현재 절차의 적정성에 대해 우려를 증가시켜왔다.

위원회는 "정확한 예측 검사가 고안될 수 있을 것인가?" 라는 문제에 대한 답을 할 수 없다는 사실을 인정했다. 위원회는 '인간 행동을 예측하는 수수께끼에 대한 답을 찾기 위해서 다양한 분야에서 현재 진행 중인' 작업들을 지적하면서, 그러한 노력의 성공에 대한 본질에 대해 충분히 알지 못한다는 것을 시인했다. 그렇지만 위원회에서는 자신들이 제안한 연구들이 위원회를 순수한 추측과 개인적 의견으로부터 더 공고한 근거로 이동시켜주기를 바라는 희망을 표출했다.

이러한 연구 수행의 실현 가능성은 어느 정도인가?

보고서는 정책과 합헌성에 대한 많은 곤란한 문제들을 제기했는데 어떤 문제들은 여덟 개의 주요 로스쿨 학장들이 미국 변호사협회장에게 보내는 편지에서 논의되었다. 그러나 본 논문은 그러한 문제들을 다루지는 않을 것이다. 대신에 제안된 종류의 연구들을 실행하는 것에 대한 경험적 실현 가능성과 그러한 연구가 양산하게 될 결과의 유용성에 집중할 것이다. 나는 비록 제한된 방식일지라도 그 연구들이 위원회의 제안 또는 다른 유사한 제안들을 고려하는 데 기여하기를 바라는 마음으로 약간의 경고를 하고자 한다.

보고서는 선택된 일탈자들의 이력적 배경을 심도 있게 연구할 것을 제안했다. 로스쿨 입학 당시에 밝혀낼 수 있었고 가능한 미래의 결점을 예측할 수 있었던 어떤 유형이나 구별되는 실상이 있는지를 결정하기 위함이었다. 이런 유형의 회고적 연구는 적절하게 수행된다면 예측인자를 구성하는 데 유용한 첫걸음이 된다. 그러나 일탈자 집단에 대한 어떤 회고적 연구도 그것만으로는 신뢰할 만한 예측 기준을 도출할 수 없다. 비록 연구 결과 모든 과거의 일탈자들이 어떤 공통된 특징을 가지고 있음이 밝혀진다 하더라도, 그런 특징을 가진 모든, 또는 대부분의 사람들이 일탈자가 될 것이라고 단정하는 것은 불합리한 추론일 것이다.

이러한 추론이 불합리한 데에는 두 가지 이유가 있는데 첫째는 이러한 특징들은 충분히 차별적이지 않기 때문이다. 즉 그것들은 모든 또는 대부분의 일탈자들에게 나타나는 것뿐만 아니라 상당한 수의 비일탈자들에게도 나타날 것이라는 점이다. 예를 들자면, 현재 헤로인에 중독된 사람들 중 상당수가 이전에 마리화나를 피워본 경험이 있다고 해서 마리화나 흡연자가 대부분 헤로인 중독자가 되는 것은 아니다. 마리화나 흡연자 중 극히 일부만이 헤로인 중독자가 된다. 마찬가지로 어떤 유형의 범죄자들 중 상당수가 XYY 염색체 배열을 가졌다고 한다. 하지만 그러한 염색체 배열을 가진 대다수의 사람들이 범죄자가 될 것이라고 단정하는 것은 불합리한 추론이다.

두 번째 이유는 연구가 분리해내는 데 성공한 특성들은 적은 수의 과거 표본의 일탈자들과만 관련이 있으며, 일반적으로 다른 모집단의 일탈자들과는 관련이 없을지도 모른다는 사실이다. 회고적 연구에 적용된 표본은 어떤 측면에 있어서는 특이한 것이었을 수도 있다. 예를 들자면, 셸던 글룩과 엘리너 글룩 교수가 수행한 비행에 관한 유명한 회고적 연구는 대부분이 아일랜드계인 보스턴 이민자들을 대상으로 수행되었다. 그 연구가 다른 모집단에 적용될 수 있는가에 대해서 상당한 의구심이 제기되었다. 특이함이라는 위험성은 그 본래의 표본이 상대적으로 적은 경우에 특히 크게 불거진다. 더욱이 일탈자들과 연관된 특성은 오늘날처럼 태도가 급격히 변하는 때에는 시간이 흐르면서 변할 수도 있다.

예측적인 검증 연구가 수행되어야 회고적 연구로부터 얻은 자료가 다른 모집단에 타당성 있게 적용될 수 있다. 회고적 표본으로부터 도출된 예측적 특성들은 잠재적 일탈자와 비일탈자를 포함하는 다른 모집단에 적용되어야 한다. 이러한 특성을 바탕으로 해서 새로운 집단 구성원의 미래 업무 수행에 대한 예측이 이루어져야 하지만, 이러한 예측은 비밀로 취급되어야 한다. 만약 그러한 예측이 예상되는 일탈자들이나 변호사협회 직원들에게 폭로된다면 타당성 검증 연구가 자기 충족 예지력에 의해 왜곡될 수 있기 때문이다.

그런 연후에 새로운 집단의 직업 경력을 수년간, 이상적으르는 전 직업 경력 동안이지만 적어도 10~15년 동안, 추적해야 한다. 그리고 그 집단의 실제 업무 수행을 예측 사항과 비교해야 한다. 오직 그때만이, 그리고 심지어 그때조차도 잠정적으로만, 회고적 집단에 있어서의 일탈자 및 비일탈자와 관계있는 요인들이 진정으로 일반적인 관련 모집단의 특성이라고 단정할 수 있다.

신뢰성이 떨어지기는 하지만 또 다른 타당성 검증 기법은 본래 표본으로부터 도출된 예측 특성들을 일탈자와 비일탈자 모두가 포함된 다른 '이전' 집단에 적용하는 것이다. 만일 그 특성들이 과거 일탈자들을 회고적으로 예측하는 데 성공한다면, 본래의 집단이 특이하지 않았다는 것에 대한 어느 정도의 확신을 줄 수 있을 것이다.

만약 회고적 연구로부터의 자료가 로스쿨 학생들이 더 이상 직업 경력을 추구하지 못하도록 자격을 박탈하기 위한 목적으로 타당성 검증 없이 사용된다면 예측 지표의 단지 한 측면만이 검증될 것이다. 그렇게 되면 잠재적 일탈자들을 찾아내는 데 실패할 것이며 상당수의 음성 오류가 나타날 것이다. 그러나 예측된 행위를 할 기회가 주어지지 않을 것이기에 양성 오류, 즉 오류로 자격 박탈된 경우는 거의 또는 전혀 나타나지 않을 것이다. 일탈자를 찾아내는 것에 대한 실패의 가시성이 높아질수록 검사자는 자격이 박탈되는 사람들의 범주를 넓히고자 할 것이다.

과도한 양성 오류라는 풀리지 않는 딜레마

이런 방법론상의 문제들이 극복된다 할지라도 도출된 예측인자를 관련된 모집단에 유용하게 적용하는 데는 상당한 어려움이 있다. 1,000명의 과거 일탈자들의 교육과 직업 경력 배경에 대해 조사하는 방식으로 한 회고적 연구가 수행된 것을 상상해보면 이러한 어려움을 이해할 수 있다. 더 나아가 그 연구가 매우 성공적이었다고(대부분의 일탈자들에게는 존재하지만 비일탈자들에게는 존재하지 않는 많은 특성들을 분리해냈다고) 상상해보자. 이러한 분석을 위한 목적으로 80퍼센트의 일탈자들이 한 가지 또는 그 이상의 이러한 특성을 가지고 있고 80퍼센트의 비일탈자 통제 집단이 이러한 특성을 가지고 있지 않다고 가정해보자.

실제 생활에서 일단의 특성들이 그렇게 높은 비율의 일탈자들에게 존재하고 비일탈자들에게는 존재하지 않도록 구별되기는 지극히 어렵다. 이것이 지금까지 사람들이 매우 넓은 범주의 동기로 일탈을 저지르는 명백한 이유다. 많은 경우에 일탈은 전형적인 전과 기록이 있는 사람이 범하기도 한다. 하지만 비행을 위한 이상적인 프로필을 가지고 있는 듯한 사람들이라도 사실상 이러한 일탈 행위에 전혀 관여하지 않는 경우도 있다.

실제로 제롬 칼린Jerome Carlin은 그의 경험적 연구 〈변호사들의 윤리Lawyer's Ethics〉에서 '상황적' 요인들이 변호사가 윤리적 규범을 위반할지를 결정하는 주요한 역할을 한다고 결론지었다. 이러한 상황적 요인들(로펌의 규모와 지위, 소송 의뢰인의 성향, 그가 다루는 정부기관의 수준 등)은 학생들이 로스쿨 1학년 때 예측하기에 가장 어려운 부분일 것이다. 예측인자들을 구성하고자 노력해온 심리학자들과 전문가들은 학업 성취 등과 같은 지적 수행 능력을 예측하는 데는 다소 성공적이었지만 '미래의 성격 결점 또는 유혹에 대한 취약성'(보고서에 있는 말을 빌리자면) 같은 것을 예측하는 데는 전혀 성공적이지 못했다.

그러므로 일탈자의 80퍼센트에는 존재하고 비일탈자의 80퍼센트에는 존재하지 않는 특성을 발견하는 것은 지극히 어렵다. 그러나 이 연구를 위한 목적으로 80퍼센트의 과거 일탈자들이 그 특성들을 보유했고 80퍼센트의 비일탈자들이 보유하지 않았다고 가정될 것이다.

심지어 이렇게 매우 '정확한' 예측인자조차 관련된 모집단에 적용하기가 어려운 이유는 로스쿨 1학년 학생들 사이에 비일탈자 대비 잠재적 일탈자의 비율이 매우 낮은 데 기인한다. 보고서에 의하면 모집단은 3만 5,000명 또는 4만 명의 22세 남녀로 구성되어 있다. 비록 연간 징계 처리 건수에 관한 정확한 정보를 활용할 수는 없지만 미국 변호사기금에 의하면 징계 변호사 수는 일반 변호사 숫자에 비하면 확실히 적다. 변호사 징계 문제에 대해 관심이 증가하고 있음에도 불구하고 변호사 자격 박탈과 강제 사직 건수는 여전히 연간 150건 이하일 것이다. 이러한 숫자는 대략 연간 변호사 자격을 새로이 부여받는 변호사 숫자의 0.75퍼센트에 해당한다. 지난 10년간 1,600명 이하가 변호사 자격을 박탈당했다. 이것은 대략 현재 미국에서 활동하는 변호사 30만 명의 약 0.5퍼센트에 해당한다. 성격적 결함으로 변호사 자격이 거부된 변호사 자격 신청자의 연간 숫자에 대한 신뢰할 만한 통계는 없지만 그 수는 아마도 50명 이하일 것이다. 이것으로 관련된 숫자는 연간 200명(자격 박탈과 강제 사직 150명+자격 디달 50명) 이하 또는 새로 변호사 자격을 취득하는 수의 1퍼센트로 산정된다.

예측에 우호적이어서 이런 사례들을 과소평가한다는 비난을 피하기 위해 이제 그 수를 5퍼센트라고 가정해보자. 즉 검사를 받게 되는 1학년 학생 4만 명의 5퍼센트가 공식적인 직업상의 징계를 받거나 변호사 자격이 거부되는 행위를 할 것으로 가정될 것이다. 그 숫자를 하버드 로스쿨 입학생들에게 적용해보면 이러한 숫자가 지극히 과장되었다는 것이 설명된다. 입학생의 5퍼센트는 25명 이상이다. 확신하건대 그 정도의 수가 그들의 법조인 경력 동안에 변호사 자격이 거부되거나 박탈되지는 않을 것이다.

위원회는 자격을 박탈할 만한 행위와 변호사 자격을 부여하는 것을 거부할 만한 행동 또는 성격 결함보다도 더 넓게 예측의 그물을 드리우기를 원할지도 모른다. 모든 비윤리적 행위, 즉 현재로서는 비난을 초래하거나 발각되거나 또는 처벌받지 않은 행위를 예측하기를 원할지도 모른다. 물론, 변호사들의 밝혀지지 않은 비윤리적 행위의 정도에 대한 신뢰할 만한 추정치는 없다. 제롬 칼린은 그것이 뉴욕 시에서 법률 활동을 하는 변호사의 22퍼센트 정도로 높을 것이라고 추정했다. 하지만 일반적으로 인정되는 변호사협회의 규범을 위반한 변호사들의 2퍼센트 이하가 공식적인 징계 절차에 의해 정식으로 처리되었고 단지 0.02퍼센트만이 자격 박탈, 자격 정지, 또는 견책을 받음으로써 공적 처벌을 받았다. 그러므로 극단적으로 모든 윤리 규범 위반자를 예측하고자 시도하는 것은 비현실적이다. 5퍼센트라는 비율은 자격 박탈, 자격 정지, 또는 견책 등 공적 처벌을 받는 모든 위반자들을 확실하게 포함한 것이다(자격을 박탈할 만한 행위 자체를 예측하는 것과는 달리, 연구들이 변호사 자격 신청자들을 실격시키고자 현재 사용 중인 성격 특성의 존재를 예측하기를 희망하는 만큼이나 그 연구들은 혼합된 예측을 도모하게 될 것이다. 왜냐하면 이는 현재 실격시키는 많은 특성들이 그 자체로서 궁극적인 비행에 대해 예측하는 것이기 때문이다).

만약 이 검증 방법이 80퍼센트의 정확성을 지녔다면 다음과 같은 결과를 낳게 될 것이다. 우선 80퍼센트의 잠재적 일탈자들이 정확하게 파악될 것이다. 이것은 대략 1,600명에 상당할 것이다(40,000×0.05×0.8). 80퍼센트의 미래 비일탈자들도 또한 파악될 것이다. 이것은 3만 400명에 상당할 것이다(40,000×0.95×0.8). 그러나 이것은 20퍼센트의 잠재적 일탈자들은 놓치게 될 것이다. 즉 400명의 잠재적 일탈자들이 비일탈자 그룹에 은근슬쩍 끼어들게 될 것이다. 더 중요한 것은 20퍼센트의 비일탈자들이 일탈자로 잘못 파악될 것이라는 점이다. 그리고 여기에서 이러한 비율이 지극한 혼동을 야기할 것이다. 20퍼센트라는 숫자가 절댓값으로 변환될 때 도합 7,600명의 학생들이 일탈자로 잘못 파악될 것이다(40,000×0.95×0.2).

다른 방식으로 설명하자면, 만약 일탈자와 비일탈자들에 대한 80퍼센트의 정확도를 가진 검사가 '기본 기대율' 5퍼센트로 4만 명의 집단에 시행된다면 그 결과 3만 800명(40,000×0.95×0.8+40,000×0.05×0.2)이 '통과' 점수를 받을 것이고 9,200명이 '비통과' 수치가 될 것이다. 3만 800명의 통과자에는 일탈을 범하지 않을 3만 400명의 학생들(이들은 진정한 음성이다)과 일탈을 범할 400명의 학생들(이들은 음성 오류이다)이 포함될 것이다. 9,200명의 비통과자들에는 일탈을 범할 1,600명의 학생들(이들은 진정한 양성이다)과 일탈을 범하지 않을 7,600명의 학생들(이들은 양성 오류다)이 포함될 것이다.

문제는 예측인자가 사용되는 한 진정한 양성과 양성 오류 그리고 진정한 음성과 음성 오류의 차이를 구분하는 것이 불가능하다는 것이다. 9,200명 모두가 자격 거부되거나, 아니면 아무도 자격 거부 처리가 되어서는 안 된다. 만약 9,200명 모두에게 법 교육을 계속하는 것이 금지되거나 단념된다면 1,600건의 미래의 일탈 행위가 예방될지도 모르지만 일탈 행위를 하지 않을 수 있는 7,600명이 법조전문가에서 제외되는 비용을 치러야한다. 이것은 거의 5 대 1이라는 과도한 양성 오류 비율을 양산하게 될 것이다.

그러나 만약 미래의 일탈자들을 알아내는 효율성을 어느 정도 희생하고자 한다면 양성 오류(학생들이 일탈자가 될 것이라고 오류로 예측되는 것)의 수는 감소되지 않겠냐는 의문이 제기될 수 있다. 결국 80퍼센트의 미래 일탈자들을 알아내는 것은 매우 높은 수치다. 우리가 단지 60퍼센트 또는 20퍼센트의 미래 일탈자들을 알아내는 데 만족한다 해도 여전히 그렇게 많은 양성 오류가 존재하게 될까? 만약 진정한 양성, 즉 정확하게 감지된 잠재적 일탈자의 수를 줄이고자 한다면 양성 오류의 수 역시 감소될 수 있을 것이다. 그러나 여기에 관련된 모집단 내 양성 오류의 수는 퍼센트와 절댓값 모두에 있어서 여전히 높은 수치를 유지할 것이다.

이것은 일탈자와 비일탈자를 파악하는 데 80퍼센트의 정확도를 확보하고자 네 가지 요인인자가 적용된다고 가정함으로써 증명될 수 있다. 이러한 요인들 각각이 동등한 예측의 중요성을 가지고 있다고 가정했을 때 만약 요인들 중 하나가 '비통과' 기준에서 '통과' 기준으로 전환된다면, 다시 말해 하한선이 높아진다면, 예측인자가 미래 일탈자를 진단하는 정확도가 약 25퍼센트 감소할 것이다. 또한 예측인자가 비일탈자를 예측하는 능력은 약 25퍼센트 향상될 것이다.

예를 들어 불성실에 대한 과거의 이력이 더 이상 미래의 실패를 야기하지 않을 것이라고 가정해보자. 틀림없이 모두는 아닐지라도 그러한 이력을 가진 사람들 중 일부는 일탈자가 될 것이다. 그 요소를 제거하게 되면 검사를 받는 사람들 중 더 적은 수나 비율의 실패자가 도출될 것이다. 새로운 '통과자' 집단에는 지난번 검사에서라면 일탈자로 정확하게 진단되었을 사람들과 잘못해서 그렇게 진단되었을 몇몇 사람들이 포함되었을 것이다.

이렇게 새롭고 더 보수적인 인자에서는 어떠한 결과가 도출될까? 단지 60퍼센트의 잠재적 일탈자들이 파악될 것이다(80퍼센트×0.75). 이것은 2,000명 중 1,200명에 해당할 것이다. 그러나 대략 85퍼센트의 비일탈자들이 이번에는 정확하게 파악될 것이다(5퍼센트의 증가는 본래의 20퍼센트 부정확성의 25퍼센트다). 이것은 여전히 학생들을 미래의 일탈자로 잘못 진단한 5,700명의 양성 오류를 남긴다.

또 다른 요인이 실패의 기준에서 통과의 기준으로 바뀐다면, 다시 말해 하한선이 더더욱 높아진다면 올바르게 진단된 미래 일탈자들의 수가 800명으로 감소하겠지만(절반 이하로) 그 검사는 여전히 대략 3,800명의 양성 오류를 양산할 것이다. 만약 네 요인 중 세 요인이 이런 식으로 바뀌어서 미래 일탈자들에 대한 진단을 2,000명중 400명으로(20퍼센트로) 감소시킨다면 검사는 여전히 1,600명의 양성 오류를 양산할 것이다. 비록 검사를 통과하지 못한 사람들의 99퍼센트가 일탈자가 되도록 하한선이 더욱 높아졌다손 치더라도 대략 380명의 양성 오류가 존재할 것이다.

물론 이론상으로는 '어느 정도의' 미래 일탈자들만 포함될 때까지 하한선을 계속해 높임으로써 양성 오류의 숫자를 희망하는 만큼 줄이는 것이 가능하다. 그러나 그렇게 되면 아마도 진단되는 일탈자들의 비율 역시 1퍼센트 이하로 낮아지게 될 것이다. 특히 그들은 너무도 명백하게 현행 정책에 의해 제거될 사람들임이 틀림없기에 그렇게 적은 숫자의 미래 일탈자들을 진단하는 노력이 가치 있다고 생각되지는 않을 것이다.

상당한 수 또는 비율의 진정한 양성을 찾아내는 동시에 양성 오류의 수나 퍼센트를 감당할 만한 수치로 줄일 만한 방법은 단연코 존재하지 않는다. 이것에 대한 이유는 상황의 수학으로부터 기인한다. 예측되는 인간 행동에 대한 기본 기대율이 매우 낮거나 매우 높을 때 (말하자면 10퍼센트 이하 또는 90퍼센트 이상) 상당한 수의 양성 오류를 포함하지 않고 그러한 행위를 저지를 사람들을 찾아내기란 지극히 어렵다. 그리고 로스쿨 진학자들 사이에 미래 일탈자의 비율이 지극히 낮기에(확실히 5퍼센트 이하), 미래의 비일탈자들로부터 일탈자들을 분류해낼 수 있는 예측 기준을 개발하는 것은 불가능하다.

1학년 학생들 사이에서 자격을 박탈할 만한 행위를 예측해내는 데 내재된 딜레마는, 옆에 첨부된 표에 설명되어 있다.

	주어진 하한선에서 실패할 총수	미래 일탈자로 올바르게 진단될 수	미래 일탈자로 잘못 진단 될 수	주어진 하한선에서 통과될 총수	미래 비일탈지로 올바르게 진단될 수	미래 비일탈자로 잘못 진단될 수	올바르게 찾게 될 위반자의 퍼센트	올바르게 찾게 될 비위반자의 퍼센트
	#F	진정한 양성 TP	양성 오류 FP	#P	진정한 음성 TN	음성 오류 FN		
하한선 I 부정적 성향을 하나라도 가진 모든 사람	9,200	1,600	7,600	30,800	30,400	400	80%	80%
하한선 II 부정적 성향을 두 개 가진 사람	6,900	1,200	5,700	33,100	32,300	800	60%	85%
하한선 III 부정적 성향을 세 개 가진 사람	4,600	800	3,800	35,400	34,200	1,200	40%	90%
하한선 IV 부정적 성향을 네 개 가진 사람	2,300	400	1,900	37,700	36,100	1,600	20%	95%

• 검사받은 사람 총수=40,000(#F+#p=40,000). • 예상되는 미래 일탈자 총수(기본 기대율)=2,000(TP+FN=2,000). • 예상되는 미래 비일탈자 총수=38,000(FP+TN=38,000).
–일탈자를 찾아내는 인자 능력의 정확도가 감소하는 비율과 비일탈자를 예측하는 인자 능력의 증가 사이에는 고정된 수학적 관계가 없다. 저자의 견해에 따르면 표에 사용된 수치는 현실적으로 기대될 수 있는 것을 적절히 반영한 것이다.

임상적 예측 대 통계적 예측

물론 예측적 검사는 그것을 통과하지 못한 모든 사람들을 자동으로 실격시키기 위해 사용될 필요는 없다. 단지 큰 모집단으로부터 작은 집단을 걸러내어 더 심도 있는 면접과 조사를 진행하기 위한 심사 장치로 사용될 수 있다. 이러한 추가적인 검사에 실패한 사람들만을 실격 처리하거나 그들에게 법조인의 길을 걷지 않도록 권유할 수 있다. 이러한 변화가 양성 오류를 더욱 줄이지 않겠는가?

일련의 복잡한 고려 사항을 제기하는 이 질문에 대한 짧은 대답은 이러한 변화가 양성 오류의 수를 줄일지도 모르지만 객관적 검사가 하한선을 높이는 것과 본질적으로 같은 방식으로 진행될 것이다. 다른 말로 하자면, 필기 검사에서 실패한 어떤 학생들을 통과시키는 면접관이나 검사관의 결정은 다른 하한선에서라면 실패했을 어떤 학생들을 통과시키는 효과를 내는 새로운 하한선을 도입하는 것과 개념적으로 동등하다.

그런데 많은 사람들은 그것을 이런 식으로 바라보지는 않는다. 그것은 그들이 면접관이나 검사관 같은 인간 요소를 도입하는 것을 기계적으로 점수화된 검사에 비해 정교함과 세밀함을 증가시키는 것으로 간주하기 때문이다. 그들은 인간이라는 요소가 검사에 실패한 모집단 내에서 양성 오류로부터 진정한 양성을 구별하기 위해 통찰력과 경험을 활용토록 함으로써 검사가 할 수 없는 일을 할 수 있을 것이라고 믿는다.

그러나 활용 가능한 자료는 이러한 믿음에 대한 어떤 뒷받침도 제공해주지 않는다. 실제로 1957년에 저명한 심리학자이자 임상의학자인 폴 밀Paul Meehl, 1920~2003은 《임상적 예측 대 통계적 예측Clinical versus Statistical Prediction》이라는 책을 썼는데 그 책은 통계적 예측(기계적으로 점수화된 검사에 의해 행해진)과 임상적 예측(전문가들에 의해 행해진)의 정확성을 비교하는 연구 논문을 요약한 것이었다. 현재 확증된 것으로 널리 받아들여지고 있는 그의 결론은 다음과 같다.

> 임상학자들과 통계학자들의 예측적 성공에 대해 다소 의미 있는 비교를 한 논문 중 현재까지 27편의 경험적 연구 논문이 있다. 이러한 27편의 연구 중에서 17편은 통계적 방법의 절대적인 우월성을 드러내며 10편은 두 가지 연구 방법이 거의 동등한 정도의 효율성이 있다는 것을 드러낸다. 임상적 예측이 더 낫다는 것을 보여주는 어떠한 연구 논문도 없다. 나는 이러한 연구에 대한 판단을 다소 유예한다. 그 연구들이 최상의 임상의학자들을 보여주기 위해 최적으로 구성되었다고 생각하지 않기 때문이다. 그러나 나는 바로 지금이 '올바른 유형의 연구'가 임상의학자들의 훌륭함을 보여줄 것이라고 확신하는 사람들이 이러한 올바른 방법의 연구를 시행해 그들의 주장을 증거로 뒷받침해야 할 적정한 시기라는 의견을 제시하고자 한다.

1966년에 출판된 비교 결과 또한 40개의 연구를 검토한 결과 예외없이 통계적 기법이 임상적 방식과 동등하거나 우월하다는 것을 발견했다. 밀의 책 이후에 행해진 연구들을 요약해 2002년에 출판된 한 연구 논문은 다음과 같이 결론지었다. "밀의 책이 출간된 1954년 이후 임상적 예측과 통계적 예측의 신뢰도를 비교한 거의 대부분의 연구는 밀의 결론을 지지했다."[1]

그러므로 면접관이나 검사관을 도입하는 것이 기계적으로 점수화된 검사에 의한 예측의 정확도를 높일 것이라는 주장을 지지할 어떠한 객관적인 증거도 없다. 오히려 그것이 정확도를 감소시킬 것이라는 증거는 소수가 있다. 면접관을 도입하는 것은 양성 오류의 수를 줄이기 위한 목적으로 찾은 진정한 양성의 수를 더 희생하는 결과를 야기할지도 모른다. 하지만 임상적 예측이 통계적 예측과 동등하거나 더 좋다고 할지라도, 양성 오류를 피하는 데 있어서의 정확도를 증가시키는 모든 시도는 미래의 위반자들을 찾아내는 정확도를 감소시켜야만 이룰 수 있다는 것은 분명한 사실이다.

물론 조사가 예측의 정확도를 향상시킬, 즉 발견되는 일탈자의 비율을 줄이는 것보다 더 많은 정도로 양성 오류의 비율을 줄일 응시자에 대한 더 많은 정보를 생성할 수는 있다. 그러나 예측자가 더 많은 정보를 활용할 수 있다고 해서 반드시 예측의 정확도가 증가되는 것이 아님은 물론 오히려 그것을 감소시키기도 한다는 것을 수많은 연구가 증명하고 있다.

이것은 다소 경쟁적 선발이 행해져야 하고 다른 부가적인 요인이 계산 논법에 단순히 더해지는 사안이 아니라는 점에 주목하는 것이 중요하다. 학생이 한 번 로스쿨에 입학하면 변호사 자격이 주어지기 전에 다른 경쟁적인 선택의 절차가 고려되지 않는다. 실격이라는 절차가 분명히 있기는 하지만(예를 들자면 로스쿨, 변호사 자격시험, 또는 성격 검사 등에서의 실패) 그런 것은 별개의 문제다. 미국 변호사협회의 법 교육과 입학 부서 위원회의 제안은 만약 예측 검사가 모든 로스쿨 지원자들에게 적용되고 그 결과가 경쟁적 선택 과정을 보조하는 것으로 이용되었다면, 비록 여전히 그것이 많은 기반에 있어서 취약할지라도 경험적으로 다소 옹호되었을 것이다. 그러나 마지막 분석에 있어서 로스쿨 1학년생들이나 로스쿨 지원자들을 대상으로 변호사로서의 비행을 예측하기 위한 시도는 반드시 실패하게 되어 있다.

우리가 매우 적은 비율의 미래 위반자들을 포함하는 모집단을 다루는 한, 훨씬 더 많은 수의 양성 오류를 불가피하게 포함시키지 않고서는 상당한 비율의 위반자들을 진단해낼 가능성이 없다. 아주 간결하게 말하자면 이것은 드물게 나타나는 인간 행위를 예측하는 시도에 있어서의 딜레마다. 그리고 이것이 불가피하게도 위원회가 제안한 연구들을 괴롭힐 딜레마다.

법조계가 법 인생을 추구하도록 허용된다면 훌륭하게 법을 다룰 수많은 젊은 학생들에 대한 '예방적 자격 박탈'에 대해 준비되어 있지 않는 한, 변호사들 사이의 잠재적 성격 결함이나 비행을 그들에 대한 법 교육 초기에 예측하기 위해 고안된 검사의 개발을 권고해서는 안 된다.

부록 2 염색체 배열, 예측 가능성, 그리고 책임성

Karyotype, Predictability and Culpability

남자의 XYY 염색체는 어떤 유형의 강력 범죄와 관련이 있고 결과적으로 그러한 범죄를 예측할 수 있을지도 모른다는 주장이 있었다. 우리는 피해자가 발생할 때까지 기다리기보다는 범죄가 발생하기 전에 범죄를 예측하고 예방하기 위한 노력에 공감할 수 있다. 하지만《이상한 나라의 엘리스》에서 엘리스가 깨달은 바와 같이 "뭔가 잘못되었다."[1]

본 논문이 집중해서 다루고자 하는 XYY 염색체 배열과 관련된 현재의 논의에 있어서 적어도 두 가지의 유력한 착오가 있다. 첫 번째 착오는 그러한 염색체의 존재가 단독으로 또는 다른 요인과 융합해 강력 범죄를 예측하는 것으로 간주되어야 하는가와 관련되어 있다. 두 번째 착오는 그러한 염색체 배열의 존재가 단독으로 또는 다른 요인과 융합해 범죄의 책임을 측정하는 데 있어서 용서 또는 감경의 조건으로 간주될 수 있는 것인가와 관련되어 있다.

먼저 간략한 서론으로 시작하려 한다. 1961년에 생버그와 그의 동료들Sangberg et al.의 서한에서 처음으로 47개의 XYY 염색체 배열을 가진 인간에 관한 보고가 발견되었다.[2] XYY 특성 또는 염색체 배열은 보통 사람들이 46개의 염색체를 갖고 있는 데 반해 어떤 남자가 47개의 염색체를 가지는 염색체 변이다. 이는 세포가 분열되지 않거나 세포 분열 과정에서 염색체가 적절하게 분리되지 못해서 생겨난 결과다. 이러한 현상은 단지 생물학상의 의문점으로 남아있었는데, 제이콥스Jacobs팀이 1965년 《네이처Nature》에 논문을 발표하면서 이 여분의 Y 염색체를 큰 키, 지능 발달의 지연, 그리고 폭력적 행동과 연관 짓게 되었다.[3] 그때부터 이 주장을 구체화하거나 반증하기 위한 시도로서 일련의 연구들이 오래도록 진행되기 시작했는데 만약 사실이라면 이 주장은 사회에 아주 큰 파장을 야기했을 것이다.

영국에서의 제이콥스의 연구는 그동안 전 세계적으로 XYY 염색체 배열을 가진 사람이 11명만 확인되어 있던 상황에서, 197명의 환자가 있는 한 정신병원에서 7명의 XYY 염색체 배열을 가진 남자들을 밝혀냈기 때문에 당연히 많은 동요를 일으켰다. 다수의 소급적 검증을 위한 연구들이 더 높은 발생 빈도를 확인하기도 했으나 어떤 경우에도 제이콥스의 연구에서와 같은 197명중 7명이라는 숫자에 근접하지는 못했다. 정신적인 저능인과 정신병원 환자들에 대한 12건의 연구[4]에 대한 종합적 통계는 저능인들 8,500명 중 10명(0.12퍼센트)의 저능인 남자들이 XYY 염색체 배열을 가지고 있다는 비율을 도출했다. XYY 염색체 배열과 폭력과의 연관성이 주장되자 연구자들은 자연스레 교도소에 수감되어 있는 범죄자 집단에 주목하게 되었다. 16개의 개별적인 연구들로부터 얻어진 자료들을 종합해보면 대략 1만 7,500명중 55명(0.32퍼센트)의 수감자들이 XYY 염색체 배열을 가지고 있다. 그러나 이러한 자료의 중요성을 판단할 수 있기 위해서는 더 많은 정보가 필요하다. 전체 남자 인구 중에서 XYY 염색체 배열의 자연적 발생 빈도를 알아낼 때까지는 발생률은 아무런 가치가 없다. 연속해 태어난 남자들에 대한 세 편의 연구는 6,746명 중 12명(0.18퍼센트)의 XYY 염색체 배열 인구 비율을 발견했는데 이는 정신병원에서의 발생 건수보다 다소 높았으며 교도소에서 발생한 건수의 절반 정도였다.

타당성 검증을 위한 연구들이 모두 소급적인 연구 방식이었던 관계로 전체 인구에서 XYY 염색체 배열을 보유해 공격적인 성향을 띠게 될 사람들의 비율은 물론이거니와 교도소 수감자가 될 사람들의 비율을 알려주기는 더욱 어렵다. 이러한 통계 숫자는 어떤 유형의 신뢰할 만한 기준을 설립하는 데 절대적으로 중요하다. 비록 예측 연구들이 진행되고는 있지만 현재로서는 XYY 염색체 배열을 가진 개인에 대해 예측 연구에 근거해 발표된 자료는 없다. 예를 들자면 마이클 월저는 수년간 보스턴의 한 병원에서 태어나는 모든 남자 신생아에 대한 조사를 진행해오고 있으며 모든 XYY 염색체 배열을 가진 아이들을 추적하고 있다. 그 연구가 계속되도록 허용된다면, 가능한 최고로 완벽한 보고 자료를 얻을 수 있도록 이 연구 대상자들은 성인이 될 때까지 추적될 것이다. 월저는 윤리적인 차원에서 가족들에게 그들의 아이들에 대해 연구하고 있는 본질적 내용에 대해 통지를 하고 있다. 순전히 실험 연구적 관점에서 보자면 이러한 행위는 연구 결과를 오염시킬 우려가 있지만, 부모들로서는 자신들의 아이들에게서 무슨 조사가 진행되고 있는지 알 권리가 있기 때문에 이런 통지는 필요한 사항이다.[5]

연구 방법론적인 문제를 차치하고도 예측 목적으로 자료를 XYY 염색체 배열을 가진 남자 집단에 적용하는 데는 여러 문제가 있다. 위의 자료를 사용하면, 만약 미국에 1억 1천만 명의 남성 인구가 있다면 대략 20만 명의 남성이 XYY 염색체 배열을 가지고 있을 것이다. 만약 한때 심각한 강력 범죄를 저지른 미국의 남성이 100만 명이라면 이러한 사건 발생률에 의해 이들 중 3,200명이 XYY 염색체 배열을 가지고 있을 것이다. 그러므로 모든 XYY 염색체 배열을 가진 남성을 일렬로 세워놓고 어떠한 다른 정보도 없이 그들 중 누가 강력 범죄자가 될 것인지에 대한 예측을 시도하기 위해서는 우리는 20만 명 중에서 3,200명 또는 거의 1.6퍼센트를 골라내야 할 것이다. 모든 XYY 염색체 배열을 가진 사람들이 폭력적이라고 예측하면 98.4퍼센트의 양성 오류라는 비율을 초래하게 된다.

이러한 자료는 후에 부정확한 것으로 판명될 것임이 너무도 자명하다. 만약 XYY 염색체 배열을 가진 사람의 경우가 현재 우리가 알고 있는 것보다 교도소에 수감된 비율이 더 높거나 전체 인구 중에서 더 낮다면 그것에 비례해 XYY 염색체 배열을 가진 사람들 중 폭력이나 범죄를 범하는 것에 대한 예측력이 증가할 것이다. 그러므로 만약 전체 인구에서 실제로 염색체 변이가 발생하는 경우가 여기에서 사용된 추정치의 절반이라면 미국에는 XYY 염색체 배열을 가진 단지 10만 명의 남자가 있는 것이다. 100만 명의 범죄자라는 표적 인구에게 있어서 이것은 예측 정확성을 3.2퍼센트로 향상시킬 것인데 그것은 수감이나 자유를 심각하게 속박하는 사실상의 어떠한 프로그램을 고려하는 데 있어서도 여전히 받아들일 수 없는 높은 양성 오류를 초래한다.

우리가 현재 그 지표로부터 얼마나 멀리 떨어져 있는지를 알아보기 위해 다음 상황을 가정해보자.

200명의 교도소 수감자 중 한 명이 XYY 염색체 배열을 가지고 있다고 가정하고, 1만 명의 정상인 중 한 명이 그러한 염색체 배열을 가지고 있다고 가정한다. 이러한 과장된 가정적 상황에서 예측되는 경우의 수는 정상 인구에 비해 교도소 인구가 50배나 많다. 정상인 남성 인구 전체(1억 1,000만 명)는 단지 1만 1,000명의 XYY 염색체 배열을 가진 남자들을 포함하게 될 것이며, 가상의 교도소 인구(100만 명)는 5,000명의 XYY 염색체 배열을 가진 남자를 포함하게 될 것이다. 만약 모든 XYY 염색체 배열을 가진 사람들이 수감된다 하더라도 여전히 진정한 양성보다 두 배나 많은 양성 오류가 발생할 것이다(1만 6,000명의 수감자 중 1만 1,000명이 양성 오류이고 5,000명은 진정한 양성이다). 더욱이 잠재적 표적 집단의 소량만이(1퍼센트의 절반 이하) 제대로 식별되었을 것이다. 어떤 심각한 폭력에 가담하는 모든 사람을 포함시키기 위해서 표적 집단을 열 배로 확장한다 하더라도 XYY 염색체 배열 예측력의 유용성은 만족스럽지 않을 것이다.

상당한 정도의 진정한 양성의 수나 비율을 찾아내면서 양성 오류의 비율을 감당할 수 있는 수치까지 감소시키는 방법은 절대르 존재하지 않는다. 이러한 이유는 상황의 수학에 있다. 예측되는 인간 행동의 근본적인 기대율이 낮을 때 많은 수의 양성 오류를 포함시키지 않고 행위를 실행할 사람을 알아내기는 지극히 어렵다(물론 사용되는 예측인자가 XYY 염색체 배열이 일반적으로 나타나는 것보다 훨씬 더 엄격히 분류해내지 않는다면 그러하다). 그리고 심각하게 난폭한 행위에 가담할 미국 남성들의 확률이 비교적 낮기 때문에 미래에 범죄자가 되지 않을 사람들로부터 미래의 범죄자들을 솎아낼 수 있는 예측 기준으로 XYY 염색체 배열을 사용하는 것은 적합하지 않다. 심지어 다른 요인들과 조합한다 하더라도 XYY 염색체 배열을 폭력을 예측하기 위한 목적으로 사용할 수는 없을 것이다. 정교하고 다면적인 접근을 하고 있는 폭력 예측에 있어서의 현재의 노력 또한 지극히 많은 수와 높은 확률의 양성 오류를 노출했다. 어떤 요인들의 조합이 만족스럽지 않을 정도로 많은 수와 높은 확률의 양성 오류를 포함하지 않고 상당한 확률의 미래 강력 범죄자들을 정확히 찾아낼 수 있다는 것을 확실시하는 어떠한 견고한 증거도 결코 없다.[6]

예측 문제라는 동전의 이면에는 심각한 강력 범죄를 범하고서는 자신이 XYY 염색체 배열의 영향을 받았다고 주장하는 피고를 어떻게 다룰 것인가 하는 문제도 있다. 그런 염색체 배열이 예측의 의미는 가지고 있지 않다고 해서 형의 감면, 또는 감경 조건으로 간주될 수 없다는 의미는 아니라는 주장이 있을 수 있다. 즉, 자의가 아니라 염색체 배열에 의해 특수하게 폭력적 성향을 지닌 사람에게 범죄에 대한 정상참작이나 감면을 해주어야 하는가 하는 문제가 제기되는 것이다. 그 질문에 대한 대답은 복잡하다. 그리고 당사자에게 결코 유리하지만은 않다. 그러한 특수성을 인정한다면 이런 유형의 염색체 비정상성에 대해 알려진 치료책이 없기 때문에 가장 효과적인 염색체 방어의 결과는 장기간(아마도 종신형의)의 수감이라는 논리도 설득력을 얻기 때문이다.

XYY 염색체 배열을 가진 일반적인 남자들에 대해서는 그 집단의 범죄 책임성의 결핍과 국가가 그 집단을 예방적으로 수감하려는 권력 사이에 항상 직접적인 관계가 있었다. 그런 관계는 자연스러운 것이며, 대부분의 사람들은 심각한 범죄를 저지르고 계속해서 위험스러운 개인은 어떤 방식으로든 그런 행위를 못 하도록 조치해야 한다고 믿고 있고, 항상 그렇게 믿어왔을 것이다. 따라서 공식적인 형사절차가 그런 개인을 효과적으로 다룰 수 없다면 그는 아마도 덜 공식적이지만 동등하게 효과적인 통제 메커니즘인 다른 누군가에 의해 다뤄져야 한다.

비록 위험한 정신이상자가 '아직은' 심각한 범죄를 범하지 않았다 하더라도 그가 미래의 범죄에 대해 책임을 질 수 없다는 사실은 예방적 조치의 필요성을 제기한다. 결국 대부분의 형벌에는 '그러한 형벌의 부과에 대한 위협이 잠재적인 범죄자를 억제할 것'이라는 중요한 가정이 저변에 깔려 있다. 그 가정이 부정될 때, 즉 형벌의 위협이 없거나 잠재적인 범죄 행위자가 합리적인 방식으로 선택을 할 수 없는 것으로 보일 때는 어떤 다른 방식의 사회 통제를 고려할 필요성이 있다. 그러므로 형사상 책임이 없는 것으로 간주되는 사람들의 범주에 대한 규모와 본질, 그리고 예방적으로 수감할 수 있는 것으로 간주되는 사람들의 범주에 대한 규모와 본질 사이에는 늘 직접적인 관계가 있었다. 이런 관계는 범죄를 행하고 비정상을 이유로 또는 법정에 서기에 부족한 것이 밝혀져 석방된 '정신이상자'의 경우에 가장 직접적이고 쉽게 관찰할 수 있었다. '시민의 책임'이라 불리게 된 경우, 즉 아직 범죄 행위에 가담하지 않았으나 미래에 범행을 할 것으로 생각되는 비정상적인 사람을 수감하는 경우에 있어도 상당한 관계가 있었다.

블랙스톤은 다음과 같이 정신이상자를 수감할 수 있는 권력을 공식 형사 절차에서 책임 능력과 의무수행 능력의 결여와 직접적으로 연결했다.

> 미친 사람의 경우에는 자신들의 행동에 대해 책임질 수 없기에 적절한 통제 없이 행동하도록 자유를 허용해서는 안 되며, 특히 방치된 채로 풀려나서 왕의 백성들에게 공포를 주도록 해서는 안 된다. 이성을 상실한 사람들은 왕으로부터 일종의 명령 또는 다른 특별한 인가를 기다릴

필요 없이 그들이 감정을 회복할 때까지 수감하는 것이 우리의 전통적 인 법의 원리였다.[7]

내가 두려워하는 것은 만약 XYY 염색체 배열이 형의 면제 또는 감경 조건으로 인정을 받게 되면 이것이 그런 염색체 배열을 가진 사람들을 예방적으로 수감하도록 하는 압력을 증가시키게 될 것이라는 점이다.

결론

XYY 염색체 배열은 사용처를 찾는 데 있어서 흥미로운 현상이다. 범죄 예방이나 범죄 책임에 도움이 되도록 사용처를 찾기에는 시기가 무르익지 않았다는 것이 이 글의 논제다. 그런 시기에 근접했다고 기대할 어떤 근거도 없다. 그러나 염색체 이상이 막다른 골목에 있다는 잘못된 확신 또는 그런 염색체 이상과 폭력이 관계있다는 발견의 결과에 대한 잘못된 두려움으로 후속 연구가 멈추어져서는 안 된다. 우리는 과학적 연구의 사용을 통제하는 데 주의해야 함과 동시에, 과학적 검열의 위험에 대해서도 주의해야 한다.

반론

'예방'이라는 개념이 타인에 대한 공격을 정당화할 수 있는가?

원혜욱_인하대학교 법학전문대학원 교수

이 책에서 더쇼비츠는 선제공격과 예방적 전쟁을 서로 다르게 정의하면서 선제공격의 필요성과 정당성에 대한 근거를 제시하고 있다. 더쇼비츠에 의하면 선제공격은 임박한 위협에 한정되고, 예방적 전쟁은 범위가 좀 더 넓은 어느 정도의 위험까지 확대된다. 이러한 의미에서 본다면 선제공격은 개인 간의 정당방위, 예방적 공격은 예방적 정당방위로 비교될 수 있다. 종래 '정당방위'와 '예방'은 개인과 개인, 개인과 국가, 국가와 국가 간의 관계에서 침해·공격을 정당화하는 개념으로 사용되었다. 이에 '정당방위'와 '예방'이라는 개념이 타인 혹은 다른 국가에 대한 침해·공격을 정당화할 수 있는 근거로 사용될 수 있는가에 대해 살펴보고자 한다.

개인과 개인 간의 관계-정당방위

정당방위는 로마법뿐만 아니라 게르만법으로부터도 기원한다. 다만 로마법상으로는 자위권으로부터 유래하는 독자적인 권리로서 효과가 발생하는 반면, 게르만법상으로는 12세기 자기 응징 행위로서의 혈족 간의 복수, 파벌 싸움과 살해에 대하여 국가의 형사소추를 제한하기 위한 필요성으로부터 발생했다. 즉, 정당방위는 부당한 침해로부터 자기 자신을 방어하기 위한 인간의 본능으로부터 출발한다. 인간의 자기 보호 본능은 국가의 실정법과 형벌권에 앞서 자연적인 것이므로 국가가 행사하는 권력도 자기 보호 본능 앞에서는 제한적으로 인정될 수밖에 없다. 여기에서 제한적이라 함은 국가 권력의 발동을 예상하기 어려울 정도로 급박한 부당한 침해 상황으로서, 그러한 상황에서는 개인이 스스로 자위권을 행사함으로써 자기 보호에 충실할 수 있다는 점을 고려한 것이다. 정당방위는 결과적으로 국가가 스스로 실정법을 수호할 수 없는 상황, 국가 권력이 미치지 못하는 상황에서 법질서가 파괴되는 순간에 개인이 부당한 침해에 대한 응징을 함으로써 국가의 법질서를 수호하는 결과를 가져온다.

정당방위는 자기 보호를 위해 타인의 권리 침해를 정당화하는 행위이기 때문에 세계 각국은 정당방위가 인정되기 위한 요건을 엄격하게 제한하고 있다. 우리나라 형법도 정당방위가 인정되기 위해서는 '현재의 부당한 침해'가 있을 것을 요구하고 있다. 누군가에 의해 부당하게 행해지는 침해가 현재 발생해야 한다는 것이다. 현재의 침해라고 하기 위해서는 침해가 진행되거나 급박해야 한다. 따라서 과거의 침해나 장래에 나타날 침해에 대해서는 정당방위가 허용되지 않는다.

정당방위에서 문제되는 논점 중 하나는 '예방적 정당방위가 허용될 수 있는가'이다. 예컨대 술을 마시면 어머니에게 폭행을 일삼는 아버지의 반복된 행위를 예방하기 위해 아버지를 살해한 경우, 남편의 반복되는 폭행에서 벗어나기 위해 남편을 살해한 경우, 혹은 의붓아버지의 계속된 성폭행을 피하기 위해서 그를 살해한 경우에 정당방위가 인정되는가 등이 여기에 속한다. 정당방위는 현재의 부당한 침해가 있는 긴급 상태에서 예외적으로 자기 보호를 허용하는 것이므로 침해의 현재성은 엄격하게 해석된다. 따라서 위의 사례들에 대해 침해의 현재성을 부정하여 정당방위를 인정하고 있지 않다.[1] 다만, 가정 폭력이라는 특수한 상황을 고려하여 반복될 위험이 있는 경우에는 정당방위를 인정해야 한다는 견해가 주장되고 있기도 하다.

예방적 정당방위와 관련하여 다음의 두 가지 상황을 가정해보자.

첫째, 절도의 피해를 입은 피해자가 절도범을 잡기 위해 자기 집 주위에 전류가 통하는 장치를 설치하여 절취를 위해 침입한 절도범에게 상해를 가했다.

둘째, 절도의 피해를 입은 피해자가 절도범으로 추측되는 사람의 집으로 찾아가 다시는 자신의 집에서 물건을 훔치지 말라고 하면서 그를 몽둥이로 가격하여 상해를 가했다.

위의 사례에서 첫 번째 사례는 절도에 대비하여 예방 시설을 설치했는데, 절도범이 절도를 행하려고 하다 상해를 입었기 때문에 정당방위가 인정된다. 이는 정당방위가 '방어행위 시점'이 아니라 '침해가 이루어진 시점을' 기준으로 판단하기 때문이다. 따라서 첫 번째 사례와 같이 장래의 침해를 예견하고 미리 방어 조치를 취해 놓은 경우에는 침해의 현재성이 인정되는 것이다. 그러나 두 번째 사례는 정당방위가 성립하지 않는다. 현재 절취라고 하는 행위가 행해지지 않았을 뿐 아니라 절도의 위험이 급박하지도 않았기 때문이다. 더욱이 절도범이라고 확신한 사람이 진범이 아닐 수도 있다. 위 두 사례에서 상해를 가한 사람은 모두 절도에 대한 예방 행위이기 때문에 정당하다고 주장할 것이다. 범죄의 '예방'을 위해 타인에게 행해지는 모든 침해가 정당화될 수 없음에도 사람들은 '예방'을 이유로 자기의 행위를 정당화한다. 타인을 침해하는 행위는 엄격한 요건에서만 정당화될 수 있으며, '예방'을 이유로 정당화될 수는 없는 것이다.

국가와 개인 간의 관계

국가와 개인 간의 관계에서 '예방'이 문제되는 경우는 한 국가 내에서 발생하는 예방 조치와 국경을 초월하여 발생하는 예방 조치로 구분하여 살펴볼 수 있을 것이다.

최근 우리나라에서 중요한 이슈로 다루어지고 있는 주제 중 하나는 '보호감호의 부활'이다. 보호감호의 정당성을 부여하는 개념 역시 범죄의 '예방'이다. '범죄 예방'에는 이미 행해진 범죄에 대해 형사처벌을 함으로써 범죄 예방 효과를 얻는 방법과 사전에 범죄가 발생하는 것을 방지하는 방법이 있다. 이미 행해진 범죄자를 처벌하는 전자의 방법은 범죄자의 재범을 방지할 수 있는 특별 예방의 효과가 나타나는 것은 물론이고, 일반인으로 하여금 범죄 의사를 저지시키는 일반 예방의 효과도 거둘 수 있다. 그러나 이러한 사후적 범죄 예방 정책보다는 사전적 범죄 예방의 방법이 더욱 바람직할 것이다. 사전적 범죄 예방 정책에는 우범 환경과 같은 범죄 환경의 개선, 공동체의 익명을 줄이거나 범죄 예방을 위한 순찰 활동의 강화 등과 같이 범죄 기회를 억제할 수 있는 사회 환경의 개선 등이 포함된다. 국가가 국민을 범죄로부터 보호하기 위해서는 후자인 사전적 범죄 예방 정책이 활성화되어야 한다. 즉, 범죄는 행해지기 이전에 사회 환경의 개선을 통해 예방되어야 하는 것이다.[2] 그럼에도 범죄가 발생하는 경우 사후적 처분이 행해질 수밖에 없게 되는데, 사후적 처분으로는 이미 행해진 범죄 행위에 대한 형사처벌과 행해진 범죄를 근거로 범죄자가 장래에 다시 범죄를 행하지 않도록 하기 위한 보안처분이 있다. 보호감호는 보안처분의 대표적인 형태다. 과거의 행위에 대한 형사처벌은 과거 사실에 대한 판단이기 때문에 오판의 가능성이 적으며 처벌받은 사람도 처벌에 대해 수긍한다. 그러나 장래 재범을 예방하기 위한 보호감호는 범죄자가 장래 범죄를 행할 것이라는 예측에 근거해 부과되는 제재이다.

범죄 예방이 평온한 사회를 유지하기 위해 중요한 국가 정책인 것은 사실이다. 그러나 잠재적 범죄에 대한 예측의 판단을 어떠한 기준에서 누가 할 것인가가 문제다. 일반적으로 개별적 행위자에 대한 범죄 예측은 범죄 경력, 환경 조건 등에 대한 분석을 통해 일정한 법칙을 설정하고 그 법칙을 통해 장래에 개인이 범죄를 저지를 수 있는 개연성을 판단한다. 잠재적 범죄자로 판단하는 범죄 예측은 객관적이고 타당해야 한다. 이러한 요구에 따라 세계 각국은 잠재적 범죄자를 가려내기 위해 다양한 요인들을 근거로 계량적으로 판단하는 통계적 예측 방법을 사용하고 있다. 통계적 예측 방법은 범죄자의 특징을 계량화해 그 점수의 많고 적음에 따라 장래의 범죄 행동을 예측하는 방법이다. 그러나 범죄 예측을 위한 예측표를 누가 작성하느냐, 어떠한 요소를 중요하게 고려하느냐, 예측표의 점수를 누가 평가하느냐에 따라 상이한 결과가 발생할 수 있다. 또한 통계로부터 일정한 사람의 장래 행위를 예단하려는 것은 매우 위험한 방법이다. 예를 들어 통계적 예측이 범죄 위험성을 80~90퍼센트로 잡았다면, 나머지 10~20퍼센트에 해당되는 사람들의 문제는 결국 예측 판단자의 부담으로 남을 수밖에 없게 된다. 따라서 실제로는 후자에 해당하는 사람임에도 그가 속한 집단이 80~90퍼센트의 범죄 위험성이 있다고 하여 제재를 가하게 되는 부당한 결과가 발생하게 된다.[3] 잠재적 범죄성을 근거로 '예방 구금' 하는 것은 위험한 국가 정책이 될 수 있다. 범죄 예방을 위해 국가가 가장 우선적으로 시행해야 하는 정책은 사전 예방 정책이며, 그럼에도 범죄가 발생한 경우에는 범죄자가 개선되어 다시 사회에 복귀할 수 있도록 범죄자에게 가장 적절한 처분을 부과하는 것이다. 장래의 범죄성을 예측해 신체의 자유를 구속하는 '예방 구금'은 적정한 범죄 예방 정책이 될 수 없다.

잠재적 범죄성을 근거로 구금하는 행위는 비단 국가 내에서만 발생하는 것은 아니다. 미국이 '테러리스트'로 인정하여 예방적 구금을 행하고자 하는 것은 국경을 초월한 '잠재적 범죄'에 대한 예방이다. '잠재적으로 위험한 사람'은 누구의 관점에서 누가 평가하는 것인가? 잠재적 위험성을 평가하는 요인으로 종교, 민족, 국적 등이 고려된다면 아랍계의 이슬람교도들은 잠재적 테러리스트가 될 확률이 높아진다. 그러나 이러한 평가는 미국과 이스라엘의 입장이 반영된 결과일 뿐이다. 실제로 일본의 진주만 공격이 있는 후 하와이에 거주하는 일본계 미국인들 모두가 구금되었던 사실은 잠재적으로 위험한 사람을 판단하는 주체가 누구인가에 따라 위험하지 않은 사람들도 '예방 구금'의 피해자가 될 수 있음을 잘 나타내고 있다. 아프가니스탄과 이라크에서의 미국의 존재, 이스라엘에 의한 웨스트뱅크와 가자 지구 점령은 테러리스트 예방이라는 근거에서 정당성이 추구되었다. 그러나 이스라엘을 비롯한 세계 각국은 자국의 영토 확보에 심혈을 기울이고 있다. 그 어떤 국가라도 자국의 영토가 강제로 침범된다면 영토 회복을 위한 공격을 단행할 것이다. 따라서 미국과 이스라엘의 영토 점령은 테러리즘을 자극하거나 최소한 테러리즘에 기여한다고 할 수 있다. 실제로 팔레스타인에서 자살 폭탄 테러를 감행하려고 한 한 여성은 이스라엘의 공격으로 가족이 모두 살해당했다고 한다. 여기서 공격자인 이스라엘이 잠재적 범죄자인가 혹은 자살 폭탄 테러를 감행하려고 한 여성이 잠재적 범죄자인가에 대한 판단이 이루어져야 한다. 누가 판단의 주체가 되는가에 따라 잠재적 범죄자의 범위는 달라질 수밖에 없다. 따라서 잠재적 위험성을 예방하기 의해 예방적 구금을 정당화할 수 있는 법을 제정한다는 것은 타당하지 않다. 법을 제정하는 주체에 반대되는 입장이 언제나 잠재적 범죄자가 되기 때문이다. 국가 내에서 잠재적 범죄를 예방하는 최선의 방법은 사전적 예방 정책이다. 이는 국경을 초월한 '잠재적 위험'에 대해서도 최선의 방법이 될 것이다. 타국민을 '잠재적으로 위험한 사람'으로 단정하여 구금하려고 할 것이 아니라 테러가 발생하지 않도록 환경을 개선하고자 하는 노력이 우선되어야 한다.

국가와 국가 간의 관계

국가와 국가 간에서 문제되는 것은 선제적 공격 혹은 예방적 공격이 정당화될 수 있는가이다. 이에 대해서는 개인 간의 정당방위와 예방적 정당방위 이론을 유추하여 설명할 수 있을 것이다. 물론 개인 간의 정당방위가 국가 간의 공격에 그대로 적용될 수는 없다. 개인 간에는 한 사람이 다른 사람에 대한 명백한 침해가 존재하나, 국가 간에는 자국의 이익에 따라 침해의 개념이 달리 평가될 수 있기 때문이다. 또한 국가 간의 관계는 민족성, 종교, 종족 그리고 다른 요소들에 기초하여 판단해야 하기 때문이다. 따라서 국가 간의 관계에서는 여러 요소를 고려하여 정당방위와 예방적 정당방위가 가능한가를 살펴보아야 한다.

국가 간의 관계에서는 판단의 주체가 누구인가가 개인 간의 관계에서보다 훨씬 중요하게 작용한다. 개인 간의 관계에서는 일반적으로 개인이 속한 국가가 판단한다는 것에 국민들이 동의하고 있다. 그러나 국가 간의 관계에서는 자국의 이익이 중요하게 작용하기 때문에 선제공격의 정당성을 판단하는 주체에 대해 상반된 이해관계에 있는 국가의 동의를 얻는다는 것은 불가능하다.

더쇼비츠는 이스라엘의 선제공격은 교묘한 자극과 이집트와 시리아에 의한 위협적인 공격에 대한 대응으로 기대되는 합법적인 정당방위 사례였다고 주장한다. 또한 1981년 이스라엘의 이라크 핵무기 원자로 파괴도 선제적 공격으로 정당하다고 주장한다. 그러나 여기서 판단의 주체가 이스라엘임을 알아야 한다. 이스라엘은 제2차 세계대전이 끝나면서 그 지역에 거주하고 있던 팔레스타인의 국민들을 몰아내고 국가를 세웠다. 이는 이스라엘의 입장에서는 국가를 건국한 것이지만 팔레스타인의 입장에서는 조상 대대로 삶의 터전으로 지켜온 영토를 빼앗긴 것이다. 그들은 영토를 다시 찾기 위해 지속적으로 대항하고 있다. 팔레스타인은 아랍연맹에 속해 있는 이슬람교 국가다. 이는 이스라엘과 주변 국가가 적대적 관계에 놓이게 되는 원인으로 작용한다. 이스라엘의 입장이 아닌 팔레스타인과 주변 중동 국가들의 입장에 의하면 침해된 영토를 회복하기 위한 정당한 공격이 되는 것이다. 이는 선제공격도 아닌 이미 침해된 상황에 대한 정당한 공격이 되는 것이다.

개인 간의 정당방위 이론에도 '유발된 공격' 혹은 '책임 있는 공격'에 대해서는 정당방위가 제한된다. 예를 들어 설명해보자. 철수와 민호는 친구 사이다. 그리고 민호와 영훈이와도 절친한 사이다. 어느 날 철수와 민호, 영훈이 함께 술을 마시다가 사소한 시비가 붙었는데, 철수가 민호를 살해했다. 민호와 영훈은 절친한 사이였기 때문에 영훈이 민호가 살해당한 것에 대해 분을 참지 못하고 집으로 도망한 철수를 찾아가 죽여버리겠다고 소리를 지르며 몽둥이를 휘둘렀다. 이에 철수는 자칫 자신이 다칠 수도 있다고 생각하고 집에서 칼을 들고 나와 영훈의 복부를 찔러 중상해를 입혔다. 이 사안에서 철수가 영훈의 복부를 칼로 지른 것을 정당방위라고 할 수 있을까? 집에서만 조용히 있던 철수에게 갑자기 영훈이 나타나 몽둥이를 휘두르며 철수에게 폭행을 가하려 했다면 철수의 행위는 정당방위가 된다. 그러나 철수는 그 이전에 영훈의 친구인 민호를 살해했다. 즉 영훈의 공격 행위는 철수의 이전 행위에 의해 유발된 것이었다. 이러한 경우에도 철수에게 정당방위를 인정할 수 있는가이다. 공격의 상황을 자신이 유발한 경우에는 가장 최소한의 범위에서만 정당방위가 인정된다. 즉 철수에게는 적극적으로 영훈를 공격하는 행위가 아닌 소극적으로 영훈의 공격을 방어하는 행위만 허용된다.

위의 상황은 국가 간에도 적용할 수 있을 것이다. 팔레스타인의 공격을 이스라엘이 유발했다면 적극적인 공격 행위가 아닌 소극적인 방어 행위의 형태로 행해져야 한다. 또한 이스라엘은 핵무기 보유국이다. 다른 국가의 영토를 빼앗은 이스라엘이 자신들의 국가도 공격할 수 있다고 생각하는 주변국의 입장에서는 이스라엘 역시 핵무기를 보유한 위험한 국가 중 하나라고 할 수 있다. 그렇다면 자신들의 국가 역시 이에 대응하기 위해 핵무기를 보유하고자 하는 것은 자명한 일이다. 공격 상황을 유발한 국가가 다른 국가의 공격을 예방하기 위해 선제공격을 행한다는 것은 정당화될 수 없다. 1981년 이스라엘의 이라크 핵 원자로 파괴에 대해 이라크의 위협은 절박하지 않았지만, 즉각적인 공격이 그에 맞선 유일하게 정당한 행위였다는 주장은 이러한 이유에 의해 정당성이 부여될 수 없는 행위인 것이다. 이 책에서 더쇼비츠는 "국가들은 다른 국가나 테러리스트 단체들의 위협을 받는 한 선제공격이나 예방적 군사 행동을 선택할 수 있고 그것을 수시로 시행할 것이다. 국가들은 국제 기구들의 개입이 필요하다고 여겨지는 상황에서 그들의 개입이 불가능하거나 개입 자체를 거절할 때는 일방적으로 또는 다른 동맹국들과 함께 행동할 것이다. 그것이 현실이다"라고 서술하고 있다. 이는 이스라엘에만 적용되는 사항이 아니다. 이스라엘과 대치 관계에 있는 주변 국가들에도 그대로 적용되는 사항이다. 미국이 지원하고 있는 이스라엘의 공격에 대해 중동 국가들은 다른 동맹국들과 함께 행동할 것이 명백하다. 실제로 유엔 안보리는 만장일치로 이라크 핵 원자로에 대한 이스라엘의 공격을 비난한다고 투표했다. 하지만 전 미 국무장관 콘돌리자 라이스는 사담 후세인을 핵무기에 접근하지 못하게 한 이스라엘의 공격을 지지했다고 말했다. 이와 같은 상황은 바로 중동 국가들이 '이스라엘을 지원하고 있는 미국을 이스라엘과 동일한 선상에 있는 국가로 평가하는 이유'가 된다. 미국이 테러의 대상국이 되는 이유이기도 하다.

개인 간의 관계에서도 정당방위는 엄격한 요건하에서만 인정되며, 예방적 정당방위는 인정되지 않는다. 이는 정당방위에 의해 개인의 생명, 신체와 같은 법이 보호하는 개인의 이익이 침해될 수 있기 때문이다. 국가 간에 정당방위를 이유로 선제공격이 이루어진다면, 상대국의 수많은 시민들은 생명을 잃거나 부상을 당하게 될 것이다. 따라서 개인 간의 관계에서보다 국가 간의 관계에서는 정당화될 수 있는 공격이 더욱 엄격하게 해석해야 할 것이다. 더욱이 침해 상황을 유발한 경우라면 어떤 경우에도 정당방위의 형태로 행해지는 선제공격이 허용되어서는 안 될 것이다.

선제공격을 정당화하는 국제법이 필요한가?

더쇼비츠는 "선제적 또는 예방적 통치 행위를 통제하는 법률 체계가 결여되어 있는 현상이 역사가 기록된 만큼이나 오래되었다는 사실은 주목할 만한 일이다. 우리는 선제공격과 예방 정책을 수천 년간 실행했다. 하지만 아직까지 과거의 위해에 대한 반응을 통제하는 법률 체계에 견줄 만한 아무런 조직적인 법률 체계로 출현하지 않았다"고 하면서 선제적 공격을 정당화할 수 있는 국제법의 제정이 필요하다고 주장하고 있다. 선제공격이 역사가 기록된 만큼이나 오래되었음에도 불구하고 국제법으로 제정되지 않은 이유가 무엇일까? 과거부터 행해져온 행위임에도 불구하고 법률로 규정되지 않았다는 것은 그러한 행위가 위험성이 크기 때문은 아닐까? 앞에서도 살펴본 바와 같이 선제공격은 공격의 주체가 누구인가, 공격의 정당성을 판단하는 주체가 누구인가에 따라 선제공격의 상대 국가는 언제나 다른 국가를 부당하게 침해하는 국가로 평가될 수밖에 없다. 가장 객관적이고 공평한 국가가 판단의 주체가 되면 이러한 문제가 해결될 수 있다고 하나, 세계 각국의 이해관계가 서로 첨예하게 대립되는 상황에서 강대국이 객관적이고 공평한 국가의 지위에 서게 될 것은 자명한 사실이다. 그렇다면 약소국은 언제나 평가의 대상이 되는 국가의 지위에 있게 될 것이다.

일반적으로 국내에서 법률을 제정하는 경우 보충성(최후 수단성), 비례성과 같은 원칙이 지켜져야 한다. 사람이 모여 공동체를 이루는 경우 공동체의 질서 유지를 위해 일정한 사회 규범을 필요로 하게 된다. 인류 공동체에서의 질서 유지를 위한 사회 규범으로는 종교, 예절, 도덕, 양심 등이 있으며, 이러한 사회 규범으로 질서가 유지되지 않을 경우 국가가 강제적 수단을 사용하여 질서를 유지하는 '법'이 최후의 사회 규범으로 작용하게 된다. 이처럼 법률은 질서 유지를 위한 다른 모든 수단들이 사용된 이후 최후의 방법으로 사용되어야 하는 것이다.

또한 법률이 사회 규범으로 인정받기 위해서는 비례성의 원칙이 지켜져야 한다. 즉 범죄 행위에 대한 처벌의 필요성, 범죄 행위와 처벌 사이의 균형성이 지켜져야 한다. 예컨대, 과학기술이 발달하면서 인터넷을 이용한 범죄 행위가 증가하게 되면, 이러한 행위를 처벌할 필요성이 발생하고, 이에 따라 과거에는 존재하지 않았던 새로운 행위에 대한 처벌 규정이 제정되게 된다. 이는 처벌의 필요성에 근거한 법률의 제정이 되는 것이다. 법률의 필요성이 인정된 이후에는 비례성의 원칙에 의해 범죄와 처벌의 균형성이 인정되어야 한다. 예컨대, 절도 행위를 방지하기 위해 사형이라는 중한 형사처벌을 부과하게 된다면 이는 처벌의 비례성 원칙에 반하게 되는 것이다. 이처럼 새로운 법률을 제정하는 과정에서는 대상 행위에 대한 강압적인 제재가 반드시 필요한 것인지, 행위와 제재 사이에 균형성이 인정되는지가 검토되어야 한다. 이는 국제법의 제정에도 동일하게 적용되어야 하는 원칙이다.

따라서 타인을 침해하거나 다른 국가를 공격할 수 있는 정당한 권한이 부여되는 법률의 제정은 분쟁 해결을 위한 최후 수단이 되어야 한다. 다른 방법으로 분쟁을 해결할 수 있다면 우선적으로 그러한 방법이 시행되어야 한다. 예를 들어 이스라엘과 팔레스타인의 경우, 최근 이스라엘이 팔레스타인 정착촌에 장벽을 쌓고 일상 생활용품의 반입을 차단했을 뿐 아니라 군사 공격을 감행해 수많은 민간인들이 사망한 사건이 발생했다. 이러한 사건은 폭탄 테러를 유발하는 요인으로 작용할 수 있다. 이러한 공격 행위를 '선제공격'으로 정당화할 수 없는 것은 명백하다. 복수는 복수를 낳을 수밖에 없다. 국제법을 제정하여 소위 '선제공격'을 정당화하려고 하기 전에 공격이 유발되는 상황을 해결하려는 노력이 우선되어야 한다. '법률의 제정'은 상황의 개선을 위한 최대한의 노력을 기울인 이후에 논의될 수 있는 사항인 것이다. 더욱이 선제공격은 상대국 국민의 생명과 신체를 침해하는 행위이기 때문에 선제공격을 정당화할 수 있는 법률의 제정은 국내법의 제정보다도 엄격한 요건이 필요할 것인 바, 최후 수단으로서의 정당성이 충분히 입증되어야 할 것이다.

주

서론

1 Curt Anderson, "Aschroft Cites 'Monumental Progress' in U.S. War on Terrorism" *Associated Press*, Feb. 13, 2003.

2 같은 책에서.

3 상원사법위원회 인준 청문회 의사록.

4 《신명기》 21:18.

5 롬브로소는 범죄성은 타고나는 것이며 사람은 범죄자로 태어날 수 있다고 믿었다(그 범죄자들은 원시적 동물에 특유의 신체적 결함을 가졌다. 따라서 턱의 크기나 코의 모양 같은 신체적 특징으로 범죄자를 식별할 수 있다).

6 전 하버드 동료이자 청소년 범죄 예언의 선구자인 셸던과 엘리너 글룩은 가정생활의 양상을 관찰함으로써 잠재적 범죄자를 어릴 때 식별할 수 있다고 주장했다. 그리고 일부 생물학자들은 이제 다소 미흡한 증거에 근거해서 세포의 염색체 구조를 검사함으로써 잠재적 범죄자를 식별할 수 있다고 단언한다. Alan M. Dershowitz, *Shouting Fire:Civil Liberties in a Turbulent Age*(New York:Little Brown, 2002), p. 235.

7 Edward Rothstein, "Museum Review: The Tainted Science of Nazi Atrocities" *New York Times*, Jan. 8, 2005, p. B7

8 같은 책에서. 알로이시아 V.(Aloisia V.)로 알려진 49세 여성은 히틀러의 친척임에도 1940년 12월 6일 '바보 같은 자손'이라는 이유로 질식사당했다. 그녀는 명백히 정신분열증과 기타 다른 질병들로 고통 받고 있었다. "Susanna Loof, Hitler Relative Was Gassed in Nazi Program to Kill Mentally Ill People, Historians Say" *Associated Press*, Jan. 18. 2005.

9 Rothstein, 전게서.

10 이 접근법의 문제점은 90퍼센트의 어떤 유형의 범죄자들이 특정한 유전 표지를 가지고 있더라도 그 표지를 가진 사람 중에서 1퍼센트만이 범죄자가 될 수도 있다는 것이다. Alan M. Dershowitz, "Karyotype, Predictability and Culpability" in

Genetics and the Law, ed. Aubrey Milunsky and George J. Annas (New York: Plenum press, 1976), pp. 63-71 참조, Appendix B. p. 268 참조.

11 Cass R. Sunstein, *Law of Fear: Beyond the Precautionary Principle*(New York: Cambridge University Press, 2005), p. 15.

12 같은 책, p. 13.

13 "The Year in Ideas: A to Z" *New York Times Magazine*, Dec. 9, 2001, p. 92.

14 Sunstein, 전게서에서, p. 4(주석 생략됨)

15 같은 책, p. 14.

16 Lewis Carroll, *The Annotated Alice*(New York: Norton, 2000), pp. 196-198.

17 Everett v. Ribbands, 2 Q.B. 198(1952), P. 206.

18 일부 자살 테러리스트들을 억제할 수는 있는, 자살 폭탄 투하자의 무고한 일가를 살해하는 것 같은 도덕적으로 용인 불가능한 전략들도 있지만 어떤 민주 국가도 그런 전략들을 사용해서는 안 된다.

19 William Blackstone, *Commentaries on the Laws of England*(Oxford: Clarendon Press, 1769), vol. 4, p. 25.

20 이스라엘의 복수로 인해 1,500만 명의 이란의 이슬람교도들이 죽게 되더라도 핵폭탄을 이스라엘에 투하해 500만 명의 유대인들을 죽이는 것이 가치가 있을 것이라고 주장하는 이란의 전 대통령 하셰미 라프산자니의 성명에 관해 본서 p. 226 참조.

21 "In Defense of Deterrence" *New York Times*, Sep. 10, 2002, p. A24.

22 같은 기사에서. 국제법은 대개는 민간인들을 대상으로 한 공격에 대해 민간인들을 상대로 한 복수를 금지한다. 본서 p. 99~100 참조. 따라서 앙갚음의 억제 이론 전체는 법적으로 불법일 것이다.

23 같은 기사에서.

24 같은 기사에서.

25 같은 기사에서.

26 독일은 분명히 조약의 의무를 위반했다. 하지만 미국의 이라크 침공에 대한 국제적 반응이 보여주듯이 단순히 조약을 위반했다는 사실이 항상 군사 행동을 정당화하는 것으로 보이지는 않는다.

27 르완다에 대한 국제 형사재판소의 결정에 관하여 pp. 146-147 참조.

28 "Some Prior Restraints Squeaked by in Past Year, Says PLI Panel" *Media Law Reporter*, vol. 30, no.46(Nov. 26, 2002): http://ipcenter.bna.com/pic2/ip.nsf/id/BNAP-5G5L3N?OpenDocument에서 확인 가능.

29 이 격언의 이형들에 대한 분석을 위해 Alexsander Volokh, "n Guilty Men" *University of Pennsylvania Law Review*, vol. 146(1997), pp. 173-216 참조.

30 법률 체계를 구성하는 데는 복합화, 계량화, 조건화, 그리고 간소화가 요구된다. p.

305 참조.

31 위해의 특질은 양적인 양상과 질적인 양상 모두를 포함한다. 이들은 각각 연속체에 자리 잡을 수가 있다. 예를 들어 저울의 한쪽 끝에 죽음이, 다른 쪽 끝에 불편함이 존재한다고 해보자. 질적인 면에서는 죽음의 무게가 불편함보다 훨씬 무거울 것이다. 하지만 한 명의 죽음과 100만 명의 불편을 놓고 비교해본다면, 쉽게 결정하지는 못할 것이다. 대다수의 이성적인 사람들 사이에서는 어떻게 그 저울의 균형을 맞출 것인지에 대해서 논란이 있을 것이다. 예를 들어 운전 제한 속도를 시속 60킬로미터에서 80킬로미터로 상승시키려는 결정은 약간의 잠재적 생명의 손실(사고로 사람이 죽을 위험)보다는 많은 사람들의 편리함을 훨씬 더 중요시하는 것으로 여겨질 것이다.

32 이것은 현실을 지나치게 단순화하는 것이다. 실제로는 종종 아무런 조치도 취하지 않는 것과 두려워하는 위해를 제거하지 못하지만 감소시킬 수는 있는 실행 가능한 강력한 선제적 조치를 취하는 것 사이에 중간적 조치들이 있을 것이다.

33 이러한 비용에는 다양한 범주에 속하는 사람들의 생명이 포함될 수 있다. 예를 들면 적군들, 자국 군인들, 적국 민간인들 등이 여기에 해당된다. 또한 재정적 비용, 정치적 비용, 그리고 다른 그런 요소들도 포함될 수 있다. 어떤 비용들은 단기적일 것이며 다른 것들은 장기적일 것이다. 일부는 쉽게 계산이 가능할 것이며, 다른 것들은 계산하기가 더 어려울 것이다. 간혹은 '성공'을 단정하는 기준이 명백할 것이다. 다른 경우에는 그렇지 않을 것이다.

34 위해의 심각성은 그것의 본질(예를 들어 죽음), 정도(예를 들어 몇 명의 죽음), 회복 불가능성(죽음은 경미한 부상이나 일시적인 경제적 귀결보다 더 회복 불가능하다), 그리고 다른 그런 요소들의 산물이다.

35 United States v. Dennis, 183 F.2d 201, 212(2d Cir. 1950). 언론의 자유과 관련해 유관한 요소들의 균형을 맞추기 위한 공식을 구성하는 이런 노력 3년 뒤에 해상에서의 불법 행위와 관련해 복잡한 문제를 계량화하려는 비슷한 노력이 뒤따랐다.

> 어떠한 상황에서 선박의 선장이나 다른 선원의 부재를 이유로 선박의 소유자에게 배가 계선소에서 풀려난다면 다른 배들에 끼치는 손상에 대한 책임을 물을 수 있을지를 결정할 일반적인 규칙은 없다. 하지만 그가 명백히 다른 배들에 대한 손상에 책임을 져야 할 어떠한 경우라도, 자기 자신의 배가 손상되었다면 그는 자신의 손해를 비례적으로 환산해야 한다. 우리가 그런 책임의 근거들을 고려할 때 왜 그러한 일반적인 규칙이 존재할 수 없는지가 매우 분명해진다. 모든 배들이 계선소에서 풀릴 경우들이 있기 때문에, 그리고 그렇게 된다면 그것들이 주위의 배들에 위협이 될 수가 있기 때문에, 다른 비슷한 상황에서처럼 손해를 끼치지 않아야 할 소유자의 임무는 다음과 같은 세 가지 변수들의 함수이다. (1)배가 풀려날 확률. (2)배가 풀려난다면 그로 인해 발생하는 결과적인 손해의 중대성. (3)충분한 예방 조치의 부담. 어쩌면 그것은 이러한 관념을 대수식으로 나타내도록 부각시키는 역할을 한

다. 즉 확률을 P라고 하고 손해를 L, 그리고 부담을 B라고 한다면, 책임은 L과 P를 곱한 것보다 B가 적으냐에 달려 있다. 다시 말해 B가 PL보다 적은지 아닌지에 달려 있다. 이 상황을 법정에 적용해보면 선박이 계류 밧줄에서 풀려나 손해를 일으킬 가능성은 장소와 시간에 따라 변한다. 예를 들어 폭풍우가 몰아치거나, 계선소에 묶인 배들이 계속 이동하는 복잡한 항구에 있다면 위험이 더 커진다. 이에 반해서 선장이 배에서 살더라도 배는 선장의 감옥이 되어서는 안 된다. 그는 때때로 해변으로 나가야 한다.

United States v. Carroll Towing Co. Inc., 159 F.2d 169, 173 (2d Cir. 1969). 이 판결문은 United States v. Dennis와 마찬가지로 판사 러니드 핸드가 작성했다.

36 Sunstein, 전게서 참조. 또한 Brandenburg v. Ohio, 395 U.S. 444(1969) 참조.

37 Vargas-Figuetoa v. Saldana,826 F.2d 160, 162 (1st Cir. 1987). 브레이어(Breyer) 판사가 최고법원에 재직 중일 때 이 의견을 작성했다. 보편적인 공식화는 다음과 같다. (1)명령이 인정되지 않으면 원고가 돌이킬 수 없는 손해를 입을 것. (2)그러한 손해가 법원의 금지 명령의 인정이 피고에게 가할 어떠한 위해도 능가할 것. (3)원고가 본안의 성공 가능성을 나타내 보였을 것. (4)그 명령을 인정함으로써 공중의 관심에 반대의 영향을 미치지 않을 것. Women's Community Health Center, Inc. v. Cohen, 477 F.Supp. 542, 544(D. Me. 1979).

38 이러한 결정은 대규모의 핵무기 공격에서부터 소규모의 테러리스트 살해에 이르기까지 다른 공격들에도 적용될 것이다.

39 제5장에서 살펴보게 되겠지만 선제적인 전쟁들과 예방적인 전쟁들 사이에는 중대한 차이점이 있다.

40 이 결정은 성적 사이코패스를 시설에 수용하는 것이나 체포가 불가능한 시한폭탄 테러리스트들을 표적 살해하는 것과 같은 다양한 조치들에 적용될 것이다.

41 물론 논쟁의 여지가 없고 스스로 입증되는 증거들로 확인할 수 있는 많은 과거의 재구성들도 있지만 그렇게 할 수 없는 것들도 많다.

42 발생했거나(100퍼센트) 발생하지 않은(0퍼센트) 주어진 사건이 일어났을 확률이 90퍼센트라는 것이 무엇을 뜻하는지에 관한 재미있는 인식론상의 이슈들이 있다. 내가 말하고자 하는 것은 증거의 양과 질에 근거해서 수천 가지의 결정들이 만들어진다면 그것들은 당시에 90퍼센트가 맞게 될 것이라는 점이다(알려질 수 있는 범위까지는). 나는 피실험자로 하여금 유사한 정보, 복잡성, 일시적 근접, 그리고 가능성에 근거해서 예언적이고 소급적인 결정들(주어진 사건이 일어날 것인가, 또는 일어났는가?)을 하게 할 어떤 훌륭한, 이중 맹검적 실험들도 알지 못한다. 예를 들어 피실험자들이 다소 정신이상이 있는 사람의 구체적 과거에 대해 듣는다. 그들 중 절반은 정보에 근거해서 그가 지난 1년간 특정 범죄(강간, 강도, 또는 살인이라고 치자)를 저질렀는지를 결정하도록 요구받는다. 나머지 절반은 그가 같은 범죄를 향후 1년 이내에 저지를

것인지를 예견하도록 요구받는다. 문제가 더 복잡하게도, 어떠한 범죄 예언가라도 그가 최근에 범죄를 저질렀는지를 알고 싶어 할 것이다. 최소한 어떤 범죄들에 있어서는 과거가 미래의 척도가 되기 때문이다. 반대의 경우 또한 맞을 것이다. 즉 만일 어떤 사람이 미래에 어떤 범죄를 저지르려고 한다면, 그가 과거에 다른 범죄들을 저질렀을 가능성이 높다. 일정한 유형들의 범죄들은(예를 들어 특정한 애증 대상에 대한 애착에 의한 살해와 상황에 따라 좌우되는 범죄들) 이런 관계들에 꼭 들어맞지는 않을 것이다. 사실 사람이 범죄를 저질렀다는 대부분의 결론은 개연성에 근거한 것이며, 과거의 행위에 근거한 어떠한 예언적인 결정은 이로 인해 더 복잡해진다. 이것이 보석 결정 상황에서 공판 전 폭력을 예견하는 연구 논문에서 일반적이다. Thomas Bak, "Pretrial Release Behavior of Defendants Whom the U.S. Attorney Wished to Detain" *American Journal of Criminal Law*, vol.30(2002-03), pp. 45-74 참조. 피실험자들은 예견적인 판단보다는 소급적인 판단을 더 확신하겠지만 나는 이러한 실험들이 실제 결과에는 거의 차이점을 보여주지 못할 것이라고 예견한다(또는 실행되었다면 그것들이 거의 차이점을 보여주지 못했을 것이라고 생각한다). 이 방법과는 상당히 다른, 예견적인 그리고 회고적인 결정들의 비교를 꾀하는 수많은 실험들이 있다. Paul E. Meehl, *Clinical versus Statistical Prediction: A Theoretical Analysis and a Review of the Evidence*(Minneapolis University of Minnesota Press, 1954) 참조.

43 United States v. Booker, 125 S.Ct.738(2005) 참조.

44 제7장 참조.

45 《미슈나》 1:1.

46 《창세기》 18:23~27, 29~33.

47 마이모니데스는 블랙스톤보다 수백 년 전에 비슷한 이론을 다음과 같이 분명하게 표현했다. "우리가 매우 확실한 가능성들이 있음에도 불구하고 처벌을 하지 않는다면 죄인이 석방되는 일밖에 일어나지 않을 것이다. 하지만 만일 가능성과 견해에 의해 처벌을 행한다면 어느 날 무고한 사람을 죽이게 될 가능성이 있다. 그리고 당연히 죄 없는 자 한 명을 죽이는 것보다 1,000명의 죄인들을 풀어주는 것이 더 나으며 훨씬 바람직하다." Maimonides, *Sefer HaMitzvot*, Negative Commendment no.290, quoted in Nachum L.Rabinovitch, "Probability and Statistical Inference in Ancient and Medieval Jewish Literature" diss., University of Toronto, 1971, p. 157.

48 앞으로 언급되겠지만 예방적 그리고 선제적 전쟁의 차이점은 주로 두려워하는 공격의 시간적 근접성에 의해 구분된다. p. 59 참조.

49 《출애굽기》 22:2.

50 탈무드 산헤드린(Talmud Sanhedrin) 72a.

51 Haim Cohen, *Dangerous Halakhah*, p. 42; http://www.come-and-hear.

com/supplement/free-judaism-cohen.rtf에서 확인 가능.

52 같은 책에서.

53 같은 책, p. 31.

54 Shlomo Shamir, "Had It Been Mitzna, They Would Have Gone Nuts" *Ha'aretz*, May 18, 2005.

55 예를 들어 Alan M. Dershowitz, "Preventive Confinement: A Suggested Framework for Constitutional Analysis" *Texas Law Review*, vol. 51(1973), pp. 1277-1324; Alan M. Dershowitz, "The Origins of Preventive Confinement in Anglo-American Law" *University of Cincinnati Law Review*, vol. 43(1974), pp. 1-60, 그리고 781-846; Alan M. Dershowitz, "Indeterminate Confinement: Letting the Therapy Fit the Harm" *University of Pennsylvania Law Review*, vol. 123(1974), pp. 297-339; 그리고 Alan M. Dershowitz, "Psychiatry in the Legal Process: A knife That Cuts Both Ways" *Trial*(Feb.-March 1968), pp. 29-35 참조.

56 예를 들어 Dershowitz, *Shouting Fire*, 인용문 중, pp. 233-245; 그리고 Dershowitz, Preventive Confinement, 인용문 참조.

57 예를 들어 Dershowitz, *Shouting Fire*, 인용문 중, pp. 431-456(1971년 초판 출간); 같은 책, pp. 416-430(원래 Nation에서 출간됨〔March 15, 1971〕).

58 예를 들어 Dershowitz, "Karyotype, Predictability and Culpability" 인용문 중; 그리고 Dershowitz, "Preventive Disbarment: The Numbers Are Against It" *American Bar Association Journal*, vol. 58(August 1972), pp. 815-819 참조.(이 책의 부록 참조.)

59 Dershowitz, "Psychiatry in the Legal Process" 인용문 중; Dershowitz, "Imprisonment by Judicial Hunch: Case Against Pretrial Preventive Detention" *Prison Journal*, vol. 50(1970), pp. 12-22; 그리고 Dershowitz, "Preventive Detention: Social Threat" *Trial*(Dec.-Jan. 1969-1970), pp. 22-26 참조.

60 예를 들어 Dershowitz, "The Origins of Preventive Confinement in Anglo-American Law" 인용문 참조.

제1장 | 선제공격, 예방, 예견에 관한 간략한 역사

1 William Blackstone, *Commentaries on the Laws of England*(Oxford: Clarendon Press, 1769), vol. 4, p. 248:http://avalon.law.yale.edu/18th_century/blackstone_bk4ch18.asp에서 확인 가능.

2 Maung Hla Gyan v. Commissioner, Burma Law Reps. 764(1948), p. 766.

3 많은 국가들이 영미 법률 시스템을 도입했다. 케냐, 스위스, 남아프리카, 체코 공화국, 마샬 군도 공화국은 그중 몇 안 되는 예다. 미국이 이라크를 감독하는 데 중요한

역할을 했기 때문에 이라크 헌법 또한 영미법 원칙들을 반영할 것이다. Neil MacDonald, "Iraq Constitution Will Draw Heavily From Traditional Law, Says Zoellick" *Financial Times*, May 20, 2005, p. 9.

4 Oliver Wendell Holmes, Jr.,The Common Law(Boston: Little, Brown, 1881), p. 46, p. 43.

5 Blackstone, 전게서 중, vol. 4, p. 249; http://avalon.law.yale.edu/18th_century/blackstone_bk4ch18.asp에서 확인 가능.

6 선도적 이론가 제롬 홀(Jerome Hall)은 "우리의 것은 예방을 충분한 형벌의 근거로 인정하지 않는 법적 질서"라고 단언하면서 프랜시스 워턴을 모방했다. Jerome Hall, *General Principles of Criminal Law*(Indianapolis: Bobbs-Merrill,1960), p. 219. Francis Wharton, *Treaties on Criminal Law*(Rochester: Lawyers Cooperative Publishing Company, 1932), p. 2.

7 Caesar Bonesana, Marquis Beccaria, *An Essays on Crimes and Punishments*(Philadelphia: Nicklin, 1819), pp. 148, 47.

8 Immanuel Kant, *Metaphysical Elements of Justice*(Indianapolis: Hackett,1999), pp. 138~140. 칸트는 이 원칙이 정말로 '절대적 명령'이라는 모든 의심을 누그러뜨리기 위해서 다음과 같이 자신의 자주 인용되는 가설을 구성했다. "시민사회가 모든 구성원들의 합의로 해산하려고 해도(예를 들어 섬에서 거주하는 사람들이 전 세계로 흩어지고 분산되기로 결정했다 해도) 감옥에 수감되어 있는 마지막 살인자는 먼저 처형해야 한다……."

9 실제로 홈스는 다소 절대적인 용어로 동기와 의도를 꼬치꼬치 캐묻는 것을 피했던 '외면적인' 이론을 지지했고 거의 한결같이 '규칙에의 외적인 순응'을 유도하는 데 초점을 두었다. Oliver Wendell Holmes, Jr.,*The Common Law*(Boston: Little, Brown, 1881), p. 49.

10 같은 책, p. 46.

11 Blackstone, 전게서 중, p. 249.

12 "범죄로서의 범죄는 처벌되어야 한다"는 형벌에 대한 '절대적인' 이론을 제의했던 워턴조차도 모든 유죄 이론은 궁극적으로 사회에 대한 범죄의 위험에 기초해야 하며 형사상 징계의 목표 중 하나는 범법자로 하여금 장래의 악행을 저지르지 못하는 상황에 이르게 하는 것이라고 인정했다. Francis Wharton, *Wharton's Criminal Law*(Rochester: Lawyers Co-operative Publishing Company, 1932), vol. 2, p. 12. 홀 교수는 과거의 위해를 저지르는 것을 형사처벌을 부과하는 조건으로 주장하지만, 어떤 상황에서는 미래의 위험성 또한 관련 있는 것으로 고려했다. Hall, p. 222.

13 Frederick Pollock and Frederick William Maitland, *The History of English Law*(Cambridge: Cambridge University Press, 1898), vol. 2, p. 475.

14 Code of Hammurabi, 섹션 p. 116, 209-210, 229-230.

15 일정한 상황에서, 그리고 정정이 가능한 범죄하에서의 이런 보증금의 납입은 희생자와 국가를 만족시킬 수 있었다. 어떠한 고통스러운 반응도 예방적이듯이, 그것은 또한 범죄의 비용이 많이 들게 하고 따라서 그것의 빈도를 줄였다고 여겨지는 점에서 다소 예방적이었다.

16 Pollock and Maitland, 전게서 중, vol. 2, p. 478. 이러한 관례는 다음과 같이 설명되었다.

> 법이 없었던 시절에 대해 추측을 해서는 안 되지만, 영국과 다른 곳들로부터의 증거를 통해 우리는 법이 미약하고 그것의 무력함이 준비된 공권 박탈의 의지로 드러났던 시대를 상상할 수가 있다. 법은 그것의 타격을 어림할 수 없었다. 법을 무시하는 자는 법의 영역 밖에 있었다. 다시 말해 그는 법률의 보호 밖에 놓여 있었다. 법을 어기는 자는 공동체를 향해 무력에 호소했고 공동체도 그를 향해 무력에 호소한다. 그를 추격하고 그의 토지를 유린하고 그의 집을 불태우고 그를 맹수처럼 추적해 잡아서 살해하는 것은 모든 사람의 권리이자 의무였다. 그는 단지 고독한 사람이 아니라 맹수이기 때문이다. 그는 늑대나 마찬가지다. 공권 박탈의 몰살이라는 특성이 사라지고 그것이 법원의 판단에 불응하는 자들에 대해 그것을 준수하도록 강요하는 수단이 된 13세기조차도 이러한 일들의 옛날 상태는 잊히지 않았다. 즉 법원은 법외자(Caput great lupinum)라는 용어로 공권 박탈을 명했다.

같은 책, vol. 2, p. 449.

17 이 주장은 고문에 대한 법률 체계를 구성하려는 노력에 맞서서 반복해서 제안되었다. 예를 들어 Richard H. Weisberg, "Loose Professionalism, or Why Lawyers Take the Lead on Torture" *in Torture: A Collection*, ed., Sanford Levinson(Oxford: Oxford University Press, 2004), pp. 299-305.

18 Roscoe Pound, Introduction to Raymond Saleilles, *The Individualization of Punishment*(Boston: Little, Brown 1911), p. XI

19 '처리'는 특히 절적한 용어다. 왜냐하면 여러 세대에 걸쳐서 위험스러운 인물들은 공식적 법률 시스템의 정확성에 대한 별다른 관심도 없이 단순히 그 시스템 밖에서 처리되었다. pp. 39-40 참조.

20 Williamson v. United States, 184 F.2d 280(2d Cir. 1950), p. 280. 또한 Albin Eser, "The Principles of Harm in the Concept of Crime" 4 *Duquesne Law Review*, 345(1965-1966), p. 436.

21 Pollock and Maitland, 전게서 중, vol. 2. p. 507.

22 같은 책, vol. 2, p. 508, n.4. 만일 작가들이 노르만 정복 이후의 기간을 포함할 생각이었다면 그들은 J. G. Bellamy, *The Law of Treason in England and Later Middle Ages*(Cambridge: Cambridge University Press, 1970)에서 증명되었듯이 명백히

틀렸다. 역사학자 존 벨라미(John Bellamy)는 '심각한 반역'과 '사소한 반역' 모두의 매우 광범위한 해석에 대한 수많은 초기의 실례들을 제공한다. 예를 들어 J. G. Bellamy, *The Law of Treason in England and Later Middle Ages*, 1차 보급판(Cambridge: Cambridge University Press, 2004), pp. 61, 130, 132, 133, 135.

23 중세 말기 C. J. Brian이 말한 것으로 생각된다. Dershowitz, "Preventive Confinement" 전게서 중 p. 10에서 인용되었다.

24 Jerome Hall, "Criminal Attempt-A Study of Foundation of Criminal Liability" *Yale Law Journal*, vol. 49(1940), p. 791. 홀은 헨리 드 브랙턴(Henry de Bracton)의 형사 책임이 부과되기 이전에 위해가 야기되었다는 제안을 인용한다. 즉 "위해가 효과를 나타내지 못했으니, 그 시도가 어떤 손해를 일으켰는가." Travers Twiss, ed., *Henrici de Bracton de Legibus et Consuetudinibus Angliae*(London: Longman & Co., 1879), vol. 2, p. 337. 그는 이어서 그와 같은 13세기 편찬자의 견해를 다음과 같이 요약했다. "브랙턴은 실제 위해를 야기하고, 그 위해가 당시 금지되었던 중죄에 의해서 노골적으로 신체에 해를 입히는 행위를 제외하고는 어떤 행위라 하더라도 벌하는 것에 반대하는 강력한 선입견을 명백히 드러낸다." Hall, 전게서 중, p. 791.

25 그러한 행위는 법 발달의 어느 단계에서는 당연히 폭행으로 인정되었을 것이다.

26 《신명기》 17:6. 성경은 '고집 세고 반항하는' 아들의 처형에 대해 다음과 같이 예비한다. "그들이 도성의 장로들에게 가서 '우리 아들이 고집이 세고 반항을 하며 우리의 말을 듣지 않습니다. 아들은 방탕한 주정뱅이입니다'라고 말하면, 그 도성의 모든 사람들은 그를 돌로 쳐 죽일 것이다." 《신명기》 21:20~21. 탈무드는 반항하는 아들이 실제로 처형당하지 않았음을 시사한다. 랍비 요나단은 자신은 단 한 번 실제로 그런 사람을 보았다고 말했다.(Sanhedrin 71a). 탈무드 자체는 반항하는 아들을 사실상 처형할 수 없게 만들었다. 형사 책임을 감당하려면 그가 13세가 되어야 했지만 성인이 아닌 '아들'로서 처형을 할 정도로 어려야 했기 때문이다. 메나헴 엘론(Menachem Elon) 교수는 성서의 규칙이 가장의 권력을 제한하기 위해 의도된 것으로 보았다. 즉 가장은 더 이상 반항적인 아들을 자신의 일시적인 기분에 따라 스스로 처벌하지 못하게 되는 대신 처벌을 위해 연장자들(예를 들어 재판관들)에게 데려가야 했다. 초기의 법들은(예를 들어 함무라비 법전 nos. 168.169) 오직 아버지에 대한 반항만 문제 삼았다. 하지만 성서의 계율은 아버지와 어머니 모두를 포함한다. Menachem Elon, *The Principles of Jewish Law*(Jerusalem: Encyclopedia Judaica, 1974), p. 491 참조.

27 탈무드 산헤드린 81b.

28 성경은 또한 복수하는 자가 실수로 사람을 죽인 악의 없는 자에 대해 복수하는 것을 예방하기 위해 의도된 '피난처'에 대해 규정한다. 《민수기》 35:9-34 참조. 근래의 연

구는 복수하고자 하는 충동은 발생론적인 요소라고 시사한다. Benedict Carey, "Payback Time: Why Revenge Tastes So Sweet" *New York Times*, July 27, 2004, p. F1. 이것이 사실이라 하더라도 법은 성서에서 피난처에 관해서 추구하려 했던 것처럼 그것을 도덕적으로 적절한 방향으로 전환하려고 노력해서는 안 된다는 뜻은 아니다.

29 이것은 현대의 보석과 관련해 사실이었다. 위험스러운 피고인들에 대한 공판 전 석방 거부가 비교적 쉬웠을 때에는 예방적 구금에 대한 명확한 시스템이 필요하지 않았다. 법이 이런 식으로 보석을 이용하는 것을 더 어렵게 만듦에 따라 예방적 구금에 대한 필요성이 증대되었다. William F. Duker, "The Right to Bail: A Historical Inquiry" *Albany Law Review*, vol. 42(1977), pp. 33-120 참조.

30 Williamson v. Unites States, 184 F.2d 280,282(2d Cir.1950). 또한 USG § 3043(1970).

31 폴락과 메이틀랜드는 앵글로색슨족 시대에는 범죄에 대한 특정한 증거를 확보하는 것과, 피고인들과 용의자들에게 사법을 따르도록 강요하기가 매우 어려웠다고 말했다. Pollock and Maitland, 전게서 중, vol. 1, p. 49. 이것이 상습범으로 고소되는 자들에 대한 그 시기 동안 생겨난 것으로 보이는 규정의 설명을 도울 것이다. 같은 책, vol. 1, p. 50. 그런 사람은 보증을 세우지 못하면 체포해 법외자로 다룰 수 있었다. 같은 책. 가장 오래된 법령들은 왕을 겨냥한 음모에 대해, 그러한 행위가 어떠한 위해도 일으키지 않았더라도 형벌을 부과했다. Charles Austin Beard, *The Office of Justice of the Peace in England: in Its Origin and Development*(New York: Colombia University Press, 1904), pp. 13-14. 색슨 왕조 후기와 확실히 노르만 정복 때까지는 예방적 법들은 모든 사람들은 10 단위로 연합할 의무가 있고 각각은 나머지 사람들의 바른 행실의 보증인이 된다는 사실에 의해 제정되었다. James Stephen, *A History of the Criminal Law of England*(London: Macmillan, 1883), vol. 1, p. 65.

옛날에는 그렇게 그룹을 짓는 것이 범죄를 예방하고 범죄자를 체포하는 데 효과적인 방법이었는데, 특히 작은 마을에서는 그랬다. 초기의 한 문필가는 그런 그룹들에 대해 다음과 같이 설명한다. "색슨족 시대에는 모든 100 단위는 열 개의 구역이나 그룹으로 나뉘어졌다. 각각의 그룹은 열 개의 소그룹으로 구성되었는데, 각각의 소그룹은 열 가족으로 구성되었다. 그리고 그런 모든 그룹에는 보다 사소한 문제들을 검사하고 결정하며 더 중대한 문제들을 상급 법원으로 회부하는 사람들이 있었다." Thomas Blount, *Glossographia Anglicana Nova: or a Dictionary Interpreting Such Hard Words of Whatever Language as Are Presently Used in the English Tongue with Their Etymologies, Definition, etc.*(London: D. Brown,1707), Dershowitz, "Origins of Preventive Confinement in Alglo-American Law" 인용문 중, p. 13, n.40에서 인용. 그 그룹은 구성원들의 보증인으로서 유지되었다. 만일 그룹의 구성원 중 한 명이 범죄로 고소당하면 용의자를 양산한 죄로 그룹 전체에 다소 무거운 벌금이나 과태료의 형벌을 부담할 책임이 있었다. 폴록과 메이틀랜드가 기술하듯이 이러한 규칙들이 엄격하게 집행되었다는 사실은 순회 판사들의 기록에서 충분히 증명된다. 고소되는 사람을 잡아들일 수 없을 때 그가 그룹에 속해 있지 않으면 그가 속한 군구는 벌금형에 처해진다. 그리고 그가 그룹에 속해 있으면 그 그룹이 벌금형에 처해진다. Pollock and Maitland, 전게서 중, vol. 1, pp. 568-569.
더 뒤늦기는 했지만 13세기에 엄중한 경계(watch and ward)라는 유사한 방책이 개발되었다. 이 시스템은 1285년에 윈체스터 법령에 의해 통합되는데, 특히 정치적으로 불안한 시대 동안에 마을을 감시하는 것이었다. 마을 사람들은 수상해 보이는 사람들을 경계해야 했고, 신분이 불확실한 어떤 이방인을 향해서든 고함을 치며 추격을 해야 했다. 그 법령의 제정 이전까지 멀리 되돌아가서 엄중한 경계가 잘 설명된 사례를 위해서는, F. M. Powicke, *King Henry III and the Lord Edward: The Community of the Realm in the Thirteenth Century*(Oxford: Clarendon Press, 1947) 참조.

32 Pollock and Maitland, 전게서 중, vol. 1, p. 154.

33 대헌장이 특히 배심원(대등한 사람들)에 의한 재판을 받을 권리에 대해 어느 정도까지 천명했는지는 분명치가 않다. 헌장은 단지 왕실의 사법이 지방 사법이나 자구 행위보다는 더 효과적이었기 때문에, 최근 침탈 부동산 점유 회복에 대한 조례나 조상 사후의 부동산 점유 회복에 대한 조례 같은 왕의 명령서의 존속을 보장하려고 했다. Doris M. Stenton, *English Justice between the Norman Conquest and the Great Charter*, 1066-1215(Philadelphia: American Philosophical Society, 1964). 실제로 대헌장의 요점은 어쩌면 이런 명령서들을 유지하고 왕에 의한 특히 미성년자 상속에 따른 부담(wardship)과 성년 상속인의 상속세(relief) 같은 전통적 봉건 시대의 사건들의 남용을 종식시키는 것이었을 것이다. 헌장이 호소했던 권리는 그것의 적용이 국민의 일부분에게만 제한되었던 것이 명백하다. 새뮤얼 손(Samuel Thorne) 교수는 다음과 같은 글을 썼다. "우리는 국가의 일부 이론인 정치의 법칙을 위해 헛되이 대헌장을 찾는다. 대신 우리가 찾아내는 것은(일반적으로 말해서 그것의 잡다한 조항들을 하나의 구로 요약할 수 없기 때문에) 왕과 그의 왕국 사람들 간의 관계를 규제하는 일련의 조항들이다. 후자는 대개 자신들의 넓은 봉토를 왕으로부터 직접 입수한 영주들이었다. 하지만 그보다 지위가 낮은 사람들의 이익도 무시되지는 않는다." Samuel E. Thorne, "What Magna Carta Was" in *The Great Charter*, ed. Samuel E. Thorne et al.(New York: Pantheon, 1965), p. 3.
최소한 형사소추에 있어서 권리의 보증인으로서 대개 인용되는 헌장의 장은 39장인데 거기에는 이렇게 쓰여 있다. "자유민이라면 누구든 그의 동료들에 의한 합법적

재판 또는 국법에 의하지 않는 한 체포, 감금, 점유 침탈, 추방 또는 그 외의 어떠한 방법에 의해서라도 자유가 침해되지 아니하며, 국왕 스스로가 자유민에게 가입하거나 또는 관헌을 파견하지 않을 것이다." Thorne et al. 전게서 중, p. 132. 이것은 분명히 독점적 권리였으며 처음에는 '동료들'로 제한되는 듯하다(즉, 우두머리 소작인들). 이것이 일반적인 권리로 발전하는 데에는 상당한 시간이 걸린 것 같다. 페이스 톰프슨 교수는 다음과 같은 글을 썼다.

> 조사된 출처들은 14세기를 전체적으로 바라볼 때 헌장의 다른 어떤 조항들보다도 더 29(39)장과의 관계를 드러낸다. 게다가 최근 이 유명한 조항이 매우 잘 제정되었다는 평판을 얻었으며, 훗날 해석하는데 일반적으로 상상하는 것처럼 그다지 새로울 것이 없었다는 것이 명백해진다. 이 시기에는 '합법적 재판'이 여전히 처형에 앞서 재판이 있어야 한다는 것에 대한 보증으로 호소되었다. 동료들에 의한 재판과 합법적인 절차가 지켜져야 하는 재판뿐만 아니라 심리도 협의하는 것으르 여겨졌다. 이 시기에는 '누구든'이라는 말은 일찍이 가지고 있던 모든 귀족적인 함축적 의미를 상실했고 '어떠한 자유민'이나 심지어 '누구를 막론하고'와 동등한 것으로 해석되었다.

Faith Thompson, *Magna Carta: Its Role in the Making of the English Constitution, 1300~1629*(Minneapolis: University of Minnesota Press, 1948), p. 69. 하지만 마그나카르타에도 그 시대의 완고함이 담기지 않은 것은 아니었다. 예를 들면 10장과 11장에 이런 내용이 나온다. "많든 적든 만일 유대인으로부터 돈을 빌린 자가 빚을 갚기 전에 죽으면 그 빚에는 이자가 붙지 않을 것이다. …… 그리고 유대인에게 빚을 진 자가 죽으면 그의 아내는 상속몫을 받아야 하고 빚은 갚을 필요가 없다." Thorne et al., 전게서 중, p. 119에서 인용.

34 폴락과 메이틀랜드는 이 시대에는 폭행 범죄가 흔했으며 형법은 대단히 무력했다는 믿음을 표현했다. Pollock and Maitland, 전게서 중, vol.1, p. 557(1221년, 1256년, 그리고 1279년 숫자들 인용), Dershowitz, "Preventive Confinement" 전게서 중, p. 15에서 인용.

35 이 말은 Michael Dalton의 *The Countrey Justice*(London: printed for the Societie of Stationers, 1661)에서 유래하는데, 보안관의 전통적 기능을 설명한다.

36 클래런던 법령(Assize of Clarendon)이 발해질 때까지는(1166), 일찍이 그랬다 하더라도 형법이 독점적으로 또는 심지어 유력하게 뚜렷한 소급력을 가진다고 더 이상 말할 수가 없었다. 헨리 2세의 법령은 평화를 지키고 정의를 유지하기 위해, 모든 주에서 강도나 살인자나 그들의 장물 취급자로 의심되거나 소문이 있는 자는 누구든 조사하라고 지시했다. 그리고 재판관들로 하여금 이 조사를 담당하게 했고 보안관들 또한 그러했다. A. K. R. Kiralfy, *A Source Book of English Law 1*(London: Sweet & Matwell, 1957)에서 번역되고 전재되었다. 이런저런 12세기의 법령들은 일

부 논평자들이 주장하는 것처럼 독점적으로 완성된 위해에 대한 복수에 근거한 전체적인 소급적 사법 시스템을 반영하지 않는다. 소급적 시스템은 당연히 살인자, 강도, 방화범들에게 벌을 내렸지만 반드시 먼 옛날에 이런 범죄들을 저질렀다고 '의심이 들거나 소문이 난' 모든 사람들에 대한 조사를 보증하거나 그들을 수색하지는 않았다. 국외 추방이나 보증뿐만 아니라 조사나 수색은 장래 범죄의 빈도를 줄여보려고 계획된 진보적인 예방적 기법들이다. 그것들은 과거의 죄를 갚기 위해 독점적으로 계획된 회고적인 기법들이 아니다.

10년 후 노샘프턴 법령(Assize of Northampton)에서 수색해야 할 범죄 리스트는 절도, 위조, 그리고 방화까지 확대되었다. 게다가 형벌은 더 가혹해졌다(시죄법을 통과한 용의자는 손과 발을 절단했고 통과하지 못한 자는 사형에 처하는 것을 포함해). 1766년의 명령은 피고인이 자백을 하면 서약을 하게 했다. 하지만 만일 그가 일반적인 견해에 의해 살인이나 다른 몹쓸 중죄로 의심을 받으면, 그가 자백을 한다 하더라도 40일 이내에 추방을 해야 한다.

37 Beard, 전게서 중, p. 17. 법 역사학자 존 벨라미는 이런 글을 썼다. "이러한 재판관들의 선구자는 평화의 파수꾼이었는데 그는 1263~1265 내란 동안에 지방군 대위의 모습으로 나타났다. 에드워드 1세는 두 가지 경우에 각 국에서 보안관을 도울 평화의 파수꾼들을 임명했지만 그들에게 일정한 임무를 처음으로 명한 것은 그의 아들이었다. 1329년까지 그들에게는 단지 평화의 파괴를 기록할 권한 밖에 없었다. 하지만 그해에 그리고 이후 간헐적으로 1389년까지 그 임무가 영구적인 것이 되었을 때, 그들과 그들의 후임자들, 치안 판사들은 중죄와 불법 침입을 결정할 수 있는 권한을 부여받았다. John Bellamy, *Crime and Public Order in England in the Later Middle Ages*(London: Routledge & Kegan Paul 1973), pp. 94-95.

38 Beard, 전게서 중, p. 18.

39 같은 책, p. 21. 이 보안관들 또한 모든 '평화의 훼방꾼들'(명백히 특정한 지난 범죄에 대해 유죄를 선고할 수 없었던 위험스러운 개인들을 포함하려고 의도된 포괄적인 어법)을 체포하고 가장 가까운 감옥에 수감할 수 있는 권한을 부여받았다. 1313년의 명령에서는 '악명 높게 의심스러운' 인물들에 대해 특별히 언급했는데, 이 사람들은 감금하기로 했다. 에드워드 2세의 통치 말기까지 이 보안관들은 선동적인 집회를 해산할 수 있고 자신들의 재량에 따라 모든 악인들과 불순종하거나 반항하는 모든 사람들을 처벌할 수 있는 권한을 부여받았다. 같은 책, pp. 27-28. 예방적 제재는 매우 다양한 형태로 나타났다. 대규모의 수감은 수 세기 후까지 시작되지 않았지만 위험인물들은 구치소와 지하 감옥에 구금되었다.

40 같은 책, p. 41.

41 같은 책, p. 41. 판사들은 순응하지 않는 자들을 정당하게 처벌하기로 했다. 이 법령의 뚜렷한 목적은 사람들이 폭동자, 반역자, 그리고 다른 평화의 침해자의 위험에

놓이는 것을 방지하기 위함이었다.

42 역사 도처에서의 다른 많은 표식들과 마찬가지로 대다수의 범죄자들이 이런 표식을 가지고 있었던 것이 사실이었겠지만, 이 표식을 지닌 사람들 중 오직 소수만이 심각한 범죄자가 된 것 또한 사실이었다. 하단 참조.

43 같은 책, pp. 86-87. 처음으로 죄를 범한 자들은 모두 채찍질하기로 했으며, 두 번째로 범죄를 저지른 자들은 칼을 씌우고 한쪽 귀를 잘라서 채찍질하기로 했다. 그리고 세 번째로 죄를 범한 자들에게는 칼을 씌우고 다른 한쪽 귀를 잘라서 채찍질하기로 했다.

44 같은 책, p. 88.

45 같은 책, pp. 91-92.

46 법원의 결정들은 오늘날의 경찰이 그것들을 예방적 방법으로 사용했다고 인정했다. 예를 들어 Papachristou v. Jacksonville, 405 U.S. 156, 169(1972)에서 대법원은 이와 같이 인정했다. "장래의 범죄성이라는 것은 부랑자법을 일반적으로 정당화하기 위한 것이다." 그런 법령들은 방랑을 억제하고 범죄를 예방하기 위해 필요한 것으로 여겨진다. Johnson v. State, 202 So. 2d 852(Fla. 1967); Smith, 239 So. 2d 250,251 (Fla. 1970); Ricks v. District of Colombia, 414 F.2d 1097(D.C.Cir. 1968).

47 Alan Macfarlane, *Witchcraft in Tudor and Stuart England: A Regional and Comparative study*(New York: Harper, 1970), p. 158(인용문 생략됨). 재판에서 마녀사냥이 명백히 중요한 부분을 차지했던 시대가 있었다. 맥파레인은 1560년에서 1680년까지라는 다소 긴 세월 동안 에식스 법령에서 마녀사냥이 모든 형사 절차의 5퍼센트를 차지했다는 사실을 알아냈다. 에식스 법원에서 마녀에 대한 재판은 절도 다음으로 잦았다. 맥파레인은 다음과 같은 글을 썼다. "그것은 중요치 않다거나 비정상적인 범죄가 아니라 매우 중요한 범죄였다. 이미 증명된 바와 같이 기소가 없었던 해는 거의 없었다." 같은 책, p. 30. 마녀사냥과 다른 범죄 행위와의 관계에 대한 유사한 아이디어들은 George F. Black, *Calendar of Cases of Witchcraft in Scotland 1510 to 1727*(New York Public Library, 1938) 참조.

48 마이클 돌턴은 (d. 1648) *The Countrey Justice*를 포함한 17세기에 좋은 평판을 받은 두 가지 법학 서적을 저술했다. 증거에 의하면 돌턴은 결코 법정 변호사가 아니었으며 *The Countrey Justice*를 링컨스인(Lincoln's Inn) 법학원의 교사들에게 헌정했지만 그곳의 일원도 아니었고, 간혹 추측되듯이 대법관청의 지배자도 아니었다고 한다. Dictionary of National Biography, ed. L.Stephen and S.Lee(1917) vol. 5, pp. 435-436. *The Countrey Justice*는 중앙집권과 불확실성의 시대에(1618) 쓰여졌다는 점에 주목해야 하지만, 돌턴의 저술은 그가 살던 시대의 치안 판사의 의무를 정밀하고 한 치의 오차도 없게 묘사하는 것 같다. 또 다른 출처로는 A. Fitzherbert, *L'Ofiice et Auctoryte des Justyces de Peas*(1538)가 더 상세하지는 않지만 더 역사

적이다. W. Lambarde, *Eirenarcha: Or, of the Office of the Justice of Peace*(1581).

49 Dalton, 전게서 중, p. 7.

50 같은 책에서.

51 같은 책, p. 2, Dershowitz, "The Origins of Preventive Confinement in Anglo-American Law" 인용문 중, p. 20(강조되었음).

52 같은 책, p. 4(강조되었음).

53 같은 책, p. 171(강조되었음).

54 같은 책, p. 189(강조되었음).

55 같은 책, p. 158(강조되었음).

56 같은 책, p. 161.

57 같은 책, p. 192. 바른 행실을 하게 하거나 평화를 지키는 권한은 치안 판사들이 자주 사용한 중요한 수단이었던 것 같다(돌턴은 명확한 모습을 제시하지는 않았지만). 그 메커니즘은 간단했다. 어느 누구든(약간의 특별하고 제한적인 예외를 제외하고는) 치안 판사로 하여금 다른 사람(또한 약간의 예외가 있었다)에게 평화를 위한 보증을 세울 것을 요구하도록 요청할 수 있었다. 이러한 불만을 가진 자는 자신이 두려워하는 불만 대상으로부터의 위해를 두려워한다고 맹세해야 했다. 이러한 두려움은 예를 들어 구타를 제안하거나 위협한다든지 무기를 소지한다든지 또는 지나치게 많은 신하들이나 수행원들을 가지고 있다든지 하는 적대적 또는 위협적인 행위들에서 나온 것일 수도 있다. 게다가 그 두려움은 환경이나 세상의 평가에서 나온 것일 수도 있다. 예를 들면 한 사람이 부상을 당했으면 치안 판사는 상처가 치유되고 앙심이 사라질 때까지 보증을 요구할 것이다. 치안 판사가 그 두려움이 타당하다고 여기면 그는 구두로 같은 당사자에게 평화의 보증을 세우도록 명할 수 있다. 같은 책, pp. 158, 161, 163-165, Dershowitz, "Origins" 인용문 중, p. 21.

58 같은 책, p. 165. 이러한 오래된 법률들은 현재의 보호 명령, 위협적인 사람들에 대한 금지 명령, 스토킹법의 전신이었다. 돌턴은 보증을 이행하지 않은 사람을 얼마나 오랫동안 감옥에 구금할 수 있는지에 대해서는 확실히 언급하지 않았다. 하지만 그는 석방을 명령해야 하는 일정한 상황에 대해서는 상술했다. 즉 그를 상대로 치안을 요구했던 사람이 죽게 되거나 또는 그가 치안을 해제하거나 …… 그런 죽음이나 해제 후 그 사람을 계속 수감해야 할 이유가 없어 보일 때가 해당된다. 같은 책, p. 167. 하지만 보증의 요구를 자극했던 두려움을 제거하거나 경감시킨 사건이 없으면 위험이 계속되는 한 석방하지 않았을 것을 암시하는 듯하다. 실제로는 구금 기간에 대한 비공식적인, 또는 심지어 공식적인 제한이 있었을 것이다. 만족할 만한 보증금이 준비되면 불평의 대상자는 서약 보증금을 내고 풀려났다. 하지만 어떠한 실제적인 치안 방해나 위협, 또는 위협적인 침해가 발생해도 서약 보증금을 몰수했다. 같은 책, p. 177. Dershowitz, "Origins" 인용문 중, p. 22.

59 같은 책, pp. 362-363.

60 특히 최근에 부랑자, 건달, 유랑자들에 대한 치안 판사의 사법 재판권에 대한 글이 많이 쓰였다. 이런 법들의 범죄 예방의 측면은 오직 최근에야 다시 주목을 받게 되었다. 이전에는 그들의 경제적 측면에 관심이 집중되었다(빈민구제법). 예를 들어 Ricks v. District of Columbia, 414 F.2d 1097(D.C.Cir. 1968) 참조. 두 가지 측면은 명백히 관련이 있었다.

61 Dalton, 전게서 중, p. 35, Dershowitz, "Origins" 인용문 중, p. 23.

62 같은 책, pp. 36,158.

63 같은 책, p. 65.

64 같은 책에서.

65 같은 책, p. 216, Dershowitz, "Origins" 인용문 중, pp. 23-24(강조되었음).

66 같은 책, p. 217, Dershowitz, "Origins" 인용문 중, p. 24. 불법 집회가 불온 집회로 전환되기 위해서는 명백한 행위가 분명히 요구되었다. "그들의 첫 모임 이후 어떠한 그런 행위(실행에 있어서의 의도된 목표가 있거나 말거나)의 실행을 위해 나아가거나 진행하면 그것이 불온 집회다." 불완전한 범죄에서 중대한 범죄로의 진행은 다음 문장에서 잘 설명된다. "그리고 그들이 어떠한 그런 행위를 실제로 시행한다면 그것은 폭동이다."

67 같은 책, p. 110. 치안 판사가 배심원들에 의해서, 그리고 두 명의 치안 판사 앞에서 이루어져야 하는 심리 없이 그들을 벌금형으로 처벌할 수 없었다는 사실은 의미심장하다. 하지만 단독 판사가 예방적 행위를 취하도록 권한을 부여받았다. 그 예방적 행위가 수감이나 값비싼 무기와 갑옷을 몰수하는 형식이라고 해도 마찬가지였다. 같은 책, p. 111.

68 같은 책, p. 339. '도발적 언사'의 원칙은 싸움을 일으킬 것 같은, 본래부터 폭력적인 반응을 불러일으키는 것 같은 말들은 수정헌법 1조의 보호로부터 제외했다. Chaplinsky v. New Hampshire, 315 U.S.(1942), p. 568 참조.

69 같은 책, pp. 371-372. Dershowitz, "Origins" 인용문 중, p. 25. 과거의 범죄만큼이나 미래의 위험성을 증명하는 이러한 기질에 관한 증거의 항목들 외에도 피고를 의심했던 특히 과거의 범죄와 관련된 약간의 항목들이 있다. 그것들 중에는 다음과 같은 것들이 있었다.

> 만일 그의 주변에 피가 묻어 있다면…… 또는 그의 무기에 피가 묻어 있다면…… 그가 얼굴을 붉히고, 눈을 내리깔고, 말이 없고, 벌벌 떨고 있다면, 그의 앞에서 사체의 출혈이 있다면(현재 통용되는 옛날의 미신에 따라), 그가 도망간다면…… 그가 살해된 자를 발견한 첫 번째 사람이라면…….

70 대개 과거의 중죄에 대한 유죄 판결의 형벌은 사형이었다. 따라서 절차상의, 그리고 증거 구성의 필요성이 더 요구되었던 것이 놀라운 일은 아니다.

71 Dalton, 전게서 중, p. 331. Dershowitz, "Origins" 인용문 중, p. 26.

72 W. Blackstone, 전게서 중, vol. 4, p. 352. 블랙스톤은 이 원칙의 이전의 공식화를 부연 설명하고 있었다.

73 같은 책, p. 253.

74 같은 책, p. 249.

블랙스톤은 보증을 세우게 하기 전에 과거의 범죄가 요구되지 않는다는 돌턴의 견해를 반복해서 말했다. 하지만 서약 보증금을 몰수하려 하기 이전에는 아마도 범죄가, 또는 최소한 어떤 행위가 요구되었을 것이라고 다음과 같이 제의하면서 돌턴의 견해와 빗나갔다. "하지만 실제로 절대 일어나지 않을지도 모를 새로운 의심의 원인을 겨우 제시함에 의해서가 아니다. 왜냐하면 단지 의심스러운 사람들에게 염려되는 비행에 대해 일반 대중에게 보증을 세우도록 강요하기 위해서라고는 하지만, 그런 의심에 근거해서 어떠한 실제적 범죄의 증거도 없이 서약 보증금을 몰수함으로써 그들을 처벌하는 것은 가혹할 것이다." 같은 책, p. 254; 블랙스톤은 단지 미래의 잘못이 의심되지만 보증을 세우지 못한 이유로 수감된 자에 대한 고충에 대해서는 논의하지 않았다.

75 같은 책, vol. 4, p. 248(강조되었음); 블랙스톤은 예방적 사법이 영국법에 유일하다고 말한 부분에서 틀렸다. 모든 법률 시스템은 유사한 조항들을 가졌다. 예를 들어, 1532년에 독일에서 선포되었던 법령인 캐롤라이나(Carolina)에는 최소한 두 가지의 예방적 조항들이 포함되었다. 176항은 명백한 근거에 의해 범죄와 악을 행할 것이 예상되는 사람들에 대한 구금 문제를 다루었다. 그리고 195항은 미래의 범죄적 위해와 관련된 나쁜 의도의 충분한 조짐에 관한 보증에 대비했다. John H. Langbein, *Prosecuting Crime in the Renaissance: England, Germany, France*(Cambridge: Harvard University Press,1974).

76 Blackstone, 전게서 중, vol. 4, p. 249; 더욱이 이 규정은 수많은 경우에 장래의 범죄에 대한 '그럴싸한 의심'이 사실 당사자에 의해 실제로 저질러진 범죄의 유죄 판결에 요구되는 증거의 부족에 근거했던 것 같기 때문에 최소한 실제적 문제로서 너무 가혹하다. 이 점을 상세하게 보려면 Dershowitz, "Preventive Confinement" 인용문 중, pp. 1288-1293 참조.

77 Dalton, 전게서 중, p. 331.

78 "하워드는 발진티푸스로 죽은 교도소 의사들, 그리고 물론 교도소 직원들과 그들의 친척들의 많은 사례들을 열거한다. 하워드에 의하면 그 결과는 또한 널리 알려졌고, 따라서 헌신적인 아내, 그리고 정다운 아버지의 교도소 방문을 막을 것이라는 두려움의 대상이 되었다. 하워드는 처음에는 항상 의복의 갈아입고 교도소를 시찰한 후에는 늘 목욕을 했다고 덧붙였다. 하워드에 의하면 1730년 톤턴에서는 소수의 죄수들이 재판관들, 검사, 보안관과 몇백 명의 도시 사람들을 감염시켰으며 그들 모두는

사망했다. 그리고 1750년에는 런던 시장이 그 병에 걸려 죽었다." Torsten Eriksson, *The Reformers: An Historical Survey of Pioneer Experiments in the Treament of Criminals*(New York: Elsevier,1976), pp. 34-35.

79 *Conductor Generalis, or the Office, Duty and Authority of Justice if the Peace*(revised and adapted to the United States of America, 1794), p. 346. 아래에 Conductor Generalis로 인용됨.

80 같은 책, p. 336. 1804년의 한 논문에서는 켄터키에서의 치안 판사의 권한을 설명하는데, 그들은 위험인물이 어떤 행위를 취했을 때가 아니고서는 예방적 구금을 시행할 수 없었다고 한다. 이 행위에는 상해를 가하겠다고 위협하거나 잠복해 기다리거나, 맹렬한 말다툼을 벌이거나 보기 드문 무기들을 소지하고 돌아다니는 것 등이 포함된다.

81 19세기 중반이 될 때까지는 몇몇 동부의 도시들에서는 직접적인 예방적 조치들을 취할 과업을 부여받은, 잘 발달되어 있고 보수도 많은 경찰서들이 있었다. 1837년 자치 도시의 경찰대 조직의 변화가 공표되었을 때 보스턴 시장 새뮤얼 엘리엇은 새로운 직원들은 사례금이나 다른 특권을 기대할 수 없고 고정급으로 하루에 2달러를 지급받을 것이라고 말했다. 그들은 야경꾼들과는 달리 주간에 풀타임으로 일했다. 그리 명확하지는 않지만 가장 중요한 사실은 그들이 '예방적 경찰대'가 되었다는 것이다. Roger Lane, *Policing the City: Boston 1822~1885*(Cambridge: Harvard University Press,1967), p. 35.

같은 시기에 중서부 지방에 있던, 정착은 되었지만 아직 시골이었던 지역들에서 치안 판사는 주요 범죄 예방 관리였다. 하지만 이때까지의 치안 판사들은 대개 불평이 접수되고서야 행동을 취했고 그 권한은 오래전부터 수립되었던 법원 시스템에 의해 제한되었다. Merle Curti, *The Making of American Community: A Case Study of Democracy in a Frontier County*(Stanford: Stanford University Press,1959), pp. 305-306. 변경 지대 가장자리의 지방 보안관들은 예방적 구금이든 예방적 처형이든 어떠한 행위도 취할 수 있는 비교적 완벽한 자치권을 가졌다. 서부 변경의 한 사학자는 다음과 같을 글을 썼다.

> 어떤 사람이 잘못을 저지르면 당신을 그를 벌하십시오. 벌은 어떠한 형태를 취하든 당신이 생각하기에 그를 바로잡을 수 있다고 생각하면 됩니다. 살해도 허용될 수 있는 벌의 한 가지 형태입니다. …… 물론 문제 해결의 방법이 극단적으로 변경된 한 가지 이유는 감옥이 부족하다는 물질적 이유 때문입니다. 당신이 있을 공간도 충분치 않은데 그를 어디에 두겠습니까? 이 문제를 깔끔하고 경제적으로 해결하기 위해서는 그를 죽여야 합니다. 이것은 아마도 그를 나무에 묶어서 굶어죽거나 벌에 쏘여 죽게 하는 것을 뜻할 것입니다. 만일 그가 정말 비열했다면 그를 생가죽으로 싸서 태양이 그 가죽을 서서히 오그라들게 만들어 그를 점점 질식시키는 것도

좋을 것입니다. …… 진실로 처형하는 것이 정당화될 것 같지 않은 범죄를 저지른 자에 대해서는 어떻게 할 것입니까? 당신의 의심을 억누르고 어쨌든 그를 처형하거나 아니면 놓아주십시오.

Joe B.Frantz, "The Frontier Tradition: An Invitation to Violence" in *Violence in America: Historical and Comparative Perspectives,* ed. Hugh Graham and Ted Gurr(New York: Bantom, 1969), p. 130.

82 정신이상자들은 사형감이 아닌 범죄의 초범들처럼 두 가지의 일반적인 범주, 즉 제3자들과 소속된 자들로 분리되었다. 제3자들은 지역 사회에서 제외된 반면, 소속된 자들은 그곳의 보살핌을 받았다. 식민지 시대의 마을 사람들에게 있어서 정신이상은 무능력과 전혀 다를 바가 없었다. 즉 자기 자신을 부양하지 못하는 그 희생자들은 가난한 자들이나 마찬가지였다. David J. Rothman, *The Discovery of Asylum: Social Order and Disorder in the New Republic*(New York: Walter de Gruyter, 2002), p. 4. 따라서 일부 의회가 정신이상자 같은 특별한 사람들에 대한 법을 통과시켰지만, 대부분의 식민지들은 정신이상자들을 다른 여러 가지 부랑자와 궁핍한 자들과 마찬가지로 다루었다. 같은 책, pp. 4, 23. 그들의 의존증의 원인이(그것이 정신병이든 육체적 질병이든 빈곤이든) 무엇인지는 중요하지 않았다. 다시 말해 의존증의 원인이 무엇이든 간에, 그것에 의해 그들은 되도록이면 제외되어야 하는 바람직하지 못한 제3자가 되거나 또는 값비싼 부담이 되었다.

일찌감치 많은 식민지들은 누구든 자신을 돌볼 수 없을 정도로 선천적으로 지능이 떨어지는데다가 돌보아줄 가족과 재산이 없는 경우에, 마을에서 그를 구조하기 위해 부양을 규정하는 법을 제정했다. 같은 책, p. 4. '구조'는 펜실베이니아에서 아마도 최초로 정신이상자들을 다룬 기록된 사건으로 설명된 것과 같이 급조된 보호시설의 설립을 위한 기금 마련의 형태로 나타났다. 1676년에 결정된 그 사건은 다음과 같았다. "암스랜드의 잔 보렐리센은 법원을 상대로 자신의 아들 에릭이 자연적 감각이 없고 정신이상이지만 자신은 가난하기 때문에 아들을 부양할 능력이 없다고 호소했다. 법원은 암스랜드에 그 정신이상자를 수용할 작은 수용시설을 짓기 위해 몇 사람을 고용하도록 명했다." Albert Deutsch, *The Mentally Ill in America: A History of Their Care and Treatment from Colonical Times*(New York: Columbia University Press, 1962), p. 42. 다른 경우들의 구조는 단지 마을의 연방 보안관이 교회로부터 일주일마다 원조를 받아 '수감되어 있는 위험스러운 정신이상자'가 회복될 때까지 그에게 식량을 제공하라는 명령이었다. 같은 책, p. 42.

초기의 일부 기록들에는 자비로움이 반영되었음에도 불구하고, 식민지들에서 정신이상자들을 구금한 주요 목적의 이면에는 치료도, 치료에 대한 기대도 없었다는 데는 의심의 여지가 거의 없다. 그들을 구금한 목적은 평화를 유지하기 위함이었다.

위험스러운 정신이상자들에 대한 구금의 예방적 특성과 그것의 다른 예방적 조치들과의 관계가 1788년 2월 9일 뉴욕 법령에서 강력하게 시사되는데, 아마도 이는 정신병, 가난, 그리고 사소한 범죄 행위에 대한 지역사회의 대응에 대해 규제하는 최초의 체계적인 입법 노력일 것이다. Laws of New York 1778-1792, chapter 31§6(2 Greenleaf), pp. 52-54. 그 법령은 '난폭한 것으로 생각되고 판단될' 행위가 아닌 사람들의 부류를 설명하면서 시작했다. 그것의 예방적인 초점은 첫 번째로 언급된 사람들에 의해 설명된다. 즉 '도망해 아내와 아이들을 마을이나 도시에 맡기겠다고 위협했던 모든 사람들'을 말한다. 두 번째 범주는 역시 성질상 예방적이었던 이주, 추방, 그리고 경고성 법률들의 시행으로 각자 합법적으로 이동되었던 곳으로부터 불법적으로 마을이나 도시로 돌아올 모든 사람들을 포함했다. 나머지 범주는 전형적으로 부랑자와 난폭자 법령의 대상인 자들을 포함했다. 즉 이집 저집 돌아다니는 게으른 자들, 곡예사들과 점을 치는 척하는 사람들, 창녀들, 그리고 마지막으로 사방으로 떠돌아다니며 자신을 잘 돌보지 못하는 사람들을 포함했다. 법령의 다음 섹션은 그런 사람들을 구금할 장소(감옥, 유치장 또는 교정 시설), 구금 기간(6개월을 초과하지 말 것), 그리고 완강하게 반항하는 죄수들의 비행을 바로잡기 위해 집행될 수 있는 형벌에 대해 구체적으로 설명했다(태형).

'극단적으로 미친'자들을 다루었던 법령의 여섯 번째 섹션에는 다음과 같이 표명되었다.

> 그런데 간혹은 정신이상이나 어떤 다른 원인에 의해 극단적으로 미치거나 정신 상태가 매우 난폭해서 돌아다니는 것을 허락하기가 위험스러울 사람들이 있다. 따라서 그런 정신이상자나 미친 사람을 발견하면 두세 명의 치안 판사가 서명 날인한 영장에 의해 도시나 마을의 빈민들을 다루는 경찰관들과 감독관들에게 그들을 보내거나, 그들 중 일부를 체포해 도시 내의 어떤 안전한 장소에 감금시키는 것은 합법적일 것이다. 그리고 만일 재판관들이 그곳에서 그들에게 사슬을 멜 필요가 있다고 판단하고 그런 사람들을 수용한 법적인 장소가 그 도시나 군에 남아 있지 않다면, 그들은 빈민들과 관련된 법에 지시된 방법대로 자신들이 최근 거주했던 곳으로 보내져서 그곳에서 감금되거나 사슬로 묶일 것이다. 이 법령은 그런 정신이상자들을 다루거나 그들에 관여하는 재판소장의 권능을 제한하거나 약화시키지 않을 것이다. 또는 그런 정신이상자들의 친구나 친족들이 스스로 그들을 돌보거나 보호하는 행위를 금지하거나 방해하지는 않을 것이다.

Laws of New York 1778-1792, chapter 31§6(2 Greenleaf), pp. 52-54.

그 섹션은 또한 식민지 시대부터 19세기가 될 때까지의 위험스러운 정신이상자들을 다루었던 역사에 대해 간략하게 요약했다. 그것의 초점은 돌아다니는 것을 허락하기가 위험한 '극단적으로 미친' 사람들에 맞추어졌다. 치안을 방해하는 자들에 대한 광범위한 사법권을 가졌던 치안 판사들에게는 위험스럽게 미친 사람들을 '어떤 안전한 장소'에 감금할 수 있는 권한이 주어졌는데 이런 목적을 수행하기 위한 특정한 건물들이 할당되지는 않았다. 그들에게는 또한 수감자들을 사슬로 매도록 명령할 수 있는 권한이 주어졌다. 만일 그가 제3자라면 빈민구호법 대상자들과 마찬가지로 최근 거주하던 곳으로 보내야 했다. 마지막으로 정신이상자들을 다루는 대체 수단들(재판소장으로 하여금 후견인을 지정하게 하거나 가족들로 하여금 자신들의 불행한 가족 구성원을 돌보도록 하는)이 법령에 의해 구체적으로 확인되었다. 같은 책에서.

따라서 정신이상자들을 감금하는 것은 전형적인 예방적 구금의 사례였다. 그러한 구금의 기능은 위험스럽거나 사회를 교란시킬 것으로 예상되는 행위가 발생하는 것을 예방하는 것이었다. 구금의 어떤 긍정적인 면도 기대되지 않았다. 그것은 단지 존재 자체가 지역사회에 위험스럽거나 용인할 수 없다고 생각되는 사람들을 제거하는 데 (또는 고립시키는 데) 필요하고 편리한 방법으로 간주되었다. 그것은 일종의 내부적인 추방이었다. 그리고 예방적 구금의 목적은 단지 정상적인 사람들과 불안한 정신장애가 있는 사람들 사이에 벽을 쌓고 그들을 완전히 분리시키는 것이었다.

다른 치안의 방해자들, 빈민들, 경범죄인들, 부랑자들, 유랑인들, 그리고 전염병을 가진 자들을 배척하기 위한 비슷한 벽들이 세워졌다. 이런 각각의 경우에 무능력의 잠재하는 원인을 다루기 위한 노력들이 있었을지라도 그것들은 불충분했으며, 고립을 통한 예방의 주요한 목적에 부수적으로 일어났다. 그것을 야기한 특별한 환경이 아닌 무능력이라는 사실 자체가 지역사회로 하여금 불행한 사람들을 고립시키도록 이끌었다. 마찬가지로 후견인의 기능은 더할 것도 없고 덜할 것도 없이 후견에 머물렀다.

현재의 정신이상자들의 구금에 관한 토론에서 종종 간과되는 것은 영국과 미국 모두에서의 치료와는 거의 관계가 없는 그것의 역사적 유래다. 정신이상자에 대한 구금은 현대 정신의학의 발달에 앞섰다. 즉 정신이상자 보호시설이 정신과 의사가 있기 이전에 있었다. 실제로 정신이상자들에 대한 감금을 허용하는 잭소니언 이전의 법령들에서는 대개 의사들이 전문가 증인으로서 또는 보호시설의 후견인으로서 언급되지 않았으며, 동시대의 기록들은 사실 두 가지 모두의 목적으로 의사들에게 의존하지 않았다는 것을 입증한다. 그들은 정기적으로 정신병에 대한 변호 사건에 이용되지도 않았다. 빈민들, 유랑민들, 그리고 경범죄인들과 마찬가지로 정신이상자들은 그들이 가지고 있던 질병 때문이 아니라 그들이 행한 행동과 그들이 저지를 것으로 예상되는(예언한다는 개념은 후 세대에 사용되었다) 행동 때문에 구금되었다. 의사나 어떠한 다른 종류의 전문가에게 어떤 사람들이 구금될 필요가 있는지를 지역사회에 알릴 것을 요구하지 않았다.

정신이상자들에 대한 구금을 규제하는 법률들은 다른 예방적 법률들과 마찬가지로 19세기 중반이 될 때까지는 체계적으로 정비가 되지 않고 비공식적이었다. 공식적인 형사사법 시스템에서 중요한 것으로 간주되었던 법률의 형식들(배심원에 의한 재판, 엄격한 증거의 법칙, 구체적인 기소, 신중하게 정의된 기준)이 치안 판사들에게 위임되었던 사실상 속박받지 않는 결정권으로 대체되었다. 이 법령들에는 예들 들어 '그들이 편리하다고 생각하면' 그리고 '그들이 필요성을 발견하면'이라는 실효성 있는 구절들이 쓰였다. 여전히 그런 규제되지 않은 결정권의 존재가 일으키는 자유에 대한 위협은 보이는 것처럼 그렇게 크지는 않았다. 왜냐하면 대개의 경우 치안 판사의 사법권은 공식적인 재판 없이 부과될 수 있는 벌금의 양이나 구금 기간에 국한되었기 때문이다.

하지만 정신이상자들과 관련해서는 그들의 구금 기간에 주어진 명시된 제재적 한계가 없었다.

83 정신이상의 이유로 석방된 피고인들을 구금하는 것 또한 유죄 선고를 할 수 없는 과거의 범죄자를 붙잡는 한 가지 방법이다(현대에는 성적 정신질병과 정신장애자 범죄 법령들이 종종 증거의 구성 요소를 충분히 갖추지 못하거나 그런 비슷한 이유로 유죄 선고를 할 수 없는 알려진 범죄자들에 대해 이용되는 것이 분명하다).

84 하지만 이 풍선 효과는 다른 사회적 원동력과 떨어져서는 작동하지 않는다. 예를 들어 보호시설의 빈자리는 실제적인 구금의 필요성이 줄어들었어도 대개 채워질 것이라는 사실이 잘 인지되어 있다. 따라서 19세기 미국에 큰 보호시설과 교드소들이 세워진 후, 그들의 과장된 약속들이 겉치레뿐이라는 사실이 밝혀진 후에도 그곳들은 여전히 수감된 사람들로 가득 차 있었다. 물론 양쪽 규칙들의 예외들도 있다.

85 이러한 이슈들을 다루는 사법상 노력의 한 가지 예는 바젤론(Bazelon) 판사의 다음 견해에서 찾아볼 수 있다. Cross v. Harris, 418 F.2d 1095(D.C. Cir. 1969). 또한 Park v. Municipal Judge,427 p. 2d 642,645(Nev.1969) 참조.

86 Introduction to Saleilles, 전게서 중, p. xi.

87 우리는 이 은유법들을 따르기 위해 1파운드의 예방이(인간의 구속이나 다른 자유의 침해로 측정된) 1온스(또는 1 파운드, 또는 1톤)의 치료(인간의 생명으로 측정된)의 가치가 있는지, 또는 한 땀을 구하기 위해 아홉 바늘을 꿰맬 가치가 있는지에 대한 문제들을 제기하지 않았다.

제2장 | 예방적 군사 행동: 정확한 습격에서 전면전까지

1 Gareth, Evans, "When Is It Right to Fight?" *Survival*, vol. 46, no.3 (summer 2004), p. 65.

2 이 성서의 일화에 대한 토론에 관해서는 Alan M. Dershowitz, *The Genesis of Justice: Ten Stories of Biblical Injustice That Led to the Ten Commandments and Modern Law*(New York: Warner, 2000), pp. 147-164 참조.

3 대개 치명적인 완력을 선제적으로 사용하는 것을 허용하지 않는 정당방위에 관한 미국의 국내법에서조차 개인에게 상대방이 실제로 먼저 공격을 할 때까지 기다릴 것을 요구하지 않는다. Model Panel Code 참조: "다른 사람에 대해 완력을 사용하

는 것은, 위험에 당면한 경우에 그 행위자가 다른 사람에 의한 불법적인 완력의 사용에 맞서서 자신을 보호하기 위한 목적으로 그런 행위를 취하는 것이 즉시 필요하다고 믿으면 정당화된다." Model Panel Code § 3.04(1).

4 최소한 일부 논평자들에 의하면 다른 예방적 공격들은 야곱의 아들들인 시므온과 레위에 의한 세겜(Shechem) 씨족에 대한 대량 학살을 포함한다. 이 《창세기》(34장) 본문은 그 살해를 야곱의 딸을 범한 것에 대한 복수로서 설명하지만, 성서 영웅들의 행위를 옹호하는 데 열심인 일부 논평자들은 세겜 씨족은 야곱의 가족들에 대한 공격을 계획하고 있었던 것으로 간주되었다고 주장한다. 성경에 나오는 예방적 행위에 관한 또 다른 더 개화된 예는, 실수로 사람을 죽인 자가 자신을 죽이려는, 원수를 갚으려는 자를 막기 위해 들어갈 수 있도록 피난자들을 위한 도시를 건설하라는 명령이다. 《민수기》 35 : 9-34 참조.

5 하만이 왕에게 유대인들은 그의 법에 복종하지 않았다고 경고했고, 따라서 그에게 위험해 보일 수 있었기 때문에 유대인들을 죽이려던 계획 또한 예방적일 수 있다.

6 유대인들은 하만의 아들 열 명을 포함한 500명을 죽이고 멸망시켰다. 유대인들은 모두 합쳐서 7만 5,000명 이상의 사람을 죽였지만 약탈을 하지는 않았다. 이런 이유로 유대인들은 퓨림제Purim-하만에 의한 유대인 학살을 모면한 것에 대한 기념제-옮긴이를 유대인들이 자신들의 적들로부터 풀려난 시기로서 축하한다. 모르드개는 자신의 민족의 이익을 위해 일했고 유대인들의 복리를 위해 용기 내어 말했기 때문에 역사의 도처에서 기억되었다. 《에스델》 3:8, 3:13, 8:8, 8:11, 9:1, 9:2, 9:4, 9:5,

7 그들은 신의 칭찬을 받지 못했는데, 이 이야기에서는 신이 언급되지 않기 때문이다. 실제로 이 부분은 유대교 성경에서 유일하게 신이 전혀 언급되지 않은 곳이다. 하지만 그것을 성경에 포함한 것은 영웅들인 모르드개와 에스델의 행위들을 허용한 것으로 해석되었다. 이야기에서 신이 등장하지 않기 때문에 에스델은 일부의 세속적인 유대인 민족주의자들과 유대인들의 정당방위 옹호자들의 '성서'가 되었다.

8 Edward Gibbon, *The Decline and Fall of the Roman Empire*(New York: Modern Library, 2005), pp. 587-588.

9 마키아벨리는 초기 개입의 패러독스를 잘 이해했다. 즉 개입이 이를수록 양성 오류의 가능성이 높고, 개입이 늦을수록 음성 오류의 가능성이 높다는 것이다. Niccolo Machiavelli, *The Prince*, ed. and tr. David Woottan(Indianapolis/Cambridge: Hacket Publishing Co., 1995).

10 같은 책, p. 11.

11 Ken Adelman, "Six Degrees of Preemption" *Washington Post*, Sep. 29, 2002, p. B2에서 인용.

12 John Dryden, *Absalom and Achitopel*(London: J.T.& W. Davis, 1682), William C. Bradford, "The Duty to Defend Them': A Natural Law Justification for the

Bush Doctrine of Preventive War" *Notre Dame Law Review*, vol. 79(2004), p. 1372 에서 인용. 브래드포드 교수의 글을 인정하고 싶은데, 나는 그 안에서 내 책에서 인용한 몇 가지 인용문들을 발견했다. 나는 자연법에의 접근에 찬동하지는 않지만 그의 분석과 연구는 유용하고 통찰력이 있다.

13 John Locke, *Two Treaties of Government*(Cambridge: Cambridge University Press, 1988), p. 274, Bradford, 전게서 중, p. 1431에서 인용.

14 Hugo Grotius, De Jure Belli ac Pacis Libri Tres, tr. Francis W. Kelsey, vol. 2, *The Classics of International Law*, ed. James Brown Scott(Oxford: Oxford University Press, 1925), p. 176, Bradford, 전게서 중, p. 1433에서 인용.

15 Samuel von Pufendorf, *De officio hominis et civis juxta legem naturalem libri duo*, tr. Frank Gardener(Oxford: Oxford University Press, 1927), p. 32, Bradford, 전게서 중, pp. 1433-1434에서 인용.

16 Alan M. Dershowitz, *Why Terrorism Works, Understanding the Threat, Responding to the Challenge*(New Haven: Yale University Press, 2002), pp. 155-157.

17 Thomas Hobbes, *Leviathan*, ch.XXI 참조.

18 John Curtis Perry, *The Flight of the Romanovs*(New York: Basic Books, 1999), p. 21.

19 비슷한 내용이 소포클레스의 오이디푸스 왕 이야기에도 나오는데, 오이디푸스의 아버지는 사도로부터 자신의 아들이 자신을 죽일 것이라는 이야기를 듣는다.

20 Ruth Wedgwood, "Six Degrees of Preemption" *Washington Post*, Sep. 29, 2002, p. B2에서 인용.

21 Winston Churchill, *The Gathring Storm*(Boston: Houghton Mifflin, 1948), pp. 15-16, 244-249 참조. 또한 William L.Shirer, *The Rise and Fall of the Third Reich: A History of Nazi Germany*(New York: Touchstone, 1990), pp. 297-300 참조.

22 Paul Johnson, *Modern Times: The World from the Twenties to the Eighties*(New York: Perennial, 1983), p. 341 인용.

23 Shirer, 전게서 중, pp. 299-300 참조:

> 영국과 프랑스는 경고를 들었지만 히틀러가 독일을 재무장하고 라인 지방을 재점령함으로써 평화 조약을 위반하는 것을 막기 위해 손가락 하나 까딱하지 않았다. 그들은 아비시니아(에티오피아의 옛 이름)에서 무솔리니를 막을 수 없었다. 그리고 1937년에 접어들자 그들은 독일과 이탈리아가 스페인 시민전쟁의 결과를 확정지으려는 것을 막아보려는 쓸데없는 제스처로 인해 초라해 보였다. 이탈리아와 독일이 스페인에서 프랑코의 승리를 보증하기 위해 무엇을 하고 있는지는 누구나 알았다. 하지만 런던과 파리에서는 스페인 문제에 개입하지 않는 것을 확실하게 하기 위해 베를린과 로마와 수년간 무의미한 외교적 협상을 지속했다. 그것은 독일의 독

재자를 즐겁게 만들고 비틀거리는 프랑스와 영국의 정치 지도자들에 대한 그의 업신여김을 확실히 증대시킨 스포츠였다. 그는 곧 다시 서방의 두 민주 국가를 매우 업신여기면서 한 역사적 행사에서 그들을 '작은 벌레들'이라고 칭하기까지 했다. 영국과 프랑스, 그들의 정부와 국민들도, 대다수 독일 국민들도 1937년에 접어들 때까지는 히틀러가 자신의 집권 초기 4년간 행한 거의 모든 것이 전쟁 준비라는 것을 알아차리지 못한 것 같았다.

24 사학자 찰스 A. 비어드(Charles A. Beard)는 루스벨트가 외국으로 하여금 전쟁을 일으키는 총격을 하도록 하는 책략으로서 외교 문제(일본과 독일에 대한 전쟁을 선포하기 이전에)를 지휘했다고 믿었다. Leonard Baker, *Roosevelt and Pearl Harbor*(New York: Macmillan, 1970), p. vii에서 인용.

25 Robert Stinnett, *Day of Deceit: The Truth about FDR and Pearl Harbor*(New York: Touchstone, 2000) 참조.

26 20세기 미국 국가 안보 수립 전문가이자 템플 대학 역사학과 강사인 데이비드 앨런 로센버그(David Alan Rosenberg)는 그런 예방적 공격에 대한 PBS와의 인터뷰에서 다음과 같은 논평을 했다.

> 1949년 8월에 소비에트 연방이 원자폭탄을 폭발시킨다. 그것이 9월에 세상에 노출된다. 1950년 봄과 여름에 합동참모총장이 추가적인 표적 범주를 일부 고려한다. 그리고 1950년 8월, 합동참모총장이 전략 공군 사령부에 미국과 그 우방국들에 맞서 소비에트의 핵무기를 운반할 수 있는 능력을 목표로 시작하라는 명령을 내린다. 그리고 최소한 미국 측에서 보면 이것이 미국과 소비에트 연방 사이를 핵무기 경쟁으로 몰아가는 중요한 역할을 하는 것들 중 하나다. 그것이 정당한 상황에서 소비에트 연방을 상대로 첫 공격의 무장 해제에 착수할 수 있는 필요 조건이다. 소비에트의 핵무기 능력에 맞선 예방적 전쟁이 아닌 선제적 공격이다.

"Race for the Superbomb" 데이비드 앨런 로젠버그와의 인터뷰 필기록; http://www.pbs.org/wgbh/amex/bomb/filmmore/reference/interview/rosenberg02.html에서 확인 가능.

《핵무기 전략의 진화 (The Evolution of Nuclear Srategy)》에서 로런스 프리드먼(Lawrence Freedman) 역시 예방적 공격을 둘러싼 토론에서 다음과 같이 논한다.

> 1954년, 소비에트 핵무기 시설에 대한 공격의 실행 가능성이 보고되어 국가 안보위원회 수위에서 토론되었다. 관리들 사이에서 때때로 감정은 간파되었지만 예방적 전쟁에 대한 대중의 옹호를 독려하지는 않았다. 그것은 소수 의견이었다. 시기적으로 적절하다고 생각된다면 소비에트 연방이 미국의 갑작스러운 정당한 이유 없는 공격의 착수에 대해 거의 두려움을 가지지 않을 것이라고 일반적으로 느껴졌지만, 똑같이 일반적으로 우세한 도덕성과 헌법 규정을 가진 미국이 그런 행위를 하는 것은 상당히 어울리지 않을 것이라고 생각되었다. 대신에 다른 대안이 더 심

각하게 받아들여졌다. 그것은 바로 선제적 전쟁이었다. 예방적 전쟁을 옹호한 것은 군사상 균형에서의 역사적인 힘의 방향 전환에 대한 염려 때문이었다. 어떤 순간이라도 그러한 전환이 완성되기 이전이 공격에 유리할 것이다. 따라서 그러한 전환이 완성된 이후에는 당연히 불리할 것이다. 반면에 선제적 공격은 특정한 상황에 한정되어 있었는데, 대개는 역사적인 힘의 방향 전환이 완성된 이후, 소비에트의 공격이 임박하다고 믿을 만한 확실한 증거가 있을 때에 일어나는 것을 말한 것 같다. 두 번째 차이점도 첫 번째 차이점으로부터 나온다. 예방적 전쟁은 직접적인 전략적 우위에 근거할 것이지만 선제적 공격은 동등한 힘을 가진 적군에 대한 모든 가능성에 있어서 착수될 것이다.

Lawrence Freedman, *The Evolution of Nuclear Strategy*(Hampshire, U.K.: Palgrove Macmillan 2003), pp. 119-120.

발생기에 있는 중국의 군사적 핵시설들에 대한 선제공격 또한 고려되었다.

1963년, 당시 합동참모총장이었던 맥스웰 테일러(Maxwell Taylor) 장군은 비정규전 프로그램(Bravo-Unconventional Warfare Program)을 계획했다. 그것은 미국이 중국의 북중부에 있는 무기 제조 공장에 대한 비밀 공격에 착수함으로써 인민 공화국이 핵무기를 만드는 것을 막을 것을 요구했다. 그 공격은 핵무기가 아닌 폭탄 작전 또는 100명의 중국 민족주의자로 구성된 사보타주 팀이 수행하려고 했다. 그 계획은 국무부의 설득으로 거부되었다. 결국 중국은 핵무기 프로그램을 계속 진행해 1964년 자신들의 롭 노르 시험장에서 첫 번째 장치를 폭발시켰다.

Jim Wilson, "Greatest Secrets of the Cold War" *Popular Mechanics*(April 1, 1998).

27 Franklin Delano Roosevelt, Fireside Chat(Sep. 11, 1941), Robert Debs Heinl, Jr.,ed., *Dictionary of Military and Navel Quotations*(Annapolis: United States Naval Institute Press, 1966), p. 247에서 인용, Bradford, 전게서 중, p. 1440에서 인용.

28 John Lewis Gaddis, *We Know Now: Rethinking Cold War History*(Oxford: Oxford University Press, 1997), pp. 98, 103 참조.

29 나는 어렸을 때 핵무기 공격이 가능하다고 분명하게 믿었다. 우리는 피신하고 숨는 훈련에 참여했다. 어떤 사람들은 피난처를 짓기까지 했다.

30 Robert F. Kennedy, *Thirteen Days: A Memoir of the Cuban Missile Crisis*(New York: Norton, 1999), pp. 82-83, 그리고 Max Frankel, *High Noon in the Cold War: Kennedy, Khrushchev, and the Cuban Missile Crisis*(New York: Presidio, 2004), pp. 133-138 참조. 어떤 사람들은 해군의 봉쇄가 공격 행위로 여겨지기 때문에 미국이 사실상 그리고 법적으로 선제적 공격을 일으켰다고 주장한다. Maw Boot, "The Bush Doctrine Lives" *Weekly Standard*, Feb. 16, 2004 참조. 미국의 1965년의 도미니카 공화국 침략과 1983년의 그라나다 침공은 1973년의 살바도르 아옌

데(Salvador Allende)의 죽음 때 그랬던 것처럼 성격상 예방적인 것으로 정상화시키려고 노력되었다. Charles Mohr, "President Sends Marines to Rescue Citizens of U.S. from Dominican Fighting" *New York Times*, April 29, 1965, p. 1; Michael Powell, "How America Picks Its Fight" *Washington Post*, March 25, 2003, p.C1, 그리고 Neil A. Lewis, "Delight over Coup Is Evident in Transcripts" *New York Times*, May 28,2004, p. A17 참조.

31 Christopher Torchia, "S. Korean: U.S. Weighed Attack on North" *Associated Press*, Jan. 18, 2003 참조.

32 Jacqueline Cabasso and John Burroughs, "Lessons of Hiroshima: A Response to Kristof" *Lawyer's Committee on Nuclear Policy*, (August 8, 2003).

33 "Legality of the Threat or Use of Nuclear Weapons: Advisory Opinion of July 8, 1996" ICJ Reports 1996, General List No.95, 67단락.

34 같은 글, 97단락.

35 같은 글, §(2)(D).

36 International Committee of the Red Cross, "Basic Rules of the Geneva Conventions and Their Additional Protocols" summary, 1988 참조.

37 찬성했던 7명의 판사들은 알제리, 독일, 헝가리, 마다가스카르, 중국, 러시아, 그리고 이탈리아 출신이었다. 반대했던 7명의 판사들은 시에라리온, 영국, 미국, 일본, 프랑스, 가이아나, 그리고 스리랑카 출신이었다. "The Judges of the I.C.J.(1996-2000)," World Court Digest 참조.

38 "Legality of the Threat or Use of Nuclear Weapons" 인용문 중, §(2)(E).

39 "Legality of the Threat or Use of Nuclear Weapons: Advisory Opinion of July 8, 1996, Dissenting Opinion of Vice-President Schwebel."

40 같은 글에서.

41 같은 글에서.

42 '도발적인 보복'은 '그렇지 않으면 불법이겠지만 적의 불법적인 행위에 대한 반응으로서 정당화되는 행위를 구성하는 무력 충돌의 법률하의 시행조치'라고 정의된다. 보복을 하는 유일한 목적은 적으로 하여금 불법적인 행위를 중단하고 무력 충돌의 법을 따르도록 유도하는 것이다. 보복은 적의 무장군, 점령된 영토 내의 민간인들을 제외한 적국의 민간인들, 그리고 적군의 재산에 대해 취할 수 있다. *U.S. Navy, The Commande's Handbook on the Law of Naval Operations*(Norfolk: Department of Navy,1995), §6.2.3; 정의 자체가 말하듯이 도발적인 보복 행위의 일부로서 적국의 민간인들에 대해 완력을 사용하는 것을 허용하는 것은, 그렇지 않으면 불법일 것이며 민간인들을 표적으로 하는 행위의 일반적인 금지와 충돌할 것이다.

제3장 | 아랍과 이스라엘 간의 전쟁에서 선제공격의 의미

1 제5장 참조.

2 Michael Walzer, *Just and Unjust Wars*(New York: Basic Books, 2000) 참조.

3 나는 1970년 이래 이스라엘의 선제공격에 대한 접근에 관해 연구했는데, 당시 나는 헤브루 대학에서 테러리스트 용의자들에 대한 행정상 (또는 예방적) 구금에 대한 연구를 하고 글을 쓰면서 몇 주를 보냈다. 또한 2003년 12월, 2004년 1월, 2005년 6월의 방문 동안에 테러리스트 지도자의 표적 살해를 연구했다.

4 이스라엘의 적들 중 일부에게 군사적 패배는 정치적 승리를 만들어낼 수 있다. Abraham Rabinovich, *The Yom Kippur War: The Epic Encounter that Transformed the Middle East*(New York: Schocken, 2004), p. 507 참조.

5 Alan Dershowitz, *The Case for Peace: How the Arab-Israeli Conflict Can Be Resolved*(Hoboken: Wiley, 2005), pp. 91, 115-116, 143-148 참조.

6 William C. Bradford, "The Duty to Defend Them: A Natural Law Justification for the Bush Doctrine of Preventive War" *Notre Dame Law Review*, vol. 79(2004), p. 1469.

7 "Remarks by the Honorable Dean Acheson" *American Society of International Law Preceedings*, vol. 57(1963), pp. 13,14, 같은 책에서 인용, p. 1470.

8 Dershowitz, 전게서 중, pp. 102-104.

9 Alan Dershowitz, *The Case for Israel*(Hoboken: Wiley, 2003), p. 187에서 인용.

10 이스라엘은 종종 선제적 행위들을 은폐하기 위한 수단으로서 보복을 이용한다. 1972년 9월에 9명의 이스라엘 올림픽 운동선수들이 살해된 이후 골다 메이어 총리는 올림픽에서 대량 학살을 자행했던 검은 9월단의 지도자들에 대한 암살을 승인했다. 이 암살들은 대규모의 앙갚음이었지만 또한 '억제책'으로서 역할을 하기도 했다. Ian Black and Benny Morris, *Israel's Secret Wars: A History of Israe's Intelligence Services*(New York: Grove, 1991), p. 272. 암살되었던 사람들 중 다수는 암살되지 않고 살아 있었더라면 이스라엘에 대한 더 많은 공격을 계획하고 실행했을 것이다.

11 Ahron Bregman, *Israel's Wars*, 2nd ed.(London and New York: Routledge, 2002), p. 35.

12 Black and Morris, 전게서 중, p. 128.

13 같은 책에서.

14 같은 책, p. 56.

15 이스라엘에 대한 페다이의 공습과 그것들이 촉진한 반격의 순환은 이스라엘 방위대 IDF(Israel Defense Forces)의 1956년 10월 29일에 있었던 시나이 반도 침공, 즉 수에즈 작전이라고 불리는 앵글로-프랑스-이스라엘의 이집트 동쪽 측면 공격이 주요 원

인이었다. 이스라엘이 공격을 감행했던 직접적 계기는 1955년에 있었던 이집트-체코 간의 무기 거래의 결과 크게 증대되리라고 믿어졌던 이집트의 군사 능력에 대한 두려움 때문이었다. IDF 지휘자들은 이집트에 투입되기 시작한 수십 대의 현대적인 소련산 전투기, 폭격기, 탱크, 그리고 총기들이 이스라엘에 맞선 군사 규모를 수개월 이내에 극적으로 향상시킬 것이며 생존을 위해서는 선제적 공격이 필요할 것이라고 우려했다. Black and Morris, 전게서 중, p. 126.

16 Benny Morris, *Righteous Victims: A History of the Zionist-Arab Conflict*(New York: Vintage, 2001), pp. 297-298.

17 Bregman, 전게서 중, p. 75.

18 pp. 82-83, 85 참조.

19 Dershowitz, *The Case for Israel*, 인용문 중, p. 92에서 인용.

20 Michael B. Oren, *Six Days of War: June 1967 and the Making of the Modern Middle-East*(Oxford: Oxford University Press, 2002), pp. 186-187.

21 Samir A. Mutawi, *Jordan in the 1967 War*(Cambridge: Cambridge University Press, 1987), p. 124.

22 Oren, 전게서 중, pp. 305-306 참조.

23 Warner D. Farr, "The Third Temple's Holy of Holies: Israel's Nuclear Weapon" *Counterproliferation Papers*, Future Warfare Series No.2; http://www.au.af.mil/au/awc/awcgate/cpc-pubs/farr.htm에서 확인 가능.

24 Michael Karpin, *The Bomb in the Basement*(New York: Simon & Schuster, 2006), p. 276.

25 Oren, 전게서 중, p. 82. 어떤 사람들은 뒤늦게야 이스라엘이 먼저 공격하지 않았더라면 1967년의 전쟁이 일어나지 않았을 가능성이 있다고 주장했다. 그것이 사실이라고 해도 확신할 수는 없으며, 이스라엘의 행위는 그 당시에 그들이 무엇을 알았고 합리적으로 믿었는지에 근거해서 판단되어야 한다. 이스라엘 총리 메나헴 베긴은 이스라엘이 직면했던 불확실성과 선제적 공격의 착수 동기에 대해 말했다.

> 1967년 6월, 우리에게는 다시 옵션이 있었다. 이집트 군대가 시나이에 접근했다고 해서 나세르가 정말로 우리를 공격하려고 했다는 것이 증명되는 것은 아니다. 우리는 스스로에게 정직해야 한다. 우리는 그를 공격하기로 결정했다. 이것은 가장 고매한 느낌의 용어로 정당방위 전쟁이었다. 이어서 설립된 거국일치 내각은 만장일치로 결정했다. 즉 우리가 주도권을 쥐고 적을 공격하고, 그들을 되돌려 보내고, 따라서 이스라엘과 국가의 장래의 안보를 보장하기로 했다.

"Experts from Begin Speech at National Defense College" *New York Times*, August 21, 1982, p. 6.

26 Oren, 전게서 중, p. 306: "민간인들 사이의 사상자 비율은 전투가 대개 인구 밀집

지역에서 아주 멀리 떨어진 곳에서 발생했기 때문에 현저히 낮았다."

27 같은 책, pp. 162-164.

28 Michael Walzer, *Just and Unjust Wars*(New York: Basic Books, 2000), pp. 83-86.

29 같은 책에서.

30 같은 책, p. 84.

31 Eric Hammel, Six Days in June: How Israel Won the 1969 Arab-Israeli War(Pacifica, Calif.: Pacifica Press, 2001), p. 29: "1967년 5월 13일에 나세르가 시작했던 엄포는 필연적인 전쟁이 나중보다는 곧 개시될 것이라고 보증했다."

32 예를 들어 Washington v. Hazlett, 113 N.W.(1907), pp. 371, 380-381;그리고 Washington v. Wanrow, 88 Wash.2d 221, 559 p. 2d(1977), p. 548 참조.

33 Steven J. Rosen and Martin Indyk, "The Temptation to Preempt in a Fifth Arab-Israeli War" *Orbis*(Summer 1976), p. 270.

34 Rabinovich, 전게서 중, p. 87.

35 Rosen and Indyk, 전게서 중, p. 272.

36 같은 책, p. 273. 가능한 한 전쟁의 계획 단계에서조차 선제공격은 본질적으로 논의 대상에서 제외되었다.

> 1967년의 전쟁에서의 승리로 새로운 요소들이 이스라엘의 계산법에 도입되었다. 시나이, 웨스트뱅크, 그리고 골란 하이츠의 점령은 처음으로 이스라엘에게 전략적 깊이와 이스라엘 지도자들이 방어할 수 있는 영역으로 간주했던 것들을 제공했다. 따라서 더 이상 선제공격의 군사적 필요성이 없다고 믿어졌다. 게다가 미국이 교섭에 의한 안주의 전제 조건으로 그 지역에서의 안정을 추구했기 때문에 선제공격의 정치적 비용이 상당히 높아졌다. 따라서 국방장관 모세 다얀은 이스라엘 방위대(IDF)에게 주로 선제공격이 아닌 전략에 의존하라고 명했다. 대신에 이스라엘 군대는 동원을 위한 시간을 벌기 위해 어떠한 아랍의 공격 의도에도 초기 경보에 의존했다.

같은 책, p. 270.

37 Rabinovich, 전게서 중, p. 89.

38 같은 책, p. 454. 일부는 이 평가에 의문을 제기했다. p. 304, n.50 참조.

39 제4차 중동 전쟁 동안에 모세 다얀과 다른 사람들이 이스라엘의 생존을 우려했던 시기들이 있었다. 라비노비치는 다음과 같은 글을 썼다. "이제 다얀이 느낀 것은 이스라엘의 멸망이었으며 그는 그것으로 인해 고뇌해야 했다. 그에 나중에 당시 자신이 이전에는 결코 느끼지 못했던 근심에 사로잡혔다는 글을 썼다." 같은 책, p. 218.

40 같은 책, p. 491.

41 이 손실을 비교의 관점에서 보면, 이스라엘에 19일 동안 발생한 하루 평균 사상자 수는 미국이 베트남전에서 10여 년 동안에 발생한 사상자의 거의 세 배에 달했다. 같은 책, p. 498.

42 1967년 전쟁의 이스라엘의 사상자 중 다수는 요르단 최전선에서 발생했으며 사상자 수는 이스라엘이 요르단을 상대로 선제적 행동을 취했더라면 피할 수 있었거나 줄어들었을 수도 있었을 것이다.

43 "서방의 분석가들에 의하면 아랍의 사상자 수는 사망 8,528명, 부상 19,450명인데 이스라엘은 이 숫자의 거의 두 배인 사망 15,000명, 부상 35,000명으로 추정되었다." Rabinovich, 전게서 중, p. 497.

44 Oren, 전게서 중, p. 305.

45 Rosen and Indyk, 전게서 중, p. 272.

46 그 공격은 이집트와 이스라엘 간의 평화 조약을 방해했을 수도 있고 혹은 체결이 이루어지도록 촉진했을 수도 있다. 아무도 확신할 수는 없다. 특히 군사적 역사와 관련된 역사의 우연성은 항상 수많은 추측을 남긴다.

47 Rabinovich, 전게서 중, p. 55.

48 같은 책, p. 507. 최소한 단기적으로 보았을 때 그러하다. 그는 몇 년 후에 이슬람 근본주의자들에 의해 암살되었다.

49 이 이슈는 이스라엘이 제4차 중동 전쟁이 다가올 때 1967년에 그랬던 것처럼 자신들의 예비군 전원을 소집하지도 않았다는 사실에 의해 복잡해진다. 엘라자(Elazar) 장군은 자신들이 그들을 동원했더라면 전쟁은 3일, 4일, 6일간 지속되었을 것이라고 추측했다. 같은 책, p. 489. 예비군에 의존하는 특히 이스라엘에 의한 동원은 그 자체가 선제적 전략으로 보일 수 있다(또는 최소한 선제공격과 억제가 결합된 것으로 볼 수 있다).

50 역설적이게도 전쟁 초기 워싱턴에서 있었던 정책 결정자들의 초기 회의에서 대부분의 참석자들은 이스라엘이 전쟁을 시작했다고 생각했던 것으로 밝혀졌다(아마도 1967년에 있었던 이스라엘의 선제적 행동 때문이었을 것이다). 같은 책, p. 332. 이런저런 요소들로 인해 일부 전문가들은 메이어가 미국의 반응이 두려워서 선제공격을 거부한 것은 잘못되었다는 결론을 내렸다. 이런 계통의 추론에 영향력이 있는 두 명의 역사 해설가인 에드워드 루트웍(Edward Luttwak)과 월터 래커(Walter Laqueur)는 논쟁이 되는 선제공격의 정치적 비용을 다음과 같이 헐뜯었다. "누가 먼저 방아쇠를 당겼는가 하는 도덕적 이슈는 결국 어떠한 차이점도 만들어내지 못했다. 오히려 그 반대였다. 대부분의 국가들은 차분하게 이스라엘이 공격을 한 것으로 비난했다. 분명히 미국만이 문제되었고 공격이 작전상 국면에 들어섰던 아랍군에 맞선 이스라엘의 공습이 미국의 견해에 큰 차이점을 만들어 낼 수 있었을지에 대해서는 미해결 문제로 남아 있다." Rosen and Indyk, 전게서 중, p. 275.

51 Shimon Peres, *From These Man: Seven Founders of the State of Israel*(New York: Wyndham, 1979), p. 55, Bradford, 전게서 중, p. 1457에서 인용.

52 어떻게 풍부한 정보가 이스라엘을 정보의 과신으로 이끌었을 수도 있는지에 관한

재미있는 분석을 위해서는 Efraim Halevy, "In Defense of the Intelligence Services" *Economist,* July 29, 2004 참조.

53 월저는 다음과 같이 선재하는 패러다임을 6일 전쟁에서 이스라엘이 취한 선제공격을 정당화하는 자신의 결론에 비추어 수정하려고 노력했다.

> 하지만 이스라엘의 선제공격이 정당했다고 말하는 것은 법치주의자들의 패러다임에 주요한 수정을 제안하는 것이다. 그러한 정당화는 군사적 공격이나 침략의 부재 시뿐만 아니라 그런 공격이나 침략에 착수하려는 직접적인 의도의 부재 시에도 공격을 할 수 있다는 것을 의미하기 때문이다. 일반적인 공식은 다음과 같을 것이 분명하다. 국가들은 전쟁의 위협에 대해 선제공격에 실패함으로써 자신들의 국토의 보전이나 정치적 독립에 심각한 위협을 가져올 것이 예상된다면 언제나 군사력을 사용할 수 있다. 이러한 환경하에서 그들은 싸울 수밖에 없었고 자신들이 공격의 희생자라고 분명히 말할 수 있다. 경찰의 도움을 청할 수 없기 때문에 국가들이 싸워야 하는 순간은 안정된 국내 사회의 개인들에게보다는 아마도 더 빨리 찾아올 것이다. 하지만 소설에 나오는 개척 시대의 미국 서부 지방 같은 불안정한 사회를 상상해보면 그 유추는 다시 다음과 같이 바꿔 말할 수 있다. 즉 위협을 받는 국가는 자신을 죽이거나 자신에게 해를 입히겠다는 의도를 공표한 적의 추격을 받는 개인과 같다. 분명히 그렇게 추격을 받는 사람은 할 수만 있다면 자신을 추격하는 자를 공격할 것이다. 이 공식이 허용되기는 하지만 여기에는 특별한 경우들에만 유용한 제한들이 포함된다. 예를 들어 유사하거나 유사함에 가까운 효과를 불러올 가망이 있다면 전쟁을 제외한 조치들이 전쟁 자체보다는 분명히 낫다. 하지만 어떠한 조치들을 취할 것인지, 또는 그것들을 얼마나 오랫동안 시도해야 하는지는 상황에 따라 다르다. 6일 전쟁의 경우에는 '힘의 구조의 불균형'으로 인해 다른 국가들과 군대들을 연루시키면서 충돌과는 아무런 관련성이 없을 외교적 노력을 기울이기에는 시간 제한이 있었다. '심각하게'와 같은 용어를 포함한 일반 규칙은 사람들에게 다양한 판단을 하게 한다(그렇게 하는 것이 전체적으로 적용 범위를 좁히거나 가로막으려는 법치주의자들의 패러다임의 목적이라는 것은 의심할 바가 없다). 하지만 정치 지도자들이 그런 판단을 내리고 일단 결정들이 내려지면 나머지 국민들은 한결같이 그것들을 비난하지는 않는다는 것이 우리의 도덕 생활의 현실이다. 차라리 우리는 그들의 행동에 대해 내가 설명하려고 노력한 기준들에 근거해서 무게를 재고 평가한다. 그렇게 할 때 우리는 어떤 나라도 생존을 불가하게 만드는 위협들이 있다는 사실을 인정하는 것이다. 그리고 그것을 인정하는 것이 우리가 공격을 이해하는 데 있어서 중요한 부분이다.

Walzer, 전게서 중, p. 85.

54 전 유엔 사무총장 쿠르트 발트하임은 이스라엘의 인질 구조를 '우간다의 국가 주권에 대한 심각한 위반'이라고 칭했다. Kathleen Teltsch, "U.S. Wnats U.N. to

Debate Hijacking as Well as Israel Rain" *New York Times*, July 8, 1976, p. 4.

55 20명 정도의 이스라엘인 사망자를 초래하게 될 성공적인 구조가 기대되었다. Zeev Maoz, "The Decision to Raid Entebbe: Decision Analysis Applied to Crisis Behavior" *Journal of Conflict Resolution*, vol. 25, no.4(Dec. 1981), p. 698.

56 살해된 이스라엘 군인은 후에 이스라엘 총리가 된 베냐민 네타냐후(Benjamin Netanyahu)의 형이었다. 공습 부대의 지휘자였던 그는 임무가 거의 완료되었을 무렵 저격병으로부터 총격을 받아 사망했다.

57 특히 우간다 대통령 이디 아민이 비행기 납치범들과 적극적으로 공모했으며, 개인적으로 비행기 납치 이후 병원에 실려 간 한 나이 지긋한 유태인 여성을 살해하도록 명했다는 사실을 상기하면서 실제 결의문을 읽어보는 것은 매우 유익한 일이다.

> 1976년 7월 2일에서 6일까지 모리셔스의 포트루이스에서 있었던 제13회 정규회의에서 만난 국가 원수들과 아프리카 통일 기구 정부들의 회합에서였다.
>
> 우간다 외무부 장관의 발언에 의하면 그들은 국제 평화와 안보에 위협을 가하는 이스라엘의 우간다를 향한 공격에 대해서 놀라움을 금치 못했다.
>
> 또한 그들은 아프리카 통일 기구의 회원국인 한 국가에 대한 공격은 그것을 격퇴하기 위한 공동의 조치를 필요로 하는 회원국 모두에 대한 공격이라고 생각했다.
>
> 그리고 그런 공격이 모든 아프리카와 아랍 국가들의 독립과 영토의 보전에 대한 위협을 목표로 하고, 여전히 식민 정책과 인종차별주의자들의 통치하에 있는 아프리카의 남부에서의 국토를 자유롭게 하려는 아프리카의 목표를 침식하는 이스라엘과 남아프리카 사이의 협력 정책에서 기인했다고 믿었다.
>
> 1. 우간다의 주권과 영토의 보전에 대한 이스라엘의 공격을 강력히 비난한다. 즉 의도적으로 사람들을 살해하고 부상 입힌 것과 재산을 무자비하게 파손한 것, 그리고 인질 석방을 위한 우간다 대통령의 인도주의적 노력을 좌절시킨 것을 비난한다.
> 2. 유엔 헌장 7조의 조치들을 포함한 이스라엘에 대한 적절한 조치를 취할 의사를 가진 즉각적인 유엔 안보리의 회의를 소집한다.
> 3. 안보리의 우간다에 대한 완벽한 지지와 우간다 대통령이 취한 인도주의적 역할에 대한 감사를 표명한다.
> 4. 우간다 대통령과 국민들에게 지지와 애도의 단결된 메시지를 보낼 것을 결정한다.
> 5. 모든 아프리카 국가에 이스라엘을 고립시키고 그들의 공격적 정책을 변화시키도록 강요하기 위해 그들의 노력을 강화할 것을 요청한다.
> 6. 아프리카 통일 기구의 회원국들에게 우간다의 손실을 상당 부분 회복할 수 있도록 원조를 요청한다.
> 7. 이 사건을 안보리에 상정할 때 장관 회의의 현재 의장과 기니와 이집트에 우

간다를 원조하도록 명령한다.

AHG/Res.83(XII), Resolution in Israel Aggression Against Uganda.

58 Maoz, 전게서 중.

59 주로 종교적 계통에 따라 인질들을 분리하는 이런 행위는 많은 사람들의 죽음을 야기했던 아우슈비츠에서의 악명 높은 '선택들'을 상기시켰다. 그것은 이스라엘에서 감정적인 반응을 일으켰고 군사 행동을 취하려는 결정에 기여했을 것이다.

60 같은 책, p. 689.

61 모아즈는 이런 글을 썼다.

> 이 증거는 복잡한 결과들이 분명한 요소들로 분해되었고, 요소들 사이에서 의존과 상호 의존의 조건들이 적절하게 결정되고 처리되었으며, 그러한 요소들이 전반적인 추정으로 결합되어 직관적으로 베이스의 분석 같은 최적의 방법들과 비슷했다는 것을 암시한다. 기본 비율들은 간과되지 않았으며 오히려 평가 과정에 분명히 편입되었다. 이것은 인질들에 대한 비행기 납치범들의 행위와 관련된 현재의 증거와 결합된 이전의 하다드의 조직의 움직임과 관련 있는 배경적 증거를 이용한 사실에 의해 가장 잘 설명된다. 이러한 결합으로 의사 결정자들은 비행기 납치범들의 위협의 신빙성을 평가할 수 있었다. 게다가 바람직하지 못한 결과를 뒷받침하는 데이터와 바람직한 결과를 뒷받침하는 데이터 사이에 차등을 두었다고 생각할 만한 아무런 증거가 없다. 의사 결정자들은 '좋은 소식들'에 대해서처럼 동등하게 '나쁜 소식들'(예를 들어 아민이 이스라엘과의 협력을 거절한 것)을 수용했다.
>
> 의사 결정자들이 경험한 엄청난 시간적 압박과 그들이 처리해야 할 압도적인 양의 정보가 주어졌지만 정정 과정의 질은 매우 훌륭했다.

같은 책, pp. 695-696.

62 같은 책, p. 695.

63 같은 책, p. 704.

64 Michael Reisman, "Assessing Claims to Revise the Laws of War" *American Journal of International Law*, vol. 97, no.1(2003), pp. 82-90.

65 Shlomo Nakdimon, *First Strike: The Exclusive Story of How Israel Foiled Iraq's Attempt to Get the Bomb*(New York: Summit, 1987), p. 156에서 인용.

66 같은 책, p. 156

67 Michael Karpin, *The Bomb in the Basement*(New York: Simon & Schuster, 2006) 참조.

68 Arthur Goldbeg, pp. 98-99의 의견 참조.

69 가망성은 없지만 잠재적으로 파멸적인 위협에 직면한 의사 결정에 관한의 재미있는 분석을 위해서는 Richard Posner, *Catastrophe*(Oxford: Oxford University Press, 2004) 참조.

70 Nakdimon, 전게서 중, pp. 239-240.

71 같은 책, p. 232.

72 같은 책, p. 317.

73 같은 책, pp. 274-275, 276. 따라서 상호 확증 파괴가 합법적이라도(하지만 국제사법재판소 의견 참조, pp. 71-72.) 도덕적인 지도자들은 인구 밀집 지역에 복수하는 것을 주저할 것이다.

74 Michael Walzer, *Arguing about War*(New Haven: Yale University Press, 2004), p. 147.

75 "Six Degrees of Preemption" *Washington Post*, Sep. 29, 2002, p. B2.

76 같은 책에서.

77 이러한 태도가 가능했던 한 가지 이유는 이라크와 이란의 전쟁 때 미국이 이라크를 지지하고 있었다는 사실 때문이었다.

78 Margaret Thatcher, "Don't Go Wobbly" *Wall Street Journal*, June 17, 2002.

79 전쟁이 시작된 이후 '철의 여인'은 그 전쟁을 실수라고 일컫고 수년간 계속되는 미션에 영국을 연루시키는 것에 대해 토니 블레어를 비판하면서 자신의 생각을 다시 바꾸었다. Chris Mclaughlin, "Maggie's Mauling for Blair" *Sunday Mirror*, Sep. 21, 2003.

80 Nakdimon, 전게서 중, p. 269(강조되었음).

81 같은 책, pp. 257-258.

82 같은 책, pp. 256-257.

83 이 주장은 다른 사람들 중 월터 설리번(Walter Sullivan)에 의해 제기되었다. Walter Sullivan, "U.S. Expert Dispites Israelis on Reactor" *New York Times*, June 25, 1981, p. A9. 폭격 이후 곧 다른《뉴욕타임스》기사는 위급한 단계에 이른 원자로를 폭격했더라면 훨씬 더 위험했을 것이라고 보고했다. Walter Sullivan, "Hazard from Debris Considered Limited" *New York Times*, June 9, 1981, p. A9. 또한 Richard Wilson, "Israel Stopped No Iraqi A-Bomb Production" *New York Times*, Jun 14, 1984, p. A22.

84 Nakdimon, 전게서 중, p. 262.

85 이스라엘은 테러리스트 거주지들을 파괴하기 위한 노력으로 베이루트 교외를 폭격했으며 일찍이 역사적으로 적군의 마을에 복수 행위를 취했다. Lee Hockstader, "Israeli Bombs Hit Targets near Beirut" *Washington Post*, June 25, 1999, p. A21; 그리고 Benny Morris, Righteous Victims: A History of the Zionist-Arab Conflict(New York: Vintage, 2001), pp. 267-277. 하지만 이스라엘은 자신들의 도시에 투하된 폭탄에 대한 복수로 카이로, 암만, 바그다드, 또는 다마스쿠스를 폭격하지는 않았다.

86 이스라엘이 실제로 자신들의 도시 중 하나에 대한 핵무기 공격의 경우에 어떻게 대응할지는 물론 불확실하다. 이 불확실성 자체가 약간의 억제적 효과를 제공한다.

87 Machiavelli, pp. 63-64 참조.

88 Bregman, 전게서 중, pp. 159-160.

89 같은 책, p. 175.

90 같은 책, pp. 176-178.

제4장 | 테러리즘에 맞선 예방적 조치들

1 한 국가의 지도자가 죽으면서 많은 국민들을 자신과 함께 죽도록 만드는 것은 물론 일어날 수 있는 일이다. Hashemi Rafsanjani, p. 175의 진술 참조.

2 Defence of the Realm Consolidation Act, Nov. 27, 1914.

3 개괄적으로 Stephen J. Schulhofer, "Checks and Balances in Wartime: Amarican, British and Israeli Experiences" *Michigan Law Review*, vol. 102(2004), pp. 1906-1958 참조.

4 A(FC) v Home Secretary (2004) UKHL 56; http://news.bbc.co.uk/1/shared/bsp/hi/pdfs/16_12_04_detainees.pdf에서 확인 가능.

5 Mark Oliver and Sarah Left, "Law Lords Back Terror Detainees" *Guardian*, December 16.

6 "UK Court Rejects Terror Detentions" *CNN*, December 16, 2004; http://edition.cnn.com/2004/WORLD/europe/12/16/britain.detention/에서 확인 가능.

7 John Deane, "Blair Defends Terror Suspects Crackdown" *Press Association*, September 16, 2005.

8 같은 기사에서.

9 같은 기사에서.

10 "Blair unveils new anti-terrorism plans" *Xinhua News Agency*, August 5, 2005. 테러 용의자들이 그들이 이송된 국가들에서 고문과 무자비한 취급을 당할 것이라는 우려가 표명된 이후, 보도에 의하면 영국 내무부는 영국이 이송한 테러 용의자들을 사형에 처하거나 학대하지 않겠다고 선언하는 요르단과의 조약에 서명했다.

11 같은 기사에서.

12 Alan Cowell, "Britain Considers Lengthening Time for Holding Terror Suspects" *New York Times*, August 10, 2005, p. 8.

13 같은 기사에서.

14 같은 기사에서.

15 Human Rights Watch, "UK: Detention Plan Amounts to Punishment Without Trial. Draft Antiterrorism Law Raises Serious Human Rights Concerns" London,

September 16, 2005, http://www.hrw.org/english /docs/2005/09/16/uk11751.htm에서 확인 가능.

16 Raymond Bonner, "Australia to Present Strict Antiterrorism Statute" *New York Times*, November 3, 2005, p. 6.

17 링컨은 '감금 성명서'를 발했다. 곧이어 남부에 충성을 바친 것이 분명한 존 메리먼(John Merryman)이라고 불리는 메릴랜드인으로 추정되는 자를 새벽 2시에 깨워 포트 맥헨리로 이송했다. 그는 그곳에서 군사적 감시를 받으며 수감되었다. 링컨의 적대자이자 악명 높은 드레드 스콧(Dred Scott) 사건을 결정했던 미국의 대법원장 로저 태니(Roger B. Taney)는 인신 보호 영장을 요구했다. 태니는 헌법에 있어서 링컨이 옳지 못했다고 주장했다. "나는 인신 보호 영장의 특권은 국회 제정법에 의하지 않고는 정지될 수 없다는 점에는 견해의 차이가 전혀 없는 헌법의 핵심들 중 하나라고 생각했다" 라고 그는 비꼬아서 말했다. 하지만 대법원장이 메리먼의 석방을 명했음에도 불구하고 그는 여전히 수감되어 있었다. 요새를 책임지던 장군은 단순히 필요한 서류들을 송달하라는 사령관의 허락을 거부했고, 링컨은 법원의 의견을 공식적으로 통보받지 못했다(그것은 법원의 명령에 의해 그에게 개인적으로 전달되었다).

18 의회는 링컨 대통령에게 그가 요청했던 것보다 더한 헌법적 보호책을 정지시키는 권한을 부여하는 법령을 제정했다. 그리고 그에 따라 1864년 10월 5일, 램딘 밀리건이 인디애나에서 체포되었을 때 인신 보호 영장의 특권이 정당하게 정지되었다는 데 의심의 여지가 거의 없었다. 군사 당국은 그를 구금하는 데 만족하지 않고 민간인인 밀리건을 군사 위원회의 재판에 회부하기로 결정했고 그곳에서 즉시 그에게 사형을 선고했다. 그 사건이 대법원까지 올라갈 무렵 전쟁이 끝났고 재판관 데이비드 데이비스는 "이제 공공의 안전이 보장되므로 이 문제를 흥분이라든가 법적인 판단을 형성하는 데 필요치 않은 어떠한 다른 요소가 혼합됨이 없이 논의하고 결정할 수 있다" 고 말했다.

19 Ex parte Milligan, 71 U.S.(4 Wall.)(1866), p. 2.

20 Moyer v. Peabody, 212 U.S. 78,84(1909). 재판관 홈스가 법원은 과도한 기간의 구금을 승인하지 않을 것이라고 공표했음에도, 주지사의 과도한 권력 행사를 비판력 없이 합법화한 그의 행위는 그것이 남용되도록 유도할 것이 분명했다. 그리고 구금이 남용되기까지는 오랜 시간이 걸리지 않았다. 수많은 주지사들이 주요 선거를 교묘히 조작하고, 이웃을 분리시키고, 노동 쟁의를 경영진에 유리하도록 안정시키면서 트랙을 마감하는 그런 다양하고 불법적인 결말을 성취하기 위한 일종의 가족 치료법으로서 마법의 언어인 '계엄령'을 발동했다. 대법원이 그런 가짜 계엄령을 오래 용인할 수 없는 것은 당연한 일이었다. 마침내 법원의 인내심을 극한에 이르게 한 사건이 대공황 초기 동안에 텍사스 동부의 유전에서 일어났다. 주지사가 계엄령을 선포하고 석유 가격을 인상하기 위한 노력으로 석유 생산에 제한을 가하도록 명한

것이다. 폭력이나 폭동도 없었으며 군대가 이용되지도 않았다. 계엄령은 단지 경제적 목적의 결말을 성취하기 위해 발동되었다. 법원은 주지사의 행위를 금했는데, 그렇게 하지 않으면 미국의 헌법이 아닌 주지사의 명령이 국가의 최고법이 될 것이라는 설명을 덧붙였다. Alan M. Dershowitz, *Shouting Fire*(New York: Little, Bear, 2002), p. 422.

21 민간인 주지사는 임박한 비상사태가 종료되자마자 민간의 통제가 부활될 것이라는 보장을 받고서야 정부의 지휘권을 군부에 넘겼다(며칠 이내로, 또는 기껏해야 수 주 이내로). 다시 시작된 공격의 위험이 없어졌기 때문에 섬은 비교적 빨리 평온을 되찾았다. 1942년 2월에 유흥지와 술집들의 영업이 허용되었고 미국의 미드웨이에서의 승리가 모든 현실적인 침공의 위험을 제거한 이후 생활은 거의 정상으로 돌아왔다. 하지만 군부는 여전히 민사법정을 폐쇄할 것과 인신 보호 영장을 정지시킬 것을 주장했다. 이후 수년간 퇴출된 민간인 관리들과 통치하는 장군들 사이에 상당한 싸움이 계속되었다. 싸움은 연방 판사가 지휘하는 장군에게 모욕죄에 대한 소환장을 발부하자 그 장군이 군사 법원 판사가 인신 보호 영장의 발부를 고집하면 그에게 전면적인 위협을 하라고 명령하면서 극에 달했다.

22 Duncan v. Kahanamoku, 327 U.S. 304, 316-17(1946).

23 사실상 그들 모두는 미국에서 태어났다. 그 당시 법령집상의 인종적 금지 규정으로 인해 일본으로부터 이민 온 거주자들은 미국 시민권 자격이 없었기 때문이다.

24 이것은 일본계 미국인 시민 연맹의 주장이며 나는 반대되는 주장이 없는 것으로 알고 있다.

25 Bill Hosokawa, *Nisei: The Quiet Americans*(New York: Norton, 1969), pp. 287-288에서 인용.

26 같은 책, p. 260.

27 사실상 아무런 예외가 없었다. 감금된 자들 중에는 제1차 세계대전 참전 군인들, 유명한 442번째 연대 전투팀(니세이 연대-the Nisei Brigade)에서 싸우다 죽으려 했던 장래의 군인들, 그리고 미국 재향 군인회의 평생회원들(그들의 월간물은 일본계 미국인들을 어떤 태평양의 섬에 있게 하는 것을 옹호했다)이 포함되었다.

28 마크 터시넷(Mark Tushnet) 교수는 코레마추(Korematsu)를 경험적 근거에서 옹호하며 이런 글을 썼다. "코레마추 사건은 우리의 현재 상황에서의 시민의 자유에 대한 동시대의 위협들을 줄이고 그런 위협들이 영구적인 헌법적 활동 무대의 일부분이 될 것이라는 것을 보증하는 법치주의의 틀을 재생산하는 사회적 배움의 과정의 일부였다. 나는 자신들이 국가에 대한 위협으로 이해한 사태에 직면한 의사 결정자들이 어떻게 소급적으로 매우 정당하지 않은 것으로 보이는 행위들에 가담할 수도 있었는지를 설명하려고 노력했다." Mark Tushnet, "Defending Korematsu?: Reflections on Civil Liberties in Wartime" *Wisconsin Law Review*(2003), p. 274.

29 Dershowitz, 전게서 중, pp. 420-423, 440-442.

30 나는 다른 곳에서 로버트 잭슨 판사가 다음과 같은 의견을 밝혔을 때 그가 틀렸다고 주장했다.

> 이러한 일본계 시민들을 이송하고 구금하는 군 프로그램으로부터의 자유에 대한 위험에 대해 말이 많다. 하지만 사법적으로 이 명령을 지지할 정당한 법의 절차 조항을 구성하는 행위는 명령 자체를 공표하는 것보다는 자유에 대한 훨씬 더 정교한 타격을 가한다. 군사 명령은 위헌이라고는 하지만 군 비상사태보다 더 오래 지속되기 쉽지 않다. 그런 기간 중이라도 다음 지휘자가 그것 전부를 철회할 수도 있다. 하지만 일단 법률상 견해가 그것이 헌법을 따른다는 것을 보여주기 위해서 군사 명령을 합리화하면, 또는 헌법이 그런 명령을 인가한다는 것을 보여주기 위해 헌법을 다소 합리화하면 법원은 항상 형사 절차와 미국 시민들의 이주에 있어서 인종 차별의 원칙의 정당성을 입증했다. 그 후에 그 원칙은 긴급한 필요성이라는 그럴듯한 주장을 제시할 수 있는 어떤 권위자든 사용할 수 있게 준비된 장전된 무기처럼 방치된다. 계속되는 반복은 그 원칙을 우리의 법과 생각에 더 깊숙이 박고 그것을 새로운 목적들로 확대한다. 법원의 판단을 준수하는 사람들은 모두 재판관 카르도조(Cardozo)가 '논리가 허락하는 한 스스로를 확대하려는 원칙의 경향'으로서 설명한 것에 친숙하다. 군 사령관은 합법성의 한도를 넘을 수도 있고 그것은 우발적 사건이다. 하지만 우리가 재고하고 승인하면 그 우연한 사건이 헌법의 원칙이 된다. 거기에서 그것은 자기 스스로의 생산하는 힘을 가지고 있고, 그것이 창조하는 모든 것들은 그것 자체의 이미지 속에 존재할 것이다.

Korematsu v. United States, 323 U.S.214(1944), pp. 245-246(주석 생략됨). 이것이 내가 답해 주장한 것이다.

> 경험이 반드시 잭슨의 두려움이 충분한 근거를 갖추었다는 것을 입증하지는 않았다. 대법원이 그 구금들을 명백히 허가했다는 바로 그 사실은 역사적 판단에 의해 비난받았다. 오늘날 코레마추에 대한 대법원의 결정은 Dred Scott, Plessy v. Ferguson, 그리고 Buck v. Bell 같은 결정들과 대법원의 오명의 홀에 나란히 존재한다. 결코 정식으로 기각되지는 않았지만, 그리고 종종 인용되기까지 하지만, 코레마추 사건은 장래의 사건들에 있어서 다시는 반복되어서는 안 되는 잘못된 전례로서 역할을 한다. 대법원이 재판에 의한 재고 없이 단지 집행력 있는 결정을 지지했더라면 훨씬 더 위험한 전례가 확립되었을 것이다. 즉 비상사태 기간 동안의 집행력 있는 결정이 대법원에 의한 재고를 면했을 것이다. 그러한 훨씬 더 광범위하고 위험한 전례는 이후 재판에 의한 재고를 두려워하지 않는 독재자에 의해 이용될 수 있도록 준비된 장전된 무기처럼 방치될 것이다. 그것은 현재의 상황과 거의 유사한데, 정부는 테러리즘과 관련해 그것을 실행하는 데 대한 어떠한 재판상의 재고도 공격적으로 반대하면서 그것이 불법적으로 실행된다는 사실을 부인한다.

Alan M. Dershowitz, "Tortured Reasoning" in *Torture: A Collection* ed. Sanford Levinson(Oxford: Oxford University Press, 2004), pp. 268-269.

31 In Rasul v. Bush 124 S.Ct. 2686(2004), 대법원은 관타나모 만에 있는 외국 태생의 억류자들은 자신들의 감금에 대해 미국 사법 시스템에서 이의를 제기할 수 있다는 판결을 내렸다.

32 이스라엘 방위대에 의하면 2000년 10월에서 2004년 11월 사이에 이스라엘에서 135건의 성공적인 테러리스트 공격이 있었고, 같은 기간 동안에 431건의 잠재적 테러리스트 공격들을 좌절시켰다고 한다. "Suicide Bomber Attacks Carried-Out vs. Attacks Prevented."

33 오슬로 협정(Oslo Accords) 이후 이스라엘은 웨스트뱅크의 대부분의 인구 밀집 지역에서 물러났지만 2001년의 테러리즘의 부활 이후 그곳의 대부분을 재점령했다.

34 Emergency Powers(Detention) Law, 5739-1979.

35 미국법하에서 일부의 그런 이슈들을 다루기 위한 법령의 틀이 그곳에 존재한다. 18 U.S.C. 4001 참조. 하지만 그것이 그런 이슈들을 모두 다루지는 않는다. Philip B. Heymann and Juliette N. Kayyem, *Protecting Liberty in an Age of Terror*(Cambridge, Mass.: MIT Press, 2005), pp. 41-52.

36 참조문들은 그 당시에 고려 중이던 사례였다.

37 Dershowitz, *Shouting Fire*, 인용문 중, pp. 431-456 참조.

38 Hamdi v. Rumsfeld, 124 S.Ct. 2633(2004) 참조.

39 Laura King, "Israel to Delay Pullout from Gaza" *Los Angeles Times*, May 10, 2005, p. A4.

40 Williamson v. United States, 184 F.2d 280(2d Cir. 1950). 또한 Albin Eser, "The Principle of 'Harm' in the Concept of Crime: A Comparative Analysis of the Criminally Protected Legal Intersts" *Duquesne University Law Review*(1965-1966), 345-417 참조.

41 18 U.S.C. § 4001(a). 1970년에 의회는 또한 20년간 법문화되어있던 매캐런법(McCarran Act)을 무효로 했다. 이 법령은 국내적 안보 비상사태 동안에 단독으로 또는 다른 사람들과 공모해 스파이 활동이나 사보타주를 저지를 것으로 예상되는 타당한 근거가 있는 사람들에 대한 예방적 구금을 허용했다. 그 법령은 이 결정을 하는 데 고려되어야 할 '증거의 구성 요건을 갖춘 문제들'을 분류했다. 그 문제들은 주로 혐의를 받은 과거의 행위들, 예를 들어 (1)스파이 활동, 대간첩 활동, 또는 사보타주 서비스를 알고 있는지 또는 그에 관한 지령이나 임무를 부여받았는지, (2)과거의 스파이 활동이나 사보타주 활동 경력이 있는지, (3)미국 공산당의 스파이 활동이나 사보타주 작전에서의 활동을 했는지 혹은, 1949년 1월 1일 이후 어느 때라도 미국 공산당에 당원이었는지로 구성되어 있었다. 첫 번째 범주에 속하는 행위들은 입

증될 수 있다면 당연히 심각한 범죄를 구성할 것이다. 매캐런법은 따라서 이런 사례들의 경우 과거의 범죄 행위를 입증해야 한다는 엄격한 요구를 생략하기 위해 예방적 구금을 이용했다. 두 번째 범주에 속하는 행위들도 그들이 이미 처벌을 받았거나 시효가 지난 경우가 아니라면 범죄가 될 것이다. 따라서 예방적 구금은 헌법상의 일사부재리의 원칙과 소급 입법 금지의 원칙을 교묘하게 회피하기 위해 사용되었다. 세 번째 범주에 속하는 행위들은 처음의 두 가지에서 다루어지지 않는다면 합법성이 의심스러운 것을 다루는 법령에서 범죄자로 지목한 조직의 멤버십으로 구성될 것이다. 따라서 이 행위는 멤버십은 범죄화될 수 없다는 재판상의 결정이 내려질 가능성을 피하기 위해 예방적 구금을 활용했다.

매캐런법은 근본적인 면에서 일본계 미국인들에 대해 취해진 예방적 행위와는 달랐다. 전자는 주로 과거의 의심쩍은 스파이 활동이나 사보타주 활동, 또는 적대적인 조직의 가담으로 인해 위험스럽게 느껴진 개인들의 구금을 시도했다. 반면 후자는 개인의 과거 행위와는 상관없이 그룹 전체의 구금을 시도했다. 전자의 범주에 포함되려면 자발적인 행위가 있어야 하는 반면에 후자에 포함되려면 단지 본의가 아닌, 바꿀 수 없는 출생 신분이 요구된다.

42 마사 미노(Martha Minow) 교수는 이런 글을 썼다. "9·11 이후 미국에 의한 억류자들의 실제 숫자는 정부가 이 문제의 노출을 매우 민감하게 다루었기 때문에 확인하기 어렵다. 하지만 한 추산에 의하면 미국 내에 2,200명, 관나타모 만에 800명, 그리고 이라크와 아프가니스탄에 5만 명이 억류되어 있다고 지적한다." Martha Minow, "What Is the Greatest Evil? Book Review of The Lesser Evil, by Michael Ignatieff," *Harvard Law Review*, vol. 118, no.7(May 2005), pp. 2134-2135, n.2.

43 이 증인들은 물론 유도적인 증언의 사용 면책의 허가에 의해서만 알려질 수 있었던 자신들 스스로의 범죄와 관련해 자기부죄를 금지하는 수정헌법 제5조의 특권을 누릴 것이다. Kastigar v. United States, 406 U.S. 441(1972) 참조.

44 Alan Dershowitz, "Stretch Point's of Liberty" *Nation*, March 15, 1971, pp. 329-334.

45 Landau Commission, "The Report of the Commission of Inquiry Concerning Methods of Investigation be the General Security of Hosile Terrorist Activity" October 1987.

46 또는 심문을 당하는 사람에 의한 권리 포기.

47 Chavez v. Martinez, 538 U.S. 760(2003).

48 이 메커니즘은 매우 논란이 되고 감정적인 이슈를 제기한다. 그것은 매우 강압적인 심문 기술이라고 완곡하게 불리고 구어체로는 '가벼운 고문'이라는 꼬리표가 붙었다. 이라크의 아부그라이브(Abu Ghraib) 형무소에서의 스캔들은 세계의 관심을 이 문제에 집중시켰다.

2004년 12월, 하버드 케네디 스쿨에서는 보고서를 발행했는데 그 보고서의 제목은 '테러리즘과의 전쟁에서 안보와 민주주의적 자유를 보존하기 위한 장기적인 법적 전략 프로젝트'였다. 보고서가 다룬 주제들 중에 국가 안보를 위험에 빠뜨리지 않고는 재판에 회부할 수 없는 테러 용의자들에 대한 예방적 구금이 있었다. 보고서를 책임진 저명한 단체는 영국과 이스라엘에서 적용한 것과 크게 다르지 않은 예방적 구금에 접근하는 방법을 추천했다. "기밀정보 절차 법령에도 불구하고, 심각한 국가 안보 기밀의 상실 없이는 현재 재판이 불가능할 것이며, 억류자의 석방이 다른 사람들의 생명에 중대한 위협을 가할 것이라는 것을 증명하는 누설할 수 없는 증거를 일방적으로 법원에 보여주면, 재판관은 용의자에게 최장 2년까지의 예방적 구금을 명할 수 있다." (구금은 오직 90일 동안만 허락될 수 있고 최장 2년까지 갱신될 수 있다.) 그 보고서는 입증 책임과 관련된 약간의 일반적인 표현 이상으로 요구되는 증거(소문에 의하면 충분할 것인가?)의 성격 또는 그 절차가 어떠한 크기의 가능한 테러리즘 행위를 예방하기 위해 기꺼이 용인해야 하는 양성 오류들의 숫자에 대한 특성을 거의 제공하지 못했다(그런 어떠한 절차에도 2중 양성 오류들이 발생할 가능성이 있다. 즉 용의자는 아마도 자신이 혐의를 받았던 지난 범죄에 죄가 없고 그가 저지를 것으로 예상되는 장래의 범죄를 저지르지 않을 것이다). 더 실망스러웠던 것은, 보고서가 노골적인 고문을 제외하고는 정확히 어떤 종류의 이례적인 심문 조치들을 기꺼이 수용할 것인지에 대한 이슈를 직시하는 것을 거부했다는 점이다. 예를 들어 미국 정보기관 관리들이 중요한 정보원들을 상대로 물고문을 했다고 널리 보도되었다. 이 기술은 고문 대상을 판에 올려놓고 그가 거의 익사하는 기분을 경험할 때까지 그의 머리를 물속에 집어넣는 방법이다. 그 방법은 대상자가 협조하겠다는 의지를 보일 때까지 계속된다. 이것이 이례적인 사건들에서의 용인할 수 있는 전술인가? 이것이 고문의 구성 요소가 되는가? 이것은 치명적이지는 않은 극심한 고통을 가하는 것보다 더 나은가 아니면 더 나쁜가? 이것이 우리의 법과 조약의 의무에서 허용되는가? 보고서는 현재의 이러한 절박하고 매우 현실적인 문제들에 답하는 대신에 그것들을 어떤 상황에서 어떤 특정한 조치들이 용인되는지를 결정하기로 되어 있는 정치적 절차에 남겨 두었다. Heymann and Kayyem, 전게서 중, pp. 23-32. 이러한 어렵고 논란이 되는 이슈들이 그들 자신의 책 전체를 정당화할 것이다.

49 2004년 12월, 영국 대법원은 8:1로 테러 용의자에 대한 무한정한 구금은 인권의 위반이며 따라서 인정될 수 없다고 판결했다. A v. Secretary of State for the Home Department(2004)UKHL.56.

50 Ian Black and Benny Harris, *Israel's Secret Wars: A History of Israel's Intelligence Services*(New York: Grove, 1991), pp. 194-196.

51 이 작전의 더 비판적인 평가를 위해서는 Michael Karpin, *The Bomb in the Basement*(New York: Simon & Schuster, 2006) 참조.

52 Gordon Thomas, *Gideon's Spies*(New York: St. Martin's, 1999), pp. 123-124

53 같은 책, p. 123.

54 이 결정에 대한 설명은 Alan M. Dershowitz, *Why Terrorism Works, Responding to Challenge*(New Haven: Yale University Press, 2002), pp. 41-50 참조.

55 Black and Morris, 전게서 중, p. 272.

56 그들은 준군사적 폭동 상태의 일원이기 때문에 전투원이다. 하지만 그들 자신이 민간인들을 표적으로 할 때 전시법을 따르지 않기 때문에 전쟁 포로는 아니다. 로널드 로툰다(Ronald Rotunda) 교수는 모든 구금자들을 전쟁 포로로 고려해서는 안 된다고 강력히 주장한다. 제네바 협정(Geneva Convention)하에서 전쟁 포로들에게 주어진 기본권들은 오직 '합법적인 전투원들'에게만 적용된다. 그는 그런 이유에서 국제 교전 규칙들을 준수하지 않는 테러리스트들과 같은 '불법적인 전투원들'은 스위스 정부에 제네바 협정의 의무들을 수락하는 선언서를 제출하지 않으면 전쟁 포로로 고려되어서는 안 된다고 했다. Ronald D. Rotunda, "No POWs" *National Review Online*, January 29, 2002; http://www .nationalreview.com/comment /comment-rotunda012902.shtml에서 확인 가능.

57 Yoram Dinstein, *The Conduct of Hostilities under the Law of International Armed Conflict*(Cambridge: Cambridge University Press, 2004), p. 29.

58 이스라엘 점령지 인권정보센터인 베첼렘(B'Tselem)에 따르면 2000년 9월 29일과 2005년 9월 30일 사이의 암살 과정 동안에 300명의 팔레스타인 사람들이 살해되었다. 그중에서 191명이 암살 대상자들이었다. http://www.btselem.org/English/Statistics/Casualties.asp 참조.

나는 *The Case for Peace*에 다음과 같은 글을 썼다. "2005년 6월, 나는 표적 살해와 민간인 사상자들에 대해 이스라엘 공군 사령관인 엘예제르 쉬케디(Elyezer Shkedy) 장군을 인터뷰했다. 그는 2004년 초반이 될 때까지 표적된 폭격에 의해 살해된 민간인들에 대한 테러리스트들의 비율은 대략 1:1이었다고 말했다. 하지만 고도로 발달한 과학 기술로 인해 2004년 초기와 2005년 사이에 그 비율은 극적으로 변화해서 12명의 테러리스트들이 살해될 때 한 명의 민간인 희생자가 발생한다고 말했다." Alan Dershowitz, *The Case for Peace*(Hoboken: Wiley, 2005), p. 78.

59 이 패러다임의 일반적인 이형은 가자 지구의 유대인 정착지에 침입하려는 무장 테러리스트를 포함한다. 이러한 이형은 이스라엘이 가자 지구의 정착지를 유기했기 때문에 더 이상 존재하지 않는다.

60 Alan Dershowitz, "Should This Man Be Assassinated? Israel Is Perfectly within Its Rights to Execute Its Terrorist Enemies" *Toronto Globe & Mail*, September 16, 2003.

61 오스트레일리아의 총리 존 하워드는 오스트레일리아 정부는 만일 해외의 테러리스

트들이 오스트레일리아를 공격할 것을 계획하고 해당국이 행동을 거절한다면 그들을 공격할 것이라고 반복해서 말했다. 하워드 총리는 수십 명의 오스트레일리아 여행객들이 사망했던 2년 전의 발리에서의 폭격, 그리고 인도네시아에 근거지를 둔 이슬람 투사들의 다른 공격들과 위협들 이후 그 정책을 수립했다. Phil Mercer, "Tensions Rise over Australia's Pre-Emptive Strike Policy ahead of ASEAN Summit" *Voice of America*, November 26, 2004.

62 하마스의 폭탄 제작자인 아이브라함 바니 오데(Ibraham Bani Odeh)는 2000년 11월에 자신이 운전하던 차가 폭발하면서 살해되었다. 그 폭발로 다른 사람이 해를 입었다는 보고는 없었다. 일부 이스라엘 관리들은 그의 죽음에 대한 책임을 부인했지만 이스라엘은 그 주 초반에 테러리스트들을 추적하겠다는 경고를 했었다. Jamie Tarabay, "Palestinians Blame Israel on Death" *Associated Press*, November 25, 2000. 팔레스타인에서는 바니 오데가 이스라엘의 폭탄 작업을 도운 죄가 밝혀지자 그의 일가를 처형했다. "Palestinians Executed for Israel Links" *CNN*, January 13, 2001.

2001년 8월, 비밀 군인들이 파타당(Fatah)의 투사인 이마드 아부 스네이`네(Emad Abu Sneineh)를 총살했다. 다른 위해들은 보고되지 않았다. Greg Myre, "Israeli Troops Kill Militia Leader" *Associated Press*, August 15, 2001. 2001년 6월에는 알아크사 순교자여단(Al Aqsa Martyrs Brigade)의 일원 한 명이 이용하고 있던 공중전화가 폭발하면서 살해되었다. 근처에 있던 두 명의 시민들이 파편에 맞아 가벼운 부상을 입었다. Jamie Tarabay, "Palestinian Activist Killed in Explosion" *Associated Press*, June 24, 2001.

63 Margot Dudkevitch, "Shehadeh Was Ticking Bomb" *Jerusalem Post*, July 24, 2002, p. 3.

64 같은 책에서.

65 John Ward Anderson and Molly Moore, "Palestinians Vow Revenge after Gaza Missile Strike; Militants Said to Be Poised for Truce before Hamas Figure, 14 Others Died" *Washington Post*, July 24, 2002, p. A13.

66 같은 책에서.

67 Janine Zacharia and Gil Hoffman, "US Condemns 'Heavy-handed' Action" *Jerusalem Post*, July 24, 2002, p. 1.

68 Dudkevitch, 전게서 중에서.

69 Anderson and Molly, 전게서 중에서.

70 같은 책에서.

71 "Global Condemnation for Strike: U.S.: It was 'Heavy-handed'" *Ha'aretz*, July 23, 2002.

72 클린턴 전 대통령은 오사마 빈라덴이 지휘한 것으로 의심되는, 1998년에 있었던 동아프리카에서의 두 명의 미국 대사관 직원들에 대한 폭격에 뒤이어 오사마 빈라덴을 표적 살해하도록 하는 권한을 부여했다. "Clinton Ordered Bin Laden Killing" *BBC News,* September 23, 2001 ; http://news.bbc.co.uk/2/hi/americas/1558918.stm에서 확인 가능.

73 Alan M. Dershowitz, "Killing Terrorist Chieftains Is Legal" *Jerusalem Post,* April 22, 2004.

74 HCJ 5100/94, Public Committee against Torture in Israel v. Government of Israel 참조.

75 Christopher Shea, "Countless" *Boston Globe,* November 7, 2004, p. D4.

76 Heymann and Kayyem, 전게서 중, pp. 63-64.

77 같은 책, p. 60(내부 인용 부호 생략됨).

78 기준의 세부사항에 대해서는 같은 책, p. 66 참조.

79 Heymann-Kayyem 보고서에서 제안된 기준들은 분명히 현재의 비밀스러운 행위의 원칙들의 발전이다. 보고서에 따르면 다음과 같은 것을 포함한다.

> 표적 살해가 정보기관에 의해 비밀스러운 행위의 형태로 수행되려면 대통령은 연방법하의 특정한 절차들을 따라야 할 것이다. 비밀스러운 행위를 허용하려면 대통령은 그 행위가 미국의 동일한 외교 정책 목적들을 지지하기 위해 필요한지, 미국의 국가 안보에 중요한지를 발견해야 한다. 이러한 발견 사항들은 국회 정보위원회에 보내져야 하지만 아주 이례적인 상황에서는 국회 수뇌부에만 보내질 수 있다.

같은 책, pp. 60-61. 이것은 서반구에서 최초로 선출된 마르크스주의 지도자인 살바드로 알렌드(Salvadore Allende)의 죽음에 있어서의 우리의 야비한 역할을 정당화하기 위해 일부에서 사용한 매우 모호하고 정해진 답이 없는 종류의 기준들이었다('미국의 동일한 외교 정책 목적들을 지지하기 위해 필요한', 그리고 '미국의 국가 안보에 중요한'). Dianna Jean Schmo, "U.S. Victims of Chile's Coup: The Uncensored File" *New York Times,* February 13, 2000, p. 1. 외교 정책 목적들과 국가 안보의 이익과 관련해서 합리화할 수 없는 암살은 아마 없을 것이다. 유일하게 용인될 수 있는 예방적 표적 살해의 기준은 반드시 대량 살상, 다중 공격, 대량 살상 무기의 획득, 그리고 그런 비슷한 종류를 포함한 비교적 확실한 테러리스트 협박과 관련이 있어야 한다.

80 Mark Lavie, "Israel Resumes Diplomatic Contacts with Palestinians, Halts Targeted Killings of Militants" *Associated Press,* January 26, 2005.

81 Ori Nir, "CIA-linked Study Warns of Bio-terrorist Attacks during the Next 15 Years" Forward, January 21, 2005, p. 1.

82 같은 책에서.

83 뉴올리언스의 보건관리기구들은 허리케인의 여파로 인해 무사하지 못했다. 한 의사

는 이런 글을 썼다. "허리케인 카트리나로 인해 대부분의 병원들은 제 역할을 할 수 없게 되었고, 대부분의 요양원들이 파괴되고, 두 개의 의과대학이 폐쇄되고, 수천여 건의 의료 행위가 무력화되면서 뉴올리언스와 걸프 코스트의 보건 관리에 심각한 타격이 가해졌다." Dr. Carmen A. Puliafito, "How to Hurricane-Proof Health Care" *Palm Beach Post*, October 2, 2005.

84 하지만 해독 시설들을 건설하는 데조차 심리적인 비용이 따를 수도 있다. 생명을 구하는 것이 목적이기는 하지만 큰 샤워실들은 아우슈비츠의 일부 가스실들과 다른 죽음의 수용소들을 상기시키기 때문이다.

85 Ian Urbina, "Antiterror Test to Follow Winds and Determine Airborne Paths" *New York Times*, February 11, 2005, p. B1.

86 Ian Urbina, "City Weighs Plans to Deliver Medicine to Public after Attack" *New York Times*, February 7, 2005, p. B1.

87 이스라엘을 강타한 일곱 대의 스커드 미사일로 인한 사망자에 대한 보고는 없었다. 하지만 이스라엘 라디오는 세 살짜리 아랍 소녀가 방독면에 질식사했고 최소한 4명의 노인들이 방독면을 쓰고 있는 동안 심장병이나 질식으로 사망했으며 12명이 부상을 당했다고 방송했다. Michael Kranish, "Israel Weighing Response; US Hits Scud Sites after Iraqi Attack" *Boston Globe*, January 18, 1991, p. 1.

88 예를 들어 David Shook, "Smallpox:We Eradicated It Before…" *Business Week*(October 25, 2001); http://www.businessweek.com/bwdaily/dnflash/oct2001/nf20011025_6673.htm에서 확인 가능.

89 Nicholas Wade, "A DNA Success Raises Bioterror Concerns" *New York Times*, January 12, 2005, p. A15.

90 질병 통제와 예방 센터의 웹사이트에 따르면 과거에 처음으로 백신 접종을 받은 사람들 100만 명 중 1,000명이 생명을 위협할 정도는 아니지만 심각한 부작용을 일으켰으며, 사람들이 백신에 매우 심한 부작용을 일으킨 경우는 드물었다. 처음으로 백신을 접종을 받은 사람들 100만 명 중 14명에서 52명 사이의 사람들이 잠재적으로 생명을 위협하는 극심한 부작용을 겪었다. Centers for Disease Control and Prevention, "Smallpox Fact Sheet: Side Effect of Smallpox Vaccination."

91 Alex R. Kemper et al., "Expected Adverse Events in a Mass Smallpox Vaccination Campaign" Effective Clinical Practice(March-April 2002); http://acponline.org/journals/ecp/marapr02/kemper.htm에서 확인 가능.

92 보스턴 공중보건위원회의 웹사이트로부터:

> 링 백신 접종(ring vaccination)이란 무엇인가?
>
> 이것은 수두가 발발하는 것을 억누르기 위해 이용될 전략이다. 수두에 감염된 사람의 주변인들(ring)과 그가 접촉한 사람들에게 백신을 접종하고 감시하면 병이 발병

할 가장 큰 위험이 있는 자들을 보호하고, 면역이 생긴 사람들이 병이 지역 사회에 퍼지는 것을 예방하는 완충제 역할을 할 것이다. 집중된 링 백신 접종 캠페인은 발병자의 고립, 강도 높은 감시, 그리고 접촉자의 추적과 함께 질병 예방과 통제의 주춧돌이 될 것이다.

93 이러한 가정에 근거한 상황은 모든 항목들에서 근거가 결여되어 있을 수도 있다. 예를 들어 직접적인 노출이 있다 해도 바이러스가 전염성이 없을 수도 있다. 하지만 이 가설에 들어맞을 몇 가지 생물학적 사건들이 있다.

94 원래는 "계엄령과 법에 대한 관계는 군악과 음악에 대한 관계와 같다"이지만 나는 어떤 군악은 좋아한다.

95 Wendy E. Parmet, "AIDS and Quarantine: The Revival of an Archaic Doctrine" *Hofstra Law Review* vol. 14(1985), pp. 53-90.

96 Dershowitz, *Shouting Fire* 인용문 중, pp. 163-175 참조.

97 같은 책, pp. 163-175.

98 RTLM과 라디오 르완다의 라디오 방송을 통한 투치족에 대한 대량 학살의 선동책임은 라디오 방송 프로그램 편성 통제나 반투치족 프로그램 편성의 생략에 실패, 또는 라디오 방송을 집단 학살 캠페인에 이용했던 자들에 대한 제재나 처벌에 실패한 것을 이유로 엘리에제르 니이테게카(Éliezer Niyitegeka)에게 직접적으로 전가될 수 있다. The Prosecutor v. Eliezer Niyitegeka. ICTR-96-14-T(May 16, 2003).

99 이 피고인들의 사건들을 http://www.ictr.org/ENGLISH/cases/completed.htm에서 참조.

100 Jon Silverman, "Rwanda's 'Hate Media' on Trial" *BBC News*, June 29, 2002; http://news.bbc.co.uk/2/hi/africa/2075183.stm에서 확인 가능.

101 수정헌법 제1조는 의회는 언론의 자유를 약화시키는 법을 만들어서는 안 된다고 규정한다.

102 New York Times Co, v. United States, 403 U.S.713(1971), p. 733.

103 "Some Prior Restraints Squeaked By in Past Year, Says PLI Panel" *Media Law Reporter*, vol. 30, no.46(November 26, 2002); http://ipcenter.bna.com/pic2/ip.nsf/id/BNAP-5G5L3N?OpenDocument에서 확인 가능.

104 Adam Cohen, "The Latest Rumbling in the Blogosphere: Questions about Ethics" *New York Times*, May 8, 2005.

105 Thomas L. Friedman, "If It's a Muslim Problem, It Needs a Muslim Solution" *New York Times*, July 8, 2005, p. A23 참조.

106 Dominic Casciani, "Q&A:Relgious Hatred Law" *BBC News*, June 9, 2005; http://newsvote.bbc.co.uk/mpapps/pagetools/print/news.bbc.co.uk/1/hi/uk/3873323.stm에서 확인 가능.

107 "France to Expel Radical Imams" *BBC News*, July 15, 2005 참조. Samantha Maiden, "Costello Tells Fireband Clerics to Get Out of Australia" *Australian*, August 23, 2005; 그리고 Phillip Johnston, "Imams Who Praise Terrorism to Face Deprotion" *London Telegraph*, July 21, 2005.

108 법과 도덕은 늘 진보하는 과학 기술과 끊임없이 활동하는 인간의 상상력을 따라잡아야 한다. Dershowitz, *Shouting Fire* 인용문 중, pp. 487-492 참조.

제5장 | 선제공격에 대한 부시 독트린

1 아이러니하게도 이런 종류의 억제적 접근은 인구 밀집 지역에 대한 복수를 위한 공격을 금지하는 국제법과 조화를 이루지 못할 것이 거의 확실하다. 히로시마와 나가사키에 원자폭탄을 투하한 뒤에 국제법에 분명히 명시된 인구 밀집 지역에 대한 공격의 금지에도 불구하고 미국이 일본의 인구 밀집 지역에 핵폭탄을 투하하겠다는 의지를 표현했었기 때문에 우리의 위협에는 신빙성이 있었다. The White House, "The National Security Strategy of the United States of America" September 2002.

2 리비아는 1996년까지 타루나 지역에 세계 최대의 지하 화학 무기 공장을 건설했었고 클린턴 행정부 관리들은 무기 제조를 중단하지 않으면 그 시설을 공격하겠다고 위협했다. Lenny Capello et al., "The Preemptive Use of Force: Analysis and Decision Making" National Security Program Discussion Paper Series, Haverd University John Kennedy School of Government 1997, pp. 57-59. 클린턴 대통령은 1998년 8월에 수단과 아프가니스탄에 있는 목표물들에 미사일을 발사하도록 명령했다. James Bennet, "U.S. Cruise Missiles Strike Sudan and Afgan Targets Tied to Terrorist Network" *New York Times*, August 21, 1998, p. A1. 클린턴은 또한 1994년에 북한의 핵 원자로 대한 공격을 고려했었다. *Associated Press*, December 15, 2002.

3 선제적 정책을 공표하지 않고 선제적으로 행동하는 것과, 그러한 정책을 공표하는 것과의 차이점에 대해서는 후에 고려될 것이다.

4 초기의 선행적 행위들이 선제공격인지 방어인지, 또는 그 둘 사이의 어느 지점에 해당하는지에 대해 학문적인 문헌에서 상당한 토론이 있다. 개괄적으로 "부시의 선제공격 독트린은 미국의 역사에 뿌리를 두고 있다"고 주장한 예일 대학교 교수 존 루이스 가디스(John Lewis Gaddis)의 연구에 대한 토론은 Laura Secor, "Grand Old Policy" *Boston Globe*, February 8, 2004, p. H1 참조.

5 Robert A. Pape, "Soft Balancing: How States Will Respond to America's Preventive War Strategy" TISS Conference Paper, Duke University, January 17, 2003. 《워싱턴포스트》 기자 마트 데이턴은 이라크에 대한 계획된 공격을 '이전의 어

떤 대통령도 시도하지 않았던 그 무엇'이라고 특징지었다. 그는 자신의 주장을 뒷받침하기 위해 국회도서관에서의 리서치에서 "미국은 213년의 역사 동안 한 번도 다른 나라에 대해 선제적 공격에 착수한 적이 없다"는 결과를 인용했다. Mark Dayton, "Go Slow on Iraq" *Washington Post*, September 28, 2002, p. A23.

6 United States Conference of Catholic Bishops, statement on Iraq, November 13, 2002.

7 Mark Aarons John Loftus, *Unholy Trinity: The Vatican, the Nazis, and the Swiss Banks*(New York: St. Martin's, 1998) 참조. 미국 가톨릭 주교협회는 대개 로마 교황청의 일부보다는 더 자유주의적이고 전쟁을 더 반대했다.

8 Richard Falk, "The New Bush Doctrine" *Nation*(July 15, 2002), p. 9.

9 다른 학자들은 포크(Falk) 교수가 용인할 수 없는 예방적 전쟁들과 용인할 수 있는 선제적 공격들을 구분한 것에 동의했다.

> 예방적 전쟁은 도덕적으로뿐만 아니라 전략적으로도 항상 좋지 않은 선택이다. 하지만 선제공격은 다른 문제다(원칙적으로 합법적이고 간혹은 실제로 권고될 만하다). 따라서 군사적 성공 가능성이 더 높을 때 당당히 비판을 받는 것이 낫다.
>
> 선제공격은 단지 적군이 효과적으로 시작한 전쟁에서의 선행적 정당방위 행동이기 때문에 원칙적으로는 반대할 수가 없다. 부시 행정부에서 이라크에 대한 예방적 전쟁을 정당화하기 위해 사용한 조잡하거나 음흉한 방식보다는 정확한 용어가 사용된다면, 선제공격은 전쟁의 시작을 의미하는 적군의 공격을 위한 군사력의 동원을 감지하는 역할을 맡는다. 적군이 공격에 착수하기 이전에 그들을 공격함으로써 기선을 잡는 것은 먼저 총격을 가하더라도 방어적이다.

Richard K. Betts, "Striking First: A History of Thankfully Lost Opportunityes." Carnegie Council on Ethics and International Affairs March 2, 2003.

'항상'이라는 용어가 '거의 대부분'라는 용어로 변경하기만 한다면 이 공식화에 논쟁을 걸기는 어렵다. 하지만 위험이 충분히 크고 가능성이 충분하다면 예방적 전쟁(선제공격과는 구분되는)의 옹호가 더 강요된다.

10 Joachim C. Fest, *The Face of the Third Reich: Portraits of the Nazi Leadership*(New York: Pantheon, 1970), p. 48.

11 대량 살상 무기를 생산할 가능성을 가진 타루나의 화학 공장이 선제공격에 대한 논쟁을 직접적으로 촉진시키는 요소가 되었지만, 테러리스트 단체에 대한 핵무기 누출의 위협 또한 걱정거리였다. 선제공격은 핵무기 누출과 테러리스트 문제를 다루는 미국의 정책 옵션이었다. Capello et al., 전게서 중, p.v.

12 같은 책에서.

13 같은 책, p. vi.

14 같은 책, pp. 75-76.

15 미국이 칸 박사(Dr. Khan)의 네트워크의 다른 생산품들과 함께 말레이시아에서 제작된 원심분리기 부품들을 실은 리비아행 화물선을 가로채는 것과 같은 예방적 조치들을 포함해 분명히 리비아 결정에 기여한 많은 요소들이 있었다. 리비아는 이런 증거를 들이대자 결국 모든 핵무기 프로그램을 포기하기로 동의했다. William J. Broad and David E. Sanger, "As Nuclear Secrets Emerge, More Are Suspected" *New York Times*, December 26, 2004, p. 1.

16 1986년 4월, 미국 전투기들이 트리폴리와 벵가지를 폭격해 100명 이상의 사망자가 발생했다. 레이건 대통령은 테러리스트 공격에 대해 리비아를 비난함으로써 그 공격을 정당화했다. 그는 10일 전에 발생했던 서베를린 나이트클럽에 대한 폭격을 언급했는데, 그곳은 미국 직원들이 자주 출입하는 곳이었다. Ronald Reagan, "Address to the Nation on the United States Air Strike against Libya," April 14, 1986; http://www.reagan.utexas.edu/archives/speeches/ 1986/41486g.htm에서 확인 가능. 며칠 후 BBC 방송에 따르면 극단주의 단체 아랍혁명조직(Arab Revolutionary Cells)은 미국의 공격에 대한 복수로 1986년 4월 17일 레바논에서 두 명의 영국인과 한 명의 미국인 인질들을 살해했다고 말했다. "On This Day: 15 April 1986" *BBC News*.

17 클린턴 대통령은 자신은 군사 행동을 지지했겠지만 훨씬 더 느리게 진행했을 것이라고 말했다. Larry King Weekend, *CNN*, February 9, 2003 참조.

18 Capello et al., 전게서 중, p. 75.

19 "Russia Warns of Strikes on Terror Camps, Posts Bounty for Chechen Leaders" *Channel News Asia*, September 8, 2004.

20 "Putin Tightens Grip on Russian Regions after Deadly Attacks" *Agence France Presse*, September 13, 2004. 이전에 러시아와 그것의 전신인 소비에트 연방은 선제적, 그리고 예방적 공격을 비난했다. Jing-dong Yuan, "A Promising Partnership Is Tested: Russia and China" *International Herald Tribune*, November 30, 2002, p. 4.

21 Charles Krauthammer, "Axis of Evil, Part Two" *Washington Post*, July 23, 2004, p. A29, 그리고 Douglas Davis, "A Syrian Bomb?" *Jerusalem Post*, September 10, 2004. p 14.

22 이란은 아직 자신들의 위협을 수행할 능력은 없지만 이미 이스라엘과 관련해 이와 같은 행동을 했다.

23 Jerome R. Corsi, *Atomic Iran: How the Terrorist Regime Bought the Bomb and American Politicians*(Nashville: WND Books, 2005), p. 39.

24 일부 이스라엘 당국자들은 이집트가 자신들의 공군이나 핵무기 시설에 대해 먼저 공격하려고 준비하고 있었다고 믿었다.

25 앞의 p. 315, n. 61 참조. 최근 하워드 총리는 새로운 반테러리즘법을 옹호했다. 이 조치들에 따르면 경찰들이 테러 용의자들을 수색하고 감시하고 억류하는 것이 더 쉬워질 것이다. 《뉴욕타임스》는 "일부 지지자들조차도 가혹하다고 묘사한 반테러리즘법안은 제2차 세계대전 이래로 가장 철저한 안보 장치로의 변화들을 포함한다"고 보도했다. Raymond Bonner, "Australia to Present Strict Antiterrorism Statute" *New York Times*, November 3, 2005, p. 6A. BBC 방송은 오스트레일리아가 이 새로운 테러리즘법에 관해 분열되었다고 보도했다. 일부 비평가들은 오스트레일리아가 경찰 국가로 변할 수 있다며 두려워하고 다른 사람들은 새로운 법안을 지지하지만 정부가 그것의 필요성에 대해 국가에 확신을 주어야 한다고 생각한다. BBC의 보도는 다음과 같이 테러리즘 분석가의 말을 인용한다. "정부가 직면하고 있는 딜레마 중 하나는, 경찰이 현존하는 법률의 약간의 개정 알려진 테러리스트 공격들을 사실상 붕괴시키고 좌절시킬 수 있다는 것을 입증했기 때문에, 왜 더 폭넓은 법률이 필요한지에 대한 입증 책임이 정부에 있을 것이라는 점이다." Phil Mercer, "Australia Split on New Terror Laws" *BBC News*(Sydney), November 9, 2005.

26 Philip Stephens, "For All Bush's Bravado, the Preemption Doctrine Is Dead" *Financial Times*, July 16, 2004, p. 17.

27 James M. Lindsay and Ivo H. Daalder, "Shooting First: The Preemptive War Doctrine Has met an Early Death in Iraq" *Los Angeles Times*, May 30, 2004; http://www.cfr.org/pub7066/james_m_Lindsay_ivo_h_daalder/shooting_first_the_preemptivewar_doctrine_has_met_an_early_death_in_iraq.php에서 확인 가능.

28 "Preventive War: A Failed Doctrine" *New York Times*, September 12, 2004, p. 12.

29 마이클 월저 또한 예방적 전쟁과 선제적 공격을 구분했다. 2002년 9월에 쓰인 그의 에세이에는 다음과 같은 내용이 있다.

> 논의가 되고 있는 전쟁은 선제적 전쟁이 아닌 예방적 전쟁이다(그것은 시간적으로 더 거리가 있는 위협에 반응하기 위해 계획되었다). 예방적 전쟁에 대한 일반적인 논의는 매우 오래되었다. 그것은 고전적 형식에서 힘의 균형과 연관이 있다. …… 전쟁이 정확한 최후의 수단이든 아니든 그것을 우선시할 충분한 이유가 없어 보인다.
>
> 하지만 예방적 전쟁에 관한 오래된 논의에서는 어떻게 반응해야 할지에 대해 논쟁할 시간이 허락되지 않는 대량 살상 무기나 운반 시스템을 고려하지 않았다. 이제는 선제공격과 예방 사이의 간격이 좁혀져서 그들 사이에 전략적 차이점이 거의 없다. 1981년 이스라엘이 이라크 핵 원자로를 목표로 했던 공격은 간혹 어떤 의미에서는 선제적이기도 한 정당화된 예방적 공격의 사례로서 호소된다. 이라크의 위협

이 임박하지는 않았지만 그에 대한 유일하게 합리적인 대응책은 즉각적인 공격이었다.

Michael Walzer, *Arguing about War*(New Haven: Yale University Press, 2004), pp. 146-147.

30 사설은 예방적 전쟁에 대한 당시 부통령 체니의 개념을 비판하면서 다음과 같이 결론 내렸다. "대신에 그는 이라크와 같은 가상적인 위험들에 맞선 더 예방적이고 공격적인 전쟁을 약속한다. 이러한 정책들은 미국을 유럽과 아시아의 주요 동맹국들로부터 이간시키고 워싱턴을 아랍과 이슬람 세계에 대한 상당한 위협자처럼 보이게 할 뿐만 아니라, 공격당한 나라에서 미국 군인들과 시민들을 죽이고, 미국이 앞으로 다가올 위험한 시대에 진정한 위협에 대응하기 위해 이용할 필요가 있는 육군과 해군을 꼼짝 못하게 만들 우려가 있다."

31 Gary Schmitt, "Shooting First: Going after Perceived Threat Will Remain Part of the U.S. Arsenal" *Los Angeles Times*, May 30, 2004.

32 Ruth Wedgewood, "The Fall of Saddam Hussein: Security Council Mandates and Preemptive Self-Defense" *American Journal of International Law*, vol. 97, no.3(July 2003), pp. 576-585. 이것은 하나의 추상적인 기준이 예방적 전쟁의 법률 체계를 지배할 수 있는지, 또는 그것이 어느 정도까지 행위자들의 특성과 이력에 의존할 것인지에 대해 광범위한 법리학상의 의문을 일으킨다. 똑같은 핵무기를 만들고 있는 두 국가라도 그것을 누구에게 사용할 것인가에 따라서 완전히 다른 위협을 가할 것이다.

33 Miriam Sapiro, "Iraq: The Shifting Sands of Preemptive Self-Defense" *American Journal of International Law*, vol. 97, no.3(July 2003), pp. 599-607.

제6장 | 이란의 핵무기 프로그램에 대한 선제적 행위는 정당화 될 것인가?

1 이스라엘의 전임 총리가 이스라엘은 텔아비브에 대한 핵무기 공격에 맞선 복수로라도 적국의 인구 밀집 지역에 핵폭탄을 투하하지 않을 것이라고 말하자 사안이 더 복잡해졌다. p. 141 참조. 그들은 군사적 위협들에 대해 불법적인 상호 확증 파괴에 의한 억제보다는 선제공격에 의존할 것이다.

2 Suzanne Fields, "Confronting the New Anti-Semitism" *Washington Times*, July 25, 2004; http://washtimes.com/books/20040724-105243-9684r.htm에서 확인 가능.

3 Jerome R. Corsi, *Atomic Iran: How the Terrorist Regime Bought the Bomb and American Politicians*(Nashville: WND Books, 2005), p. 42.

4 같은 책, p. 19.

5 Craig S. Smith, "Iran Moves toward Enriching Uranium" *New York Times*,

September 22, 2004, p. A12.

6 Ali Akbar Dareini, "Iranian Lawmakers, Shouting 'Death to America' Vote Unanimously for Resuming Uranium Enrichment" *Associated Press*, October 31, 2004.

7 Ali Akbar Dareini, "Iran Confirms Converting 37 Tons of Law Uranium into Gas" *Associated Press*, May 9, 2005.

8 Tom Hundley, "Pressure Builds on Iran; Blair Says UN Security Council Is Next Stop If Nuclear Work Resumes" *Chicago Tribune*, May 13, 2005.

9 "Iran angry at nuclear resolution" *CNN*, September 25, 2005. 2005년 11월 후반, 이란 국회는 이란이 안보리에 회부된다면 미국의 핵무기 시설 시찰을 막기로 투표했다.

10 "Crowd Attacks British Embassy" *Independent*, September 29, 2005, p. 29.

11 Nazila Fathi, "Iran's New President Says Israel 'Must Be Wiped Off the Map'" *New York Times*, October 27, 2005, p. 8.

12 같은 책에서.

13 Steven R. Weisman, "Western Leaders Condemn the Iranian President's Threat to Israel" *New York Times*, October 28, 2005, p. 9.

14 같은 책에서.

15 Michael Slackman, "Many in Jordan See Old Enemy in Attack: Israel" *New York Times*, November 12, 2005, p. 1.

16 같은 책에서.

17 Joseph Nasr, "Egyptian Magazine: Israel-US Caused Tsunamis" *Jerusalem Post*, January 7, 2005, p. 4.

18 Seymour M. Hersh, "The Coming Wars" *New Yorker*(January 24 그리고 31, 2005).

19 David E. Sanger, "Rice Says Iran Must Not Be Allowed to Develop Nuclear Arms" *New York Times*, August 9, 2004, p. A3.

20 Anton La Guardia, "Israel Challenges Iran's Nuclear Ambitions" *Daily Telegraph*, September 22, 2004.

21 Corsi, 전게서 중, p. 32.

22 Hersh, 전게서 중, p. 44에서 인용.

23 H. D. S. Greenway, "Onward to Iran?" *Boston Globe*, February 4, 2005, p. A15에서 인용.

24 민간인들과 민간 목표물들을 확실하게 존중하고 보호하기 위해 투쟁 당사자들은 항상 민간인들과 전투원들, 그리고 민간 목표물과 군사 목표물을 구분해야 한다. 따라서 그들의 작전은 군사 목표물들만을 향해서 수행되어야 한다. Geneva

Conventions of 12 August 1949, 그리고 국제 무력 충돌의 희생자 보호와 관련해서는, 8 June 1977, Part IV, Section I, Chapter I, Article 48.

25 연방법은 이렇게 규정한다. "억류된 자를 석방하기 위한 명시적, 암시적인 조건으로 제3자나 정부 기관으로 하여금 어떤 행위를 하게 하거나 못하게 하도록 강요하려고 다른 사람을 붙잡거나 억류하고, 살해하고 해친다고 협박을 하거나 계속해 억류하는 자는 누구나 평생 또는 몇 년이 될지 모를 징역형을 선고받을 것이다. 그리고 그 과정에서 누군가가 죽게 된다면 그는 사형이나 종신형을 선고받을 것이다." 18 U.S.C. 1203(강조되었음). 이 법은 누가 죽음을 야기했는지에 대해서 특정하지는 않지만, 누군가가 죽는다면 인질을 취한 자에게 책임이 있다.

26 메나헴 베긴은 오시락 공습의 타이밍에 대해 설명하면서 이렇게 말했다. "만일 원자로가 방사능이 있었더라면 우리는 더 이상 아무것도 할 수 없었을 것이다. 왜냐하면 우리가 그것을 여는 순간 끔찍한 원자로로부터 방사능의 물결이 흘러나와 바그다드의 하늘을 뒤덮었을 것이기 때문이다. 그랬다면 수만 명의 무고한 시민들(남녀노소를 모두 포함한)이 피해를 당했을 것이다." Shlomo Nakdimon, *First Strike: The Exclusive Story of How Israel Foiled Iraq's Attempt to Get the Bomb*(New York: Summit, 1987), p. 239.

27 Corsi, 전게서 중, p. 32.

28 같은 책, p. 219.

29 Hersh, "The Coming War" 인용문 중에서.

30 같은 책에서.

31 John Daniszewski, "Iran's Victor Urges Unity in Wake of Vote" *Los Angeles Times*, June 26, 2005, p. A10.

32 Michael Slackman, "Victory Is Seen for Hard-Liner in Iranian Vote" *New York Times*, June 25, 2005, p. A1; 그리고 Charles A. Radin, "Hard-Liner Wins Iran Presidency" *Boston Globe*, June 25, 2005, p. A4.

33 Hersh, "The Coming War" 인용문 중에서.

34 Shirin Ebadi and Hadi Ghaemi, "The Human Rights Case against Attacking Iran" *New York Times*, February 8, 2005, p. A25.

35 《뉴욕타임스》는 리비아 무기 프로그램 파일에서 원자폭탄 청사진을 발견함에 따라, 파키스탄의 주요 폭탄 설계자인 A. Q. 칸(A. Q. Khan)이 이끄는 악한 핵무기 네트워크의 대담성에 대해 전문가들이 새로운 인식을 하게 되었다고 보도했다. 정보기관 관리들은 칸 박사를 수년간 주시했으며 그가 탄두용 연료를 만들기 위해 우라늄 농축 장치들을 밀매하고 있다는 의심을 했다. 하지만 상세한 도안은 특히 그가 핵무기 장치를 1억 달러에 팔았을 때 덤으로 주어버렸다고 리비아인들이 말했기 때문에 새로운 수위의 위험을 드러냈다. 보도는 한 미국인 전문가의 말을 인용한다. "우리가

제작된 폭탄 디자인이 사라진 것을 분명히 발견한 것은 이번이 처음이었다. 그리고 문제는 바로 이것이었다. 누가 그것을 가졌는가? 이란인들인가? 시리아인들인가? 알카에다인가?" William J. Broad and David E. Sanger, "As Nuclear Secrets Emerge, More Are Suspected" *New York Times*, December 26, 2004, p. 21.

36 Mattew Continetti, "International Men of Mystery" *Weekly Standard*, October 21, 2004.

37 국제위기감시기구(The International crisis group)의 회장이자 집행위원장인 가레스 에반스와 그의 위원회는 오직 안보리의 투표에 따라 군사적 개입을 최후의 수단으로 선호하겠지만, 중국(그리고 아마 러시아와 프랑스도)은 거부권을 행사할 것이다. 리 페인스타인 교수와 앤-마리 슬로터 교수는 아마도 북대서양조약기구(NATO) 같은 지역 기구에 의한, 또는 자발적인 연합국들의 일방적인 행위에 의한 군사적 개입을 선호할 것이다. 어떤 사람들은 임박한 공격이 없다면 그 위협이 얼마나 실현 가능성이 있고 파괴적인지와 상관없이 어떠한 군사적 옵션도 결코 고려하지 않을 것이다.

제7장 | 예방과 선제공격의 법률 체계

1 Oliver Wendell Holmes, Jr., *The Common Law*(New York: Dover, 1991), p. 1.

2 Oliver Wendell Holmes, Jr., "The Path of the Law" *Harvard Law Review*, vol. 10, no.8(1897), p. 457.

3 George Santayana, *The Life of Reason: Reason in Common Sense*(New York: Dover, 1980), p. 284. 한 익살꾼이 이런 말을 했다. "산타야나의 명언을 들어본 적이 있는 사람이라면 그것을 반복하도록 운명지어진다."

4 Alan Dershowitz, *Rights from Wrongs: A Secular Theory of the Origins of Rights*(New York: Basic Books, 2004), p. 8.

5 Alan M. Dershowitz, *The Genesis of Justice: Ten Stories of Biblical Injustice That Led to the Ten Commandments and Modern Law*(New York: Warner, 2000).

6 Roscoe Pound, *Christian Science Monitor*, April 24, 1963에서 인용, Michael R. Stahlman et al., "New Developments in Search and Seizure: More than Just a Matter of Semantics" *Army Lawyer*(May 2002).

7 탈무드에는 다음과 같은 멋진 이야기가 있다.

> 위대한 랍비 엘리에제르는 다른 현자들과 불가해한 법의 요점에 대해 신랄한 논쟁을 벌이고 있었다. 엘리에제르는 토라에 대한 자신의 해석이 맞다고 확신했고 자신이 생각해 낼 수 있는 모든 논거를 제시했지만, 그들은 그것들을 받아들이지 않았다. 그는 결국 자포자기해 토라의 창조자인 신의 원래의 취지에 호소했다. 엘리에제르는 이렇게 간청했다. "만일 할라카halachah-유대교 관례 법규-옮긴이가 저의 의견과 같다면 하늘로부터 입증을 받게 해주십시오!" 그러자 거룩한 신의 목소리가

다른 사람들에게 이렇게 외쳤다. "할라카가 랍비 엘리에제르의 의견과 같은데 왜 너희들은 그와 논쟁을 벌이느냐!" 하지만 다른 랍비가 벌떡 일어서더니 이런 인간들의 논쟁에 간섭하는 것을 이유로 신을 비난했다. "당신은 토라를 쓴 지가 오래되었습니다." 그리고 "당신의 거룩한 목소리는 저희의 안중에 없습니다." 메시지는 다음과 같이 분명했다. 즉 신의 자녀들이 자신들의 아버지에게 이렇게 말하고 있었다. "당신이 저희들에게 주신 토라에 의미를 부여하는 것은 랍비로서의 저희들의 일입니다. 당신은 저희에게 해석할 문서와 그것을 해석하기 위한 방법론을 주셨습니다. 이제 저희가 저희들의 일을 할 수 있도록 내버려두십시오." 그러자 신은 즐겁게 웃으며 그들의 의견에 동조했다. "내 자녀들이 논쟁에서 나를 이겼구나."

Babylonian Talmud, Baba Mezi'a 59b, Alan M. Dershowitz, *Shouting Fire*(New York: Little, Bear,2002), pp. 391-392에서 인용.

8 Midrash Genesis Rabba.

9 Thomas Hobbes, Leviathan(1651), ch.18.

10 Richard P. Feynman, *What Do You Care What Other People think?*(New York: Norton, 1988), p. 245.

11 Louis Henkin, *How Nations Behave: Law and Foreign Policy*(New York: Colimbia University Press, 1979), p. 47.

12 Talmud, Berakhot, Elizabeth Frost-Knappman and David S. Sharger, *The Quotable Lawyer*(New York: New England Publishing, 1998), p. 225에서 인용.

13 Brown v. United States. 256 U.S. 335, 343(1921).

14 Jacqui Goddard, "Florida Boots Gun Rights, Igniting a Debate" *Christian Science Monitor*, May 10, 2005.

15 Steve Bousquet, "Bill Would Relax Rules on Self-Defense" *St. Petersburg Times*, February 24, 2005; http://sptimes.com/2005/02/24/State/Bill_would_relax_rule.shtml에서 확인 가능.

16 Myres S. McDougal, "The Soviet-Cuba Quarantine and Self-Defense" *American Journal of International Law*, vol. 57(1963), pp. 600-601. William C. Bradford, "'The Duty to Defend Them': A Natural Law Justification for the Bush Doctrine of Preventive War" *Notre Dame Law Review*, vol. 79(2004), p. 1390, n.87.

17 이스라엘이 선제공격의 실험실이 될 수 있었던 한 가지 이유는 1967년 시나이에 유엔 평화 유지군이 즉시 철수했던 것처럼 나세르의 요구에 대한 그들의 경솔한 접근에서 증명되었듯이, 이스라엘이 어떠한 공격이든 그것을 예방하기 위해 유엔의 지지 또는 지원에 의존할 수 없다고 믿기 때문이다. Michael B. Oren, *Six Days of War: June 1967 and the Making of the Modern Middle East*(Oxford: Oxford

University Press, 2002), p. 67.

18 Alan M. Dershowitz, *The Abuse Excuse: And Other Cop-outs, Sob Stories, and Evasions of Responsibility*(Boston: Little, Brown, 1994) 참조.

19 유엔은 즉각적인 정전을 요구했지만 그것은 며칠이 지나도록 이행되지 않았다.

20 Letter from U.S. Secretary of State Daniel Webster to British Plenipotentiary Lord Ashburton, August 6, 1842, Bradford, 전게서 중, p. 1381에서 인용.

21 United Nations High-level Panel on Threats, Challenges and Change, "A More Secure World: Our Shared Responsibility"(2004), p. 63; http://www.un.org./secureworld/에서 확인 가능.

22 Garath Evans, "When Is It Right to Fight" Survival(Autumn 2004), pp. 59, 64-65. 유엔의 다수의 국가들은 이스라엘이 1967년에 공격을 기다리지 않은 것은 불법적인 행위였다고 심각하게 언급했다.

23 같은 책, p. 65.

24 "Excerpts: Annan interview" *BBC News*, September 16, 2004; http://news.bbc.co.uk/1/hi/world/middle_east/3661640.stm에서 확인 가능.

25 Jeffrey Goldberg, "The Great Terror" *New Yorker*, March 25, 2002; http://www.newyorker.com/fact/content/?020325fa_FACT1에서 확인 가능.

26 United Nations High-level Panel on Threats, Challenges and Change, 전게서 중, p. 63.

27 같은 책에서.

28 같은 책에서.

29 Evans, 전게서 중, p. 65.

30 같은 책, pp. 65-66.

31 Giordano Bruno, *De Monade, numero et figura*(1591), Frost-Knappman and Shrager, 전게서 중, p. 188에서 인용.

32 Talmud Shabbath, 31a.

33 United Nations High-level Panel on Threats, Challenges and Change, 전게서 중, p. 67.

34 Michael J. Glennon, *Limits of Law, Prerogatives of Power*(New York: Palgrave, 2001), p. 2.

35 예를 들어 Bush v. Gore, 531 U.S.(2000), p. 98. Alan M. Dershowitz, *Supreme Injustice: How the High Court Hijacked Election 2000*(New York: Oxford University Press, 2001) 참조.

36 최근까지 이스라엘은 안보리의 일원이 될 자격이 없었다. 안보리의 일원이 되기 위해서는 지역 단체의 회원 자격이 있어야 하기 때문이다. 이스라엘은 지리학적으로

아시아 단체의 일부가 될 수 있겠지만 이란, 리비아, 그리고 시리아를 포함한 그 구역의 몇몇 국가들이 수년간 이스라엘에 자격을 부여하지 않았다. 그 단체의 새로운 회원이 되려면 그 단체에 속한 모든 국가의 동의가 있어야만 한다. 그래서 이스라엘은 2000년에 서유럽과 기타 단체(WEOG)에 가입했는데, 이 단체는 오로지 지리학적인 조건만을 요구하지는 않는 멤버십을 가진 유일한 단체다. 미국, 오스트레일리아, 캐나다, 그리고 터키가 이 단체의 회원국들에 포함된다. 이스라엘의 입회는 애초에 임시적이어서 4년마다 재지원을 해야 한다. 이스라엘의 WEOG에의 멤버십은 2004년까지 연장되었다.

이제는 이스라엘이 안보리의 일원이 되는 것이 이론상 가능하다. 하지만 현재까지 결코 이 중요한 자리를 차지하지 못했다.

37 러시아와 중국의 거부권은 종종 이스라엘과 관련된 투표에서 막다른 결과를 가져왔다.

38 Bob Burton, "Howard unmoved by 'preemption' Futor" *Asia Times*, December 3, 2002.

39 물론 선행적 정당방위(최소한 위협이 즉각적이지 않을 때)와 타인을 위한 선행적 보호 모두를 반대하는 일부 이데올로기적 반개입주의자들이 있다. 이런 고립주의자들의 견해의 예로는 Patrick J. Buchanan, *A Republic, Not and Empire: Reclaiming America's Destiny*(Washington, D.C.;Regnery, 2002) 참조.

40 Samantha Power, *A Problem from Hell: America and the Age of Genocide*(New York: Basic Books, 2002), pp. 503, 504, 508.

41 이러한 이슈들에 관한 토론은 같은 책 참조.

42 Anne Geran, "Powell: Tsunami Aid May Help Fight Terror" *Associated Press* (January 4, 2005).

43 Lee Feinstein and Ann-Marie Slaughter, "A Duty to Prevent" *Foreign Affairs*(January-February 2004), pp. 136-167.

44 같은 책, p. 137.

45 같은 책, pp. 141-142.

46 같은 책, p. 148.

47 같은 책, pp. 148-149.

48 같은 책, p. 149.

49 또한 Kenneth Adelman의 진술 참조, p. 97에 인용됨.

50 Alan M. Dershowitz, "Tortured Reasoning" in Torture: A Collection, ed. Sanford Levinson(New York: Oxford University Press, 2004); 또한 Alan M. Dershowitz, Why Terrorism Works, Understanding the Threat, Responding to the Challenge(New Haven: Yale University Press, 2002), pp. 131-163 참조.

51 Alan Dershowitz, *The Case for Israel*(Hoboken: Wiley, 2003), p. 184.

52 Nathan Lewin, "Deterring Suicide Killers" *Sh'ma*(May 2002).

53 Ami Eden, "Top Lawyer Urges Death for Families of Bombers" Forward, June 7, 2002.

54 Alan Dershowitz, "Death to the Bombers' Kin: Sacrilegious, or by the Book?" letter to the editor, *Forward*, June 21, 2002.

55 Fyodor Dostoevsky, *The Brothers Karamazov*(New York: Farrar, Straus & Giroux, 2002), p. 245.

56 가장 최소한의 개입을 수반한 군사 옵션들이 이용되기 이전이라도 제재나 보이콧 같은 강압적인 방법들을 포함한 어느 정도의 비군사적 옵션들이 있을 것이다.

57 하지만 이스라엘은 이라크에 핵무기를 제공할 수 있는 어떠한 새로운 원자로도 파괴하겠다고 위협했다.

58 Richard A. Posner, *Catastrophe: Risk and Response*(Oxford: Oxford University Press, 2004).

59 Whitney v. California, 274 U.S.357(1927). 올리버 웬델 홈스 판사는 위트니 사건의 결정이 있기 겨우 12년 전에 한 신문 편집자에 대한 유죄 선고를 지지했다. 그 편집자는 외떨어진 지역에서의 나체 수영을 옹호하는 기사를 발간했다. 홈스는 다음과 같은 글을 썼다.

> 문제가 되는 '누드와 얌전한 체하는 사람'라는 제목의 기사는 이에 따라 집에서의 자유를 방해하는 사람들에 대한 보이콧을 예언하고 조장한다며 이렇게 결론지었다. "그 보이콧은 이 침입자들이 자신들의 행위가 심각하게 잘못되었음을 깨닫게 되고 그 사실이 사람들에게 알려질 때까지 계속될 것이다." 따라서 이 기사는 간접적으로, 하지만 분명하게 국가가 법률 위반이라고 정한 점잖치 못한 노출에 대해 집요하게 위반할 것을 조장하고 유도한다. 이러한 법령이 정당화될 수 없는 자유의 구속이고 형사법으로는 너무 모호하다는 주장은 잘못된 것이 분명하다. 그 법이 단지 출판물들이 특별한 법령이나 일반적인 법에 비판적인 주장들을 만들어내는 경향이 있기 때문에 출판을 막으려고 해석될 것으로 보이지도 않고 그럴 것 같지도 않다. 이 사건에서 장려되었던 법에 대한 경시는 그것과는 관계가 없으며, 그것은 명백한 법률 위반이며 법적으로 범죄 행위이다.

Fox v. Washington, 236 U.S.273(1915), pp. 276-277.

60 또는 위해가 구제될 수 있다면 심지어 진정한 양성마저도 마찬가지일 것이다.

61 Entebbe analysis, pp. 89-93 참조.

62 Dershowitz, *Genesis of Justice*, 인용문 중, ch. 4, 하나님이 소돔의 죄인들을 두고 아브라함과 논쟁을 하는 부분 참조.

63 Patrick J. McDonnell and Jonathan Peterson, "Tightening Immigration Raises

Civil Liberties Flag" *Los Angeles Times*, September 23, 2001.

64 부록 A 참조.

65 Michael J. Glennon, *Limits of Law, Prerogatives of Power*(New York: Palgrave, 2001), p. 208.

66 이러한 유형의 정리의 타당함에 관한 설명은 John Rawls, *A Theory of Justice*(Cambridge: Belknap, 1999) 참조.

67 Eric A. Posner, "All Justice, Too, Is Local" *New York Times*, December 30, 2004), p. 23.

68 예를 들어 Karen J. Alter, "The European Union's Legal System and Domestic Policy: Spillover or Backlash?" in *Legalization and World Politics*, ed. Judith Goldstein et al. (Cambridge: MIT Press, 2001) 참조.

69 Louis Rene Beres, "On Assassination as Anticipatory Self-Defense: The Case of Israel" *Hofstra Law Review*, vol. 20(1991), p. 323, Bradford, 전게서 중, p. 1394, n.99에서 인용.

70 "Legality of the Threat of Use of Nuclear Weapons" 1996 I.C.J. 226, p. 263, 같은 책, p. 1390에서 인용.

71 "Remarks by the Honorable Dean Acheson" *American Society of International Law Proceedings*, vol. 57(1963), pp. 13, 14, 같은 책, p. 1470.

72 특정한 군사 옵션이 법률상 또는 도덕상 이용 가능해야 한다고 결론짓는 것은 그것이 항상 전략상 또는 이해타산적으로 이용되어야 한다는 뜻은 아니다.

73 Alan M. Dershowitz, "Preventive Confinement: A Suggested Framework for Constitutional Analysis" *Texas Law Review*, vol. 51(1973), p. 1295 참조.

74 그러한 역사의 일부는 이 책의 제1장에서 약술된 것과 유사한데, 거기에서는 형사 사법의 공식적 시스템과 훨씬 덜 공식적인 범죄 통제 메커니즘 간의 차이점이 설명되었다.

75 Dershowitz, "Preventive Confinement" 인용문 중, pp. 1295-1296.

76 United States v. Salerno, 481 U.S. 739(1987), pp. 747-748.

77 논리적인 결론에 의하면, 이러한 추론은 나치 독일에서 수행했던 치료법의 실행 같은 행위는 그 입법상 목적이 우생학적이고 예방적이었기 때문에 '형벌'이 아니라는 부조리한 규칙으로 이끌 수가 있다.

78 "The Case of the Speluncean Explorers: A Fiftieth Anniversary Symposium" *Harvard Law Review*, vol. 112(1999), pp. 1899-1913.

79 Samantha Power, *A Problem from Hell: America and the Age of Genocide*(New York: Basic Books, 2002).

세상에서 가장 고집스러운 문제들 중 일부는 절대적인 도덕적 입장들의 충돌에서 생겨난다. 전부는 아니지만 그것들 중 대다수는 종교에 근거한다. 나는 다른 곳에서 절대적 도덕의 존재에 반대하는 글을 썼다. Alan Dershowitz, *Rights from Wrongs: A Secular Theory of the Origins of Rights*(New York: Basic Books, 2005) 참조. 나는 이제 도덕적이라고 주장하는 많은 주장들이 진실로 숨겨진 경험적인 가정에 근거하지 않는지 어떤지를 묻는 프로젝트를 진행 중이다. 내가 온건하게 주장하고자 하는 바는(여기에는 동의하지 않을 사람이 거의 없을 것이다) 도덕적이라고 주장하는 많은 복잡한 주장들이 사실은 중요한 경험적인 토대들을 포함한다는 것이다. 예를 들어 사형이 도덕적으로 옳지 않다는 주장을 살펴보자. 그러한 주장은 종종 사형의 억제적 효과, 그것을 적용하는 데 있어서의 인종적, 그리고 경제적 차별, 생명의 고귀함에 대한 해로운 영향, 무고한 사람들이 처형될 수 있는 가능성, 그리고 다른 유사한 사실의 이슈들(또는 최소한 사실과 도덕성의 이슈들이 뒤섞인)에 관한 경험적 가정에 근거한다. 현재 사형 제도에 반대하는 많은 사람들은 만일 논란의 여지가 없을 정도로 죄가 확실하고 비난할 만한 소수의 살인자(인종적, 경제적, 또는 다른 부당한 요소들 없이 공정하고 선택된)를 처형함으로써 훨씬 많은 수(얼마나 많은 숫자인지에 관해서는 의견의 충돌이 있겠지만)의 잠재적 살인 희생자들을 억제(또는 예방)하고 동시에 생명의 가치를 증진시키는 것이 의심할 바 없이 증명된다면, 국가가 사형 제도를 집행하는 것이 도덕적으로 허용된다는(어떤 사람들은 도덕적으로 필요하다고까지 말할 것이다) 것을 인정할 것이다. 어떤 사람들은 여전히 어떠한 생명이든지 형벌로서 의도적으로 빼앗는다는 것은 부도덕하다면서 이에 반박할 것이다. 하지만 그들의 논쟁을 조심스럽게 분해해보면 최소한 그것들 중 일부는 최소한 얼마간 경험적이라고 판명될 것이다.

사형 제도에 대한 나의 생각이 옳다 하더라도, 그것이 다른 많은 도덕적 주장들이 사실은 도덕적 주장들로 위장한 사실적 논쟁이라는 나의 일반적인 주장(부드러운 형태에서라도)을 증명하는 것은 아니다. 내가 단지 '많은' 다른 도덕적 주장들이 이 범주에 들어맞는다고 주장하는 한 나는 내가 옳다는 것을 증명할 수 있다. 하지만 내가 이것을 더 강경한 형태(모든 도덕적 주장들이 단지 위장을 한 경험적 주장들이라고)로 주장한다면, 나는 나의 주장을 만족시켜야 할 훨씬 더 무거운 부담을 질 것이다. 첫째, 항상 내가 고려하지 않은 무엇인가가 있을 것이므로 나는 결코 모든 도덕적 주장들을 제기할 수는 없다. 둘째, 반드시 경험적인 토대가 없는 (순수하게 규범적인) 일부의 도덕적 주장들이 있다고 주장될 것이다. 이 순간 칸트 생각이 떠오른다. 그의 모든 필연적인 고려 사항들에 대한 단호한 거절은 어떠한 경험적인 토대와도 일치하지 않는 것 같아 보인다. 하지만 나는 칸트라도 자세히 읽어보면 종종 숨겨진 경험적 가정들을 드러낸다는 것을 보여주려고 한다.

더 현재적인 배경에서 낙태에 대한 반대와 찬성의 주장들을 고려해보자. 낙태를 선택할 수 있는 여성의 권한을 옹호하는 사람들은 몇 가지 요소에 초점을 둔다. 평등,

자치, 여성에 대한 건강의 위협, 인간이 아닌 태아의 상태, 그리고 원치 않는 아이를 이 세상에 내보내는 위험, 산아 제한의 영향, 그리고 다른 고려 사항들이 여기에 포함된다. 낙태 반대자들은 태아는 무고한 생명체이며 태아를 살해하도록 허락하는 것은 생명의 가치를 감소시킬 것이며, 낙태가 난잡한 섹스를 장려할 것이며, 성경은 낙태를 금한다고 주장한다. 뒤에 나오는 주장은 무의미한 가설의 대상이 아닌 신앙을 기반으로 한 '경험주의적인' 가정들에 대한 더 폭넓은 이슈를 불러일으킨다. 예를 들어 하느님이 모세에게 십계명을 주었다면 그 규정들은 도덕적으로 강요될 것이다. 하지만 만일 십계명(그리고 일반적으로 성경)이 단지 인간들에 의해 쓰였다면 그것들은 단순히 도덕성의 일부다. 왜 우리는 어떤 다른 창안물들도 완벽하지 않을 때 이러한 인간이 만든 창안물에 기초한 절대적인 것들을 기대해야 하는가?
특히 절대적 도덕으로 이끄는 도덕적 주장들에 대한 이런 종류의 해체는 내가 조만간 출간하고 싶은 나의 현재의 프로젝트 중 하나의 주제다.

부록A | 예방적 자격 박탈: 수치들은 그것에 반한다

1 Michael A. Bishop and J. D. Trout, "50 Years of Successful Predictive Modeling Should Be Enough: Lessons for Philosophy of Science" *Philosophy of Science*, vol. 69, p. S198.

부록B | 염색체 배열, 예측가능성, 그리고 책임성

1 Lewis Carroll, *Through the Looking-Glass and What Alice Found There*(New York: William Morrow, 1993), p. 97.

2 A. Sandberg, G. F. Koepf, T. Ishihara, et al., "XYY Human Male" *Lancet*(1961), p. 488.

3 P. A. Jacobs, M. Brunton, M. M. Melville, et al., "Aggressive Behavior, Mental Subnormality and the XYY Male" *Nature* 208(1965), p. 1351.

4 D. R. Owen, "The 47 XYY Male: A Review" Psychology Bulletin 78(1972), p. 209.

5 월저는 결국 맹렬한 공중의 비판에 직면한 후 그 작업을 중단했다. Philip Weiss, "Ending the Test for Extra Chromosomes" *Harvard Crimson*, September 15, 1975.

6 A. M. Dershowitz, "Preventive Disbarment: The Numbers Are Against It" *American Bar Association Journal* 58(1972), p. 815.

7 W. Blackstone, *Blackstone Commentaries on the Laws of England*, vol. 4(London: J. Murray, 1857), p. 25.

반론 | '예방' 이라는 개념이 타인에 대한 공격을 정당화할 수 있는가?

1 이재상, 《형법총론》(제6판, 박영사) ; 김성돈, 《형법총론》(제2판, 성균관대학교출판사)

2 박상기·손동권·이순래, 《형사정책》(제10판, 한국형사정책연구원)

3 배종대, 《형사정책》(홍문사)

찾아보기

* 쪽 번호 뒤에 붙은 f와 n은 각각 각주와 미주를 나타낸다.

ㄱ

ㄴ

ㄷ

ㅇ

ㅈ

ㅊ

ㅋ

ㅌ

ㅍ

ㅎ

앨런 더쇼비츠 Alan M. Dershowitz

하버드 로스쿨 역사상 최연소 발탁 교수이자 선도적인 법률가다. 미국 인권협회American Civil Liberties Union상임이사로 활동하는 등 개인의 자유와 인권에 대한 다양한 활동을 펼쳐 1979년 구겐하임 재단상과 뉴욕 형사변호사협회의 표창을 받은 바 있다. 변호사로서도 O. J. 심슨, 마이크 타이슨 등 유명인들의 변론을 맡았을 뿐 아니라 승소율도 높아 미국 역사상 가장 승률이 높은 항소 피고인 변호사로 불린다. 또한 영향력 있는 저자로서 사회와 많은 언론에 찬사를 받은 《그름에서 오는 권리Rights from Wrongs》, 《이스라엘의 주장The Case for Israel》, 《테러리즘은 왜 생길까Why Terrorism Works》 등을 저술했으며, 국내에는 《최고의 변론The Best Defense》(이미지박스, 2006), 《미래의 법률가에게Latter to Young Lawyer》(미래인, 2008) 등이 소개되었다.